suhrkamp taschenbuch
wissenschaft 714

Mit »Natur« haben die Sozialwissenschaften nie viel anfangen können. Man überließ das Nachdenken über die Natur den Naturwissenschaften und ihre Aneignung den technischen Disziplinen. Es wird aber zunehmend deutlicher, daß diese Arbeitsteilung zwischen Natur und Sozialwissenschaften den ökologischen Verhältnissen nicht gerecht wird. Erst der Blick auf die symbolische Aneignung der Natur, auf die Kommunikation, die diese ermöglichen und durch sie ermöglicht werden, macht das gesellschaftliche Naturverhältnis sichtbar. Diese These wird – im Rückgriff auf die symbolische Anthropologie und die politische Ökonomie – an Phänomenen wie Eßtabus und Fastfood, Kannibalismus und Vegetarismus, romantischem und industriellem Naturverhältnis, Naturkostbewegung und industrieller Ausbeutung der Natur entfaltet.

Klaus Eder, geboren 1946, studierte Soziologie in Erlangen, Frankfurt, Lexington und Paris, war wissenschaftlicher Mitarbeiter am Max-Planck-Institut für Sozialwissenschaften und ist jetzt Mitglied der Münchner Projektgruppe für Sozialforschung sowie Privatdozent für Soziologie an der Universität Düsseldorf. Im Suhrkamp Verlag hat er veröffentlicht: *Die Entstehung staatlich organisierter Gesellschaften*, 1976 und 1980 (stw 332); *Geschichte als Lernprozeß? Zur Pathogenese politischer Modernität in Deutschland*, 1985.

Klaus Eder

Die Vergesellschaftung der Natur

Studien zur sozialen Evolution der praktischen Vernunft

Suhrkamp

CIP-Kurztitelaufnahme der Deutschen Bibliothek
Eder, Klaus:
Die Vergesellschaftung der Natur :
Studien zur sozialen Evolution d. prakt. Vernunft /
Klaus Eder. –
1. Aufl. – Frankfurt am Main :
Suhrkamp, 1988
(Suhrkamp-Taschenbuch Wissenschaft ; 714)
ISBN 3-518-28314-6
NE: GT

suhrkamp taschenbuch wissenschaft 714
Erste Auflage 1988

Satz und Druck: Wagner GmbH, Nördlingen
Printed in Germany
Umschlag nach Entwürfen von
Willy Fleckhaus und Rolf Staudt

1 2 3 4 5 6 – 93 92 91 90 89 88

Inhaltsverzeichnis

II
Von der Natur zur Kultur

III
Zurück zur Natur?

IV
Soziale Evolution und praktische Vernunft

Vorwort

Seit die ökologische Krise das selbstzerstörerische Naturverhältnis fortgeschrittener Industriegesellschaften unübersehbar gemacht hat, setzen wir auf *ökologische Vernunft*. Daß es vernünftig ist, die Belastung der Natur zu verringern, ist kaum strittig. Doch gegen die Vermutung, daß diese ökologische Vernunft die herrschende Unvernunft im Umgang mit der Natur auch wirklich korrigieren kann, sollen im folgenden Zweifel angemeldet werden. Denn die *ökologische Moral*, die den praktischen Umgang mit der Natur regelt, bleibt von der ökologischen Vernunft in einer eigentümlichen Weise unbeeindruckt. Diejenigen, die eine *ökologische Vernunft* predigen, wundern sich, daß diese Vernunft nicht auf fruchtbaren Boden fällt. Sie führen das in der Regel auf handfeste ökonomische Interessen zurück. Doch dieser Hinweis greift zu kurz. Denn nicht nur die *materiellen* Interessen bestimmter Industrien, sondern auch die *ideellen* Interessen der Bevölkerung – wie etwa das häufig eingeklagte Recht auf »freie Fahrt für freie Menschen« – verweigern sich dieser Vernunft. Offensichtlich klaffen *ökologische Vernunft* und *ökologische Moral* weit auseinander. Wir wissen wohl, was wir tun sollten. Doch wir tun es nicht. Woran liegt das?
Die *ökologische Vernunft* scheint nur einen Teilaspekt unseres Umgangs mit der Natur zu korrigieren. Wenn wir von *ökologischer Vernunft* sprechen, dann meinen wir, daß die Ausbeutung der Natur zu weit gegangen ist und daß die Belastung der Natur eingeschränkt werden muß. Folgten wir nur dieser Vernunft, würde das zwar den ausbeuterischen Umgang mit der Natur »rationaler« machen; doch ein ausbeuterischer Umgang mit der Natur bliebe er weiterhin. An den industriellen *Ausbeutungsdiskurs*, der unser Naturverhältnis bislang beherrscht hat, kann der ökologische *Belastungsdiskurs*, der die Natur nach dem ihr Zuträglichen beurteilt, nahtlos anschließen. Denn beiden Diskursen über die Natur ist eine spezifische Erfahrungsweise der Natur eigen: Natur wird als ein *Objekt* menschlicher Bedürfnisse wahrgenommen und erfahren. Die aus dem Belastungsdiskurs sich ergebende ökologische Vernunft führt deshalb keineswegs zu einem »anderen« Umgang mit der Natur. Sie reproduziert vielmehr weiterhin

unsere historisch lange eingeübten und kulturell tief verankerten Einstellungen und Handlungsweisen im Umgang mit der Natur. Die ökologische Vernunft scheint die kulturell tief verankerten Voraussetzungen unseres selbstzerstörerischen Naturverhältnisses nicht aufbrechen zu können.
Damit ist die Intention dieses Buches benannt: die Ursachen der Ohnmacht der ökologischen Vernunft zu klären, die Bedingungen zu identifizieren, die ökologische Lernprozesse bislang blokkieren. Es soll gezeigt werden, daß der für die Moderne charakteristische Stolz auf die Beherrschung der Natur uns hat vergessen lassen, daß wir in einer *Kultur* leben, die – uns mehr oder weniger unbewußt – zu einem selbstzerstörerischen Naturverhältnis »zwingt«. Trotz aller ökologischer Kommunikation sind wir kulturell ahnungslose »Banausen« im Umgang mit der Natur geblieben. Daraus folgt, daß wir erst dann die Ohnmacht der ökologischen Vernunft verstehen können, wenn wir die kulturellen Gewohnheiten, die unser Verhältnis zur Natur bestimmen, zum Thema machen. Wenn Lernprozesse möglich werden sollen, die dieses selbstzerstörerische Naturverhältnis überwinden könnten, dann müssen wir uns der symbolischen Grundlagen dieses Naturverhältnisses (wieder?) bewußt werden.
Die folgenden Analysen und Interpretationen haben zum Ziel, diese kulturelle Ahnungslosigkeit zu korrigieren. Ausgangspunkt dieser Überlegungen ist die Annahme, daß die *Kultur*, die unser Verhalten und unsere Praxis im Umgang mit der Natur bestimmt, vom »Geist des Protestantismus« geprägt ist. Die Rationalität dieses protestantischen Geistes bestimmt auch die ökologische Vernunft. Was für diesen Geist zählt, ist der *Nutzen*, den uns die Natur bringt. Die symbolischen *Bedeutungen*, die für uns mit der Natur verbunden sind, werden von diesem Geist entzaubert. Der Bildersturm des protestantischen Geistes macht auch vor den Bildern, die wir uns von der Natur machen, nicht halt. Das Wissen um die symbolischen Bedeutungen der Natur wird in die Poesie abgedrängt. Nur in einer ästhetisierenden Gegenkultur erhält sich ein Bild von der Natur, das sich nicht darauf reduziert, Mittel der Befriedigung von materiellen Bedürfnissen zu sein. In ihr erhält sich ein Bild von der Natur, das zum Ziel der Projektion von Wünschen, Hoffnungen und Ängsten werden kann. Doch die aktuelle ökologische Kommunikation setzt weiterhin auf die »protestantische Natur«. Sie macht dabei die symbolischen Vor-

aussetzungen unseres Naturverhältnisses unkenntlich. Im Belastungsdiskurs wird diese Reflexion geradezu unterbunden. In ihm bleibt die Natur nur »Gegenstand«: ein Gegenstand, der versauert, ein Gegenstand, der verkarstet, ein Gegenstand, dessen genetische Mannigfaltigkeit vernichtet wird, ein Gegenstand, dessen Gleichgewicht gestört wird.

Die kulturelle Bedeutung des »protestantischen Geistes« für das moderne Naturverhältnis wird dann besonders deutlich, wenn wir die symbolische Bedeutung zu verstehen suchen, die die Natur in anderen Gesellschaften und zu anderen Zeiten gehabt hat. Wir stellen dabei – wie die folgenden Untersuchungen zeigen werden – fest, daß das moderne Naturverhältnis die symbolische Bedeutung der Natur auf ein Minimalprogramm reduziert hat. Die Natur wird symbolische Form ohne eigenen Sinn. Selbst die Kleingärten, diese Refugien symbolischer Bedeutungen der Natur, werden auf das »Pflegeleichte« reduziert. Pflanzen, wie etwa der Thuja-Baum, verlieren ihre alte symbolische Bedeutung. Sie verkommen zur Hecke, die keine Arbeit macht, Sichtschutz gegen die anderen bietet und die Illusion des Immer-Grünen erzeugt. In diesen Restbeständen symbolischer Bedeutungen der Natur artikuliert sich ein Naturverständnis, das all das, was sich nicht über den Leisten der Nützlichkeit schlagen läßt, unkenntlich zu machen sucht. Die moderne Gesellschaft hat es in dem Versuch, diese weitergehenden symbolischen Bedeutungen aus ihrem Kollektivbewußtsein zu streichen, weit gebracht.

Dieses utilitarische Verhältnis zur Natur behindert heute nicht nur notwendige Veränderungen und die damit verbundenen Lernprozesse im Umgang mit der Natur. Es breitet sich vielmehr weiter aus. Noch die elementarste und zugleich am meisten »soziale« Ebene des Umgangs mit der Natur, die *Eßkultur*, sucht sich diese utilitarische Kultur ihrer Logik zu unterwerfen. Ob diese Unterwerfung gelingt, ist allerdings zweifelhaft. Denn die Regeln der Eßkultur lassen sich noch weniger als die Regeln anderer kultureller Praktiken auf utilitarische Gesichtspunkte zurückführen. Denn das, was gegessen werden darf und was nicht, wird nach Maßgabe einer Logik festgelegt, die unter dem Gesichtspunkt einer utilitarischen Logik irrational ist. Das Essen hat moralische und ästhetische Bedeutungen, die über seine utilitarische Funktion weit hinausgehen. Mag auch das kollektive Bewußtsein dieser Bedeutungsgehalte durch den Siegeszug der utilitarischen Vernunft weithin neutralisiert worden sein, so erinnert doch die bloße Form immer auch wieder an das »Bezeichnende«. Das »Bezeichnete«, das Essen, läßt sich nicht endgültig von dem, was es bezeichnen soll, trennen.

Diese Idee findet sich bereits bei einem Klassiker der Soziologie. So formuliert Simmel: »Daß wir essen müssen, ist eine in der Entwicklung unserer Lebenswerte so primitiv und niedrig gelegene Tatsächlichkeit, daß sie jedem Individuum fraglos mit jedem anderen gemein ist. Dies eben ermöglicht das Sichzusammenfinden zur gemeinsamen Mahlzeit, und an der so vermittelten Sozialisierung entfaltet sich die Überwindung des bloßen Naturalismus des Essens. Wäre es nicht so etwas Niederes, so hätte es also die Brücke nicht gefunden, über die es hin zur Bedeutsamkeit des Opfermahls, zu der Stilisierung und Ästhetisierung seiner schließlichen Formen aufsteigt.« (Simmel 1957, S. 250)

Das Essen ist offensichtlich eine Tätigkeit, deren Bedeutung weit über die Funktion, Natur zur Reproduktion der physischen Natur anzueignen, hinausgeht. Das Essen als eine Form der Aneignung der Natur hat nicht nur eine materielle, sondern auch eine symbolische Bedeutung. Die Aneignung der Natur wird selbst beim Essen nicht nur vom Bauch, sondern auch vom Kopf bestimmt. Das Essen ist mehr als ein bloßer Mechanismus der Befriedigung physiologischer Bedürfnisse. Das Essen repräsentiert auch eine kulturelle Form. Gerade sozial- und kulturanthropologische Analysen zeigen, daß im Medium des Essens eine gemeinsam geteilte symbolische Welt hergestellt und reproduziert wird (Kuper 1977; Goody 1982). Das Essen ist nicht nur *materielle Aneignung* von Natur, sondern auch *symbolische Aneignung* der Natur. Das Essen ist – um es in einer Kurzformel zu fassen – eine elementare Form des *Übergangs von der Natur zur Kultur*.

Schon unsere Alltagssprache weist darauf hin, daß *Essen* und *Kultur* miteinander zu tun haben. Das zeigen Formeln wie »Bücher verschlingen« oder »Romane fressen«. Das zeigen Begriffszusammensetzungen wie »erkenntnishungrig« oder »wissensdurstig«. Und wir sind oft (wie auch im folgenden) gezwungen, uns durch schwierigen Stoff »durchzubeißen« und schwierige Texte zu »verdauen« (Erdheim 1982, S. 239). Die Analyse der Eßkultur ist offensichtlich ein privilegierter Weg, die Kultur zu rekonstruieren, die wir im Umgang mit der Natur einüben und reproduzieren.

Die Tatsache, daß wir nach einer solchen Analyse wissen, wie wir in unserer alltäglichen Praxis die utilitarische Kultur der Moderne reproduzieren, ändert zwar noch nichts an dieser Kultur. Doch sie zeigt die Grenzen einer utilitarischen Vernunft im Umgang mit der Natur. Sie zeigt, daß die utilitarisch begründete *ökologische Vernunft* nicht ausreicht, um einen rationalen Umgang mit der Natur herzustellen. Das zwingt uns dazu, andere Möglichkeiten einer ökologischen Vernunft zu entwerfen und mit der Idee einer »anderen« Rationalität im Umgang mit der Natur zu experimentieren. Dabei liegt die Versuchung nahe, den protestantischen Geist in restaurativer Absicht zu korrigieren, für einen »katholischen Geist« im Umgang mit der Natur zu plädieren. Dieser Ausweg soll im folgenden systematisch versperrt werden. Damit ist auch die theoretische Intention dieses Buches angedeutet: ausgehend von einer vergleichenden Analyse des Naturverhältnisses in verschiedenen Gesellschaften die Grundlagen einer *sozialen Kritik der ökologischen Vernunft* zu skizzieren. Eine solche Kritik wäre das Gegenteil von Restauration. Sie mag Elemente der Tradition verwenden; doch sie bleibt nicht bei ihnen stehen. Sie steht jeder restaurativen Absicht im Wege.
Der Versuch, in der Rekonstruktion der kulturellen Voraussetzungen unterschiedlicher gesellschaftlicher Naturverhältnisse einen Begriff praktischer Rationalität zu entwickeln und auf diesem Weg eine Kritik der die moderne ökologische Kommunikation kennzeichnenden ökologischen Rationalität zu begründen, durchzieht die folgenden Überlegungen und Analysen wie ein roter Faden. Ob der Versuch, die impliziten kulturellen Voraussetzungen »ökologischer Kommunikation« explizit zu machen, zu einer praktischen Vernunft jenseits der ökologischen Vernunft führt, ist eine offene Frage. Vielleicht aber wissen wir dann wenigstens genauer, warum es *ökologische Rationalität* in unserer Gesellschaft so schwer hat.

München, im November 1987

Einleitung

Die *ökologische Vernunft* ist die jüngste Variante der praktischen Vernunft in der Geschichte der Moderne. So wie der »Geist des Protestantismus« die praktische Vernunft bislang beherrscht hat, so beherrscht er auch die ökologische Vernunft. Der protestantische Geist der ökologischen Vernunft zielt auf eine *rationale* Form der Anpassung an die Natur, auf eine ökologisch verträgliche Form des Umgangs mit der Natur. Er wendet sich gegen die schrankenlose Ausbeutung der Natur. Er richtet sich gegen einen verantwortungslosen Umgang mit der Natur und plädiert für die Erhaltung der »natürlichen Umwelt« für gegenwärtige und zukünftige Generationen. Es geht ihm um das *Überleben* der Natur. Die herrschende ökologische Vernunft ist – mit einem Wort – eine Form praktischer Vernunft, die den »protestantischen Geist« reproduziert.

Der »protestantische Geist« der ökologischen Vernunft sucht seit dem Beginn der modernen Gesellschaft die praktische Vernunft auf die *utilitarische* Vernunft zu reduzieren. Er steht für eine *utilitarische Form praktischer Rationalität.* Doch mit der ökologischen Krise fortgeschrittener Industriegesellschaften wachsen die Zweifel an dieser Form der praktischen Vernunft. Es entsteht die Forderung nach einer »anderen« Form der Vergesellschaftung der Natur. Diese »andere« Bedeutung des ökologisch Vernünftigen soll über die utilitarische Form praktischer Vernunft hinausgehen. Dieses »andere« Verhältnis der Gesellschaft zur Natur wird im folgenden mit der Idee einer *kommunikativen* Form praktischer Rationalität umschrieben. Es geht in diesem »anderen« Verhältnis um die Frage eines guten bzw. besseren Lebens in und mit der Natur.

Dieses andere Verhältnis soll im folgenden als eine Kritik des herrschenden utilitarischen Naturverständnisses expliziert werden. Eine solche Kritik der ökologischen Vernunft setzt eine – zu klärende – Form *theoretischer Vernunft* voraus. Diese theoretische Vernunft versucht nicht mehr anzuleiten, zu sagen, welches das richtige und welches das falsche Verhältnis zur Natur ist. Ihre Funktion ist nur mehr negativ. Ihre Funktion besteht darin, über die Illusionen praktischer Vernunft aufzuklären. Die theoretische

Vernunft besteht nicht mehr darin, die Bedingungen der Möglichkeit von praktischer Vernunft »vorzudenken«, sondern darin, über die damit verbundenen Illusionen aufzuklären.
Eine solche Form der Kritik der ökologischen Vernunft zwingt zu einer dreifachen theoretischen Reflexion. Sie zwingt *erstens* dazu, die kulturtheoretische Ahnungslosigkeit in der Beschreibung gesellschaftlicher Naturverhältnisse zu korrigieren. Sie zwingt *zweitens* zu einer Korrektur des evolutionstheoretischen Blicks auf die Geschichte des Verhältnisses von Gesellschaft und Natur. Und sie zwingt *drittens* in dem Maße, wie die »Ökologie der ökologischen Vernunft« (!) zum Thema wird, zu einem – noch zu klärenden – Rationalitätsbegriff. Die drei Schlüsselbegriffe einer theoretischen Reflexion gesellschaftlicher Naturverhältnisse, *Kultur*, *Evolution* und *Rationalität*, sollen kurz erläutert werden.

Die soziologische Analyse, die das gesellschaftliche Naturverhältnis als ein Problem praktischer Vernunft behandelt, erfordert einmal eine *kulturtheoretische* Radikalisierung des soziologischen Blicks. Es geht darum, jenseits des kulturell normalisierten utilitarischen Verhältnisses zur Natur die symbolischen Formen, in denen die Natur repräsentiert wird, zu rekonstruieren. Diese symbolischen Formen thematisieren die »natürlichen« Grundlagen der sozialen Welt: die saisonalen Rhythmen, den Wechsel von Leben und Tod. Diese Welt ist nicht durch Normen – wie die Beziehungen zwischen Ego und Alter – steuerbar. Man kann sie nicht steuern, nicht in ihre geradezu beängstigende Regelmäßigkeit eingreifen. Diese Nichtkontrollierbarkeit zwingt dazu, diese Welt als das Geheimnisvolle, das Unbegriffene oder Nicht-Begreifbare, das »Numinose«, zu bezeichnen, das der Gesellschaft entzogen und doch zugleich in ihr ist.
Die Theorie der Kultur, die sich in einer kulturtheoretisch reflektierten soziologischen Analyse der Natur herausbildet, sensibilisiert für jene symbolischen Grundlagen von Kommunikation, die vor aller normativen Erwartungsgeneralisierung bereits jeder Kommunikation vorausgesetzt sind. Man kann das auch das in einer Gesellschaft Selbstverständliche, das *Nicht-Hinterfragte einer Lebenswelt* nennen, das, was vor aller sozialen Ordnung bereits die sozialen Beziehungen zwischen den Menschen regelt. Solche *kulturellen Selbstverständlichkeiten* werden durch Kom-

munikation auch verändert; sie werden entzaubert und zugleich verzaubert; sie werden rationalisiert und zugleich mystifiziert. Damit entsteht das Paradox, daß Kommunikation kulturelle Selbstverständlichkeiten zerstört und doch zugleich – damit Kommunikation weiterlaufen kann – auf solche Selbstverständlichkeiten angewiesen ist.
Doch offensichtlich sind diese kulturellen Selbstverständlichkeiten unerschöpflich. Es scheint kein fixes Reservoir an kulturellen Selbstverständlichkeiten zu geben, das sich geschichtlich verbraucht oder erschöpft. Vielmehr füllt sich dieses Reservoir im Verlauf der gesellschaftlichen Entwicklung immer wieder mit neuen Selbstverständlichkeiten. Das, was als »Wiederverzauberung der Welt« (Moscovici 1976) bezeichnet wird, ist ein Hinweis darauf, daß auch die moderne Kultur solche Selbstverständlichkeiten immer wieder neu produziert. Die Kultur gleicht einer Hydra, der umso mehr Köpfe nachwachsen, wie sie ihr abgeschlagen werden.

Eine kulturtheoretisch aufgeklärte soziologische Analyse des gesellschaftlichen Naturverhältnisses verändert zweitens den *evolutionstheoretischen Blick*. Die Vorstellung, daß die Gesellschaft in der Natur zu überleben sucht, hat das evolutionstheoretische Denken in der Soziologie dominiert. Doch die Vergesellschaftung der Natur eröffnet zwei unterschiedliche und konkurrierende Formen sozialer Evolution in der Geschichte menschlicher Gesellschaften: eine *natürliche Evolution* und eine *kulturelle Evolution*. Mit dieser Unterscheidung sind weitreichende Veränderungen an einer Theorie der sozialen Evolution verbunden. Die *natürliche Evolution* verändert die Form des gesellschaftlichen Umgangs mit der Natur. Die Gesellschaft benutzt ihr Wissen über die Natur, um ihre »Produktivkräfte« zu steigern. Diese Steigerung zwingt zur Erhöhung der Komplexität der Gesellschaft, vor allem zu einer zunehmenden gesellschaftlichen Arbeitsteilung. Die *kulturelle Evolution* verändert dagegen die Regeln verantwortlichen Handelns in der Gesellschaft. Sie benutzt normative Regeln, um ihren »moralischen Fortschritt« voranzutreiben. Dies führt zu einer zunehmenden Intensivierung sozialer Konflikte, die die Ausdifferenzierung von kommunikativen Formen der Konfliktlösung erzwingen.
Das Verhältnis von natürlicher und kultureller Evolution in der

Geschichte menschlicher Gesellschaften wird in den klassischen soziologischen Evolutionstheorien von Marx bis Luhmann und Habermas zugunsten eines (wenn auch unterschiedlich begründeten) Primats der *natürlichen Evolution* entschieden. Diese Theorien beschreiben soziale Evolution als eine kontinuierliche Ausdifferenzierung der Gesellschaft aus der Natur. Je weiter diese natürliche Evolution voranschreitet, umso komplexer werden die Umweltbeziehungen der Gesellschaft und umso prekärer wird es, das Gleichgewicht zwischen Natur und Gesellschaft zu bewahren. Diese Vorstellung alimentiert zu einem großen Teil auch den aktuellen ökologischen Diskurs.

Problematisch werden diese Theorien dann, wenn sie den Stufen der natürlichen Evolution Rangplätze zuordnen, die relative kulturelle (moralische, ästhetische) Höherentwicklungen der Gesellschaft bezeichnen. Die historische Erfahrung erschwert eher solche Zuordnungen. Kulturelle Evolution scheint eher ein Prozeß zu sein, der auf jeder Stufe der natürlichen Evolution in Gang kommt, blockiert wird, teilweise gelingt, wieder rückgängig gemacht wird. Kulturelle Evolution ist ein Prozeß, der immer wieder versucht wird und nur selten gelingt.

Auf jeder Stufe der natürlichen Evolution, d. h. gleichermaßen in einfachen, traditionalen und modernen Gesellschaften, finden wir Ansätze zu einer kulturellen Evolution, die im Selbstverständnis der jeweiligen Gesellschaft als kulturelle »Höherentwicklung« thematisiert wird. Die moderne Gesellschaft, die geglaubt hat, sie hätte den Schlüssel zu dieser »Höherentwicklung« entdeckt, muß dabei feststellen, daß es eine »Dialektik der Aufklärung« gibt. Sie stellt darüber hinaus fest, daß ihre kulturelle Evolution die eigenen natürlichen Voraussetzungen und damit die Bedingungen der Möglichkeit weiterer natürlicher Evolution zu zerstören droht. Und sie stellt dabei fest, daß ihre kulturelle Evolution ihr kaum die Mittel an die Hand gibt, diesen Prozeß der Selbstzerstörung abzubrechen. Die Zweifel an der Möglichkeit einer sozialen Evolution der Gesellschaft im Sinne einer kulturellen Höherentwicklung werden damit nur zu verständlich.

Eine *Theorie sozialer Evolution* muß also die Spannung zwischen der natürlichen und der kulturellen Evolution in der Geschichte menschlicher Gesellschaften als Theorieproblem einbauen und deren Verhältnis klären. Das bedeutet aber auch, mit jenen Traditionen soziologischer Theoriebildung zu brechen, die gesellschaftliche Entwicklung mit Produktivkraftentwicklung und/oder sozialer Differenzierung gleichgesetzt haben. Sie lassen sich aus einer kulturtheoretischen Perspektive als *naturalistische* Theorien sozialer Evolution verstehen. Dagegen richtet sich die Programmatik einer *kulturalistischen* Theorie sozialer Evolution. Sie stellt ins Zentrum der Theoriebildung die (empirische) Frage, wo und in welchem Maße in verschiedenen Gesellschaften welche kulturelle Evolution stattgefunden hat.

Die evolutionstheoretisch aufgeklärte soziologische Analyse des gesellschaftlichen Naturverhältnisses verändert auch – und das ist eine dritte Implikation der soziologischen Analyse gesellschaftlicher Naturverhältnisse – die Vorstellung einer *praktischen Vernunft* im Umgang mit der Natur. Die Kernfrage einer Theorie sozialer Evolution ist nicht, ob sich Gesellschaften einem Klassifikationsschema natürlicher Evolution fügen (was sie mehr oder weniger schlecht tun!). Die Kernfrage lautet vielmehr, ob die Aneignung der Natur mit Lernprozessen in der Dimension der *praktischen Vernunft* und mit welcher Vernunft im Handeln sie dann verbunden ist. Es überrascht nicht, daß die theoretische Vernunft zunehmend Irritationen ausgesetzt ist, wenn sie soziale Evolution unter dem Gesichtspunkt der *Vernünftigkeit* zu sehen sucht.

Solche Fragen stellen sich solange nicht, als das Kriterium der *Vernünftigkeit* in der »reinen Vernunft« gesucht wird. Aus der Perspektive der »reinen Vernunft« erscheint Gesellschaft als bloßes Nebenprodukt der Evolution des menschlichen Geistes. Diese Evolution bemißt sich am Maßstab der kognitiven Fähigkeit zur Anpassung und Kontrolle der jeweiligen Umwelt. Und dabei ist der Mensch, zu dessen physischer Ausstattung die *Vernunft* gehört, den anderen Gattungen überlegen. Vernunft ist, wie Kant sagt, eine Gabe der Natur, die den Menschen zum Herrn dieser Natur macht. Doch die »Menschengeschichte der Natur« zeigt, daß es keine reine Vernunft jenseits einer praktischen Vernunft gibt. Jedes gesellschaftliche Naturverhältnis, das die reine Vernunft auf unterschiedlichen Ebenen ihrer Evolution verkörpert, ist zugleich Ausdruck einer praktischen Vernunft. Die reine Vernunft erhöht nur die Fähigkeit der Menschen, sich an die Umwelt anzupassen. Sie konstituiert aber kein gesellschaftliches Naturverhältnis.

Die praktische Vernunft dagegen ermöglicht es, verantwortlich in der – durch die reine Vernunft möglich gewordenen – Welt zu handeln. Es kann damit eine Antwort auf die – gerade für die Kritik der ökologischen Vernunft zentrale – Frage gegeben werden, ob und inwiefern die gesellschaftliche Aneignung der Natur »rational« ist. Das Rationalitätsproblem besteht nicht darin, daß die Vorstellungen der Menschen über die Natur empirisch richtig sein müssen. Sie setzt nicht voraus, daß die Menschen keinen magischen Vorstellungen über die Welt mehr anhängen. Das wäre eine Frage der »reinen Vernunft«. Das Rationalitätsproblem besteht vielmehr darin, in welcher Weise die *Praxis* der Menschen – wie magisch ihre Vorstellungen auch immer sein mögen – als rational ausgezeichnet werden kann. Und das ist eine Frage der »praktischen Vernunft«. Praktische Vernunft ist weitgehend unabhängig von den Möglichkeiten, die die reine Vernunft eröffnet. Sie ist kein Privileg der Gesellschaften, die eine höhere reine Vernunft für sich reklamieren können. Die Rationalität einer Gesellschaft ist – und das ist die Quintessenz dieser Überlegungen – das Ergebnis einer *sozialen Evolution der praktischen Vernunft*.

Diese dreifache theoretische Reflexion auf den Kulturbegriff, den Evolutionsbegriff und den Rationalitätsbegriff ist die Grundlage einer Theorie der sozialen Evolution der praktischen Vernunft, die nicht Unilinearität behauptet, sondern konkurrierende Entwicklungspfade sichtbar machen kann. Sie legt es nahe, zwischen einer sozialen Evolution der praktischen Vernunft, die auf *Poiesis* (oder Autopoiesis!), und einer sozialen Evolution der praktischen Vernunft, die auf *Praxis* (oder kommunikative Selbsterzeugung!) setzt, zu unterscheiden. Die Differenz von Praxis und Poiesis bzw. ihr empirisches Mischungsverhältnis erklären unterschiedliche Formen praktischer Rationalität und unterschiedliche Pfade sozialer Evolution. Sie erklärt, warum es im historisch konkreten Fall eher zu natürlicher oder kultureller Evolution in der Geschichte menschlicher Gesellschaften kommt.

Diese Programmatik zwingt dazu, nicht eine »Universalgeschichte« der praktischen Vernunft fortzuschreiben, sondern damit zu beginnen, eine »Multiversalgeschichte« der praktischen Vernunft zu schreiben. Erst im Rahmen einer solchen Multiversalgeschichte kann die Frage nach der spezifischen praktischen *Rationalität* der ökologischen Vernunft angemessen gestellt werden. Es kann die Frage formuliert werden, inwieweit die ökologische Vernunft eine Fortsetzung der utilitarischen Vernunft oder ob sie ein Ansatzpunkt für eine »andere« praktische Vernunft ist.

Diese Programmatik verändert auch den empirischen Blick. Die empirische Fragestellung lautet: Wo sind in der sozialen Evolution der Gesellschaft Ansatzpunkte zu einer kulturellen Evolution zu finden, die diese »andere« Vernunft verkörpert? Für konkrete Analysen evolutionärer Veränderungen, für komparative Studien wie für Einzelanalysen, öffnet sich mit dieser Frage ein weites Untersuchungsfeld. Es gibt keinen methodischen Königsweg für solche Analysen; übrig bleiben die Mühen der komparativen Analyse. Und es gibt keine privilegierte historische Zeit und keinen privilegierten geographischen Raum für solche Analysen. Kulturelle Evolution findet gleichermaßen in einfachen, traditionalen und modernen Gesellschaften statt. Es gibt keine Gesellschaft, die kulturelle Evolution ausschließt. Es gibt nur Unterschiede im Ausmaß, in dem kulturelle Evolution blockiert werden kann. Und die moderne Kultur scheint – entgegen der ihr unterstellten Rationalität – eher zu den Gesellschaften zu gehören, in denen das Ausmaß der Selbstblockierung der kulturellen Evolution am größten geworden ist.

Der folgende Text gliedert sich in vier Teile. Im ersten Teil werden Hauptthema (die Naturaneignung) und Nebenthema (Kultur als symbolische Ordnung der Gesellschaft) vorgestellt und entwickelt. Im zweiten Teil wird das Thema des Übergangs von der Natur zur Kultur variiert. Die Variationen reichen von einfachen bis zu modernen Gesellschaften. Im dritten Teil wird das Grundthema wieder aufgenommen und als Thema sozialer Gegenbewegungen in der Moderne entfaltet. Das bewegende Thema ist die Vorstellung eines »Zurück zur Natur«. Im letzten Teil werden die thematischen Fäden in einem Begriffsspiel, das auf dem Gegensatz von Praxis und Poiesis gründet, zusammengeführt und zu einem Finale verarbeitet, das in einer sozialen Kritik der ökologischen Vernunft kulminiert.

Der *erste* Teil legt die kulturtheoretischen Grundlagen einer Kritik der ökologischen Vernunft. Im Rahmen einer Kritik des offenen wie verdeckten Naturalismus soziologischer Theoriebildung wird der Versuch unternommen, das gesellschaftliche Naturverhältnis als eine *Menschengeschichte der Natur* zu beschreiben, die die Logik natürlicher Evolution sprengt. Das Konzept einer *Menschengeschichte der Natur* verbietet es, die »reine« Vernunft zum regulativen Prinzip dieser Menschengeschichte der Natur zu machen. Es fragt statt dessen nach der praktischen Vernunft, nach dem verantworteten Umgang mit dem, was die Evolution des menschlichen Geistes möglich gemacht hat. Die Rekonstruktion einer *Menschengeschichte der Natur* zeigt, daß kein Umgang mit der Natur jenseits der praktischen Vernunft möglich ist.

Zugleich kann die empirische Analyse zeigen, daß es ganz unterschiedliche Formen praktischer Vernunft in der Menschengeschichte der Natur gibt. Das richtet den Blick zurück auf die kulturellen Verkörperungen praktischer Vernunft in der Gesellschaft. Zwei Idealtypen der Verkörperung praktischer Vernunft werden unterschieden: »profane« und »religiöse« Verkörperungen der praktischen Vernunft. Die »profane« Form praktischer Vernunft reduziert die praktische Vernunft auf ein rationales *Minimum*. Die in ihr angelegte Entwicklungslogik kulminiert in der utilitarischen Vernunft. Das macht die »religiösen« Formen praktischer Vernunft zum Schlüssel für die Rekonstruktion eines umfassenderen Begriffs praktischer Vernunft. In der religiösen Evolution werden Weichen für eine Verkörperung der praktischen Vernunft gestellt, werden Vorstellungen des Guten und Bösen ausgeformt und kulturell verkörpert. Die »religiöse« Form praktischer Vernunft enthält das rationale (bzw. irrationale) *Maximum* einer praktischen Vernunft. Diese Analysen geben somit Hinweise auf die kulturelle Evolution von Gesellschaften unabhängig von den Stufen der natürlichen Evolution, auf denen sie sich materiell reproduzieren.

Im *zweiten* Teil wird die Frage nach der Logik kultureller Praktiken der Aneignung der Natur gestellt. Es handelt sich um Analysen von Eßtabus und Opferritualen, um *symbolische Formen* der konsumtiven Aneignung der Natur. Eßtabus legen fest, was gegessen werden darf und was nicht. Diese Grenze zwischen dem Eßbaren und dem Nichteßbaren hat nicht nur ökonomische Funktionen. Sie enthält darüber hinaus eine implizite Moral. Sie ist Ausdruck einer spezifischen Form praktischer Vernunft. Solche kulturellen Praktiken verkörpern den Bruch mit der Natur par excellence. Denn sie suchen die Gewalt, die im Umgang mit der Natur (einschließlich der Menschen, die immer auch Teil der Natur sind) qua Natur gegeben ist, durch symbolische Formen zu kontrollieren und zu zivilisieren. Diese Zivilisierung wird in einer Kontrastierung zweier Modelle des Umgangs mit der Natur expliziert: in der Kontrastierung des Modells der carnivoren mit dem Modell der vegetarischen Kultur. Sie enthalten gegensätzliche Optionen für Vergesellschaftung, mit jeweils spezifischen Konsequenzen für die Reproduktion der Gesellschaft. Daß das carnivore Modell evolutionär (bislang) erfolgreicher gewesen ist, das bestimmt das moderne Naturverhältnis und den modernen Begriff ökologischer Rationalität.

In einem *dritten* Teil wird dann die Frage nach der Form der symbolischen Aneignung der Natur in der Gegenwart gestellt. Die Moderne enthält eine grundlegende Ambivalenz gegenüber der Natur, die bereits die traditionalen Gesellschaften gekennzeichnet hat. Sie ist Träger einer neuen Sensibilität gegenüber der Natur; sie ästhetisiert und moralisiert Natur. Sie ist aber auch Träger des industriellen Modells der Ausbeutung und Unterdrückung der Natur; sie behandelt Natur als Gegenstand ohne Recht. Jenes doppelte Verhältnis verbietet die – sei es positiv, sei es negativ bewertete – Vorstellung eines einlinigen und eindeutigen Prozesses der Rationalisierung in der Moderne. Diese Nichteindeutigkeit unterscheidet gerade die moderne Gesellschaft von den meisten anderen. Denn die moderne Gesellschaft hält zugleich das »carnivore« wie das »vegetarische« Modell gesellschaftlicher Entwicklung als Möglichkeit sozialer Evolution offen. Welche Wege die Moderne einschlägt, wieweit sie den Weg der Wiederverzauberung der Welt oder den Weg der instrumentellen Unterordnung der Natur geht, das hängt davon ab, welche ökologische Vernunft in der ökologischen Kommunikation dieser Gesellschaft zum Zuge kommen kann.

In einem *vierten* Teil wird auf dem Hintergrund der vorangegangenen Überlegungen eine Theorie der sozialen Evolution der praktischen Vernunft skizziert. Diese Theorie macht die Differenz von Praxis und Poiesis zum Schlüssel für eine soziale Kritik der praktischen Vernunft. Diese Form der sozialen Kritik stellt wiederum die Frage nach der Begründbarkeit der *theoretischen Vernunft*, die diese Kritik vornimmt. Es wird bestritten, daß die theoretische Vernunft zum Schrittmacher *ökologischer Vernunft* werden kann. Sie kann nur mehr negative Funktionen übernehmen. Sie kann nur Illusionen über die ökologische Vernunft thematisieren und dabei die Konturen einer neuen, reflexiv gewordenen *praktischen Rationalität* im Umgang mit der Natur entwerfen. Die empirische Analyse der kulturellen Verkörperungen praktischer Vernunft in unserer Gesellschaft wie in anderen Gesellschaften ist ein Weg, diese Desillusionierung über die »profane« ökologische Vernunft zu befördern. Daß eine solche theoretische Vernunft die Menschengeschichte der Natur aus ihrer selbstdestruktiven Logik zu lösen vermag, ist damit nicht gesagt. Doch die blanke Naturwüchsigkeit dieser selbstdestruktiven Logik kann dann nicht mehr als ein ungewolltes und unausweichliches Schicksal erscheinen.

Teil 1
Vergesellschaftung der Natur und praktische Vernunft

Die gesellschaftliche Aneignung der Natur. Eine Kritik naturalistischer Evolutionstheorien

Natur und Gesellschaft

Das Verhältnis von Natur und Gesellschaft läßt sich theoretisch auf zwei einander ausschließende Weisen fassen: als *Naturalisierung der Gesellschaft* oder als *Vergesellschaftung der Natur*. Diese Alternativen teilen den theoretischen Diskurs über das Verhältnis von Natur und Gesellschaft in zwei Lager: in ein *naturalistisches* und in ein *kulturalistisches* Lager. Die folgenden Überlegungen versuchen, die naturalistische Deutung des Verhältnisses von Gesellschaft und Natur zu kritisieren und Ansatzpunkte für eine kulturalistische Deutung dieses Verhältnisses zu finden.
In den naturalistischen Gesellschaftstheorien wird das Verhältnis von Gesellschaft und Natur als ein *Herrschaftsverhältnis* gedeutet. Dieses Herrschaftsverhältnis kann auf unterschiedliche Weise hergestellt werden: Man kann der technischen Seite oder der organisatorischen Seite der gesellschaftlichen Aneignung der Natur den theoretischen Primat zugestehen. Für diese Differenz stehen die Klassiker Marx und Durkheim.[1] Marx setzt die gesellschaft-

1 Diese beiden Gesellschaftstheoretiker lassen sich allerdings nicht auf diese Position festnageln. Die Differenz zwischen dem alten und dem jungen Marx wie die Differenz zwischen dem jungen und dem alten Durkheim machen diese Klassiker uneindeutig. Gerade die Ambivalenz ihrer theoretischen Ansätze macht sie aber weiterhin interessant. Man kann an ihnen lernen, vor welchen Optionen jede Gesellschaftstheorie steht. Diese Optionen lassen sich folgendermaßen systematisieren:

	poietische Vernunft	praktische Vernunft
Natur	X	
Gesellschaft	X	X

Die mit einem X gekennzeichneten Felder sind Gegenstand der herrschenden Gesellschaftstheorien. Die Natur wird dem Feld der poietischen Vernunft, die Gesellschaft dem Feld der poietischen und praktischen Vernunft zugeordnet. Ausgeklammert bleibt der von der praktischen Vernunft bestimmte Prozeß der Reproduktion und Evolution des gesellschaftlichen Naturverhältnisses. Die im folgenden skizzierten Überlegungen zu einer Theorie der »sozialen Evolution der Natur« versuchen diese Leerstelle zu füllen.

liche Entwicklung der Produktivkräfte zentral. Durkheim geht von der zunehmenden gesellschaftlichen Arbeitsteilung aus. Beide Theorien teilen ein naturalistisches Gesellschaftsverständnis. Denn die Reproduktion der Gesellschaft wird an einem Maßstab gemessen, der für die Evolution der Natur charakteristisch ist: am Maßstab der Adaptabilität, am Maßstab der Verfügbarkeit über Ressourcen, die das Überleben in der Natur ermöglichen. Die gesellschaftliche Aneignung der Natur wird auf die – durch kognitive Lernprozesse evolutionär beschleunigte – Überlebensfähigkeit der Gesellschaft in der Natur reduziert. Die Entwicklung der Produktivkräfte, der technische Fortschritt und die zunehmende Arbeitsteilung sind Ausdruck einer natürlichen Evolution der Gesellschaft. Die Gesellschaftsgeschichte erscheint als eine Fortsetzung der Naturgeschichte.

Die Vergesellschaftung der Natur ist aber immer auch Ausdruck einer sozialen Evolution der Gesellschaft. Die klassischen Theorien der gesellschaftlichen Aneignung der Natur haben dieses soziale Konstitutionsverhältnis umgekehrt. Der »späte« Marx macht die Veränderung der Produktionsverhältnisse zum Nebenprodukt der Entwicklung der Produktivkräfte. Der »junge« Durkheim erklärt aus der zunehmenden Arbeitsteilung den Wandel der normativen Ordnung der Gesellschaft. Doch die Geschichte der gesellschaftlichen Aneignung der Natur ist von der Geschichte sozialer Verhältnisse nicht zu trennen. Der Übergang von der Natur zur Kultur erschöpft sich nicht in einer Geschichte der Unterwerfung der Natur. Die Vergesellschaftung der Natur ist immer auch eine *Menschengeschichte der Natur*, die nicht auf eine bloße Herrschaftsgeschichte reduziert werden kann.[2] Das Eigentümliche der Menschengeschichte der Natur, nämlich auch Teil und Ergebnis einer *Kultur* zu sein, entzieht sich diesem theoretischen Blick.

Gegen den naturalistischen Reduktionismus der (vom späten Marx und vom frühen Durkheim bestimmten) makrosoziologischen Theorien[3] soll im folgenden der Versuch unternommen

2 Die Begrifflichkeit ist von Moscovici (1982) übernommen. Der theoretische Ausgangspunkt für die zentrale Stellung der Menschengeschichte der Natur ist natürlich der Historische Materialismus, der bei Moscovici eine interessante Reformulierung erfährt. Zur Fortsetzung der Kritik des Marxschen Naturbegriffs vgl. Moscovici (1979), S.117ff.

3 Es überrascht dann auch nicht, daß die soziologische Theoriebildung auf biologische Begrifflichkeiten zurückgreift, um ihre systematischen Grundlagen zu

werden, die spezifische *kulturelle* Form der gesellschaftlichen Aneignung der Natur zu rekonstruieren. Dieses Programm soll in zwei Schritten entfaltet werden. In einem *ersten* Schritt wird die These eines gesellschaftstheoretischen Naturalismus sowohl am Beispiel der marxistischen wie der funktionalistischen Theorietradition expliziert. Diese Theorien beschreiben die Aneignung der Natur als Anpassung an die Natur. Dagegen wird im Anschluß an Moscovici[4] das theoretische Konzept einer »Menschengeschichte der Natur« gesetzt (Abschnitt 2). In einem *zweiten* Schritt wird der Versuch unternommen, die Grundlagen einer Theorie der Menschengeschichte der Natur weiter zu entwickeln. Gegen die naturalistische Analyse des Verhältnisses von Natur und Gesellschaft wird eine kulturalistische Deutung dieses Verhältnisses gesetzt, die Natur nicht als *objektiv Gegebenes*, sondern als *symbolisch Konstituiertes* sieht. Die Folgerungen aus dieser kulturalistischen Konzeptualisierung der Natur werden in den Abschnitten 3 bis 5 gezogen.

Es sind drei Annahmen, die mit dieser Theorie einer Menschengeschichte der Natur verbunden sind. Eine erste Annahme ist die einer *kognitiven* Konstruktion der Natur. Die Formen des kognitiven Umgangs mit der Natur konstituieren je spezifische gesellschaftliche Naturverhältnisse (Abschnitt 3). Eine zweite Annahme ist die einer *normativen* Konstruktion der Natur. Die Natur ist das Medium gesellschaftlicher Tausch- und Verteilungsprozesse, von denen die Natur nicht unberührt bleibt (Abschnitt 4). Eine dritte Annahme ist die einer *symbolischen* Konstruktion der Natur. Sie besagt, daß diese unterschiedlichen Naturverhältnisse Versuche sind, die gesellschaftlich produzierte Natur als ein Zeichensystem zu benutzen, das Unbekanntes und Unbegriffenes zu symbolisieren und damit auch kommunikabel zu machen erlaubt[4] (Abschnitt 5). Mit diesen Annahmen ist eine kulturtheoretische Reformulierung des Naturbegriffs verbunden. Der Übergang von der Natur zur Kultur, die Vergesellschaftung der Natur,

explizieren. Die Rede von Systembildung, Autopoiese, Komplexität, Differenzierung entstammt einem Blick auf die Welt, der selbst in der Differenz von Natur und Gesellschaft begründet ist. Das ist für sich gesehen ein interessanter Blick. Er führt nur nicht zu einer soziologischen Theorie und einer Theorie sozialer Evolution.

4 Der Ansatzpunkt von Moscovici (1982) ermöglicht eine kulturtheoretisch angemessenere Konzeptualisierung des Verhältnisses von Natur und Kultur als dies die alten und neueren soziologischen Theorieansätze zu leisten vermögen.

kulminiert in der symbolischen Aneignung der Natur.[5] Mit dieser Theorie einer Menschengeschichte der Natur wird es möglich, die Rolle der Gesellschaft im Konstitutionsprozeß der Natur angemessener zu bestimmen, als dies jene Theorien tun, die das Verhältnis von Natur und Gesellschaft als bloßes Herrschaftsverhältnis deuten. Und es wird möglich, die »affirmative« Konzeptualisierung eines gesellschaftlichen Naturverhältnisses in den vorliegenden Gesellschaftstheorien durch eine »kritische« Konzeptualisierung dieses Verhältnisses zu ersetzen.

Zur Kritik des soziologischen Naturalismus

Der Marxsche Naturalismus

Die Soziologie hat sich wissenschaftsgeschichtlich gesehen gerade in Opposition gegen die naturalisierende Betrachtungsweise gesellschaftlicher Verhältnisse als Wissenschaft etablieren können. Die Marxsche Theorie hat sich selbst als eine Naturalismuskritik verstanden. Die Kritik der politischen Ökonomie ist die Kritik einer naturalisierenden Betrachtungsweise gesellschaftlicher Verhältnisse. Gegen diesen Naturalismus hat vor allem Marx die Vorstellung von gesellschaftlichen Verhältnissen gesetzt, die nicht nur von Menschen gemacht werden können, deren Funktionieren vielmehr prinzipiell jederzeit von den Menschen zum Gegenstand ihrer Praxis gemacht werden kann.

Wenn man diesem theoretischen Ansatz selbst noch naturalisierende Grundannahmen vorwirft, dann wird die gesellschaftstheoretische Kritik am Naturalismus auf sich selbst angewandt. Diese Kritik verweist darauf, daß auch die Marxsche Kritik naturalistischer Theorien nicht gegen den Naturalismus gefeit ist. Dieser Marxsche Naturalismus liegt in seinem Naturbegriff begründet. Was Marx an der Natur interessierte, waren die Besitzverhält-

5 Eine befriedigende soziologische Theorie der Kultur fehlt bislang. Vgl. als klassischen Ansatz dazu Malinowski (1980). Zur Diskussion neuerer soziologischer Ansätze siehe Schneider/Bonjean (1973), Lipp (1979), Merquior (1979), Baumhauer (1982), Drechsel (1984). Die Geschichte des Begriffs Kultur hat Boon (1973) nachgezeichnet. Bei ihm findet sich eine gute Definition von Kultur: »Culture pertains to operations which render complex human phenomena communicable.« (Boon 1973, S.7) Zur Geschichte von Kulturtheorien in einem engeren Sinne, nämlich bezogen auf religiöse Symbolsysteme, vgl. Baal (1971).

nisse. Was seine Vorstellung eines gesellschaftlichen Naturverhältnisses kennzeichnete, war Gleichgültigkeit gegenüber der Materie. Dies mag verständlich machen, warum die Marxsche Theorie in der aktuellen ökologischen Diskussion so wenig gefragt ist.

Eine besondere Bedeutung kommt in diesem Zusammenhang der Theorie des *Historischen Materialismus* zu. Denn diese Theorie setzt das naturalismuskritische Programm von Marx auf der Ebene der gesellschaftlichen Entwicklung fort. Sie verbindet den unterstellten objektiven Verlauf der Geschichte, also eine naturalistische Konstruktion gesellschaftlicher Entwicklung, mit normativen Annahmen darüber, wie Gesellschaft von den sozialen Akteuren anders strukturiert werden könnte. Symptomatisch dafür ist der Marxsche Arbeitsbegriff, der sich Ausschließendes verknüpft: Arbeit als zugleich natürliche und soziale Tätigkeit, als zugleich *Poiesis* und *Praxis*. Dieser Arbeitsbegriff provoziert geradezu die Auflösung dieser Verknüpfung entweder in Richtung auf Naturalismus oder in Richtung auf Normativismus.

Die *naturalistische* Auflösung dieser Theoriestrategie besteht darin, soziale Beziehungen und das Bewußtsein, das sich darüber bildet, aus der Logik des Tauschwerts, den sie besitzen, zu rekonstruieren und zu erklären. Der Historische Materialismus basiert dann primär auf der Vorstellung vom geschichtlichen Prozeß als einem Prozeß, in dem die Tauschwertproduktion zunehmend dominant wird, bis sie im Kapitalismus ihre reinste soziale Form gefunden hat, die sie zugleich entzifferbar macht.[6]

Mit diesem Argument wird aber die Möglichkeit vertan, die Aneignung der Natur aus dem »Geheimnis der Wertform der Waren«, aus dem *Gebrauchswert* der Waren, zu erklären. Denn die

6 Engels' Vorstellung einer »Dialektik der Natur« (Engels 1951) ist in sich widersprüchlich. Auf der einen Seite geht er von der Vorstellung eines ewigen Kreislaufes der Materie aus, während die entscheidenden Kräfte der Entwicklung Arbeit und Kapital sind. Andererseits wird zugleich die Idee einer menschlichen Geschichte der materiellen Welt, also die Idee einer Entwicklung der Natur formuliert. Dieser Widerspruch ist schließlich zugunsten der Vorstellung einer sich selbst erhaltenden natürlichen Umwelt aufgelöst worden. Ökologische Krisen sind dann nur kleinere Störungen in diesem Prozeß. Dazu vgl. die klassischen Formulierungen bei Wittfogel (1932). Eine jüngere Version findet sich bei Ribeiro (1971). In dieser Tradition bewegt sich auch die »materialistische Kulturtheorie«. Vgl. dazu Hund (1978). Orthodox sind vor allem die anderen Beiträge in dem von ihm und Kramer herausgegebenen Band (Hund/Kramer 1978).

in den Gebrauchswert eingegangene gesellschaftliche Arbeit ist mehr als bloße instrumentelle Tätigkeit. Gebrauchswertbezogene Arbeit ist kulturell geformte Aneignung der Natur. Diese theoretische Perspektive wird von Marx aber nur – und hier dominiert das Bild des guten und unverdorbenen Wilden – für den »primitiven Kommunismus«, in dem die Gebrauchswertproduktion dominiert haben soll, herangezogen.[7]

Zwar bleibt im Historischen Materialismus die Gebrauchswertperspektive eine theoretische Möglichkeit. Sie wird zur Bedingung der Möglichkeit der Kritik der Tauschwertgeschichte. Das macht sichtbar, daß in dem Maße, wie in der Geschichte der Gebrauchswert der Ware vom Tauschwert der Ware verdrängt wird, auch die Geschichte des Gebrauchswerts von der Geschichte des Tauschwerts verdrängt wird. Die in den Tauschwert der Waren eingehende Arbeit wird zum Schlüssel für die Entstehung und Reproduktion gesellschaftlicher Verhältnisse. Die Apotheose dieser Verdrängungsgeschichte besteht darin, daß Arbeit selbst zum Tauschwert wird. Arbeit bemißt sich dann nur mehr an ihrem Beitrag zur Reproduktion eines objektiven Systemzusammenhanges, dessen Sinn und Gebrauchswert den Beteiligten systematisch entgeht. Wie dieser systematische Täuschungszusammenhang aufgebrochen werden kann, bleibt allerdings ein theoretisches Rätsel. Weder die bloße Benennung dieser Täuschung noch der Verweis auf eine gute Vorgeschichte ersetzen eine Theorie, die in der Lage ist, die Tauschwertgeschichte aus der theoretischen Perspektive einer Gebrauchswertgeschichte, das Herrschaftsverhältnis gegenüber der Natur aus der Perspektive eines nicht-herrschaftlichen Naturverhältnisses zu rekonstruieren.[8]

7 Hinweise auf kulturelle Evolutionsprozesse, die sich dem Verdikt von »Primitivität« nicht fügen, finden sich in Sahlins' Analyse der Steinzeitökonomie (Sahlins 1972). Die ökologische Krise provoziert andererseits Stimmen, die für kulturelle Evolution auf einem niedrigeren Niveau der natürlichen Evolution plädieren (wobei hier offen bleiben soll, ob dies prinzipiell möglich ist). Vgl. dazu Eder (1986c).

8 Dieser latente Naturalismus hat die verschiedenen historischen Materialismen mehr oder weniger dominiert. Bei Althusser ist er dann manifest geworden. Indem er das Subjekt als irrelevant aus einer Theorie der Geschichte herausnimmt, kann er die Naturgesetzlichkeit gesellschaftlicher Entwicklung behaupten. Eine andere Form – die häufigste – ist die Naturalisierung der Produktionsverhältnisse. Produktionsverhältnisse werden in dieser Version durch die Bewegung der Produktivkräfte geschichtlich (Friedmann 1974; Legros 1978).

Die *normativistische* Auflösung des dem Historischen Materialismus zugrundeliegenden Naturalismus besteht darin, den Arbeitsbegriff selbst dem Verdikt des naturalistischen Objektivismus zu subsumieren. Das läßt sich an den grundlegenden theoretischen Dispositionen in Habermas' »Rekonstruktion des historischen Materialismus« (Habermas 1976) zeigen. Diese Rekonstruktion ist sowohl ein Versuch, den an Natur gebundenen Arbeitsbegriff durch den an Moral gebundenen Interaktionsbegriff zu ersetzen, als auch ein Versuch, Entwicklung nicht von den Produktivkräften her, sondern von den Produktionsverhältnissen her zu denken. Diese Kritik am Naturalismus des Historischen Materialismus gipfelt darin, Geschichte nicht mehr als das Resultat einer Evolution der gesellschaftlichen Formen produktiver Arbeit, sondern als moralische Evolution, als Ergebnis gesellschaftlicher Selbstorganisation durch Interaktion zu deuten.[9] An die Stelle der Natur tritt die Moral; an die Stelle der Produktion die Distribution.

Doch mit der Verabschiedung des Arbeitsbegriffs wird der Zusammenhang von Gebrauchswert und Tauschwert nur in einer anderen Weise zerrissen. Die Tauschwertgeschichte wird an eine Geschichte unterschiedlicher Verteilungslogiken angebunden. Ins Zentrum theoretischer Anstrengung wird die Frage gestellt, welche Tauschprozesse zu gerechten Ergebnissen führen. Die Tauschwertgeschichte bleibt die herrschende Geschichte. Die normativistische Kritik des Historischen Materialismus versucht zwar, die Tauschwertgeschichte zu überwinden; sie kommt aber nicht bei der Gebrauchswertgeschichte an. Sie kann auch nicht den Zusammenhang mit der Gebrauchswertgeschichte wiederherstellen. Der Naturalisierung des Historischen Materialismus entspricht die Moralisierung des Historischen Materialismus. Dem theoretisch totalisierten Außen entspricht ein theoretisch

9 Hiermit sind die Theorien moralischer Evolution gemeint, die zwar eine eigenständige Logik kultureller Evolution unterstellen, sich jedoch nicht radikal genug vom Modell der Naturgeschichte gelöst haben. Vgl. Habermas (1976) und Eder (1976). Insofern sind die folgenden Überlegungen eine Radikalisierung dieses Ansatzes durch seine Herauslösung aus universalgeschichtlichen und naturgeschichtlichen Zusammenhängen. Die damit verbundene Kritik an Habermas impliziert natürlich auch eine Revision eigener früherer Arbeiten. Die gesellschaftstheoretische Verortung moralischer Evolution ist komplizierter als die bisherigen Analysen haben vermuten lassen.

totalisiertes Innen. Es bleibt nur mehr die Wahl, entweder für Natur oder für Gesellschaft zu plädieren. Die normativistische Verabschiedung des Arbeitsbegriffs geht somit mit einem neuen »blinden Fleck« in der Theoriebildung einher. Sie treibt die Natur aus der Theorie und mit ihr die Gebrauchswertgeschichte, die jenseits von Produktion und Distribution die gesellschaftliche Aneignung des Produzierten und Verteilten bestimmt.

Als begrifflicher Anknüpfungspunkt für eine Kritik des Historischen Materialismus jenseits von Objektivismus und Normativismus dient im folgenden der – im Historischen Materialismus weitgehend brachliegende – Begriff des *Gebrauchswerts* (Sahlins 1981). Der Schlüssel zu einem antinaturalistischen Naturbegriff ist die *Gebrauchswertgeschichte*. Dem Gebrauchswert liegt eine andere Handlungslogik als dem Tauschwert zugrunde: weder Arbeit als instrumentelle Aneignung der Natur noch Interaktion als Mechanismus der Verteilung des Produzierten, sondern die Transformation von Natur in Kultur im Prozeß konsumtiver Aneignung. Der Schlüssel zu einer möglichen »anderen« Geschichte des gesellschaftlichen Naturverhältnisses liegt im Gebrauchswert des Produzierten begründet.

Dieser Blick auf die Geschichte ist dem Historischen Materialismus deswegen verstellt, weil er Gebrauchswerte als anthropologisch gegebene, nämlich als ein System natürlicher Bedürfnisse definiert, und Marx ist konsequent, wenn er sagt, daß der Gebrauchswert außerhalb der politischen Ökonomie liege. Diese Vorstellung findet einen systematischen Ausdruck in der Art und Weise, wie Marx (besonders in den »Grundrissen« von 1857-1858) das Verhältnis von Produktion (der gesellschaftlichen Aneignung der Natur) und Konsumtion (der gesellschaftlichen Aneignung des Produzierten) bestimmt.

Marx nimmt – und das betont besonders Sahlins (1981) – implizit eine Unterordnung der Konsumtion unter die Produktion vor. Indem Konsumtion zu einem bloßen natürlichen Akt der Befriedigung natürlicher Bedürfnisse gemacht wird, ist es schließlich allein die Produktion, die das Gesellschaftliche des Menschen, seine Nicht-Natur, ausmacht. Aber diese Nicht-Natur basiert auf nichts anderem als auf der tätigen Aneignung der Natur, auf Produktion.

Marx bietet zwar manchmal einige Formulierungen, die in eine andere Richtung hätten weisen können. Im »Kapital« bemerkt

Marx, daß das, was den schlechtesten Architekten von der besten Biene unterscheide, die Tatsache sei, daß der Mensch sich ein Bild von einem Produkt machen kann, bevor er es produziert hat. Es ist die konsumtive Aneignung, die das ideale Bild von dem Produkt/Objekt bestimmt. Die Produktion selbst liefert nur das materiale Objekt für den Konsum. Doch der Sichtweise des individuell bestimmten Konsums bleibt er letztlich immer treu.[10]

Dieser Naturalismus bleibt nicht folgenlos für Marx' Theorie der Ideologie. Diese Theorie basiert darauf, daß es die Erscheinungsform der Realität ist, die das Bewußtsein verkehrt macht. Nicht der Mensch täuscht sich über die Realität, vielmehr täuscht die Realität den Menschen. Die verkehrte Erscheinungsweise ist der Ausgangspunkt der Vorstellungswelt von Individuen. Marx' Theorie der Ideologie geht letztlich davon aus, daß der Verstand die Erfahrung nicht organisiert, daß er ihr vielmehr nur folgt. Hier dominiert eine *empiristische* Auffassung von Wissen. Das Subjekt ist als individuelles der verkehrten Welt ausgeliefert. Die Verkehrtheit der Welt ist keine soziale Konstruktion der Subjekte, sondern eine den Subjekten gegenüberstehende Naturtatsache. Diese Theorie zwingt dazu, die Eigenlogik symbolischer Welten auf das »Subjekt« als den einzigen »gesellschaftlichen« Tatbestand zu reduzieren.

Der Marxsche Naturalismus führt also nicht nur zu einer *instrumentalistischen* Deutung der Naturaneignung, sondern auch zu einer *empiristischen* Fassung des Wissensbegriffs, der die Erfahrung der Natur auf ihre individuelle Erfahrung verkürzt. Die *Imagination* eines Gegenstandes wird auf dessen bloße Wahrneh-

10 Dieses Marxsche Bild zitiert Sahlins (1981), S. 183ff. So formuliert Marx im Manuskript von 1857/1858: »Die Produktion bringt die den Bedürfnissen entsprechenden Gegenstände hervor; die Distribution verteilt sie nach gesellschaftlichen Gesetzen; der Austausch verteilt wieder das schon Verteilte nach dem einzelnen Bedürfnis; endlich in der Konsumtion tritt das Produkt aus dieser gesellschaftlichen Bewegung heraus, wird direkt Gegenstand und Diener des einzelnen Bedürfnisses und befriedigt es im Genuß.« Und weiter den Kreislauf von Produktion zu Konsumtion und zurück ausführend: »Die Produktion ist durch allgemeine Naturgesetze bestimmt; die Distribution durch gesellschaftlichen Zufall, und sie kann daher mehr oder weniger befördernd auf die Produktion wirken; der Austausch liegt zwischen beiden als formalgesellschaftliche Bewegung, und der schließende Akt der Konsumtion, der nicht nur als Endziel, sondern auch als Endzweck gefaßt wird, liegt eigentlich außerhalb der Ökonomie, außer soweit er wieder zurückwirkt auf den Ausgangspunkt, und den ganzen Vorgang von neuem einleitet.« (Marx 1953, S. 10f.)

mung reduziert. Solange aber die Vorstellungen der Menschen nichts anderes sind als spontane Wahrnehmungen einer verkehrten Realität, sind sie auch an die Logik dieser Realität gebunden: an die naturalistische Logik der Produktion. Die Erfahrung der Natur wird dann auch noch auf ihre kognitiv-instrumentellen Aspekte verkürzt.

Die *normativistische Kritik* am Marxschen Naturalismus löst demgegenüber das Problem einer nicht-naturalistischen Gesellschaftstheorie, indem sie die Gesellschaft aus ihrem Naturverhältnis herauslöst. Dadurch, daß die Natur dem Reich der Arbeit zugeordnet wird, Arbeit aber außerhalb des – für Vergesellschaftung konstitutiven – kommunikativen Handelns liegt, kann Gesellschaft als jenseits von Natur und außerhalb der Natur analysiert werden. Daß diesem theoretischen Blick die ökologische Problematik, das zentrale Thema des öffentlichen Diskurses fortgeschrittener Industriegesellschaften, entgeht, das ist eine – vor allem politisch bedeutsame – Folge dieser Sichtweise. Die theoretisch mißliche Folge der normativistischen Kritik liegt darin begründet, daß sie das gesellschaftliche Naturverhältnis dem theoretischen Naturalismus schlicht überläßt.

Dieser »ausgelagerte« Naturalismus bleibt nicht ohne Folgen für die normativistische Kritik selbst. Denn diese Auslagerung ist mit einer unzureichenden Theorie der Kultur verbunden. Die normativistische Kritik sucht zwar dem mit dem Naturalismus verbrüderten Empirismus zu entgehen, indem sie der normativen Dimension eine *Eigenlogik* einräumt. Sie setzt an die Stelle der Theorie der Ideologie die Theorie eines *moralischen Bewußtseins*, das Gerechtigkeitsmaßstäbe an die Verteilung des Reichtums einer Gesellschaft anzulegen erlaubt. Doch solche moralische Regeln konstituieren nur eine »distributive Praxis«; sie gehen nicht nur an der »produktiven Praxis«, sondern auch an der »konsumtiven Praxis« vorbei. Produktion und Konsumtion werden auf Probleme des strategischen oder instrumentellen Handelns reduziert. Man produziert und konsumiert, um in der Natur zu überleben. Die gesellschaftliche Seite des Verhältnisses von Natur und Gesellschaft wird auf Distribution reduziert. Doch Produktion und Konsumtion lassen sich nicht auf strategisches bzw. instrumentelles Handeln, auf die »Krämerseele« im Menschen zurückführen. Sie sind – wie jedes soziale Handeln – symbolisch konstituiert.

Die Naturalisierung dieser Grundformen sozialen Handelns erlaubt eine eigentümliche Arbeitsteilung zwischen einem »rekonstruierten« Historischen Materialismus, der – in Form einer soziologischen Analyse – das normativistische Programm einer Selbstentfaltung des Klassenbewußtseins radikalisiert, und einem »Kulturmaterialismus«, der – in Form einer ökonomischen Analyse – das naturalistische Programm des Historischen Materialismus radikalisiert.[11] In dieser Arbeitsteilung bleibt die Frage nach der Struktur und Logik des gesellschaftlichen Naturverhältnisses unbeantwortet. Weder der Naturalismus des Marxschen Produktivismus noch der Moralismus des normativistisch gewendeten Historischen Materialismus reichen für eine Antwort auf diese Frage aus. Diese Frage bleibt unbeantwortet wegen des *kulturtheoretischen Defizits* beider theoretischer Positionen. Dieses Defizit zwingt dazu, Produktion und Konsumtion als Ergebnis von Macht, Zwang und Unterdrückung zu deuten. Doch keine Macht und kein Zwang können gesellschaftliche Produktion und Konsumtion konstituieren, wenn nicht kulturelle Prädispositionen vorhanden sind, die die Anerkennung von Macht und Zwang sicherstellen.

Die weiterführende Kritik des Historischen Materialismus kulminiert deshalb in der These, daß die Menschen, wenn sie sich als Produzenten und Konsumenten in ihrem realen Leben verhalten, eine kollektiv geltende Ordnung bereits voraussetzen, die die Bedingungen für ein solches Verhalten herstellt. Produktion und Konsumtion sind, wenn sie *gesellschaftlich* organisiert sind, immer schon auf eine kulturell geteilte Welt angewiesen.[12]

Wie aber läßt sich eine solche kulturell geteilte Welt *in* der Gesellschaft lokalisieren? Diese Frage zwingt dazu, den Produktivismus der Marxschen Theorie aufzubrechen und die Idee einer materiellen Basis weiter zu fassen. Marx hat zwar das Programm dazu formuliert. Die materielle Basis einer Gesellschaft reproduziert sich – wie er sagt – durch Produktion, Distribution und Konsumtion. Doch Marx hat sich nicht an dieses Programm gehalten.

Der Gesichtspunkt der *Produktion* verweist auf Arbeit, auf tätigen Umgang mit der Objektwelt. Der Gesichtspunkt der *Vertei-*

11 Zu diesen parallelen Theorieentwicklungen in der Sozialanthropologie und Soziologie vgl. Harris (1979) und Coleman (1979).

12 Ansätze dazu finden sich in der Soziologie und Sozialanthropologie. Vgl. Bourdieu (1976a, 1976b); Goody (1977); Williams (1976).

lung verweist auf normative Faktoren in der Konstitution einer materiellen Basis. Der Gesichtspunkt der *Konsumtion* enthält schließlich ein Element, das über diese normativen Gesichtspunkte hinausweist. Konsumtion ist keine Naturkonstante. Sie verweist vielmehr auf symbolische Elemente, die Vorstellungen des Guten und Schönen thematisieren. In die Konsumtion gehen kollektiv geltende symbolische Bestimmungen ein. Die Natur wird nicht nur zum Gegenstand der Bearbeitung oder Verteilung; sie wird auch ein Mittel der Symbolisierung des Guten und Schönen (bzw. von dessen Gegenteil). Die Natur ist in der Konsumtion nicht mehr nur *Tauschwert*, sondern vor allem *Gebrauchswert*.

Das ist der Ansatzpunkt für eine Theorie kultureller Evolution, die die Differenz zu einer Theorie natürlicher Evolution herzustellen erlaubt. Wenn man vermeiden will, daß die Rekonstruktion des historischen Materialismus in einem produktivistischen Naturalismus oder einem voluntaristischen Normativismus steckenbleibt, dann muß man auf die *symbolischen Formen* rekurrieren, die es den Menschen erlauben, sich ein Bild von dem, was ihre Bedürfnisse sind, und von den Objekten, die diesen Bedürfnissen entsprechen, zu machen. Man muß – mit anderen Worten – die *symbolische Logik* der konsumtiven Aneignung der gesellschaftlich produzierten und verteilten Natur theoretisch zu fassen suchen. Die Vergesellschaftung der Natur schließt sich erst in der Vergesellschaftung ihrer konsumtiven Aneignung. Und diese ist nicht individuell, sondern gesellschaftlich bestimmt. Sie ist der Schlüssel zur kulturellen Evolution der Gesellschaft.

Die soziologische Theorieentwicklung hat zur Bearbeitung dieses von Marx offengelassenen Problems allerdings wenig beigetragen. Sie hat sich in der Identifikation oder Distanzierung zu Marx erschöpft. Sie hat dabei letztlich die Marxsche Problematik nur reproduziert und in anderer Form als ungelöstes Problem mitgeschleppt. Das prominenteste Opfer dieser kritiklosen Anknüpfung an den Marxschen Naturalismus ist der *sozialwissenschaftliche Funktionalismus* geworden.

Der sozialwissenschaftliche Funktionalismus hat die Marxsche Problematik nicht gelöst, sondern auf die Spitze getrieben. Die moderne Systemtheorie ist die Apotheose des soziologischen Naturalismus geworden.[13] Angelegt ist dieser Naturalismus bereits in der theoretischen Kernannahme des klassischen sozialwissenschaftlichen Funktionalismus: in der *Theorie sozialer Differenzierung*. Die Theorie sozialer Differenzierung unterscheidet drei elementare Strukturbildungsprozesse: *segmentäre Differenzierung*, *stratifikatorische Differenzierung* und *funktionale Differenzierung*.[14] Diese Mechanismen der Differenzierung unterscheiden sich in der Fähigkeit eines sozialen Systems, die eigene Reproduktion sichern zu können. Diese Fähigkeit selbst ist als Macht über die (innere oder äußere) Umwelt der Gesellschaft bestimmt (etwa als höhere Komplexität).

Segmentäre Differenzierung begrenzt die Möglichkeiten, soziale Macht zu steigern. Die Herstellung von Verpflichtungsnetzen zwischen segmentären Einheiten institutionalisiert eine mechanische Gleichheit. Macht zu haben, ist an persönliche Qualitäten gebunden: Aussehen, Stärke, Weisheit, also an persönliches Prestige. *Stratifikatorische* Differenzierung reproduziert Machtverhältnisse zwischen Gruppen anhand sozialer Kriterien der Zugehörigkeit. Macht kann an der Spitze der Hierarchie konzentriert und somit gezielter eingesetzt werden. *Funktionale* Differenzierung erlaubt es schließlich, Machtverhältnisse funktional zu spezifizieren und flexible Interdependenzen zwischen den ausdifferenzierten Machtquellen zu institutionalisieren.

13 Die Geschichte des sozialwissenschaftlichen Funktionalismus reicht von der frühen Formel von Malinowski, die noch explizit naturalistisch gewesen ist, bis hin zur systemtheoretischen Wende, wie sie etwa Luhmann (1984) vornimmt. Parsons ist in diesem Zusammenhang nur eine Überleitungsformel. Zur Diskussion in der Sozialanthropologie vgl. Hill (1977).

14 Zur Differenzierungstheorie siehe die Beiträge in Luhmann (1985b). Ansonsten sei auf die klassischen Beiträge von Smelser verwiesen. Als Zusammenfassung siehe Smelser (1985). Eine Kritik in Eder (1988). Die Marxschen Unterscheidungen lassen sich relativ problemlos im AGIL-Schema von Parsons reformulieren. Man sieht hier, daß sich zwar die Sprache, nicht aber die Problemsicht geändert hat. Insofern treffen die grundlegenden Theoriedispositionen, die Marx vorgenommen hat, auch auf Parsons und den sozialwissenschaftlichen Funktionalismus zu.

Diese Theorie sozialer Differenzierung bemißt die Veränderungen sozialer Strukturbildung am Kriterium der Machtressourcen, über die ein Gesellschaftssystem verfügt (sei es an der »Komplexität« des Systems, sei es an der Fähigkeit des Systems zur »autopoietischen Reproduktion«). Sie führt damit das Marxsche Programm einer eigengesetzlichen Entwicklung der Gesellschaft jenseits der Subjekte fort. Die gesellschaftliche Entwicklung erscheint als Fortsetzung der natürlichen Evolution. Die Differenzierungstheorie führt somit zu einer naturalistischen Evolutionstheorie. Sie operiert damit parallel zur Marxschen Theorie. Sie behandelt Natur als bloße Umwelt und das Verhältnis von Natur und Gesellschaft als bloße Komplexitätsdifferenz.[15]

Unter der Hand wird der Differenzierungstheorie die kulturelle Dimension zur bloßen Ressource. Kultur wird zu einem *Mittel* zum Zweck der Reproduktion des Gesellschaftssystems. In der Parsonsschen Fassung erhält sie gar einen ausgezeichneten Stellenwert. Sie wird zur »determinierenden« (!) Ressource im Prozeß der Erhöhung gesellschaftlicher Komplexität. In der Luhmannschen Fassung wird Kultur als Selbstbeschreibung der Gesellschaft schließlich zu einem Mechanismus der Autopoiesis des Gesellschaftssystems. Doch dieser Instrumentalisierung der Kultur sind in der Kultur selbst liegende Grenzen gesetzt. Die Eigenlogik symbolischer Strukturen bewirkt nicht nur eine Differenz von kultureller Form und Differenzierungsform. Sie ist vielmehr Bedingung der Möglichkeit sozialer Differenzierung.

Einfache Gesellschaften beschränken sich zur Reproduktion sozialer Differenzierung auf natürliche Eigenschaften des Menschen. So wie die Menschen die Natur trennen, so denken sie auch die Differenzen zwischen den Menschen. Die Differenzen zwischen den Menschen sind ein Analogon der Differenzen in der Natur. Allerdings ist die Komplexität dieses *analogischen* Modells[16] begrenzt. Der »homo naturalis« ist ein Denkmodell, das die natürlichen Differenzen zwischen den Menschen (Alter,

15 Diese These, daß die Differenzierungstheorie eine Theorie der natürlichen und nicht der kulturellen Evolution der Gesellschaft ist, ist zwar implizit in vielen mikrosoziologischen Kritiken des Funktionalismus enthalten. Sie haben jedoch kein Gegenmodell anbieten können außer den Vorschlag, doch »konkreter« zu werden und »Einzelfälle« zu untersuchen.

16 Die Rede von einem »analogischen Modell« greift auf die theoretische Beschreibung einfacher kultureller Systeme bei Godelier (1973) zurück.

Geschlecht) mit Hilfe der Differenzen in der Natur symbolisiert. Die Natur wird in der Gesellschaft noch einmal »wiederholt«. Das macht kulturelle Evolution auf diesem Komplexitätsniveau möglich.

Eine komplexere Form sozialer Differenzierung ist an die Vorstellung einer *hierarchischen* Ordnung gebunden. Diese setzt ein neuartiges Bild von der Natur voraus. Die Natur wie die Gesellschaft werden als Teil einer Schöpfungsordnung, einer hierarchischen Ordnung der Welt gesehen. So wie die Natur der Gesellschaft untergeordnet ist, so sind die Menschen einander untergeordnet. Der »homo hierarchicus« (Dumont 1967) ist ein Denkmodell, das es erlaubt, die Unterschiede der natürlichen Ausstattung auf Unterschiede in den sozialen Herkunftswelten auszudehnen. Die Distanz zwischen Natur und Gesellschaft ist insofern größer geworden, als Natur und Gesellschaft nicht mehr bloße parallele Systeme von Differenzen sind, sondern die gesellschaftliche Hierarchie nunmehr die Verlängerung der Differenzen in der Natur »nach oben« und d. h. nach höherer *Reinheit* ist. Die Spitze der Hierarchie, der Inbegriff der Reinheit, wird in eine »Übernatur« projiziert.[17] Damit sind sehr verschiedene Pfade »hochkultureller« Evolution verbunden.

Die Moderne ist dadurch gekennzeichnet, daß sie soziale Differenzierung an die Vorstellung einer *egalitären* Ordnung bindet, die komplexere soziale Strukturbildungen erlaubt, als es mit Hilfe der Vorstellung einer Hierarchie möglich ist. Die Menschen werden als verschieden gedacht nur im Hinblick auf Fähigkeiten (von denen ein Mensch viele verschiedene haben kann). Dieser Rekurs auf individuelle Fähigkeiten (»Leistung«) setzt ein Verhältnis der Gesellschaft zur Natur voraus, das in einem doppelten Sinne distanziert ist. Die Natur ist nicht mehr die Verlängerung einer gesellschaftlichen Hierarchie nach unten, die die Parallelität der Differenzen selbst noch hierarchisiert. Die Natur ist vielmehr ein Gegenstand, ein »mechanisches Uhrwerk«, das manipuliert, nach dem Willen des Menschen bewegt werden kann. Die Gesellschaft stellt die Sollwerte ein, nach denen das System der Natur funktioniert. Die Gesellschaft ist mit der Natur nur mehr durch die

17 Zum Hierarchiemodell vgl. vor allem die Untersuchungen von Dumont (1967). Dieses kulturelle Muster ist an einen spezifischen Grad der Ausdifferenzierung der Gesellschaft aus der Natur gebunden. Es sichert und legitimiert eine spezifische Form sozialer Differenzierung.

Rückwirkung der im System der Natur bewirkten Wirkungen verbunden. Die Differenzen zwischen den Menschen bestehen nun in den Fähigkeiten der Menschen, deren Willen der Natur aufzuzwingen. Weder »natürliche« Kategorien wie Alter und Geschlecht noch »askriptive« Kategorien wie ständische Herkunft eignen sich auf diesem Niveau der Ausdifferenzierung aus der Natur dazu, den notwendigen Differenzierungsgrad zu reproduzieren. Es sind »subjektive« Kategorien, die neuartige Pfade kultureller Evolution eröffnen. Der Gesellschaftszustand wird über die (wie auch immer symbolisch gesteuerte) Verknüpfung von individuell zurechenbaren Fähigkeiten hergestellt. Diese neue Form sozialer Beziehungen bleibt neutral gegenüber askriptiven Merkmalen: Alter, Geschlecht und sozialer Stand zählen nicht mehr als legitime soziale Unterscheidungsmerkmale. Der »homo aequalis« (Dumont 1977) als Inbegriff des in doppelter Weise von der Natur entfernten Subjekts ermöglicht soziale Differenzierung als »voluntaristische« Verknüpfung unterschiedlicher individueller Fähigkeiten.

Wenn man die Formen sozialer Differenzierung in diesem Sinne kulturtheoretisch reformuliert, dann zeigt sich die geheime Logik der Theorie sozialer Differenzierung: Sie liefert eine *sekundäre* Naturalisierung sozialer Differenzen zwischen den Menschen. Soziale Differenzen werden mit Hilfe einer Evolutionstheorie erklärt, die diese Differenzen nur mehr als »Input« in einen davon unabhängigen Selektionsprozeß[18] bestimmt. Im jüngeren Funktionalismus wird dieser Naturalismus in den zunehmenden Anleihen bei biologischen Erklärungsmodellen auch begrifflich sichtbar. Gesellschaft wird – wie die Natur – als ein autopoietisches System betrachtet[19], das sich durch die Regulierung von Kontingenz selbst erhält.

Die »Kultur« einer Gesellschaft reduziert sich dann auf die Thematisierung dieses Prozesses sozialer Differenzierung, eine theoretische Vorstellung, die ihre Nähe zur alten Marxschen Theorie

18 Zu den darwinistischen Anleihen in der Evolutionstheorie vgl. die Beiträge in Luhmann (1978). Ähnlich, allerdings von anderen methodologischen Prämissen her kommend, Giesen (1980). Hier den Naturalismusverdacht zu formulieren, drängt sich nolens volens auf.

19 Die Unterscheidung von segmentärer, stratifikatorischer und funktionaler Differenzierung gehört inzwischen zum klassischen Bestand sozialwissenschaftlicher Annahmen, obwohl gerade hier die Kritik an unilinearen Entwicklungsvorstellungen am ehesten ansetzen müßte.

der Ideologie kaum verleugnen kann. Gerade in der Behandlung des Phänomens Kultur rächt sich der Naturalismus theoretischer Grundannahmen. Kultur bleibt der Überbau über einer naturalisierten Gesellschaft, die analog den Prinzipien biologischer Systeme funktioniert.[20] Die »kulturtheoretische Ahnungslosigkeit« (Matthiesen 1987) des sozialwissenschaftlichen Funktionalismus besteht letztlich darin, die nicht-instrumentellen Aspekte in der Vergesellschaftung der Natur nicht zu sehen und damit die konstitutive Funktion der Kultur in der sozialen Evolution der Gesellschaft aus dem Blick zu verlieren.[21]

Jenseits des soziologischen Naturalismus

Daß der sozialwissenschaftliche Funktionalismus die kulturelle Ahnungslosigkeit mit dem Historischen Materialismus teilt, ist das eigentlich überraschende Moment. Der Historische Materialismus wie die Differenzierungstheorie haben allerdings in einer Hinsicht recht: Es gibt eine *Menschengeschichte der Natur*, die sich auf eine Naturgeschichte der Gesellschaft reduzieren läßt. Es ist dies die Naturgeschichte der Gesellschaft, die in der europäischen Moderne kulminiert. Diese Gesellschaft ist auf eine Kultur gegründet, die einen *produktivistischen* Umgang mit der Natur prämiiert. Was beide Theorietraditionen beschreiben, ist also eine *spezifische Evolution* des gesellschaftlichen Naturverhältnisses. Diese Theorien benutzen dabei Kategorien, die auf diese spezielle Evolution »passen«. Es sind dies vor allem der Begriff der *natürli-*

20 Auch die von Luhmann (1984) vorgenommene kommunikationstheoretische Umdeutung des Konzepts einer »Autopoiesis« sozialer Systeme löst das Problem, die Differenz von natürlicher und kultureller Evolution theoretisch zu fassen, nicht. Die spezifisch *soziale* Logik symbolisch vermittelter Kommunikation bleibt im Dunkeln.

21 Mit dem Begriff der Autopoiesis (Luhmann 1984) wird versucht, die Theorie sozialer Systeme von Umweltvorgaben soweit wie möglich abzukoppeln. Das erlaubt es, Natur nicht mehr als Umwelt, sondern nur mehr als ein Moment gesellschaftlicher Selbsterzeugung zu sehen. Allerdings reduziert sich Natur auf die Beschreibungen, die die Gesellschaft von ihr produziert. Die Frage, warum die Natur so und nicht anders beschrieben wird, bleibt allerdings offen. Die Beschreibungen der Natur werden nur danach beurteilt, ob sie funktional für die Autopoiese der Gesellschaft sind oder nicht. Dann macht auch die Frage Sinn, ob der Diskurs über die Natur zuviel Resonanz erzeugt oder nicht (Luhmann 1986b).

chen Selektion und der Begriff des *Kampfes mit der Natur.*[22] Insbesondere Engels, fasziniert von der objektivierenden und entmystifizierenden Funktion der biologischen Evolutionstheorie (sie war zunächst ein gegen die Kirche gerichtetes Zeichen von Aufklärung, von Entmystifizierung der Religion), hat die Vorstellung einer *natürlichen Selektion* in die Theorie eingebaut. Die Klassenkampfmetapher atmet noch den Geist dieser Entmystifizierung. In der neueren soziologischen Theorieentwicklung erfreut sich das – davon abgeleitete – selektionstheoretische Modell wieder vermehrter Aufmerksamkeit (Giesen/Lau 1981; Schmid 1982). Es wird benutzt, um eine objektivierende und »werturteilsfreie« Distanz zum Gegenstand Gesellschaft begründen zu können. Die Kampfmetapher wird zur Vorstellung abstrahiert, daß Selektionsregeln der Umwelt mit Selektionsregeln des Systems, das zu dieser Umwelt gehört, verknüpft werden.
Die sozialdarwinistische Argumentationsfigur, mit der gleichermaßen der Historische Materialismus wie die (als Vorläufer des Funktionalismus zu sehenden) frühen Evolutionisten gearbeitet haben, ist weitgehend aus dem soziologischen Diskurs verschwunden. Doch die Vorstellung eines *Kampfes mit der Natur*[23] ist weiterhin die unbefragte Grundlage soziologischer Theoriebildung. Dieser Konsensus reicht von den kulturmaterialistischen Theorien über Parsons und Weber bis hin zu den normativistischen Theorieansätzen.
Diese beiden Kategorien sind selbst Schlüsselbegriffe des *produktivistischen* Projekts der europäischen Moderne. Das bedeutet, daß sie ihren explikativen Wert in dem Maße verlieren, wie sie auf andere Gesellschaften und andere kulturelle Traditionen (wie etwa die der »primitiven« Gesellschaften) projiziert werden. Genau das haben die klassischen Evolutionstheorien getan. Je niedriger das Entwicklungsstadium – so die gängige Vorstellung –, um so härter der Kampf mit der Natur. Erst in der Moderne, mit der kapitalistischen (oder sozialistischen) Entfaltung der Produktivkräfte sei der Kampf mit der Natur gewonnen worden.

22 Der Begriff der natürlichen Selektion ist zu einem zentralen systemtheoretischen Grundbegriff des Funktionalismus (Luhmann 1978) wie des handlungstheoretischen Rationalismus (Giesen/Lau 1981; Schmidt 1983) geworden.

23 Die Metapher des Kampfes mit der Natur ist insbesondere seit der industriellen Revolution ein zentraler Begriff der Thematisierung des Verhältnisses von Gesellschaft und Natur. Sie ist insbesondere konstitutiv für das sozialistische Denken geworden.

Die kulturtheoretische Ahnungslosigkeit der genannten Theorien besteht nicht in der bloßen Verwendung dieser Begriffe, sondern in der fehlenden historischen und kulturellen Situierung dieser Begriffe. Es fehlt die Reflexion auf die partielle historische und kulturelle Gültigkeit dieser theoretischen Begriffe. Diese fehlende Reflexion begründet den Vorwurf der kulturtheoretischen Ahnungslosigkeit, und sie rechtfertigt den Versuch einer kultursoziologischen Korrektur an diesen Begriffen.

Die kultursoziologische Korrektur an diesen Begriffen verfolgt das Ziel, die mit der Evolution des modernen Naturverhältnisses verbundene affirmative Haltung zum »technischen Fortschritt« kritisierbar zu machen. Im sozialwissenschaftlichen Funktionalismus wird der Grad der sozialen »Resonanz« auf den technischen Fortschritt zur Fessel, die es abzuwerfen gilt (Luhmann 1986b). Für den Historischen Materialismus ist technischer Fortschritt so selbstverständlich gewesen, daß es ihm nur noch darum ging, die sozialen Fesseln des technischen Fortschritts abzustreifen. Es nimmt nicht wunder, daß diese Theorien angesichts ökologischer Probleme[24] nicht mehr zu sagen haben als daß sich der technische Fortschritt nicht selbst fesseln darf. Die affirmative Haltung zum produktivistischen Modell wird nur mit ihren eigenen Effekten rückgekoppelt und korrigiert.

Im folgenden soll versucht werden, drei *kultursoziologische Korrekturen* an diesem naturalistischen Paradigma anzubringen.[25] Ausgangspunkt dieser Korrekturen ist eine Kritik an der Metapher der natürlichen Selektion und an der Metapher des Kampfes mit der Natur. Diese Kritik macht das Desiderat eines Naturbegriffs deutlich, der Natur als sozial konstituiert und kulturell definiert begreift. In dem Maße, wie diese Kritiken entfaltet werden, läßt sich die mit diesen Begriffen verbundene gesellschaft-

24 Die Kritik an der Metapher des Kampfes mit der Natur ist geradezu zum Motto ökologischer Ideologiekritik geworden. Vgl. Eder (1986c).

25 Gegen dieses naturalistische Theorieprogramm ist ein auf den Akteur bezogenes Theorieprogramm unterkomplex. Es reicht nicht aus, Kultur statt dessen als Ergebnis einer Natur des Menschen, nämlich seiner Kompetenzausstattung, zu sehen, die es ihm erlaubt, Symbole zu bilden und die Welt nach seinem Bilde zu gestalten. In dieser Gegenüberstellung reproduziert sich nur der alte Streit zwischen Materialismus und Idealismus, zwischen Empirismus und Apriorismus. Insofern ist dieser Theoriestreit fruchtlos. Psychische Systeme sind »innere« Natur und sind als solche Teil der Umwelt des Gesellschaftssystems. Darauf hat Luhmann (1984, 1985a) mit (gerechtfertigter) Insistenz hingewiesen.

liche Praxis, nämlich Produktion, Distribution und Konsumtion, in ihrem Verhältnis zur Natur bestimmen. Diese Formen gesellschaftlicher Reproduktion lassen sich dann angemessen analysieren, wenn man die kulturtheoretische Ahnungslosigkeit des *Produktivismus* (der Produktion auf instrumentelles Handeln reduziert), des *Ökonomismus* (der Distribution auf strategisches Handeln reduziert) sowie des *Konsumismus* (der Konsumtion als bloße Befriedigung physiologischer Bedürfnisse sieht) beseitigt.[26] Es geht also im folgenden nicht darum, gesellschaftstheoretische Grundbegriffe auszutauschen. Es geht vielmehr darum, sie Stück für Stück kulturtheoretisch umzudeuten. Es handelt sich um den Versuch, eine Kultursoziologie der Natur zu betreiben und dabei der Gesellschaftstheorie ihren latenten Naturalismus auszutreiben.[27] Diese kultursoziologische »Wende« soll es möglich machen, soziale Evolution als Teil einer *Menschengeschichte der Natur* zu sehen und damit Anschlußpunkte für eine Theorie der *kulturellen Evolution* der Gesellschaft zu gewinnen. Erst eine solche Theorie erlaubt es, soziale Evolution in einer nicht-naturalistischen Weise zu fassen.

Die kognitive Konstruktion der Natur

Die natürliche Teilung der Gesellschaft

Eine erste kultursoziologische Korrektur an der Theorie der natürlichen Evolution der Gesellschaft betrifft die *kognitive* Definition der Natur. Diese kognitivistische Korrektur verändert zunächst den theoretischen Status des Begriffs der *natürlichen Selektion*. Nicht die Natur trennt die Menschen und setzt sie gegeneinander. Die Menschen trennen sich vielmehr nach Maßgabe von kulturell bestimmten Formen des Umgangs mit der Natur. Was

26 Das soll nicht dazu hinreißen, in einen schlechten Idealismus zu verfallen. Erst kommt das Essen; aber dann kommt wirklich die Moral. Wir müssen die Natur auch »konsumieren«.

27 Diese Formel wird dann plausibel, wenn man sieht, daß die entscheidenden Anstöße in der soziologischen Theoriediskussion aus der soziologischen Beschäftigung mit Kultur kommen; exemplarisch dazu die Arbeiten von Bourdieu (1976a, 1980a, 1985).

als natürliche Selektion erscheint, ist die gesellschaftliche Trennung von Fähigkeiten, ist eine *natürliche Teilung* der Menschen.[28] Die Gesellschaft ermöglicht die natürliche Teilung der Menschen, indem sie Fähigkeiten und Fertigkeiten differenziert. Sie trennt den Jäger vom Sammler, den Sammler vom Bauern, den Bauern vom Handwerker, den Handwerker vom Ingenieur. Damit wird die kognitive Differenzierung des Wissens zu einem ersten Mechanismus der kulturellen Konstruktion eines gesellschaftlichen Naturverhältnisses.

Moscovici hat die Idee einer *natürlichen Teilung* in seiner »Menschengeschichte der Natur« expliziert (Moscovici 1982). Diese Teilung ergibt sich aus dem Wandel des Wissens über die Natur. Sie ist gerade nicht Arbeitsteilung, sondern Teilung (und dann Spezialisierung) der Tätigkeiten, die den Umgang mit der Natur bestimmen. Die elementare natürliche Teilung ist die zwischen Jagen und Sammeln. Diese Teilung läßt sich noch kaum von der elementaren Teilung der Gesellschaft, nämlich der geschlechtlichen, trennen. Die erste natürliche Teilung folgt in der Regel – doch auch hier gibt es bereits Abweichungen (Moscovici 1972) – der Differenz von Mann und Frau. Die Erfindung des Ackerbaus durchkreuzt diese Eindeutigkeit. Sie ist der Ausgangspunkt für eine natürliche Teilung, die von der biologischen Teilung der Gesellschaft radikal abgekoppelt wird: für die Teilung zwischen dem Ackerbauern und dem Handwerker.

Das Ergebnis dieser natürlichen Teilung nennt Moscovici den *organischen Naturzustand*. Der organische Naturzustand ist durch die Erfindung eines Typs des Umgangs mit der Natur gekennzeichnet, der sich von der Tätigkeit des Ackerbauern durch seine gestaltende und formgebende Eigenschaft auszeichnet: Natur wird unter den Händen des Handwerkers in etwas anderes transformiert. Die Herstellung von Metallgegenständen macht aus der Natur eine zweite Natur. Der Ackerbauer hingegen sorgt dafür, daß die Natur sich weiterhin reproduzieren kann; er handelt so, daß die Natur mit sich identisch bleibt. Man hat deshalb auch in traditionalen Gesellschaften diese unter-

28 Das Konzept einer natürlichen Teilung steht zwar differenzierungstheoretischen Konzepten äußerlich gesehen nahe; es unterscheidet sich aber dadurch, daß es kulturelle Abgrenzungen bereits voraussetzt, also eine Theorie der sozialen Produktion kultureller Differenzen. Dazu vor allem die Arbeiten von Moscovici (1982).

schiedlichen Tätigkeiten mit unterschiedlichen Begriffen bezeichnet.[29]

Die Arbeit des Handwerkers ist wiederum der Ausgangspunkt für eine weitere natürliche Teilung. Das in der handwerklichen Arbeit erworbene Wissen wird logisch systematisiert; die beobachtbaren Effekte dieser Arbeit werden zum Gegenstand von Erklärungsversuchen. Es entsteht ein neuer Typus des Umgangs mit der Natur, der zunächst von Architekten, schließlich von Ingenieuren getragen wird. Sie gehen mit der Natur um, indem sie sie berechnen. Der Architekt plant auf dem Reißbrett mit Hilfe von Annahmen über Statik und Materialeigenschaften. Der Ingenieur setzt die Natur neu zusammen und berechnet die energetischen Effekte, die sich daraus für den Menschen ergeben. Mit der Ausweitung dieser Tätigkeit tritt die Gesellschaft in einen neuen Naturzustand. Moscovici nennt ihn den *mechanischen Naturzustand*. Im mechanischen Naturzustand wird die Natur nicht nur transformiert. Sie wird neu zusammengesetzt. Die Dampfmaschine ist das Symbol dieses neuen Naturverhältnisses. Die Natur kann nach dem konstruktiven Willen derer, die sie einsetzen, geformt und umgewandelt werden.

Dort, wo dieser mechanische Naturzustand zum ersten Mal gesellschaftlich realisiert worden ist, nämlich in der europäischen Industrialisierung, ist eine weitere natürliche Teilung der Fähigkeiten in Gang gesetzt worden. Die zunehmende Verwissenschaftlichung des Wissens über die Natur wird zum Ausgangspunkt für einen weiteren Schritt in der natürlichen Teilung der Gesellschaft. Das Wissen über die Natur wird von theoretisch erzeugtem Wissen abhängig. Die Natur wird durch theoretisches Wissen »synthetisiert« (Moscovici 1982, S.102ff.). Ihre Eigenschaften werden »entwickelt«. Es entsteht das, was Moscovici den *kybernetischen Naturzustand* nennt. Vom Ingenieur trennt sich der theoretische Wissenschaftler (der Physiker, Biologe und Chemiker), der Natur nach theoretisch entworfenen Modellen erzeugt. Mit dieser neuen natürlichen Teilung schließt sich die Logik möglicher natürlicher Teilungen. Sie wird selbst zum Gegenstand der kognitiven Konstruktion des Naturzustandes.

29 Bei den Griechen heißt die Arbeit des Bauern »prattein« (ist also »Praxis«), während die Arbeit des Handwerkers »poiein« (im Sinne von »Machen«) ist (Vernant 1973).

Diese Konzeptualisierung einer *Menschengeschichte der Natur* bricht mit der Theorie der natürlichen Evolution der Gesellschaft in einer entscheidenden Hinsicht: Sie erklärt den Zusammenhang von Natur und Gesellschaft nicht als einen Zusammenhang, in dem die Natur als objektiver Zwang und die Gesellschaft als Versuch, diesen objektiven Zwang aufzubrechen und sich an dessen Stelle zu setzen, gesehen wird. Die darwinistische Deutung gesellschaftlicher Entwicklung tut genau dies. Die kulturtheoretische Korrektur besteht darin, den *konstruktiven* Aspekt in der Evolution des Verhältnisses von Natur und Gesellschaft zu betonen und zu zeigen, daß Natur gesellschaftlich produziert wird. Es wird also keine allgemeine Theorie der natürlichen Evolution der Gesellschaft, sondern eine Theorie der sozialen Evolution der Natur formuliert. Das Ziel einer Menschengeschichte der Natur ist nicht die Naturalisierung der Gesellschaft. Das Ziel ist zu zeigen, daß Natur das Ergebnis einer menschlichen Praxis ist (die prinzipiell auch anders möglich wäre). Damit wird die Möglichkeit einer Kritik gesellschaftlicher Naturzustände eröffnet. Und damit wird ein erster Anknüpfungspunkt für den Versuch geschaffen, die natürliche Evolution der Gesellschaft an eine Menschengeschichte der Natur zurückzubinden.

Die materielle Aneignung der Natur

Mit den unterschiedlichen Formen der kognitiven Konstruktion der Natur variieren die Formen der *materiellen Aneignung* der Natur. Die materielle Aneignung der Natur wird – das ist ein Korrelat zur These einer kognitiven Konstruktion der Natur – theoretisch unzureichend begriffen, wenn sie nur als *Ausbeutung* der Natur begriffen wird. Nur wenn das Naturverhältnis instrumentalistisch gefaßt wird, bietet sich eine solche Sichtweise an. Dann ist Natur das Nicht-Menschliche, das – im Gegensatz zu den Menschen – legitimerweise ausgebeutet werden kann. Diese Sichtweise ist aber der Ausdruck eines kulturell spezifischen Umgangs mit der Natur. Sie kann deshalb nicht theoretisch generalisiert werden. Und sie ist heute problematisch geworden. Jener evolutionäre Prozeß, der die Vorstellung einer Ausbeutung der Natur auf die Spitze getrieben hat, nämlich die Evolution der Moderne, sensibilisiert heute für die »ökologischen Grenzen«

dieser Ausbeutung der Natur. Das macht die besondere historische Form dieses Verhältnisses von Gesellschaft und Natur wieder bewußt. Die Moderne repräsentiert eine Kultur, die die materielle Aneignung der Natur auf die Ausbeutung der Natur reduziert hat, eine folgenreiche ökologische Krise ausgelöst hat[30] und nun gezwungen ist zu lernen.

In dieser Erfahrung entsteht ein Wissen, das wir als »ökologisches« Wissen bezeichnen können. Gerade in ökologischen Krisen wird eine Form des Umgangs mit der Natur thematisch, die die Tätigkeit des Menschen als einen mit der Natur rückgekoppelten Interaktionszusammenhang zu Bewußtsein bringt. Das Wissen um die »Belastbarkeit« der Natur weitet den Ausbeutungsdiskurs zu einem Belastungsdiskurs, der in der Menschengeschichte der Natur immer wieder ökologische Korrekturen ermöglicht. Solche »ökologische Kommunikation« (Luhmann 1986b) zwingt zur Einsicht, daß Natur nicht in der Weise Objekt ist, wie das die Formel der Ausbeutung der Natur insinuiert.

Um die Aneignung einer Natur, die durch die »natürliche« Teilung von menschlichen Fähigkeiten und Fertigkeiten erzeugt wird, theoretisch zu fassen, ist also die Kategorie der Ausbeutung der Natur unzureichend. Die Formel der »Ausbeutung der Natur« wird vielmehr soziologisch dechiffrierbar: Ausbeutung der Natur heißt, die natürliche Teilung der Menschen als spezifisches gesellschaftliches Machtverhältnis zu organisieren. Nicht der Bauer ist an der ökologischen Krise schuld, sondern die spezifische soziale Form der natürlichen Teilung, die den Bauern zu ökologisch katastrophalem »instrumentellen Handeln« zwingt (Sommer 1981).

Ein solcher soziologischer Produktivkraftbegriff[31] reduziert Produktion nicht auf eine instrumentelle Form der Auseinanderset-

30 Ökologische Krisen sind allerdings kein Privileg moderner Industriegesellschaften. Zur Bedeutung ökologischer Faktoren in Entwicklung, Krise und Niedergang von hochkulturellen Gesellschaften vgl. vor allem die Literatur zum Alten Mexiko, wo die ökologischen Differenzen ein ideales komparatives Material bereitstellen. Siehe z. B. Sanders/Price (1962).

31 Das impliziert, daß der »Fehler« des Historischen Materialismus nicht im Primat der Produktivkräfte, sondern in einer kulturtheoretisch unzureichenden Konzeptualisierung der Produktivkräfte begründet liegt. Zu kritisieren ist der nichtreflexive Naturbegriff. Diese Kritik zwingt im besonderen dazu, die Begrenzungen einer die Naturfrage neutralisierenden oder die Natur auf ein technisches Problem reduzierenden Soziologie aufzugeben. Die klassische Techniksoziologie hat Natur nur innerhalb des instrumentellen Modells gesehen. Erst

zung mit der Natur. Er begreift das gesellschaftliche Naturverhältnis vielmehr als ein kulturell konstituiertes und sozial reproduziertes gesellschaftliches Verhältnis. Diese Soziologisierung macht das moderne Naturverhältnis nicht mehr zum Maßstab anderer kultureller Formen eines Naturverhältnisses, sondern zu einer spezifischen Evolution, die auch anders möglich ist.

Wenn man die Ausbeutungsmetapher als eine historisch spezifische Beschreibung kennzeichnen kann, dann läßt sich auch die Frage stellen, ob das instrumentalistische Verhältnis zur Natur die Komplexität der Beziehungen zwischen Gesellschaft und Natur nicht nur nicht angemessen fassen kann, ob es vielmehr selbst Ausdruck einer *pathologischen Form* dieses Verhältnisses ist. Um diese Frage zu klären, ist die Idee einer kognitiven Konstruktion der Natur noch unzureichend. Eine solche Behauptung muß normative Kriterien auszeichnen. Das setzt voraus zu zeigen, daß in die Menschengeschichte der Natur über die kognitiven Definitionen der Natur hinaus auch *normative* Definitionen der Natur eingreifen.

Die normative Konstruktion der Natur

Der Gebrauchswert der Natur

Ein zweiter Ausgangspunkt für eine weitergehende kulturtheoretische Korrektur an einem soziologischen Naturbegriff ist die *normative Konstruktion der Natur*. Jeder Naturzustand muß auch sozial reproduziert werden. Die Menschengeschichte der Natur erschöpft sich nicht in der *kognitiven* Vergesellschaftung der Natur. Sie wird weitergeführt in der *normativen* Vergesellschaftung der Natur. Diese zweite kulturtheoretische Korrektur an einem soziologischen Naturbegriff zeigt die Grenzen der normativistischen Rekonstruktion des Historischen Materialismus sowie der normativistischen Umdeutung des Systemfunktionalismus auf.[32] Sie zeigt, daß das Verhältnis von Natur und Gesellschaft nicht als ein moralisch neutralisierter Bereich gesehen wer-

die ökologisch motivierte Kritik an der Technik hat dies geändert. Vgl. dazu die Arbeiten von Rammert (1986). Theoretisch weiterführend jetzt Japp (1987).

32 Die normativistische Kritik des Historischen Materialismus und des sozialwissenschaftlichen Funktionalismus (Habermas 1976, 1981) entledigt sich des Na-

den kann. Der soziologische Normativismus teilt vielmehr im Hinblick auf das Problem der Natur mit der theoretischen Ökonomie die Vorstellung einer *natürlichen Ökonomie*. Diese Vorstellung sieht Natur als einen *Gegenstand*, der nach Belieben getauscht und angeeignet wird. Damit wird der *Tauschwert der Natur* zum regulativen Prinzip der Aneignung der Natur. Die durch Produktion verwertbar gemachte Natur wird zu einer über den Markt verwerteten Natur.[33]

Die Vorstellung einer »natürlichen« Ökonomie führt zu der für die ökonomische Theorie konstitutiven Reduktion der Natur auf einen Produktionsfaktor, auf eine ökonomische Ressource. Wenn man den Umgang mit Natur nur »ökonomisch« interpretiert, bleibt der Umgang mit der Natur dieser äußerlich. Der ökonomische Einsatz natürlicher Ressourcen wird zu einer zweiten Natur, einer vorgesellschaftlichen Natur. Die Naturalisierung der Gesellschaft als ein – dem Kampf aller gegen alle analoges – Marktgeschehen erzeugt die Fiktion einer natürlichen Ökonomie.

Diese Kritik geht über die normativistische Korrektur des Historischen Materialismus und des Systemfunktionalismus noch hinaus.[34] Diese Kritik führt zur Behauptung, daß die Natur in dem Maße, wie sie durch kognitive Fähigkeiten gesellschaftlich angeeignet wird, auch zu einer normativen Definition der Natur zwingt. Die Natur erhält einen »politischen« Gehalt (Dreitzel 1976). Die gesellschaftliche Definition des normativen (und damit politischen) Gehalts der Natur kann damit zu einem weiteren

turproblems, indem es den Mechanismus sozialer Evolution nur mehr in Interaktionskonflikten sucht und die Natur dem »Systemischen« zurechnet.

33 Zur Tauschlogik vgl. das Modell von Sahlins (1963) und das Komplement für moderne Gesellschaften bei Blau (1977). Daß dieses Modell von der Verwandtschaft bis zu kapitalistischen Märkten reicht, macht das Modell zu einem fruchtbaren Instrument theoretischer Analyse. Wenn man das Modell historisch spezifizieren will, dann muß man genauer angeben, was getauscht wird. Die Tauschlogik selbst gründet auf normativen Prämissen, die ihrerseits nichtnormative Voraussetzungen haben. Das erfordert symboltheoretische Annahmen, die den üblichen Rahmen kultursoziologischer Analysen sprengen. Man muß angeben, welche symbolische Bedeutung das, was man tauscht, hat. Das weitet die soziologische Analyse von der »funktionalen« Analyse hin zu einer »strukturalen« Analyse. Als frühe Diskussionsansätze vgl. Baumann (1973a, 1973b), als weiterführendes Beispiel Sahlins (1981, 1986).

34 Das heißt auch, daß es um mehr geht als nur darum, den Begriff der Arbeit wieder mit dem Begriff der Interaktion zusammenzuführen. Dazu vgl. etwa Honneth (1980).

Anknüpfungspunkt für die Konstruktion einer Theorie kultureller Evolution werden.

Dieses Phänomen einer normativen Konstruktion der Natur läßt sich an der Kritik der Formel des »Kampfes mit der Natur« illustrieren. Diese Formel faßt die normative Konstruktion der Natur in einer kulturell spezifischen Weise. Diese Kampfmetapher ist in der europäischen Industrialisierung zum zentralen Topos der Reproduktion des modernen Naturverhältnisses geworden. Ihren ungebrochensten Ausdruck hat sie in der sozialistischen Tradition gefunden. Der Kampf mit der Natur wird hier zum ersten Male mit der Erwartung eines Sieges über die Natur (und der durch Technik auch real erscheinenden Aussicht auf einen solchen Sieg) verknüpft. Doch die Vorstellung eines Kampfes mit der Natur ist selbst eine historisch spezifische Form eines Verhältnisses von Gesellschaft und Natur. Daß die Natur die Gesellschaft bedroht, das ist eine Erfahrung, die alle Gesellschaften kennen. Daß man auf diese Bedrohung mit Kampf reagiert, ist charakteristisch für die moderne Gesellschaft.

Im Kampf mit diesem in der europäischen Moderne sich durchsetzenden Deutungsmuster der Natur ist das konkurrierende Deutungsmuster der Natur unterlegen. Das moderne Naturverhältnis folgt eher dem Modell des *Kampfes* denn dem der *Interaktion*. Die Deutung der Natur als ein feindliches Objekt hat die Deutung der Natur als ein »Alter Ego« des Menschen verdrängt. Das hat die Akzeptanz dieser anderen Deutung zunehmend verringert. Die unterlegene Deutung der Natur als etwas, mit dem die Menschen nicht nur »kämpfen«, sondern mit dem sie auch »interagieren«, ist ridikülisiert worden.[35]

Wenn man die Vorstellung eines interaktiven Verhältnisses zur Natur mit der Kampfvorstellung konfrontiert, werden die *moralischen* Implikationen des gesellschaftlichen Naturverhältnisses deutlich. Man kann sehen, daß die Vorstellung eines Kampfes mit der Natur eine moralische Vorstellung voraussetzt, die die Folgen des eigenen Handelns verleugnet. Die Formel des Kampfes mit

35 Zum Wandel kultureller Selbstverständlichkeiten, die solches ankündigen, vgl. Lepenies (1977, 1978). Die Ökologie als ein Ergebnis dieses Wandels ist das Gegenteil des Kampfes mit der Natur. Formeln wie »Partner Erde« (Springmann 1982) signalisieren ein interaktives Verhältnis zur Natur. Inwieweit dieses romantisch, regressiv oder das Gegenteil von all diesem ist, kann im folgenden nicht diskutiert werden. Vgl. dazu meine Arbeiten zu den neuen sozialen Bewegungen, vor allem Eder (1986c).

der Natur hat den Charakter einer *Gesinnungsethik*. Die Natur wird (wie immer das durch historische Erfahrungen mit Naturkatastrophen bedingt sein mag) als ein Feind gesehen, der unterworfen werden muß. Dieser gesinnungsethische Umgang ist heute aber nicht mehr in der Lage, die Risiken, die sich im Verlauf der modernen Naturaneignung angesammelt haben, zu kontrollieren. Die »Risikogesellschaft« (Beck 1986) ist das Ergebnis einer Modernisierung, die den Bruch mit dieser gesinnungsethischen Einstellung zur Natur nicht hat vollziehen können.
Zwei Erfahrungen haben die gesinnungsethische Vorstellung eines Kampfes mit der Natur brüchig werden lassen. Die erste ist die Erfahrung, daß der Sieg über die Natur mit der Zerstörung der natürlichen Lebensgrundlagen einhergeht. Die moderne Krise des Verhältnisses von Gesellschaft und Natur, die ökologische Krise, ist zum Ausgangspunkt einer Neubestimmung dieses Verhältnisses geworden. Der *Kampf mit der Natur* mit dem Ziel der Beherrschung der Natur wird gebrochen durch den *Kampf um die Natur* mit dem Ziel, die Natur als Umwelt der Gesellschaft erhalten zu können. Die Verwissenschaftlichung der Naturerkenntnis und die damit einhergehende Reflexion des Verhältnisses von Gesellschaft und Natur sind der zweite Grund für die Auflösung der Kampfmetapher. Beide Faktoren tragen zu einer *verantwortungsethischen* Einstellung zur Natur bei (Markl 1986). Diese Gegenüberstellung von gesinnungsethischem und verantwortungsethischem Umgang mit der Natur macht deutlich, daß die Vorstellung des Umgangs mit der Natur als eines moralisch neutralisierten Bereichs irreführend ist. Auch der Umgang mit der Natur hat eine moralische Dimension. Die diesen Umgang regelnde *Ökonomie* entkommt nicht der Moral. Die ökonomische Aneignung der Natur ist immer in eine moralische Ökonomie eingebunden. Das erweitert den Begriff der Aneignung der Natur – über seinen kognitiven Aspekt hinaus – um eine moralische Dimension.

Moralische Ökonomie

Es gibt keine natürliche Ökonomie. Die Vorstellung von der Natur als einem *Tauschwert* ist ebenfalls eine Fiktion. Die Natur fügt sich nicht problemlos den Regeln des Marktes. Sie ist nicht beliebig tauschbar. Der normative Gehalt der Natur unterläuft vielmehr die Gesetze des Marktes. Gegen die Vorstellung einer Natur, deren normativer Gehalt sich auf ihren *Tauschwert* reduziert, muß eine Vorstellung der Natur gesetzt werden, deren Tauschwert bereits normativ definiert ist. Es gibt keinen Tauschwert jenseits normativer Vorgaben der Gesellschaft. Es gibt keine Ökonomie jenseits einer *moralischen Ökonomie*. Der Tauschwert der Natur ist eine normative Konstruktion der Gesellschaft. Er ist eine historisch und evolutionär spezifische normative Bestimmung des *Gebrauchswerts* der Natur.

Die normative Definition der Natur läßt sich deshalb nicht von der Produktion und Reproduktion einer normativen Ordnung der Gesellschaft trennen. Der Mechanismus, der die gesellschaftliche Aneignung der Natur auf der Ebene der Distribution ermöglicht, ist der Mechanismus der *moralischen Konstruktion* der Natur. Die Aneignung der Natur im Distributionsprozeß reduziert den Umgang mit der Natur nicht auf »strategisches Handeln«.[36] Der Umgang mit der Natur auf dieser Ebene ist immer auch moralisch geregeltes Handeln.[37]

Die »normative« Aneignung der Natur ist Teil der *moralischen Ökonomie* der Gesellschaft.[38] Moralische Ökonomie heißt, nicht nur die Logik des Marktes, sondern auch die Logik seiner normativen Rahmenbedingungen als Medium der Aneignung der Natur zu sehen. Die Natur entgeht nicht der ökonomischen Praxis; sie wird immer auch vermarktet. Doch zugleich drückt die normative Definition der Natur dem Markt seinen Stempel auf. Auch der Markt entkommt nicht dem, was er vermarktet. Die Natur wird vermarktet und sperrt sich diesem Prozeß zugleich. Wenn wir diese Sperrigkeit nicht einer personalisierten Natur zurechnen wollen (und damit Natur mystifizieren), dann bleibt nur die

36 Der Begriff des »strategischen« Handelns setzt – im Gegensatz zum Begriff des »instrumentellen« Handelns, der kognitive Definitionsprozesse voraussetzt – auch normative Definitionsprozesse voraus.

37 Die Frage nach den möglichen Veränderungen und nach der Richtung möglicher Veränderungen soll hier ausgeklammert bleiben. Sie verweist auf das Problem einer Theorie der Entwicklungslogik kultureller Evolution und auf eine sie begründende Theorie evolutionärer Lernprozesse.

38 Der Begriff der moralischen Ökonomie (Thompson 1971) zielt darauf ab, ökonomische Prozesse als Teil eines umfassenderen kulturellen Prozesses zu betrachten. Er zielt damit auf eine Relativierung der Logik des Ökonomischen durch eine historisch spezifische kulturelle Logik.

Möglichkeit, sie aus der *normativen Vergesellschaftung* der Natur zu erklären.

Der Begriff der moralischen Ökonomie zielt also darauf ab, das Ökonomische als einen normativ konstituierten Zusammenhang zu sehen. Die moderne Gesellschaft hat jedoch – das ist zumindest eine gängige Behauptung geworden – diese normativen Gehalte der Natur weitgehend aufgelöst und die moralische Ökonomie auf den Status einer quasinatürlichen Ökonomie reduziert. Der normative Gehalt der Natur wird auf ihren *Nutzen* reduziert. Das ist die kulturelle Grundlage des kapitalistischen Umgangs mit der Natur geworden. Kapitalistische Verwertung ist an einen *utilitarischen* Naturbegriff gebunden. Dieser Naturbegriff instrumentalisiert die Natur und macht sie zum Mittel für gesellschaftliche Zwecke.

Dieses spezifisch moderne Naturverständnis reicht bis in die ökonomische Theorie selbst. Ihre kulturtheoretische Ahnungslosigkeit läßt die Ökonomie als einen Prozeß erscheinen, in dem die Natur nach den Gesetzen der Verwertbarkeit angeeignet wird. Die ökonomische Theorie tut so, als ob sich die Ökonomie jenseits einer normativen Definition der Natur und jenseits einer moralischen Ökonomie befände. Das moderne Naturverhältnis, weit davon entfernt, die Normalität gesellschaftlicher Naturverhältnisse zu repräsentieren, ist nur ein evolutionär spezieller (und problematischer) Fall eines Naturverhältnisses. Der ökonomische Blick sucht dies zwar unkenntlich zu machen. Doch in dem Maße, wie dieser ökonomische Blick als ein kulturell spezifischer und systematisch verzerrter Blick rekonstruiert werden kann, wird auch die Selbstverständlichkeit des utilitarischen Naturbegriffs brüchig.

Was dann bleibt, ist die Einsicht, daß auch die moderne Gesellschaft nicht nur durch Restbestände moralischer Ökonomie und eines normativen Naturverhältnisses gekennzeichnet ist. Sie besitzt vielmehr – wie jede andere Gesellschaft – eine moralische Ökonomie und sie ist – wie jede andere Gesellschaft – abhängig von einer normativen Definition der Natur. In dem Maße, wie die Logik der normativen Aneignung der Natur thematisiert wird, in dem Maße wird auch die spezifische normative Konstruktion der Natur deutlich.

Die Rekonstruktion der normativen Vergesellschaftung der Natur ist die Bedingung der Möglichkeit einer Kritik der das moderne Naturverhältnis bestimmenden »natürlichen« Ökonomie. Eine Kritik der natürlichen Ökonomie bezieht die Logik der normativen Vergesellschaftung der Natur auf ihre realen Bedingungen. Sie zeigt, daß diese Vergesellschaftung der Natur Teil einer moralischen Ökonomie ist, deren normative Gehalte selber strittig sind. Auch die Natur – und das ist das entscheidende empirische Argument – entkommt nicht dem Feld sozialer Auseinandersetzungen. Die Ökonomie ist – wie es schon die Kritik der politischen Ökonomie gezeigt hat – Ausdruck einer gesellschaftlichen Praxis, deren Marktförmigkeit nicht darüber hinwegtäuschen kann, daß sie auch Gegenstand von moralischen Auseinandersetzungen ist.[39]

Dieser Gesichtspunkt wird in dem Maße virulent, wie die Form der Aneignung der Natur zum Gegenstand moralischer Auseinandersetzungen wird. Das artikuliert sich in Auseinandersetzungen darüber, was als das »Natürliche« und was als das »Künstliche« zu gelten hat, und darüber, ob das Natürliche oder ob das Künstliche das »Bessere« ist.

In diesen Auseinandersetzungen geht es aber nicht allein um den normativen oder politischen Gehalt der Natur. Es geht um mehr. Gerade die aktuellen Auseinandersetzungen um das gesellschaftliche Verhältnis zur Natur zeigen, daß jenseits der kognitiven und normativen Bestimmungen noch eine weitere Ebene der kulturellen Konstruktion der Natur strittig zu werden beginnt. Strittig wird die in den *Gebrauchswert* der Natur eingegangene oder eingehende symbolische Bedeutung der Natur. Dies zeigt sich in Versuchen einer »romantischen« Neubestimmung der Natur, in Versuchen eines »lustvollen« Verhältnisses zur Natur. Gerade im ökologischen Diskurs[40] wird – implizit und explizit – eine *symbolische Bedeutung* der Natur thematisch.

39 Die Assoziation mit dem Begriff der politischen Ökonomie ist gewollt. Vgl. dazu auch die Arbeiten von Baudrillard, der die praktisch strukturierte Ökonomie über eine moralische Ökonomie hinaus zu einer symbolischen Ökonomie ausweitet. Das ist ein Versuch, die politische Ökonomie wie ihre Kritik zu generalisieren.

40 Die mit dem Begriff »ökologischer Diskurs« hergestellte Assoziation mit »ökologischer Kommunikation« ist ebenfalls gewollt. Vgl. die eher klassische Verwendung des Terminus »ökologischer Diskurs« bei Kitschelt (1984).

Die symbolische Konstruktion der Natur

Die Lust an der Natur

Das Problem der symbolischen Aneignung der gesellschaftlich produzierten Natur wird zu einem dritten Ausgangspunkt für eine kultursoziologische Korrektur am Paradigma einer naturalistischen Evolutionstheorie. Über die kognitiven und normativen Beschreibungen der Natur hinaus wird eine Ebene der kulturellen Definition der Natur behauptet, die Ebene einer *symbolischen Konstruktion der Natur*. Die Art und Weise, wie Natur produziert und die durch Produktion verfügbare Natur verteilt wird, läßt offen, nach welchen Regeln die Natur *konsumiert* wird. Die Natur hat jenseits kognitiver und normativer Bestimmungen eine *Bedeutung*, die im Konsumtionsprozeß reproduziert wird (Bartles 1979). Diese Bedeutung steckt nicht im Gegenstand »Natur« selbst. Diese Bedeutung wird ihr im Prozeß der konsumtiven Aneignung gegeben. Die *symbolische Repräsentation der Natur* und die damit verbundenen kommunikativen Praktiken (rituellen wie diskursiven!) sind nicht einfach das Ergebnis affektiver und emotional entlastender Funktionen. Sie sind vielmehr Ausdruck eines gesellschaftlichen Verhältnisses zur Natur.

Die symbolische Bedeutung der Natur wird – jenseits von (kognitiver) Poiesis und (normativer) Praxis – in einem *Diskurs* über die Natur expliziert, der Lust und Leid, Hoffnung und Angst im Umgang mit der Natur thematisiert. Dieser Diskurs thematisiert kollektiv geltende symbolische Formen des gesellschaftlichen Naturverhältnisses. Diese »Doxa« kennt – wie jede Doxa – »heterodoxe« (Bourdieu 1982) Naturvorstellungen. Das macht diesen Diskurs über Natur mehrdeutig. Der heterodoxe Diskurs greift auf kulturelle Muster zurück, die in der Evolution des Verhältnisses der Gesellschaft zur Natur bislang nur eine minoritäre Rolle gespielt haben. So macht der aktuelle Diskurs über Natur Vorstellungen kommunizierbar, die in der Geschichte der Moderne als romantisch, exotisch und prämodern ausgeklammert worden sind.[41]

Der »orthodoxe« Diskurs über Natur sieht Natur als etwas, das nur aus utilitarischen Gründen konsumiert wird. Der »hetero-

41 Zu einer soziologischen Analyse des romantischen Naturbegriffs am Beispiel neoromantischer Bewegungen siehe Weiß (1986).

doxe« Diskurs thematisiert dagegen ihren Zustand, ihre Krise, ihre Verletzungen. Der moderne heterodoxe Diskurs thematisiert Aspekte des gesellschaftlichen Naturverhältnisses, die in traditionalen Gesellschaften schon immer Teil des gesellschaftlichen Naturverhältnisses gewesen sind. Natur war in diesen Gesellschaften zwar teilweise auch nur bloßer Gegenstand, der benutzt und genutzt wurde; sie war aber immer auch etwas, dem man sich mit Ehrfurcht näherte, etwas, das man nicht berührte oder das nur in rituell geregelter Weise angeeignet wurde. Der heterodoxe Diskurs über Natur macht also darauf aufmerksam, daß die Natur Bedeutungen haben kann, die über die moralisch begründete Kritik des modernen gesellschaftlichen Naturverhältnisses noch hinausgehen. Diese die moralische Kritik transzendierende Vorstellung reicht vom menschlichen Umgang mit den Tieren bis hin zu Vorstellungen eines in der Natur sich spiegelnden Alter Ego (einer personalisierten und handlungsfähigen Natur). In der symbolischen Repräsentation der Natur zeigen sich Erfahrungs- und Wahrnehmungsschemata der Welt, die das Schema einer bloßen Gegenständlichkeit der Natur sprengen. Die Freilegung solcher symbolischer Bedeutungen erweitert die soziologische Analyse der Natur um eine genuin kulturelle Dimension.

Es bietet sich an, solche symbolischen Festlegungen in traditionalen oder fremden Gesellschaften zu suchen und zu identifizieren. Doch sie finden sich auch in modernen Gesellschaften. Die Mehrdeutigkeit des modernen Diskurses über die Natur weist gerade darauf hin, daß Natur auch in der modernen Gesellschaft eine symbolische Funktion besitzt, daß auch sie ein Mittel ist, die moderne Welt zu denken. Der ökologische Diskurs ist das aktuelle Beispiel für einen heterodoxen Diskurs, in dem andere Regeln der konsumtiven Aneignung der Natur definiert und Formen symbolischer Repräsentation der Natur erzeugt werden. Das ist nichts anderes als ein erneuter Versuch, eine andere Kultur und damit eine andere moderne soziale Ordnung zu denken.

Man kann diese Thematisierung der symbolischen Grundlagen der modernen Gesellschaft im ökologischen Diskurs über Natur bedauern und als Ausdruck einer Fehlsteuerung des Gesellschaftssystems, das seiner Umwelt, den psychischen Systemen, zu sehr aufsitzt, interpretieren. Der Diskurs über die Natur wird dann zum Ergebnis einer »übermäßigen« Resonanz der Gesellschaft auf die Probleme ihres Umgangs mit der Natur (Luhmann

1986b, S. 218ff.). Der »politische Inhalt der Kultur« (Dreitzel 1976) wird als evolutionärer Irrweg gesehen, der der »Autopoiesis« des Gesellschaftssystems im Wege steht. Doch eine solche Deutung bleibt bloßes normatives Statement. Sie ist selbst ein Teil der Politisierung der Natur mit veränderten normativen Vorzeichen.

Eine objektivierende soziologische Analyse geht demgegenüber davon aus, daß gesellschaftliche Naturverhältnisse auf historisch einregulierte und tradierte kulturelle Muster gegründet sind, die Kommunikation über Natur festlegen (Dreitzel 1981; Thomas 1983). Diese kulturellen Muster können nicht nur an der Spezifität des europäischen Naturverhältnisses gezeigt werden. Sie zeigen sich auch in nationalen Traditionen, die innerhalb der europäischen Tradition variieren (Claessens/Claessens 1979; Gephart 1985).

Wieweit der ökologische Diskurs zur »Wiederverzauberung der Welt«[42] beiträgt, ist abhängig von den sozialen Auseinandersetzungen um die symbolische Bedeutung der Natur. Eine genuin soziologische Analyse der symbolischen Dimension der Natur betrachtet den ökologischen Diskurs[43] – unabhängig von den aktuellen Randbedingungen, die ihm eine zentrale gesellschaftspolitische Bedeutung gegeben haben – als Ergebnis von *symbolischen Auseinandersetzungen* in der Gesellschaft. Das, was als ökologisch relevant, als ökologisch sinnvoll, als ökologisch rational gilt, ist strittig und hängt in letzter Instanz von grundlegenden kulturellen Überzeugungen ab. Wie auch diese Überzeugungen im einzelnen aussehen, sie lösen die *Menschengeschichte der Natur* aus der natürlichen Evolution der Gesellschaft. Und sie eröffnen eine Möglichkeit, das Experiment einer »anderen« kulturellen Evolution der Gesellschaft zu unternehmen.

42 Vgl. dazu die Arbeiten von Weiß (1986) und Moscovici (1976) sowie die Beiträge in Daxner/Bloch/Schmidt (1981).

43 Als Versuch einer »Ökologiegeschichte« vgl. jetzt Merchant (1987) und Brüggemeier/Rommelspacher (1987).

Die gesellschaftliche Aneignung der Natur ist damit als ein dreifacher Prozeß der sozialen Konstruktion der Natur bestimmt. Sie ist einmal *kognitive* und *moralische* Konstruktion der Natur. Kognitive Beschreibungen der Natur produzieren ein *Weltbild*, das die empirische Erfahrung der Natur kanalisiert. Moralische Symbolisierungen der Natur produzieren dagegen ein *Bewußtsein* darüber, wie mit der Natur umgegangen werden soll. Beide Formen der sozialen Konstruktion der Natur sind auf eine *Symbolisierung* der Natur angewiesen. Diese Symbole sind nicht der Natur entnommen. Die Natur ist nur das »Bezeichnende«. Das »Bezeichnete« in den Symbolisierungen der Natur ist die Gesellschaft selbst. In der Symbolisierung der Natur legt die Gesellschaft die elementaren Regeln der Wahrnehmung und Erfahrung der Welt fest. Mit solchen Symbolisierungen werden die elementaren Wahrnehmungs- und Erfahrungsschemata der Welt einreguliert.[44]

Durkheim hat solche symbolischen Zusammenhänge als »elementare Strukturen von Sozialität« begriffen und diese elementaren Strukturen von Sozialität in den religiösen Symbolen lokalisiert, in denen eine Gesellschaft sich selbst darstellt. In den »elementaren Formen des religiösen Lebens« hat Durkheim die gemeinsame Welt gesucht, die Gesellschaft möglich macht. Das gilt offensichtlich nicht nur für einfache Gesellschaften, sondern auch für komplexe Gesellschaften. Natürliche Symbole konstituieren Formen des Gemeinsamen jenseits kognitiver oder moralischer Regeln. Dieses Gemeinsame ergibt sich aus der konkreten Einbindung in einen historisch und räumlich spezifizierten symbolischen Zusammenhang, den alle diejenigen anerkennen müssen, die in Kommunikation mit anderen Gesellschaftsmitgliedern treten wollen. Es kommt hier eine selbstverständlich geltende gemeinsame symbolische Welt, das Apriori in der Natur, wie Douglas (1975) das nennt, zum Zuge.[45] Diese Welt stellt selbst dort

44 Die Funktion von solchen natürlichen Symbolen (Douglas 1974) besteht darin, daß mit ihrer Hilfe die normativen und kognitiven Konstruktionen der Welt kommuniziert werden können. Die kommunikative Funktion natürlicher Symbole besteht darin, Kommunikation in der Gesellschaft zu ermöglichen. Zu diesem Zusammenhang vgl. vor allem Leach (1978).

45 Siehe dazu Douglas (1975), S. 275ff.

noch Kommunikation her, wo die Logik der Argumentation oder die Logik diskursiver Rede nicht mehr greifen. Wer diese selbstevidente symbolische Welt nicht akzeptiert, wird im Extremfall zum abweichenden Fall, der aus der Gesellschaft ausgeschlossen wird. Wer diese Gemeinsamkeit, die die »natürliche« Identität der Gesellschaft sichert, in Frage gestellt, wer diese gemeinsame Welt nicht mehr teilt, stellt sich an den Rand oder außerhalb der Gesellschaft. Er wird von der Gesellschaft zum »Verrückten« erklärt.

Diese Ebene der Vergesellschaftung erlaubt den letztlich entscheidenden Bruch mit den naturalistischen soziologischen Theorietraditionen. Bei Durkheim selbst wird der Bruch zwischen Naturalismus und Symbolismus werkgeschichtlich thematisch. Dieser Bruch ist allerdings in der Entwicklung des soziologischen Denkens nicht nachvollzogen worden. Die Theorie der Gesellschaft hat vielmehr ihre Kategorien selber naturalisiert. Sie hat die Begriffe, die sie erzeugt, um die Gesellschaft zu beschreiben, nach dem Muster der Beschreibung der Natur formuliert. Anstatt zu verstehen, daß die theoretische Beschreibung der Gesellschaft alle Naturkategorien auflösen muß, weil Naturkategorien nur das Bezeichnende, aber nicht das Bezeichnete sind, leitet sie Gesellschaft aus »objektiver« (und/oder »subjektiver«) Umwelt, aus »Natur«, ab.[46] In dem Maße, wie deutlich gemacht werden kann, daß Natur ein kulturelles Produkt ist, wird diese Vorstellung obsolet. Eine soziologische Theorie der Natur wird damit zu einem Schlüssel für eine kulturtheoretische Wende soziologischer Theoriebildung.

Die theoretische Beschreibung einer selbstverständlichen symbolischen Ordnung, die das Minimum an Gemeinsamkeit, das Minimum an gemeinsamer Kultur enthält, impliziert zugleich, daß auch die natürlichen Symbole, obwohl elementare Grundlagen kommunikativer Prozesse in der Gesellschaft, nicht von der Logik diskursiver Kommunikation abgekoppelt werden können. Es besteht immer die Möglichkeit, die nicht-diskursiven Grundlagen diskursiver Vergesellschaftung zu thematisieren und damit zum Thema von Diskursen zu machen. Die Gesellschaft kann aller-

46 Die Natur gewinnt dann einen eigentümlich zentralen Stellenwert für eine Theorie der Gesellschaft: sei es als Subjekt, das als psychische Umwelt der Gesellschaft naturalisiert wird, sei es als Objekt, das als ökologische Umwelt der Gesellschaft naturalisiert wird.

dings diese Festlegungen ideologisieren. Sie kann die Natur entweder zum Idealmodell der Gesellschaft oder zum Feind der Gesellschaft hochstilisieren. Beides sind ideologische Rationalisierungen des Naturverhältnisses. Solche Festlegungen sind – mit einem Wort – Indikatoren für den Zustand der Gesellschaft, nicht für den Zustand der Natur. Die marxistische wie die funktionalistische Soziologie haben an dieser Ideologisierung und damit an einer spezifischen Variante der gesellschaftlichen Produktion der Natur mitgearbeitet.

Der blinde Fleck soziologischer Theoriebildung, die Natur, wird allerdings auch aus äußeren Gründen thematisch. In dem Maße, wie Natur zur – von der Gesellschaft selbst – problematisierten Umwelt der Gesellschaft wird, in dem Maße wird Natur zu einem Medium der Reproduktion der Kultur einer Gesellschaft. Die moderne Gesellschaft ist deshalb zunehmend dazu gezwungen, eine Beschreibung der Natur zu finden, die Teil der Selbstbeschreibung der Gesellschaft sein kann. Eine Kritik der theoretischen Beschreibung des modernen Verhältnisses von Natur und Gesellschaft ist insofern Teil des Prozesses, in dem diese Selbstbeschreibung umgebaut wird. Sie zielt darauf ab, die Optionen klarzumachen, die sich historischen Gesellschaften geboten haben und aktuellen Gesellschaften bieten. Man muß zeigen, unter welchen Bedingungen Selbstverständlichkeiten in Frage gestellt werden bzw. unter welchen Bedingungen der Bereich des Selbstverständlichen ausgeweitet und nichtthematisierbar gemacht wird. Das wird man allerdings empirisch überzeugend nur im historisch-komparativen Zugriff auf symbolische Systeme tun können, die sich in unterschiedlichen Gesellschaften auf unterschiedlichen Entwicklungsniveaus ihrer Naturgeschichte finden lassen.

Die symbolische Ordnung der Gesellschaft. Jenseits des soziologischen Naturalismus

Von der Natur zur Kultur

Zur Funktion religiöser Symbolisierungen

Gesellschaften sind keine »natürlichen Ordnungen«. Sie sind »symbolische Ordnungen«. Sie duplizieren nicht die natürliche Ordnung in sich, sondern transformieren die Natur in eine symbolische Ordnung. Die Natur erhält innerhalb der Gesellschaft eine Bedeutung, die sie außerhalb der Gesellschaft nicht hat. Sie erhält bisweilen eine Bedeutung, die ihrer natürlichen Funktion entgegensteht (Beispiele sind der Wolf im Märchen oder die jungfräuliche Empfängnis in der religiösen Mythologie). Wenn die Natur in der Gesellschaft anders ist als außerhalb der Gesellschaft, dann findet in der Gesellschaft eine *Transformation von Natur in Kultur* statt. Daß man die Natur bearbeitet, daß man mit ihr Politik macht und soziale Auseinandersetzungen mobilisiert, ist aber nur ein Teil dieses Prozesses der Transformation von Natur in Kultur. Die Transformation der Natur in Kultur ist – jenseits ihrer kognitiven und normativen Aspekte – auch Teil einer *symbolischen Tätigkeit* in der Gesellschaft. Die Transformation von Natur in Kultur verweist auf eine Form gesellschaftlicher Ordnung jenseits ihrer ökonomischen und sozialen Ordnung: nämlich auf eine *symbolische Ordnung* der Gesellschaft.

Die Symbolisierung der Welt fügt den Gegenständen dieser Welt eine Qualität hinzu, die sie per se nicht haben. Symbole spiegeln nicht einfach die Welt wider. Sie geben vielmehr der Welt eine besondere Dignität oder ihr Gegenteil, Wertlosigkeit. In der Konstruktion einer symbolischen Ordnung thematisiert die Gesellschaft mehr als ihre kognitive und normative »Rationalität«. Sie thematisiert auch ein Bild von dem, was sie sein »könnte«.[1]

1 Dies ist eine Weiterführung eines klassischen Durkheimschen Arguments (Durkheim 1981). Als ein Beispiel für eine kommunikationstheoretische Inter-

Symbolische Ordnungen haben es weder mit dem »Wahren« und »Falschen« noch haben sie es mit dem »Richtigen« und »Unrichtigen« zu tun. Symbolische Ordnungen haben es mit dem »Guten« und »Bösen« zu tun.
Ausgangspunkt der folgenden Überlegungen sind zwei Thesen. Die *erste* These lautet: Der Schlüssel zur empirischen Analyse und Rekonstruktion symbolischer Ordnungen sind »religiöse Symbolisierungen«. Die *zweite* These lautet: Über die Funktion hinaus, das Gute und das Böse in der Gesellschaft zu repräsentieren, erfüllen religiöse Symbolisierungen die Funktion, dort Kommunikation zu sichern, wo ansonsten Kommunikation zu Ende wäre. Symbolisierungen kontinuieren Kommunikation, wo die für kognitive und normative Fragen spezifische Form argumentativer Einigung versagen würde.[2]
Religiöse Symbolsysteme machen das Gute bzw. Böse zu einem Mechanismus der Reproduktion und Evolution der Gesellschaft. Sie lösen eine *kulturelle Evolution* der Gesellschaft aus, die manchmal parallel, manchmal quer zur natürlichen Evolution der Gesellschaft verläuft. Am Wandel religiöser Symbolisierungen lassen sich Prozesse *kultureller Evolution* rekonstruieren, die eine Theorie der *sozialen Evolution* nicht als bloßen Überbau abtun kann.[3] Denn in der kulturellen Evolution der Gesellschaft kommt eine praktische Rationalität zum Zuge, die in der natürlichen Evolution der Gesellschaft nur implizit bleibt. Das, was die na-

pretation siehe Baal (1971, 1981). Zur Kritik an der kommunikationstheoretischen Deutung religiöser Praktiken vgl. Girard (1972, 1978), der vor allem auf die psychodynamischen Voraussetzungen, auf das Moment der rituellen Kontrolle von Gewalt als dem Konstituens des Religiösen, setzt. Das erweitert aber nur die kommunikationstheoretische Deutung des religiösen Phänomens. In diesem Sinne kann die folgende Diskussion um die Rolle des »Bösen« in der symbolischen Ordnung der Gesellschaft gelesen werden.

2 Daß Kultur nicht nur das »Gute«, sondern auch das »Böse« repräsentiert, bricht mit dem klassischen europäischen Kulturverständnis. Zu einer Kritik dieses klassischen kultursoziologischen Paradigmas vgl. Thurn (1985). Er arbeitet in ihr gleichermaßen die konstruktiven wie destruktiven Tendenzen von Kultur heraus.

3 Die neueren Ansätze zu einer Theorie symbolischer Praxis (Turner 1975; Bourdieu 1980a) stellen die Grundannahmen klassischer evolutionistischer Vorstellungen in Frage. Zu den klassischen Theoremen einer religiösen Evolution siehe vor allem Bellah (1965), Döbert (1972) und Luhmann (1977), S. 72ff. Die diesen Ansätzen zugrundeliegenden Periodisierungen der Geschichte entsprechen den universalgeschichtlichen Klassifikationen des 19. Jahrhunderts. Zu einer harten Kritik vgl. auch Cochetti (1985), S. 233ff.

türliche Evolution der Gesellschaft an praktischer Rationalität nicht zuläßt, wird in religiösen Symbolisierungen ausgelebt. Hier kommt eine »enthemmte« praktische Rationalität (und Irrationalität!) zum Zuge, die religiöse Symbolisierungen zum »kritischen« Fall einer Theorie der *sozialen Evolution der praktischen Vernunft* macht.

Zur Kritik der Theorie religiöser Evolution

Die herrschenden Theorien sozialer Evolution sind dadurch gekennzeichnet, daß sie die Evolution des »Kulturellen« parallel zur Evolution des »Natürlichen« konstruieren. Das gilt insbesondere für die Theorie religiöser Evolution. *Religiöse Evolution* erscheint als Korrelat der Entfaltung gesellschaftlicher Produktivkräfte oder als Korrelat sozialer Differenzierung. Dieser Zusammenhang bindet religiöse Evolution an eine Periodisierung, die ihrerseits nichts anderes als die Fortsetzung der natürlichen Evolution auf der Ebene der Gesellschaft ist. Die Theorie religiöser Evolution wird damit bereits begrifflich an eine Klassifikation gebunden, die ihr vorausgeht. Religiöse Evolution wird analog zur natürlichen Evolution der Gesellschaft gedacht. Sie wird zum Korrelat der *Evolution der Komplexität* der Gesellschaft.

In der Regel werden drei Stufen der Evolution der Komplexität der Gesellschaft unterschieden: *einfache Gesellschaften*, deren Produktivkräfte an bäuerliche Arbeit gebunden sind und deren Komplexität durch segmentäre Differenzierungsformen bestimmt ist; dann *traditionale Gesellschaften*, deren Produktivkräfte durch handwerkliche Fähigkeiten erweitert werden und deren Komplexität durch stratifikatorische Differenzierungsformen bestimmt ist; schließlich *moderne Gesellschaften*, deren Produktivkräfte durch Mechanisierung vorangetrieben werden und deren Komplexität durch funktionale Differenzierungsformen bestimmt ist. Die Zuordnung von Stufen religiöser Evolution zu diesen Stufen der *Naturgeschichte der Gesellschaft* hat zur Folge, daß die Eigenlogik kultureller Evolution nicht in den Blick kommt. Die Theorie der kulturellen Evolution wird auf eine Theorie der natürlichen Evolution der Gesellschaft reduziert.[4]

4 Diese Kritik impliziert auch eine Kritik meiner eigenen älteren Arbeiten, die sich noch an das klassische Periodisierungsschema gehalten haben, obwohl sie

Gegen diese enge Zuordnung von natürlicher und kultureller Evolution soll die These verteidigt werden, daß die Eigenlogik kultureller Evolution von der Eigenlogik natürlicher Evolution unabhängig ist. Kulturelle Evolution ist auf jeder Stufe natürlicher Evolution möglich bzw. kann auf jeder Stufe blockiert werden. Es gibt deshalb *keinen* notwendigen Zusammenhang zwischen den Stufen natürlicher Evolution und den Stufen kultureller Evolution. Die theoretische Einebnung dieser Differenz, die Reduktion von Stufen der Evolution religiöser Symbolisierungen auf die klassische Periodisierung von Gesellschaften in einfache, traditionale und moderne Gesellschaften führt vielmehr zu fatalen Konsequenzen. Man schließt von einfachen religiösen Systemen auf primitive Gesellschaften und von ethisch durchrationalisierten Systemen auf die modernen Gesellschaften. Man muß deshalb in diesen Gesellschaften nach Beispielen für die so zugeordneten religiösen Formen suchen und wird sie auch finden. Letztlich läuft das Unternehmen darauf hinaus, die Stufe natürlicher Evolution, die eine Gesellschaft durch Arbeit und soziale Differenzierung erreicht hat, moralisch zu überhöhen und als höchste Stufe von Sozialität auszuzeichnen. Gerade dies ist aber »industrielle Ideologie«, die in dem Maße bewußt geworden ist, wie die moralischen Segnungen des modernen Naturzustandes strittig und uneindeutig geworden sind.[5]
Diese Entkoppelung von Fragen *natürlicher Evolution* und Fragen *kultureller Evolution* macht die Aufgabe einiger klassischer evolutionstheoretischer Annahmen notwendig. Es gibt keinen systematischen Zusammenhang zwischen einem niedrigen Niveau technischer Entwicklung und einem niedrigen Niveau kultureller Entwicklung. Die Zwänge und Unwägbarkeiten der Natur, die dem primitiven Zustand zugeschrieben werden, zwingen nicht zu Geisterglauben und irrationaler Magie.[6] Es kann diesen Zusam-

zugleich mit der Differenz von natürlicher und moralischer Evolution gearbeitet haben. In diesen Arbeiten ist aber diese Differenz nicht genügend durchgehalten worden (vgl. Eder 1973, 1976).

5 Der moderne »ökologische Diskurs« hat zunehmend dafür sensibilisiert, daß die Herrschaft über die Natur nicht unbedingt auch moralischen Fortschritt bedeutet, ein Zusammenhang, der für Marx und den Rationalismus des 19. Jahrhunderts und den Szientismus des 20. Jahrhunderts unproblematisch gewesen ist.

6 Zu diesem Problembereich wichtig die eher methodologische Diskussion um die Rationalität und Irrationalität von Magie. Vgl. dazu die Beiträge in Kippen-

menhang geben, er darf aber nicht vorausgesetzt werden. Analoges gilt für die moderne technische Beherrschung der Natur. Sie zwingt nicht zu kulturellem Fortschritt. Ein solcher Zusammenhang kann sich herstellen. Er ist jedoch nicht systematisch notwendig vorauszusetzen. Die archaische Religion ist nicht per se irrationaler als die moderne Religion. Und umgekehrt sind moderne religiöse Symbolisierungen nicht per se rationaler als archaische. Solche Zusammenhänge werden im folgenden bestritten.

Statt dessen soll der Versuch unternommen werden, anhand von Prozessen religiöser Evolution in Gesellschaften unterschiedlichen Typs die Eigenlogik sozialer Evolution zu demonstrieren. Es soll gezeigt werden, daß religiöse Evolution eine Entwicklungsdimension ist, die kulturelle Evolution jenseits von natürlicher Evolution ermöglicht. Es geht dann einmal darum zu zeigen, welche Richtung kulturelle Evolution auf jeder Stufe ihrer natürlichen Evolution nehmen kann. Und es geht dann darum zu zeigen, wieweit eine solche kulturelle Evolution auf den verschiedenen Stufen natürlicher Evolution gehen kann bzw. inwieweit die Eigenlogik dieser kulturellen Evolution blockiert werden kann.

In einem *ersten* Schritt sollen die symbolischen Formen, über die jede Gesellschaft verfügt, analysiert werden. Es geht um eine Rekonstruktion von religiösen Symbolsystemen, in denen die Gesellschaft die *elementaren Regeln gesellschaftlicher Kommunikation* festlegt und damit die Voraussetzungen ihrer kulturellen Evolution herstellt. Religiöse Symbole sind das Medium gesellschaftlicher Kommunikation, in der die soziale Welt kognitiv verstanden und normativ geregelt wird. Sie thematisieren – analog zur Idee der nicht-vertraglichen Grundlagen des Vertrags – die nichtkognitiven und nicht-normativen Grundlagen kognitiver und normativer Kommunikationen in der Gesellschaft. In einem *zweiten* Schritt wird am Beispiel der symbolischen Konstruktion des »Guten« und des »Bösen« diese These expliziert. Die religiöse Konstruktion des Guten und Bösen wird als der Mechanismus gesehen, der die Evolution symbolischer Ordnungen vorantreibt.

berg/Luchesi (1978) sowie in Duerr (1981). Die Kritik an der Einzigartigkeit moderner Rationalität läßt sich theoretisch begründen, wenn wir Fortschritte in der sozialen Rationalität von naturgeschichtlichen Entwicklungsprozessen abkoppeln. Die Universalgeschichte ist per se ganz offensichtlich moralisch sinnlos. Sie bringt nicht quasinaturnotwendig eine bessere Welt hervor.

An diesen Konstruktionsprozessen lassen sich die historisch spezifischen Strukturen gesellschaftlicher Kommunikation identifizieren und auf ihre Funktion für die kulturelle Evolution der Gesellschaft hin bestimmen.
Die Theorie der sozialen Evolution der Gesellschaft kann damit auf die Idee einer »Ko-Evolution« von natürlicher und kultureller Evolution gegründet werden. Das erweitert ihr analytisches und diagnostisches Potential. Das erlaubt insbesondere, die Ambivalenzen zu identifizieren und zu erklären, die spezifische Prozesse sozialer Evolution, insbesondere die soziale Evolution der modernen Gesellschaft, kennzeichnen.

Die symbolische Ordnung der Gesellschaft

Kulturelle Evolution und religiöse Symbolisierung

Die Ausgangsthese lautet, daß in religiösen Symbolisierungen die *elementaren* Voraussetzungen für eine kulturelle Evolution der Gesellschaft zu suchen sind. Religiöse Symbole repräsentieren nur mehr »gebrochen« die natürliche Welt. Und je mehr diese religiösen Symbolisierungen evolvieren, um so mehr entfernen sie sich von der Natur. Religiöse Evolution ist nichts anderes als eine elementare Form des Übergangs von der Natur zur Kultur. Je weiter religiöse Evolution geht, umso spezifischer wird die Funktion religiöser Symbole. Sie werden auf die »reine« Funktion spezifiziert, *Kommunikation* in der Gesellschaft zu ermöglichen.
Das Phänomen religiöser Evolution ist bislang allerdings primär als ein universalhistorisches Problem, als eine Deutung einer religiösen Universalgeschichte, die in der Moderne kulminiert, behandelt worden. Dabei werden die Stufen der *natürlichen* Evolution der Gesellschaft den Stufen ihrer *religiösen* Evolution einfach zugeordnet. Das hat dazu geführt, daß die klassischen Theorien religiöser Evolution das, was sie als Stufen religiöser Evolution identifiziert haben, systematisch mißverstehen mußten. Dennoch sind diese Stufentheorien nicht obsolet geworden. Man kann (und muß) sie als Ausgangspunkt einer »Rekonstruktion« einer Theorie religiöser Evolution benutzen. Das setzt voraus, die klassi-

schen Stufentheorien aus ihrem universalgeschichtlichen Zusammenhang herauszulösen. Man kann Stufen dann als Formelemente religiöser Evolution lesen, die in allen Gesellschaften mehr oder weniger zum Zuge kommen.[7]

Um die entwicklungsgeschichtlichen Mißverständnisse der klassischen Theorien religiöser Evolution zu vermeiden, soll im folgenden von »Stufen« religiöser Evolution im Sinne von aufeinander aufbauenden »Formen« religiöser Deutungsmuster gesprochen werden.[8] Diese Formen werden in – historisch je spezifischen – Prozessen religiöser Evolution elaboriert. Wieweit die Eigenlogik der Formen religiöser Symbolisierung zum Tragen kommt, unterscheidet sich von einer Gesellschaft zur anderen. Das Schaubild 1 versucht diese Eigenlogik im Überblick zu zeigen.

Den logisch aufeinander aufbauenden Formen religiöser Symbolisierung lassen sich Typen von Religiosität folgendermaßen zuordnen:

- *Naturalistische* Formen religiöser Symbolisierung sind auf Vorstellungen eines analog zur Gesellschaft strukturierten Himmels, in dem sich die Konflikte der Menschen wiederholen, gegründet; sie liegen dem zugrunde, was man *praktische Religion* genannt hat.
- *Theistische* Formen religiöser Symbolisierung sind auf Vorstellungen gegründet, die den Göttern ethische und kognitive Qualitäten, im Idealfall das Gute, Allmacht und Allwissenheit zuschreiben; sie bestimmen die *offizielle Religion* (oder *politische Religion*) einer Gesellschaft.
- *Ethische* Formen religiöser Symbolisierung sind das Ergebnis von Vorstellungen, in denen das Transzendente die Idealisierung der irdischen Welt ist; sie erzeugen das, was man die *intellektuelle Religion* genannt hat.

7 Der Ursprung religiöser Symbolisierung ist der Glaube an spirituelle Wesen, an nach dem Tode weiterlebende Seelen. Solche Glaubensvorstellungen gibt es in allen Kulturen. In diesem Sinne ist dieses Element nicht das Charakteristikum einer spezifischen Religion, sondern Element religiöser Symbolisierung in allen Gesellschaften. Analoges gilt für Göttervorstellungen und Vorstellungen apriorischer Bedingungen menschlicher Existenz. Vgl. zu diesen Fragen Eliade (1984, 1986a, 1986b).

8 Es wird bewußt von »historischen« Formen religiöser Evolution gesprochen, weil das die Möglichkeit eröffnet, spezifische Pfade religiöser Evolution in einfachen wie in komplexen Gesellschaften rekonstruieren zu können. Es wird dabei vermieden, die jeweils komplexeste Gesellschaft zum Endpunkt und Ziel religiöser Evolution zu machen.

Schaubild 1: Stufen religiöser Evolution

Dimensionen / Typen	Gottesbegriff	Personbegriff	religiöses Handeln
Typus 1: praktische Religion	Gesellschaft als Gott	Leibgebundene Identität; Symbole von der Natur vorgegeben	Beschwörung/Zauberei; Kollektive Ekstasetechniken
Typus 2: offizielle Religion	Gott als Gegenüber der Gesellschaft	Übergang von körper- zu geistgebundener Identität; Entfaltung des Begriffs einer spirituellen Entität; Symbole gewinnen eine objektive Kraft	Emanzipation von dieser Welt als Ziel durch Askese oder den rechten Glauben. Vorstellung der Erlösung nach dem Tode
Typus 3: intellektuelle Religion	Gott als generalized other	Psychologisierung des Identitätsproblems: Seele als individuierendes Merkmal der Identität	Emanzipation in dieser Welt; Psychologisierung des Verhaltens

Die naturalistische Form religiöser Symbolisierung konstituiert die *Differenz von Natur und Kultur*. Sie ist der Natur insofern auch am nächsten. Auf ihr bauen die weiteren Formen religiöser Symbolisierung auf. Wenn diese Differenz *politisiert* und in die Machtstruktur der Gesellschaft eingebaut wird, dann entsteht eine religiöse Welt, in der die Differenz zwischen dem richtigen und dem falschen Glauben eine zentrale Bedeutung erhält. Die in religiösen Symbolen repräsentierte Natur wird zum Gegenstand politisch-sozialer Aus- und Abgrenzung. Die offizielle Religion trennt die Rechtgläubigen von den Ungläubigen, die »Orthodoxie« von der »Heterodoxie«. Die *Ethisierung* der Religion radikalisiert die Distanz von Gesellschaft und Natur. Damit wird in die Gesellschaft eine kulturelle Eigendynamik eingebaut, die auch (aber nicht unbedingt!) in Konkurrenz zu politischer Gewalt soziale Kontroll- und Integrationsfunktionen in der Gesellschaft erfüllen kann. Ihre Hochform erhält diese dritte Form religiöser Symbolisierung vor allem in der europäischen Moderne. In der modernen Aufklärung wird diese Form der »intellektuellen« Religion »säkularisiert« und auf ein System allgemeiner Prinzipien menschlichen Zusammenlebens reduziert.

Diese drei Formen religiöser Symbolisierung, die in jedem religiösen Handeln eine Rolle spielen, die naturalistische, die theistische und die ethische Form[9], finden sich in *jedem* religiösen System. Sie stellen das Formmaterial bereit, das in der kulturellen Evolution der Gesellschaft zum Aufbau eines religiösen Symbolsystems benutzt werden kann, aber nicht immer benutzt wird. Alle diese Formen religiöser Symbolisierung finden sich somit prinzipiell gleichermaßen in einfachen, traditionalen und modernen Gesellschaften.

Wenn die genannten religiösen Formen in jeder Gesellschaft existieren, dann läßt sich religiöse Evolution nicht parallel zur Evo-

9 Die Unterscheidung von »naturalistisch«, »theistisch« und »ethisch« zielt gerade nicht auf die Zuordnung dieser Modelle zu primitiven, traditionalen und modernen Gesellschaften. Vielmehr wird davon ausgegangen, daß sich in allen Gesellschaften die drei genannten Formelemente religiöser Symbolisierung finden lassen. Man kann nur Prozesse religiöser Evolution auf Typen von Gesellschaften beziehen und dann Typen der kulturellen Evolution von Religion unterscheiden. Als klassische Beschreibungen von Fällen archaischer religiöser Evolution siehe Parsons (1973), Underhill (1965), Middleton (1960), Stanner (1960, 1961, 1962, 1963), Firth (1967) und Ortiz (1971). Für einen Fall traditionaler religiöser Evolution siehe Thompson (1970).

lution gesellschaftlicher Komplexität oder gar zur Evolution der Produktivkräfte konstruieren. Religiöse Evolution ist auf jeder Stufe der natürlichen Evolution der Gesellschaft möglich. Die natürliche Evolution, definiert als Zunahme der Produktivkräfte und der Komplexität der Gesellschaft, legt nur Kontextbedingungen für religiöse Evolution fest. Das bedeutet, daß religiöse Evolution weder in Abhängigkeit vom Typus der Produktivkräfte noch von der Komplexität der Gesellschaft, sondern nur aus sich selbst erklärt werden kann. Religiöse Evolution folgt einer Eigenlogik, die kulturelle Evolution jenseits der natürlichen Evolution ermöglicht. Daß die Komplexität moderner Gesellschaften als die evolutionär letzte und weitestgehende Form der Komplexitätssteigerung auch die evolutionär »fortgeschrittenste« Form von Symbolisierungsleistungen impliziert, wird damit in Frage gestellt. Ob die natürliche Evolution der Gesellschaft bis hin in die Moderne auch eine kulturelle Evolution gewesen ist, ist strittig geworden. Die kulturelle Evolution der modernen Gesellschaft erscheint nicht mehr unbedingt als die rationalste und auch nicht mehr als die unumstrittenste.

Zur Evolution archaischer Religion

Archaische Religionen, also religiöse Systeme einfacher Gesellschaften, werden in der Theorie religiöser Evolution als Fälle einer frühen Stufe religiöser Evolution herangezogen. Das ist irreführend, weil die archaischen Religionen, über die wir aus der kulturanthropologischen Literatur wissen, selbst bereits das Ergebnis einer langen religiösen Evolution sind. Das theoretische Problem besteht darin, aus diesen Fällen jene Formen religiöser Symbolisierungen herauszufiltern, die als Repräsentanten einer frühen Stufe religiöser Evolution gesehen werden können, und diese Formen von evolutionär darauf aufbauenden Formen abzugrenzen.

Ein evolutionär frühes Element religiöser Symbolisierungen betrifft solche Vorstellungen, die immer wieder die Differenz von Natur und Kultur ins Zentrum religiöser Vorstellungen stellen. Das trifft vor allem auf Vorstellungen zu, die nicht die Frage danach, was mit dem einzelnen nach dem Tode geschieht, sondern die Frage, was die Toten den Lebenden antun könnten, ins

Zentrum ihrer symbolischen Praxis stellen. Diese Vorstellung einer guten oder bösen *Seele* der Toten bleibt noch weitgehend einem »naturalistischen Fehlschluß« verhaftet. Die Intentionalität der Toten ist – wie die Intentionalität der Natur – *unberechenbar*. Die Toten handeln unberechenbar. Die Menschen müssen auf sie – wie auf die Natur – achtgeben. Sie müssen den möglichen objektiven Konsequenzen des Handelns der Toten zu entgehen suchen.[10]

Zahlreiche prähistorische Funde lassen sich durch den Rückgriff auf solche Vorstellungen verstehen. Das Opferbrauchtum (insbes. Tieropfer) sowie Totenhügel und Grabstätten verweisen auf Vorstellungen von einem Leben nach dem Tode oder zumindest auf die Fähigkeit der Toten, intentional handeln zu können (Smart 1971; Rust 1974). In den erhaltenen Höhlenmalereien sind Menschen als Tiere verkleidet. Das könnte bedeuten, daß die menschliche Seele (sein »Wille«) in das Tier schlüpfen muß, um handlungsfähig zu werden. Die Wesen, durch die hindurch eine Seele ihren Willen durchsetzen kann, sind Teil des natürlichen Universums.[11]

Diese Symbole konstituieren eine *praktische Logik*. Die Gemeinsamkeit in der rituellen Sicherung der Fruchtbarkeit, in der rituellen Sicherung vor den Totengeistern und der rituellen Sicherung des Jagdglücks verhindert die Trennung der diesseitigen von einer jenseitigen Welt. Die »Göttergestalten« sind der Welt immanent. Sie greifen durch die Frauen, durch das Jagdglück, durch die Toten unmittelbar in das Leben der Lebenden ein. Es handelt sich also um eine *praktische Religiosität*, die alltägliche Kommunikation reguliert.

Das heißt aber nicht, daß es in einfachen Gesellschaften keine Vorstellung von einem Wesen gegeben hätte, das der Ursprung und die Ursache der gegebenen Welt wäre. So haben sich in der

10 Daß Tote als Wesen handeln, ist äquivalent zur Vorstellung eines Lebens nach dem Tode. Moderne Begräbnisriten zeigen, daß auch hier diese Form von Religiosität ungebrochen weiterlebt. Man wird also nicht sehr fündig, wenn man die Differenzen zwischen einfachen und modernen Gesellschaften in Unterschieden sucht, die mit der Angst vor den Toten zu tun haben.

11 Ein anderes auffallendes Merkmal ist die Dominanz von weiblichen Figurinen. Dies läßt auf die zentrale Bedeutung von Geburt und Überleben für die jeweiligen Gesellschaften schließen. Das bedeutet, daß Vatersymbole (die Freud als Ausgangspunkt der Religion annahm) eine sekundäre Entwicklung darstellen dürften.

Ainu-Religion (Munro 1963) ebenso wie bei den Feuerlandindianern Vorstellungen von einem »High God« gefunden. Was Religionsgeschichtler jedoch schon immer erstaunt hat, ist die geringe rituelle Aufmerksamkeit für einen solchen Gott gewesen (Eliade 1973). Er ist ein Konstrukt geblieben, ein Gott, der unerreichbar für die Menschen ist.[12]

Diese fehlende rituelle Aufmerksamkeit für religiöse Symbolisierungen, die eine *Übernatur* konstruieren, ändert sich in Gesellschaften, die zunehmend politische Institutionen ausbilden und religiöse Symbole für die Reproduktion von Machtverhältnissen zu mobilisieren suchen. Diese Politisierung (und die damit verbundene Auflösung der durch Müttersymboliken definierten Gemeinschaft) führt dazu, den »High God« für einen neuen Zweck zu mobilisieren: nämlich die Nähe von herausragenden Häuptlingen zu diesen Göttergestalten als Legitimationshilfe zu benutzen. Der unnahbare »High God« wird so zum Überleitungsmechanismus in eine durch Vatersymboliken gekennzeichnete symbolische Ordnung der Gesellschaft.

Archaische Religionen bauen also mit wachsender Politisierung ihrer »segmentären« Sozialstruktur das zweite Element religiöser Symbolisierung, das »theistische«, in das religiöse Symbolsystem ein. Ein besonderer Mann oder ein besonderer Regenzauber lassen eine Sippe religiös führend werden. Aus dieser religiösen Macht leiten sich Glück, Erntesegen und Frieden einer Gemeinschaft ab. Die Götter, die dem Häuptling seine Kraft gegeben haben, werden damit nicht mehr nur passivisch begriffen. Sie werden als die Ursachen und Garanten der Erhaltung einer sozialen Ordnung gesehen. Dieses politische Element verändert die Bedeutung des Heiligen. In Gesellschaften, die Institutionen politischer »Herrschaft« ausbilden[13], entwickelt sich – wie nicht nur

12 Die Existenz von Hochgöttern in einfachen Gesellschaften ist, wenn sie nicht einfach mit Annahmen einer »Überlagerung« wegdefiniert wird, ein Hinweis darauf, daß so naturalistisch und primitiv die Religionssysteme einfacher Gesellschaften nicht gewesen sind. Daß Hochgötter keine Rolle spielen, hat letztlich mit dem Fehlen von Institutionen politischer Herrschaft zu tun. Vgl. zum Thema der Hochgötter in einfachen Gesellschaften vor allem Munro (1963) und Eliade (1973).

13 Auf diesem Entwicklungsniveau wird die empirische Basis der Deskription besser; denn hier lassen sich ethnographische Beschreibungen auf historische Beschreibungen beziehen. In einer historischen Analyse afrikanischer Religionen (Range/Kimambo 1974) wird der Zusammenhang der Veränderung politi-

archäologische Materialien zeigen – ein ausgeprägter *Götterkult*. Die Götter verharren nicht mehr nur in der Welt. Sie leben in einer eigenen »transzendenten« Welt, die über Bitte und Opfer beeinflußt werden kann.

Eine religiöse Welt, die über diese offizielle oder politische Religion hinausgehende *intellektuelle Religion*, findet sich auch in archaischen Gesellschaften. Die Evolution archaischer Religionen kulminiert – in einigen Fällen zumindest – in Vorstellungen einer moralischen Ordnung der Welt. Solche *ethischen* Vorstellungen finden sich besonders in der Konzeptualisierung des Todes und der damit verbundenen Konstruktionen einer moralischen Welt. Der Tod ist nicht nur ein Ende. Die Totengeister sind nicht nur Quellen der Furcht und Angst. Vielmehr gewinnt der Tod auch einen intentionalen Sinn. Er ist die Durchgangsstation zu einem anderen Leben, der Beginn eines anderen Lebens. Der Mensch kann das Problem des Leidens auf eine eschatologische Weise, im Hinblick auf eine andere Zukunft, lösen. Der heilige Kosmos bezieht sich nicht nur auf die »beseelte Natur«, sondern auch auf ein »moralisches Jenseits«.[14]

Obeyesekere (1968) hat versucht, zwei konkurrierende Grundmuster oder Theorien einer übernatürlichen Ordnung, zwei Typen ethischer Denksysteme zu identifizieren: Religionen, denen eine *Theorie der Reinkarnation* fehlt, und solche, die eine solche Theorie haben. In den Religionen ohne Reinkarnation wird der Tod als ein »rite de passage« verstanden. Die Geburt sichert den Übergang von einer unsichtbaren in eine sichtbare Welt. Wäh-

scher Funktionen und der Veränderung des religiösen Symbolismus gezeigt. Für die Parallelität der Strukturen polytheistischer Religionen in komplexen Verwandtschaftsgesellschaften und in frühgeschichtlichen Kulturen vgl. Forde (1970) sowie Blacker/Loewe (1975). Dieser Band enthält u. a. Analysen der altägyptischen, frühchinesischen und skandinavischen kosmologischen Vorstellungen. Allerdings bleibt die Unterscheidung von Kosmogonien und Kosmologien unscharf, was den theoretischen Gesichtspunkt, daß beide das Ergebnis unterschiedlicher Evolutionsprozesse sind, aus dem Blickfeld rückt.

14 Das moralische Jenseits wird dort zentral gestellt, wo das Diesseits nicht mehr plausibel ist, d. h. wo praktische Religiosität nicht mehr dem Grad der Differenzierung der Gesellschaft angemessen ist. Das provoziert die Ausdifferenzierung sei es von theistischen, sei es von ethischen Konstruktionsversuchen eines religiösen Universums. Zu diesem Fragenkomplex vgl. jetzt die – an Max Webers Religionssoziologie anschließenden – Überlegungen von Schluchter sowie die Beiträge zu den von ihm herausgegebenen Bänden (Schluchter 1981, 1983, 1984, 1985).

rend des Lebens helfen Magie, Bitten, Opfer und Gebet, das Leiden zu ertragen. Wenn der Tod eintritt, dienen Todesriten dazu, das Individuum in die unsichtbare Welt des Todes zu bringen. Diese Welt des Todes ist eine idealisierte Version der faktisch wirksamen Welt. Wir können hier von einer primitiven Vorstellung von Erlösung sprechen: Im Jenseits sind jene paradiesischen Zustände vorhanden, die eine Lösung des Problems des Leidens ermöglichen.

Empirisch nähern sich die religiösen Vorstellungen in archaischen Gesellschaften, die keine Vorstellungen von einer Reinkarnation besitzen, diesem Typ verschieden weit. Bei den Tikopia ist dieser transzendente Kosmos ein strukturelles Duplikat der diesseitigen Welt. In der homerischen Tradition wandern die Toten in den Hades, in die düstere Existenz eines Eidolon. Die Götter – und das ist das zentrale Charakteristikum dieser Vorstellungen – ordnen nur das Leben auf dieser Welt, aber nicht das Leben im Jenseits. Die Vorstellung eines Paradieses, die jedem ein Jenseits verspricht, und die Vorstellung eines düsteren Hades sind jeweils optimistische bzw. pessimistische Lösungen des *ethischen* Problems, das Leiden in dieser Welt zu erklären.

In den Religionen mit der Vorstellung einer Reinkarnation werden das Individuum und sein Tod in die Welt der Ahnen transferiert, um nach einiger Zeit in der Seele eines anderen Wesens wieder zurückzukehren. Diese Welt der Ahnen kann paradiesisch gedacht werden. Dann entsteht allerdings das Problem des Warum der Wiederkehr. Empirisch dürfte sich deshalb die Vorstellung eines Paradieses im Jenseits abschwächen zugunsten einer zyklischen Vorstellung. Nach jedem Tod wird das Individuum wieder in eine imperfekte Welt geboren. Nach einem kurzen Aufenthalt dort kehrt es wieder in diese Welt zurück.[15]

In diesem archaischen religiösen Kosmos (der keine staatlich organisierten Gesellschaften voraussetzt!) kommt also die dritte Form religiöser Symbolisierung zum Zuge: das *ethische Element*. Dieses Element wird in den einfachen Gesellschaften in der Form

15 Die Intentionalität, die so oft als charakteristisches Unterscheidungsmerkmal herangezogen worden ist, hängt mit den Zwängen der traditionalen Gesellschaft, insbesondere ihrem Zwang zur Kalkulation des Zukünftigen, zusammen. Daß Orakel u. ä. dann eine zentrale Rolle spielen, mag deshalb nicht überraschen.

kosmogonischer Erzählungen entwickelt.[16] *Kosmogonien* erzählen die Geschichte der Herstellung der Welt. Die Welt wird als ein logisch geordnetes, geschlossenes und sich selbst erhaltendes System beschrieben, in das auch die Götter sich – auf Grund seines bloßen Bestehens – einzuordnen haben. Jeder hat seinen Platz, seine Funktion. Weder die Götter noch die Menschen können es ändern. Das Denkmodell, das dieser Ordnung der Dinge zugrunde liegt, transzendiert den bloßen Götterglauben. Es formuliert eine *intellektuelle* Sicht der Welt, die den Menschen wie den Göttern vorausgesetzt ist.

Der Zusammenhang der Welt der Götter und der Entstehung der Welt kann verschieden gedacht werden. Dieses Universum kann von den Göttern gemacht worden sein oder seit jeher bestehen. Entscheidend ist seine Selbsterhaltungslogik. Das macht die Differenz der religiösen Ethik, die sich in der kulturellen Evolution archaischer Religionen manifestiert, und der religiösen Ethik, die mit Fortschritts- oder Schöpfungsvorstellungen einhergeht, aus. Die Selbsterhaltung der Gesellschaft und die Entkoppelung dieser Selbsterhaltung vom Reproduktionsprozeß der Natur[17] sind das »Ergebnis« einer kulturellen Evolution religiöser Systeme in Gesellschaften, in denen soziale Differenzierung nicht zur Ausdifferenzierung von Herrschaftsfunktionen geführt hat. Solche Gesellschaften haben sich bis in die Neuzeit gehalten und damit einen evolutionären Prozeß auch über lange historische Zeiträume durchhalten können. Im Vergleich mit anderen historischen Formen religiöser Evolution scheint diese Evolution jedoch eher ihrem Ende zuzugehen.[18]

16 Zu einer strukturalen Analyse einer im Rahmen archaischer Religion hochentwickelten Kosmogonie vgl. die Analyse der Theogonie des Hesiod von Vernant (1971, 1987).

17 Das hat das verbreitete Mißverständnis vom Naturalismus archaischer Religionen provoziert. In eigentümlichem Kontrast dazu steht die »Re-Archaisierung« moderner Religiosität. Teufelsglauben und australische Medizinmänner, die die Funktion von Gurus erfüllen, kehren den Naturalismus gegen die eigene »moderne« Gesellschaft.

18 Ob dies auch noch angesichts von Entwicklungstendenzen in modernisierten Gesellschaften, die auf Entdifferenzierung hinauslaufen, gilt, ist eine offene Frage. Zumindest scheinen religiöse Archaismen eine neue soziale Bedeutung zu gewinnen. Und über ihre Rationalität bzw. Irrationalität ist a priori kein Urteil möglich. Zu dieser Diskussion vgl. Duerr (1981).

Mit der Entstehung von staatlich organisierten Gesellschaften wird eine andere historische Form der Evolution der Religion in Gang gesetzt. Die alltagspraktische Religiosität gerät unter den Druck einer die Religion instrumentalisierenden herrschenden Klasse. Die Geschichte der Religion teilt sich. Offizielle und praktische Religion treten weiter auseinander. Die privilegierten Schichten transformieren die (poly-)theistischen Vorstellungen in Richtung auf einen systematisierten Legitimationsglauben. Das Ergebnis sind Staatsreligionen. Die abhängigen Schichten (die Bauern, Handwerker) entwickeln ihre religiösen Vorstellungen eher im Sinne einer kompensatorischen Erlösungsreligion weiter. Die »reinen« historischen Paradigmata für diese kulturelle Evolution sind der chinesische Universismus auf der einen, das mittelalterliche Christentum auf der anderen Seite.

Diese religiöse Evolution unterscheidet sich von der Evolution archaischer Religionen weiterhin durch eine schärfere Trennung von offizieller und intellektueller Religion. Die Form intellektueller Religion erhält eine besondere Bedeutung, weil religiöse Vorstellungen in herrschaftlich organisierten Gesellschaften dogmatisiert werden müssen. Das sichert der intellektuellen Religion eine besondere Rolle in dieser historischen Form religiöser Evolution.

In dieser religiösen Evolution wird der Welt der Götter eine zentralere Bedeutung als in der religiösen Evolution archaischer Gesellschaften gegeben. Den Göttern werden moralisierbare Attribute zugeschrieben: *Gerechtigkeit* und *Allwissenheit*. In seiner Erkenntnis hat der Mensch teil an der Allwissenheit der Transzendenz. Im Leben nach dem Tode kann der Mensch – soweit er den Idealen dieses heiligen symbolischen Universums in seinem Handeln entsprochen hat – an der Gerechtigkeit und Allwissenheit des Jenseits teilnehmen.

Der Glaube an ein Leben nach dem Tode teilt, wenn diese kulturelle Evolution stattfindet, die religiöse Praxis in die Welt magischer Bestattungstechniken und in die Welt der Vorstellung von göttlicher Hilfe im Leben nach dem Tode. Traditionale Religionen haben beide Formen religiöser Symbolisierung stark ausgeprägt. Sie können sie auch – dank der stratifikatorischen Differenzierung der Gesellschaft – stärker trennen. Die religiösen Symbole, die über das praktische religiöse Handeln der Menschen hinausgehen und die zugleich den herrschaftlichen Typus religiöser Symbolisierung spezifizieren, sind die Symbole von *Sünde* und *Gnade*. Wenn die religiöse Evolution diese Elemente entwikkelt hat, dann kann das Jenseits nicht mehr gleichermaßen für alle offen sein. Diese Teilung der jenseitigen Welt in eine gute Welt und eine böse Welt (in »Himmel« und »Hölle«) wird durch stratifikatorische Differenzierung der Gesellschaft weiter verstärkt. Die Teilung des symbolischen Universums in eine gute Welt und eine schlechte Welt hat die Funktion, die Wirksamkeit religiöser Symbolsysteme für die Aufrechterhaltung einer herrschaftlichen Ordnung zu sichern.

Dieser Umbau theistischer Elemente in der kulturellen Evolution traditionaler Religionen führt schließlich zu einer ausgeprägteren *Ethisierung* traditionaler Religionen. So erfährt das ethisierte Religiöse eine erste historische Verkörperung[19] in den Osiris-Kulten im alten Ägypten, in der orphistischen Mystik und im Paulinischen Christentum. Der ethisch begründete Charakter des göttlichen Eingriffs in die Welt wird weiter elaboriert im prophetischen Judentum, im Islam, im Zoroastrismus und im historischen Christentum. Pessimistische Formen der Ethisierung des Lebens nach dem Tode finden sich in den Religionen, die auf der Idee der Reinkarnation aufbauen, wie dem frühen Buddhismus, der stoischen Philosophie und dem chinesischen Denken.

Damit sind spezifische Ausgangsbedingungen für eine intellektuelle »Rationalisierung« traditionaler Religionen gegeben.[20] Die

19 Dieses Phänomen ist in den Theorien religiöser Evolution a posteriori zum Kennzeichen der Religion gemacht worden, ohne daß gesehen wurde, daß es sich hier nur um eine spezifische Manifestationsform von Religion handelt. Diese Verwechslung von Besonderem und Allgemeinem hat es möglich gemacht, die klassische Periodisierung von religiöser Evolution parallel zur Evolution sozialer Differenzierung und zur Evolution der Produktivkräfte zu deuten (Bellah 1964; Döbert 1972).

20 Das Erreichen der ethischen Stufe religiöser Evolution in einfachen oder traditionalen Gesellschaften ist für die Komplexität dieser Gesellschaften prekär gewesen. Wenn diese Stufe einmal erreicht worden ist (wie etwa im Hellenismus), dann ist in der Regel die politische und soziale Struktur dieser Gesellschaften zusammengebrochen. Man hat diese Stufe nur in Mönchszirkeln, weltflüchtigen Propheten oder in Einzelpersonen, denen magische Kräfte zugeschrieben wurden, stabilisieren können. Diese Phänomene sind soziologisch gesehen nicht Manifestation einer »sozialen Ordnung«, sondern einer »sozialen Bewegung«. Zu einer Analyse des Mönchtums als einer sozialen Bewegung vgl. Bergmann (1985). Die moderne Gesellschaft bietet hier ganz andere Möglich-

Vorstellungen, die das Erkenntnisstreben der Menschen im Kontext traditionaler Religion zu steuern vermögen, sind durch die Dualität von menschlicher Verblendung und göttlichem Wissen charakterisiert. Menschliches Erkennen kann immer nur eine Annäherung an die göttliche Wahrheit sein. Sobald das Erkennen unter den Imperativ der Annäherung an die göttliche Weisheit gerät, wird eine Prämie auf die reine Erkenntnis selbst gesetzt. Diese religiöse Evolution provoziert die *kosmologische Spekulation*.[21]

Brandon (1965) hat am Beispiel des *Zeitbegriffs* die Folgen der Evolution theistischer Vorstellungen für den »Mythos der ewigen Wiederkehr« (Eliade 1986c) analysiert. Zeit wird in Religionen, in denen Reinkarnationsvorstellungen dominieren, als das »sorrowful wearing wheel« gedacht, das Erlösung zuläßt. Damit kann der zyklische Zeitbegriff reflexiv gebrochen werden. Es gibt eine Zukunft in der Vorstellung der ewigen Wiederkehr. Der Zeitbegriff kann direkter in traditionalen Religionen ohne Reinkarnationsvorstellungen im Sinne eines Durchgangs zu einem Endzustand gedacht werden. Beide Konstruktionsweisen eines sozialen Zeitbegriffs in den religiösen Symbolisierungen traditionaler Gesellschaften stellen funktional äquivalente Ausgangsbedingungen für die theoretische Bewältigung des Todes dar. Diese theoretische Verarbeitung bestimmt das Denken im Hinduismus ebenso wie im Buddhismus und im Orpheo-Platonismus. Ihnen gemeinsam ist die Aufhebung des Flusses der Ereignisse in abstrakten Vorstellungen: im Nirwana, das die Emanzipation von der Welt ermöglicht, und in der Periodizität des Kosmos, in der für die individuelle Seele sowohl ein Anfang als auch ein Ende gegeben ist, der gegenüber das empirische Handeln sinnlos ist. In der jüdischen Tradition wird der Zeitbegriff in einer weitergehenden Form aus der zyklischen Vorstellungswelt herausgebrochen. Zeit ist die Geschichte, die als Offenbarung eines göttlichen Willens

keiten. Sie versteht Gesellschaft zugleich als soziale Ordnung und als soziale Bewegung. Sie bietet damit Anschlußpunkte zugleich für mehr Rationalität wie für mehr Irrationalität. Zur Ethisierung traditionaler Religionen vgl. Brandon (1962), Smart (1971), Bowker (1970), Humphreys (1975), Nikiprowetzky (1975). Speziell zu Griechenland vgl. Babut (1974), zur frühchristlichen Tradition Itzutzu (1966).

21 Zur Frage kosmologischer Spekulation und ihrer Folgen vgl. Brandon (1965), Jacobs (1975) und Vernant (1971). Die Folgen kumulieren sich vor allem in der politischen Philosophie; vgl. Gunnell (1968).

gedacht wird. Das Perfektionsideal wird radikal in die Zukunft verlegt. Das mittelalterliche Christentum liefert uns die elaborierte Vorstellung von der Geschichte als einem Heilsplan Gottes. Von Adam und Eva bis zur Auferstehung der Toten am Ende der Welt ist die Zeit in Stufen eingeteilt, die jeweils Entwicklungsniveaus der Offenbarung Gottes in der Welt darstellen.[22]

Die Möglichkeit, nach dem Tode weiter ein moralischen Regeln gehorchendes Leben zu führen, führt schließlich zur (elitären) Vorstellung des *Individuums*. In einzelnen traditionalen Gesellschaften finden sich zum ersten Male in signifikantem Ausmaß soziale Gruppen, die sich »Individualität« erlauben können. Für sie (und das sind hauptsächlich der Welt entsagende Menschen!) besteht Menschsein nicht mehr primär darin, daß der Mensch einen Körper hat, sondern daß er eine Seele hat. Die Vorstellung von der *Seele* als dem moralischen Zentrum des Menschen, als sein individuierendes Merkmal, taucht begrifflich im 1. Jahrhundert v. Chr. in Indien (atman) und in Griechenland (insbes. im Orphismus) auf. Sie wird weiter elaboriert in der Sankhya-Philosophie in Indien, in der Gnosis, im Manichäismus und im theologischen Katholizismus. Dort, wo die Götter als unpersönliche Prinzipien gedacht wurden, entstehen formal analoge Vorstellungen. Das Nirwana, die kosmische Logik des yin-yang, das kata physein der Stoiker sind die Instanzen, die die Erlösung der Seele ermöglichen. In dieser Konstruktion wird ebenfalls ein Begriff der individuellen Seele reflexiv verfügbar.

Die kulturelle Evolution traditionaler religiöser Vorstellungen setzt somit einen Typus von Identität frei, der *Individualisierung* ermöglicht. Sie machen Identität vom Kontext der rituellen Absicherung gegen äußere Gewalten unabhängig und erlauben es, Identität im Hinblick auf ein Perfektionsideal zu denken. Es werden also auch in traditionalen Gesellschaften Individualisierungsprozesse freigesetzt, die dann unter anderen gesellschaftlichen Bedingungen, nämlich unter Bedingungen funktionaler Differenzierung, eine noch wichtigere Bedeutung erhalten haben.[23]

22 Diese – der Achsenzeit in der Regel zugeordneten – religiösen Innovationen sind nichts anderes als notwendige Evolutionsschritte in der religiösen Evolution traditionaler Gesellschaften. Vgl. dazu jetzt vor allem Eisenstadt (1982, 1987).

23 Zum Phänomen der Individualisierung vgl. vor allem die Innovationen des 12. Jahrhunderts in Europa, die – wegen der Ereignisse zwischen dem 17. und 19. Jahrhundert in Europa – die Versuchung nahegelegt haben, diese als Vorläufer

Die Entstehung hochkomplexer, auf funktionaler Differenzierung aufgebauter Gesellschaften setzt einen dritten Typus religiöser Evolution[24] in Gang. Die moderne Entmystifizierung traditionaler religiöser Symbolisierungen ist zugleich der Beginn einer neuen Evolution religiöser Symbolbildung. Der Bruch mit der traditionalen religiösen Welt verändert gleichermaßen die praktischen, politischen und intellektuellen Dimensionen religiöser Symbolbildung. Sie werden *säkularisiert*. Säkularisierung heißt nicht das Ende religiöser Evolution. Sie ist vielmehr der Ausgangspunkt für einen Typus von religiöser Evolution, der im Aufbau der eigenen symbolischen Ordnung reflexiv auf archaische und traditionale Formen zurückgreifen kann (meist in selbstbestätigender Abgrenzung) und die Formelemente religiöser Symbolbildung für eine säkularisierte religiöse Evolution benutzt.

Die säkularisierte Version einer *praktischen Religion* verkörpert sich in der Alltagskultur moderner Gesellschaften. In dem Maße, wie die moderne Religion in Richtung theoretische Reflexion und Abstraktion evolviert, wurde die Alltagsreligion zu dem Noch-Nicht-Überwundenen, zum traditionalen Rest einer im übrigen überwundenen Religion. Die perspektivische Verzerrung derer, die die moderne Religion bzw. ihre Kritik verwalten, hat dazu geführt, daß wir kaum die Begriffe besitzen, um zu fassen, was als praktische Religion die Ausgangsbedingungen der kulturellen Evolution der Religion in der modernen Gesellschaft bestimmt hat. Erst die Renaissance von Alltagsgeschichte und die Rückprojektion sozialanthroplogischer Analysen auf die eigene Gesellschaft hat das Wissen über die Form praktischer Religion wieder sichtbar gemacht.[25]

Zur *praktischen Religion* in modernen Gesellschaften zählt einmal die Benutzung der Religion für die Ritualisierung von Statuspassagen (Taufe, Hochzeit, Tod). Dazu gehören die ritualisierten

von etwas zu interpretieren, das mit ihnen nur kontingent zusammenhängt. Dazu vgl. Ullmann (1972), Morris (1972) und Bérubé (1964).

24 Die Evolution einer modernen Religion ist unabhängig von der Evolution der (traditionalen) Religion in der modernen Gesellschaft. Säkularisierung ist eine Alternative zur Fortsetzung traditionaler religiöser Evolution.

25 Zur Alltagsgeschichte moderner Religiosität vgl. Schindler (1984) mit weiteren Literaturhinweisen.

Alltagsregeln, die die Mode, das Essen, also alle Formen konsumtiver Aneignung und konsumtiver Ausdrucksformen bestimmen. Die symbolische Transformation von Natur in Kultur muß auch in modernen Gesellschaften immer wieder von neuem hergestellt werden. Das bestimmt – wie in anderen Gesellschaftsformen – auch die Ausgangsbedingungen der spezifischen Form religiöser Evolution in modernen Gesellschaften.

Ein weiteres Kennzeichen moderner religiöser Evolution ist der Niedergang der *offiziellen* Religion traditionaler Gesellschaften. Auch die offizielle Religion wird »säkularisiert«, was aber nicht heißt, daß es keine offiziellen religiösen Symbolisierungen mehr gäbe. Das bedeutet nur, daß sie ihre inhaltlichen Besetzungen ändern. An die Stelle des Gottes oder der Götter tritt die *Nation* und ihre religiöse Überhöhung. Es entsteht das, was die *civil religion* der modernen Gesellschaft (Bellah) genannt worden ist.

Die institutionalisierte Selbstkritik der Theologie insbesondere im modernen Protestantismus ist eine Ausdrucksform einer spezifischen kulturellen Evolution der *intellektuellen Religion* in funktional differenzierten Gesellschaften. Theistische Vorstellungen überleben nur mehr um den Preis ihrer funktionalen Spezifizierung. Das verändert den Status theologischer Diskussionen: Sie thematisieren nicht mehr das ethische Moment von Religiosität; sie werden vielmehr zu einem Mechanismus der Reproduktion theistischer Vorstellungen. Indem in die theistischen Vorstellungen zugleich Möglichkeiten der Distanzierung eingebaut werden, die durch Theologie, genauer durch theologischen Pluralismus, abgesichert werden, können diese Vorstellungen den Bedeutungswandel aushalten, den sie in der modernen Gesellschaft erleben (mit der Folge einer zunehmend prekäreren sozialen Existenz institutioneller Formen von Religion, die auf die theistischen Formen religiöser Symbolisierung gegründet sind, also für die Kirchen). Die ethischen Formen von Religiosität werden von den theistischen Aspekten religiöser Symbolisierung abgetrennt und abstrakt konstituiert. Sie werden Teil der *Philosophie*, Teil der Geschichte des »politischen und sozialen Denkens«.[26] Diese ethischen Konstruktionen einer moralischen Welt

26 Der Zusammenhang von Philosophie und säkularisierter Religion macht die moderne Ideengeschichte zu einer Geschichte abstraktifizierter Religiosität. Die modernen religiösen Bewegungen (und ihre Differenz zu den religiösen

variieren von religiösen Utopien einer totalen Gesellschaft bis hin zur Idee der Gesellschaft als einer Kommunikationsgemeinschaft. Die Philosophie erfüllt die Funktion, die Kosmogonien in einfachen und Kosmologien in traditionalen Religionen erfüllt haben. Sie ist Medium und Ergebnis einer modernen Form religiöser Evolution.

Religiöse Evolution in der modernen Gesellschaft ist also der Einbau von in spezifischer Weise »säkularisierten« Strukturen religiöser Symbolisierung in die symbolische Ordnung der modernen Gesellschaft.[27] Die kulturelle Evolution der Religion in der modernen Gesellschaft kennt also ebenfalls ihre praktische Religiosität im Alltagshandeln; sie kennt ihre spezifischen Götter, insbesondere ihre politischen Götter; und sie kennt intellektuelle Konstruktionen einer anderen und besseren Ordnung als diejenige, die gerade existiert. Gerade moderne Weltbilder können ihre Form, nämlich ein Versuch ethisierender religiöser Symbolisierung zu sein, kaum verleugnen. Daß sie das immer in der Auseinandersetzung mit der Religion traditionaler Gesellschaften gemacht haben, liegt darin begründet, daß die »Moderne« sich nur in Abgrenzung und Ausgrenzung vom »Traditionalen« hat konstituieren können. Diesem Mechanismus kann auch die Evolution der Religion in der Moderne als einem Teil der kulturellen Evolution der Moderne nicht entgehen.

Die sozialen Grundlagen der religiösen Ordnung

Die drei genannten Typen religiöser Evolution lassen sich also danach unterscheiden, auf welchem Niveau der Produktivkraftentfaltung und sozialen Differenzierung und damit auf welchem Niveau der natürlichen Evolution der Gesellschaft sie ansetzen.

Bewegungen innerhalb traditionaler Religionen) sind nur auf diesem Hintergrund verständlich.

27 Zur Literatur dieser Fragen einer Theorie der Evolution religiöser Symbolsysteme in der Moderne vgl. Stephenson (1976). Wichtig sind vor allem die Arbeiten von Luckmann, die älteren Arbeiten zu den protestantischen Sekten (als Beispielen für eine praktische Religiosität in der Moderne) sowie die jüngeren Diskussionen um religiöse Protest- und Gegenbewegungen (Bellah 1970). Zur »civil religion« vgl. Bellah (1975). Eine Klassifikation von Kommunikationsformen, in denen das »Gute« verhandelt wird, ließe sich anhand der Typen und der Stufen kultureller Evolution systematisch durchführen.

Sie lassen sich aber in ihrer Eigenlogik nicht auf diese Kontextbedingungen reduzieren. Sie benutzen vielmehr alle gleichermaßen die genannten Formen religiöser Symbolisierung, um eine je spezifische religiöse Evolution in Gang zu setzen. Bislang ist nur das Ergebnis religiöser Evolution, nämlich die in ihr erzeugte symbolische Ordnung, analysiert worden. Im folgenden soll der Mechanismus, der diese symbolische Ordnung herstellt und reproduziert, bestimmt werden: nämlich die Welt kommunikativer Beziehungen auf unterschiedlichen Niveaus gesellschaftlicher Komplexität.

Religiöse Symbole erlauben es, gegenüber der Offenheit und Indeterminiertheit kommunikativer Beziehungen eine kollektiv geteilte Welt festzuhalten: die symbolische Repräsentation eines gelingenden Kommunikationszusammenhanges. Alle religiösen Systeme idealisieren die für eine Gesellschaft konstitutiven Formen kommunikativer Beziehungen. Die Formen der Interaktion mit Geistern, Göttern, Tieren, Pflanzen usw. sind ebenso wie die offiziellen Regeln religiösen Verhaltens und die dogmatischen Konstruktionen Symbolisierungen für kommunikative Beziehungen, wie sie unter den Menschen herrschen sollten. Religiöse Symbolsysteme legen die elementare Rationalstruktur fest, innerhalb derer die Gesellschaft ihre Kommunikation zu strukturieren sucht. Das Religiöse ist als die Ebene der sozialen Realität definiert, die Kommunikation zwischen den Gesellschaftsmitgliedern sicherstellt (Baal 1971; Rappaport 1979). Insofern sichern religiöse Symbolisierungen Kommunikabilität.[28]

Durkheim hat religiöse Symbolsysteme als symbolische Repräsentanten der Gesellschaft begriffen. Kollektive Gefühle werden in religiösen Handlungen provoziert und konstituieren die kollektive soziale Erregung, die notwendig ist, um den gesellschaftlichen Zusammenhang der einzelnen Individuen immer wieder neu zu bestätigen. Das ubiquitäre Phänomen des *Heiligen* (Durkheim 1912) reproduziert die gesellschaftliche Realität als eine Realität sui generis gegenüber dem *Profanen*, der Verfolgung von Interessen, Befriedigung von Bedürfnissen und dem kontingenten Fluß

28 Zur Diskussion um die Funktion der Religion vgl. vor allem Luhmann (1977). Die vorgeschlagene Funktionsbestimmung schließt an Überlegungen von Leach (1978) an, geht also von strukturalistischen Prämissen aus. Zur empirischen Relevanz dieser These vgl. die beiden Kapitel über Eßtabus und Opferrituale in diesem Band.

sozialen Geschehens. Das Heilige ist jener Bereich an Symbolen und symbolischen Handlungen, der gerade dadurch definiert ist, daß er nicht in Frage gestellt werden darf.[29] Religiöse Symbole repräsentieren das »Apriori einer Kommunikationsgemeinschaft«.[30]

Die Kommunikationsgemeinschaft, die über religiöse Symbolisierungen reproduziert wird, ist weder mit dem Begriff einer *rituellen Kommunikation* noch mit dem Begriff einer *diskursiven Kommunikation* zureichend gefaßt. Das diskursive Apriori ist ebenso wie das rituelle Apriori ein Spezialfall einer symbolisch geregelten Kommunikation.[31] Es ist eine Frage der Evolution religiöser Symbolisierung, wann und ob diese rituelle Kommunikation in diskursive Kommunikation transformiert und letztere für die kulturelle Evolution der Gesellschaft von Bedeutung wird.[32]

Die entscheidende Funktion solcher Kommunikationsgemeinschaften für die kulturelle Evolution der Gesellschaft besteht darin, daß sie festlegen, was »gut zu kommunizieren ist«. Kommunikation erzeugt bereits auf der Ebene des kognitiven *Umgangs mit der Natur* etwas, das über die Naturgeschichte der Gesellschaft hinausweist, nämlich »Wahrheitssuche«. Kommunikation erzeugt auch auf der Ebene der *normativen Ordnung* der Gesellschaft etwas, das über die Komplexitätssteigerung normativer Ordnungen hinausweist, nämlich eine Geschichte von sozia-

29 Vgl. dazu Parsons (1973), S. 150 ff.

30 Wenn sich die Strukturen dieser Symbolsysteme ändern, dann können wir davon reden, daß sich die Identität der Gesellschaft ändert. Identität heißt hier, daß sich die Reproduktionsbedingungen gesellschaftlicher Kommunikation ändern. Insofern ist dieser Identitätswandel ein Kriterium für evolutionäre Veränderungen des Gesellschaftssystems.

31 Dazu vor allem die Arbeiten von Bloch (1974, 1977). Zur rituellen Kommunikation vgl. auch die Arbeiten von Turner (1969).

32 Die Transformation von ritueller in diskursive Kommunikation hat nichts mit der Komplexität der Gesellschaft zu tun. Es mag wenig komplexe Gesellschaften mit einer diskursiven Form symbolisch vermittelter Kommunikation geben (moderne Kommuneexperimente). Es mag hochkomplexe Gesellschaften geben, die eher eine rituelle Form symbolischer vermittelter Kommunikation aufweisen (man denke etwa an die kurzlebigen Großreiche in vormodernen Gesellschaften). Es gibt also keinen systematischen Zusammenhang zwischen der Differenzierung der Gesellschaft und der kommunikativen Form ihrer symbolischen Organisation. Je mehr man in der konkreten Analyse gezwungen ist, Abweichungen von diesem Zusammenhang als Regressionen zu deuten, umso weniger erklärungskräftig wird somit die Behauptung dieses Zusammenhangs.

len Konflikten um eine »gerechte« Ordnung.[33] Kommunikation auf der Ebene der *symbolischen Ordnung* der Gesellschaft erzeugt schließlich etwas, das über die bloße Funktion, Gesellschaft zu repräsentieren, hinaus geht, nämlich eine Idee des *Guten*. Nicht die Suche nach Wahrheit oder Richtigkeit, sondern die Suche nach dem Guten ist der Gegenstand religiöser Kommunikation in der Gesellschaft.[34]

Symbolische Ordnung und kulturelle Evolution

Die gesellschaftliche Konstruktion des Guten

Die unterschiedlichen Pfade religiöser Evolution lassen sich intern danach unterscheiden, wieweit die drei Formelemente des Religiösen zum Zuge gekommen sind. Das Ergebnis solcher Evolutionsprozesse ist eine jeweils spezifische Idee des *Guten*. Dieses *Gute* kann als Ergebnis philosophisch-systematischer Überlegung, als Ergebnis der Befolgung heiliger Gesetze oder als Ergebnis eines praktischen religiösen Handelns thematisiert werden. Welche dieser Beschreibungen angemessen ist, hängt von der historisch je spezifischen religiösen Evolution ab.
In diesen unterschiedlichen Definitionen des Guten zeigt sich, daß religiöse Kommunikation nicht nur das *Gute* hervorbringt. Religiöse Kommunikation ist immer auch ein Prozeß, der das *Böse* zu bestimmen sucht. Damit stellt sich die Frage, was die sozialen Bedingungen sind, die für diese unterschiedliche Gewichtung des Guten bzw. Bösen von Bedeutung sind. Die These lautet: Das Gute und das Böse sind das Ergebnis einer bestimm-

33 Dazu Miller (1986). Dieser Begriff gewinnt erst in der Rekonstruktion historischer Lernprozesse (bzw. Verlernprozesse) einen genuin soziologischen Gehalt. Siehe als einen Versuch Eder (1985a).

34 Dieser Zusammenhang ist also nicht nur als Analogie gemeint. Wenn man die symbolischen Formen kommunikativer Praxis analysiert, dann ist diskursive Praxis nur eine von mehreren Möglichkeiten. Sie ist allerdings zugleich die evolutionär unwahrscheinlichste, was nichts anderes heißt, als daß diskursive Kommunikation nur unter evolutionär unwahrscheinlichen Bedingungen zum Zuge kommt. Ein Beispiel dafür ist die Aufklärung des 18. und 19. Jahrhunderts. Dazu Eder (1985a).

ten Form der Zusammenarbeit. Sie sind das Ergebnis einer historisch spezifischen Form gesellschaftlicher Kommunikation.[35]
Diese These kann an kulturanthropologische Studien von Douglas (1974) anschließen. Mary Douglas erklärt die gesellschaftliche Konstruktion des Bösen aus starkem Gruppendruck. In Gesellschaften, in denen Menschen eng zusammenleben, in denen die soziale Klassifikation starr und extensiv ist, sind Phänomene eher wahrscheinlich, die wir als Ausdruck des Bösen bezeichnen: die Behauptung von Hexerei, die Rede vom Teufel.
Diese soziologische Erklärung geht über bloße psychologische Erklärungen hinaus. Psychologische Erklärungen deuten den Teufels- und Hexenglauben als kindliche Wahrnehmungsweisen. Glaubensvorstellungen, die sich auf das Böse beziehen, repräsentieren in dieser Deutung unbegriffene Ängste. Mit ihnen wird eine unkontrollierbare Welt verbunden. Daraus wird dann der Schluß gezogen, daß es sich hier nur um eine niedrige Stufe der Wahrnehmung der Welt oder eine niedrige Stufe moralischer Entwicklung handelt. Als Gründe für das Stehenbleiben auf diesem Niveau gelten massive Lebenserfahrungen oder das negative kulturelle Umfeld. Das Böse wird hier als das Ergebnis einer ontogenetischen Regression verstanden.
Die skizzierte soziologische Erklärung läßt auch die physiologische Erklärung weit hinter sich. In dieser physiologischen Erklärung werden Hexen- und Teufelsvorstellungen als das Ergebnis von Trips, von hallucinogenen Drogen erklärt.[36] Das hat schon Giambattista della Parta, ein Kollege Galileis, herausgefunden: Hexen und Salben (etwa Belladonna) erzeugen Vorstellungen vom Fliegen, von Verbindungen mit dem Teufel etc. (Duerr 1978). Das eröffnet einen Typus von Erfahrungen, der »normale« Erfahrungen überschreitet. Das Böse wird zum Ergebnis eines speziellen physiologischen Zustandes.
Die soziologische Gegenthese lautet: Wie eine Gesellschaft das

35 Das Gute ist – wie Piaget (1973) dies formuliert hat – das Ergebnis der Kooperation. Allerdings gilt der Satz nicht umgekehrt: nicht jede Kooperation erzeugt das Gute. Es kommt also auf die Form der Kooperation an. Zu einer auf diese Frage antwortenden kommunikationstheoretischen Piaget-Interpretation vgl. Miller (1986).

36 Dazu vgl. Duerr (1978, 1981). Die moderne Gegenbewegung gegen den Rationalismus lebt paradoxerweise von der rationalen Einsicht in die Irrationalität.

Gute definiert und symbolisiert, das hängt vom Typus der Sozialstruktur ab, die eine Gesellschaft kennzeichnet. Daß sich eine Gesellschaft auf das Gute in der Weise festlegt, daß der eine Gesellschaft repräsentierende Gott zugleich der Inbegriff des Guten ist, das ist keineswegs der Königsweg kultureller Evolution. Es ist eher die historische Ausnahme als die historische Regel. Die meisten Gesellschaften legen sich gerade nicht fest. Ihre Vorstellungen bleiben flexibel im Hinblick auf das, was das Gute ist. Man kann zwei Typen gesellschaftlicher Definition des Guten unterscheiden: die *rigide* Festlegung des Guten, die eine entsprechend stark durchorganisierte Gesellschaft impliziert, und die *flexible* Festlegung des Guten, was mit einer wenig bzw. locker strukturierten Gesellschaft zusammenhängt. Zwischen diesen beiden Extrempolen bewegen sich einfache wie komplexe Gesellschaften. An diesen Extrempolen läßt sich der Bereich des evolutionär Möglichen in der kulturellen Evolution der Gesellschaft zeigen.

Das eine Extrem ist die Gesellschaft, in der das Gute das Ergebnis ritualisierter Kommunikation ist. Dieser Typus findet sich nicht nur in den Religionen einfacher Gesellschaften, sondern auch in allen Hochreligionen und in der »civil religion« der modernen Gesellschaften. Das Gute, das in hochritualisierten Kommunikationsformen transportiert wird, kann durch das, was die Natur zuläßt, bestimmt sein. Man muß die Natur bitten, ohne sicher sein zu können, daß sie das Gute tut. Das Gute muß in solchen hochritualisierten Kontexten kontingent bleiben. Es kann nicht als Norm eingeklagt werden. Man kann nur versuchen, sich so zu verhalten, daß das Böse nicht eintritt. Das Gute, das in solchen ritualisierten Kommunikationsformen transportiert wird, muß sich anders sichern. Der meist begangene Weg ist die Auszeichnung der eigenen Besonderheit. Von der Selbstdeutung des auserwählten Volkes über das missionarische Ideal der Gläubigen bis hin zu modernen geschichtsphilosophischen Endzeithoffnungen und Utopien reicht die Bandbreite des denkbaren und kommunizierbaren Guten.

Das andere Extrem wäre die Gesellschaft, in der das Gute prinzipiell unbestimmt bleibt. Damit korrespondiert eine Gesellschaft ohne Struktur, eine »liberale« Gesellschaft, in der nur das materielle oder ideelle Interesse (je nach Persönlichkeitsprofil der Mitglieder) gilt. Die Definition des Guten entledigt sich in offenen

Gesellschaften rituell reglementierter Kommunikation. Sie wird Sache diskursiver Kommunikation. Das gilt für einfache Gesellschaften ebenso wie für moderne.

Diese beiden Varianten der Symbolisierung des Guten werden in der Geschichte der »abendländischen« Kultur von der Gesellschaft Israels und der Gesellschaft Griechenlands getragen. *Israel* kennt die rigide Festlegung des Guten auf einen Gott - mit all den logischen und empirischen Schwierigkeiten, die das nach sich gezogen hat. Das dabei entstehende Theodizeeproblem[37] ist der zentrale Mechanismus kultureller Evolution in der Moderne geworden. *Griechenland* kennt die Festlegung des Guten auf die Stadt, die Polis, den Markt der Meinungen auf dem öffentlichen Marktplatz, der Agora. Gott und Markt sind die funktionalen Äquivalente, die für das Gute stehen. Sie sind jeweils radikale Lösungen dieses Problems und sie sind genau deswegen inkompatibel mit einer komplexen gesellschaftlichen Struktur. Das Urchristentum hat beide Modelle zu verknüpfen versucht und ist damit gescheitert. Es hat sich in seiner Selbstreproduktion an den »Mittelweg« gehalten, der sowohl für den Hellenismus wie für die römische Geschichte kennzeichnend gewesen ist (was wiederum die Voraussetzung für die Bildung komplexerer gesellschaftlicher Organisationsformen, hier von Imperien, gewesen ist!).

Analoge Differenzen in der symbolischen Organisation des Guten zeigen sich auch in einfachen Gesellschaften. Zwischen der rigiden Festlegung des Guten durch rituelle Vorschriften bei den Kwakiutl (Walens 1981) und der radikalen Entritualisierung des Guten durch das bloße Nebeneinander von aggressiven Individuen bei den Yanomamö (Chagnon 1968, 1974) variiert die Bandbreite der Definitionen eines »guten Lebens«.

Analoge Differenzen finden sich schließlich in modernen Gesellschaften. Es gibt moderne Gesellschaften, die das Gute zum Definiens ihrer Kultur machen und zugleich an ihre eigene geschichtliche Bestimmung glauben, die das für sie Gute also geschichtsphilosophisch überhöhen. Und es gibt moderne Gesellschaften, die das Gute zum mehr oder weniger kontingenten Ergebnis des individuellen Handelns machen.

37 Zu diesem Problembereich vgl. die an Max Weber anschließenden Untersuchungen. Dazu vor allem jetzt Schluchter (1979, 1981).

Es gibt offensichtlich keine spezifischen sozialen Bedingungen, die das Gute fördern. Es gibt viele Pfade der kulturellen Evolution des Guten. Was diese Pfade aber schärfer voneinander scheidet, ist das Ausmaß des Bösen, das historisch möglich werden kann. Damit stellt sich die Frage, wie das Böse symbolisiert wird und welches Ausmaß dieses Böse nehmen kann. Ein Antwort auf diese Frage erlaubt eine tiefenschärfere Bestimmung der sozialen Bedingungen religiöser Evolution.

Kulturelle Definitionen des Bösen

Das Böse findet in allen Gesellschaften die spezifische Ausdrucksform der *Hexerei* und *Teufelei*. Sie sind charakteristisch für *einfache Gesellschaften*, in denen die Menschen dicht gedrängt wohnen und zugleich einen geringen Organisationsgrad besitzen.[38] So hat Mary Douglas gezeigt, daß in »engen« Gesellschaften, in denen die Nachfolge von Führerpersönlichkeiten nicht rigide geregelt worden ist, das Phänomen der Hexerei eine besondere Bedeutung erhält. In Hirten- und Jäger-/Sammler-Gesellschaften gilt dieser Zusammenhang offensichtlich nicht. Je komplexer solche »engen« Gesellschaften werden, umso massivere Formen scheint der Hexenglauben anzunehmen.

Diese Ausdrucksform des Bösen findet sich auch in *traditionalen Gesellschaften*. Hexerei und Teufelei erhalten dort aber eine zusätzliche Qualität. Sie werden »politisiert«. Die für diesen Typus religiöser Evolution radikalste Symbolisierung des Bösen deutet das Böse als eine von zwei Seiten der Welt. Das »dualistische Weltbild« impliziert die Zweiteilung der Welt in Gut und Böse – am radikalsten gedacht in der manichäischen Tradition. Ob dieses absolut Böse dann als die andere Seite der Gesellschaft oder als jenseits der Gesellschaft begriffen wird, hängt von den historischen Erfahrungen dieser Gesellschaften ab. Die aztekische Lösung ist sicherlich diejenige, die in diesem radikalen Sinne das Böse als einen Teil der Gesellschaft symbolisiert und durch Tötungsrituale bekämpft und verarbeitet hat.[39]

Die Vorstellungen des Bösen, die die europäische Geschichte und

38 Zu diesem Problemkomplex siehe vor allem die Arbeit über das Verhältnis von »grip« und »grid« von Douglas (1974).

39 Siehe dazu das Kapitel über Opferrituale in diesem Band.

den Weg in die *modernen Gesellschaften* begleitet haben, versuchen, diesen Radikalismus eines absolut Bösen zu vermeiden. An der mittelalterlichen Lehrtradition läßt sich zeigen, wie schwierig der Versuch gewesen ist, Vorstellungen eines personalisierten Bösen in den frühchristlichen Glauben einzubauen. Den Teufel gibt es in der theologischen Lehre nicht. Es gibt nur die Hölle (und dies ist ein Glaubenssatz »de fide« seit 1336). Im Canon Episcopi wird der Hexensabbat als Einbildung, die der Teufel eingibt, verurteilt. Um 1000 n. Chr. ändert Papst Innozenz jedoch diese Meinung und kehrt sie um. »Reale« Hexen und Sabbate gibt es erst seit dieser Zeit.

Diese Umkehrung leitet einen Pfad gesellschaftlicher Entwicklung ein, der mit der Theorie einer in der Moderne kulminierenden sozialen Höherentwicklung nicht mehr gefaßt werden kann. Es handelt sich vielmehr um eine kulturelle Evolution, in der der politische Gebrauch und die ethische Durchrationalisierung religiöser Vorstellungen an spezifische symbolische Konstruktionen des Guten bzw. Bösen gebunden bleiben. Die moderne Form religiöser Evolution ist durch diese spezifischen Ausgangsbedingungen blockiert worden. Das hat eine kulturelle Evolution in Gang gesetzt, die eine Kultur der Macht zur Folge gehabt hat. Das gilt für die Institutionalisierung einer normativen Ordnung ebenso wie für die Institutionalisierung des modernen Naturverhältnisses. Klassenkampf und Kampf mit der Natur werden zu den Schlüsselbegriffen der Kultur der Moderne.

Die Voraussetzungen dafür sind in den symbolischen Weichenstellungen am Beginn der kulturellen Evolution der Moderne zu suchen. Diese Weichenstellungen haben mit der organisatorischen Schwäche der mittelalterlichen Gesellschaft (der mittelalterliche Feudalismus läßt sich geradezu als Höhepunkt einer Evolution organisatorischer Schwäche deuten) zu tun. Diese Schwäche wird durch die symbolische Definition des Bösen kompensiert, das damit Funktionen sozialer Integration übernimmt. Der Teufel wird zum Schlüssel der symbolischen Ordnung der Gesellschaft. Die Hexerei nimmt mit dem Beginn der frühmodernen Gesellschaft eine enge Verbindung mit dem Teufelsglauben an.[40]

In dem Maße, wie am Beginn der kulturellen Evolution der Mo-

40 Es gibt eine alte Zaubertradition, die vor dem Hexenwahn und friedlich neben den offiziellen religiösen Praktiken bestanden hat. Erst die religiöse Evolution

derne millenarische Bewegungen Aufstände gegen Unterdrükkung und Ungerechtigkeit mobilisiert und die Menschen solidarisiert haben, sind Hexerei und Teufelswahn die symbolischen Mittel gewesen, diesen sozialen und politischen Protest zu verhindern. Die Inquisition hat diese symbolischen Vorstellungen politisch organisiert und intellektuell rationalisiert. Hexerei und Teufelskontakt sind eine (an alte Traditionen anknüpfende) »Erfindung« der Inquisition. Die *Hexe* ist in der europäischen Moderne – und das unterscheidet die moderne Gesellschaft von allen anderen Gesellschaften – ein Ergebnis der Folter. Die kulturelle Ausgestaltung des Hexenglaubens (und des mit ihm verbundenen Teufelsglaubens) ist ein Ergebnis der Folter. Die Inquisition erzeugte ein System, das ihnen Hexen im Überfluß lieferte. Denn jede »überführte« Hexe hat weitere Hexen benannt. Dieser institutionalisierte Hexenwahn hat dazu geführt, daß die Menschen sich gegenseitig verfolgten. Dieser Mechanismus hat einen Aderlaß in Gang gesetzt, der zur konstitutiven Erfahrung der europäischen Moderne gehört.[41]

Die Inquisition brauchte für die soziale Integration der Gesellschaft Hexen. Sie brauchte die Hexen, damit die Menschen an die Hexerei und den Teufelsbund glaubten. Man hat den Teufel erfunden, nicht weil es ihn gab, sondern damit an ihn geglaubt wurde. Das Kollektivbewußtsein, das mit diesem Glauben verbunden werden konnte, hat das Ungerechtigkeitsbewußtsein der Armen zerstören können. Sie konnten nun glauben, daß sie von Teufeln und Hexen gequält würden und nicht von Fürsten und Bischöfen. Wenn das Brot teurer wurde, dann war die Hexe bzw. der Teufel in ihr schuld. Die Krise der mittelalterlichen Gesellschaft im Übergang zur Neuzeit konnte vom Staat und der Gesellschaft auf den Teufel weggeschoben werden. Damit wurde eine optimale Verkehrung der faktischen Verhältnisse im Bewußtsein möglich: Die Obrigkeit (der Klerus und die weltlichen Herren) war nicht schuld am Unglück; sie war vielmehr Hüter und Schützer des Volkes vor den Hexen und dem Teufel.

An der Hexe und am Hexenglauben läßt sich somit die spezifisch

in staatlich organisierten Gesellschaften hat diese Tradition von den anderen getrennt und damit ihre objektive Bedeutung verändert.

41 Zu den Hexen der Neuzeit allgemein siehe Honegger (1978). Zum Aderlaß der Hexenverfolgung und ihrer Erklärung vgl. Harris (1977), Heinsohn (1984, 1986, 1987) und Dülmen (1987).

moderne Konstruktion des Guten und Bösen studieren. Die Hexe ist – wie Michelet sagt – ein moderner Mythos. In ihr verkörpert sich die symbolische Ordnung und ihre spezifische Evolution. Die Hexe hat die Doppelgestalt des Guten und des Bösen. Die Hexe repräsentiert zunächst das Gute. Sie ist die Frau, die in ihrer Kate lernt, auf die Hausgeister zu lauschen. Das macht sie zur virtuellen Hexe. Als solche ist sie progressive Kraft der Geschichte gegen die Dunkelheit und Sterilität der Kirche. Sie ist Fruchtbarkeit (Gift!) und Licht. Sie ist Teil der Geschichte, die »spiralförmig« zur Aufklärung treibt. Sie ist der Beginn der Aufklärung. Und sie ist zugleich der Beginn der »Dialektik der Aufklärung«.

Diese Dialektik der Aufklärung macht die Hexe zum Inbegriff des Bösen. Dieser Kontinuitätsbruch beginnt im 16. Jahrhundert. Kirche und Staat befinden sich in der Krise; das mittelalterliche Weltbild wird zunehmend in Frage gestellt. Die obskurantistische Kruste dieser Gesellschaft zerbricht. Das Wissen über die Natur wird zum Wissen von Gelehrten und Ärzten. Die Hexe ist nicht mehr notwendig. Sie wird ihrer Heilfunktion beraubt und wird zur Zauberin. Sie wird zur bösen Hexe. Der Gegner der Hexe wird der *Priester*, der symbolische Repräsentant der alten Gesellschaft. Der Satan wird zum Kommunikationsmedium zwischen Priester und Hexe, ein Kampf, in dem die Hexe schließlich das Opfer wird.

Der Arzt repräsentiert die andere Seite der Dialektik der Aufklärung. Er kann den Hexenprozessen nur ohnmächtig zuschauen, obwohl er alles weiß. Er wird zum Inbegriff einer *ohnmächtigen Aufklärung*, jener spezifisch modernen Form der intellektuellen Konstruktion des Guten.[42]. Diese moderne Aufklärung setzt Wissen gegen Aberglauben. Doch das hebt die Dialektik der Aufklärung nicht auf. Die Aufklärung arbeitet weiter an der gesellschaftlichen Konstruktion des Bösen mit. Die Aufklärer selbst setzen (in der Regel) auf den Universalismus und die Naturwissenschaft. Sie sehen nicht die symbolische Funktion, die sie erfüllen. Sie sehen nicht das von universalistischer Moral und Natur-

42 Zu einer soziologischen Deutung der Aufklärung vgl. Eder (1985a). Das Gegenmodell ist die Deutung der Aufklärung als einer verfeinerten Form der Ausgrenzung (der Nichtaufgeklärten!). Dazu vgl. vor allem die Arbeiten von Foucault.

wissenschaft Unterdrückte.[43] Der Arzt, der schließlich das Ende des Hexenwahns ermöglicht hat, wird zur neuen Symbolgestalt der Dialektik der Aufklärung. Der Arzt heilt nicht nur. Er stellt nicht nur Natur wieder her. Er definiert auch, was nicht natürlich und deshalb nicht mehr lebenswert ist (Attali 1981). Der Teufelsglauben wird durch den Glauben an das, was gegen die Natur ist, abgelöst.

Das, was gegen die Natur ist, repräsentieren schließlich der *Jude*, der *Zigeuner* und der *Homosexuelle*. Sie übernehmen die Rolle der bösen Hexe. Sie werden als Verräter oder Nestbeschmutzer verfolgt. Der Jude, der Homosexuelle, der Intellektuelle usw. fristen ihr Leben in unüberschaubaren Wirkungskreisen. Sie provozieren durch die Unsicherheit, die sie verbreiten, das Wiederauftauchen der Hexe, das Ende ihres Todes. Der Teufel fristet dagegen sein Leben in klaren Wirkungskreisen. Und damit identifiziert sich die symbolische Ordnung dieser Gesellschaft. Auch die weitere kulturelle Evolution der Moderne entkommt nicht der spezifischen Logik ihrer symbolischen Ordnung: der zentralen Rolle, die das Böse für die Reproduktion der Gesellschaft spielt.

Heute übernimmt der *Intellektuelle* die Rolle des Arztes. Auch er kann nur ohnmächtig dem aktuellen Konflikt zwischen Arzt und Ingenieur (dem, der wiederherstellt, und dem, der zerstört) zuschauen. Der Arzt wird in dem Maße überflüssig, in dem die technische Kultur soziale Beziehungen überformt. Der Intellektuelle thematisiert nun die Reflexivität selber, die den Umgang mit der Hexe und dem Teufel gekennzeichnet hat. Er kann zeigen, daß das Reden über diese Themen auch Teil der Unterhaltungsindustrie selbst ist. Das Reden und Schreiben über den Teufel und die Videokassetten über Teuflisches sind marktgängig. Es ist ein Markt entstanden für das, was dem Vernünftigen entgegensteht. Und der Markt entscheidet, ob das Unmoralische und Abergläubische für das Gute oder für das Böse stehen. Der Intellektuelle kann sich diesem Markt nur unterordnen oder ihm ohnmächtig gegenüberstehen.

In dem Maße, wie sich der Intellektuelle unterordnet, reproduziert er die symbolische Ordnung, die die kulturelle Evolution der Moderne bestimmt hat. Die psychologisch aufgeklärte, sich

43 Ein Beispiel dafür ist die Micheletsche Deutung der Hexe (Michelet 1974). Ein Plädoyer für diese andere Seite der Moderne findet sich in Schäfer (1985).

als Wissenschaft verbrämende Tyrannei magischer Mächte (von der Astrologie bis hin zur Teufelsaustreibung und zum modernen Hexenglauben) setzt das Werk der Inquisition wieder fort. Das Paktieren mit dem Teufel ist ein Versuch, das moderne Experiment eines Umgangs der Menschen miteinander »ohne Autorität« zu beenden. Der Teufel wird zu einer Ersatzautorität: er steht für den Glauben an dämonische Mächte, denen wir notwendig unterworfen sind.

Zur Frage der Rationalität symbolischer Ordnungen

Der modernen Gesellschaft ist es gelungen – und das macht ihre evolutionäre Einzigartigkeit aus –, die nicht-modernen Gesellschaften in den Sog ihrer Modernisierung hineinzuziehen. Dieser Prozeß hat die natürliche Evolution der Gesellschaft zu einem historisch einmaligen Höhepunkt gebracht. Doch dieser evolutionäre »Fortschritt« scheint sich in der kulturellen Evolution dieser Gesellschaft nicht einzustellen. Zumindest nährt die Rekonstruktion der modernen Form religiöser Evolution Zweifel daran. Die *Rationalitätsunterstellung*, die in der Vorstellung einer Entwicklung von der primitiven Magie zur modernen Aufklärung steckt, wird durch die Doppelstruktur religiöser Evolution selbst schon gebrochen: Religiöse Evolution ist immer zugleich Evolution des Guten und Evolution des Bösen. Die Geschichte religiöser Evolution in der Moderne zeigt diese Doppelstruktur in einer besonders drastischen Weise.
Wenn die Evolution des Guten bzw. Bösen unabhängig von der Form oder Stufe religiöser Deutung der Welt ist, dann sind naturalistische Vorstellungen und die damit verbundenen magischen Praktiken keineswegs per se irrational. Sie können das Gute verkörpern. Sie können also – in einem zu klärenden Sinne – *rational* sein. Und umgekehrt können elaborierte religiöse Symbolisierungen jenseits der Magie nichts als der Ausdruck der Evolution des Bösen sein. Damit stellt sich die Frage, ob überhaupt, und wenn ja, wie religiöse Evolution mit Rationalitätsunterstellungen verbunden werden darf. Magische Bilder von der Welt sind nicht per se rational oder irrational. Magie kann sehr wohl rational sein, wenn man die Ziele, die Glaubensanschauungen

und die gegebenen Bedingungen berücksichtigt. Sie kann sogar rationaler sein als nicht-magische Praktiken.[44] Diese Fassung des Rationalitätsbegriffs hält die normative Bewertung des Bösen offen: Ob Teufel und Hexen als gut oder böse gesehen werden, hängt von den gesellschaftlichen Bedingungen ab, unter denen solche Vorstellungen verwendet werden. Eine Bewertung kommt erst herein, wenn es darum geht festzustellen, inwieweit bestimmte gesellschaftliche Formen den kritischen Umgang mit den magischen Erklärungen und Praktiken, die es in jeder Gesellschaft gibt, verhindern oder fördern. Wenn wir aber weiterfragen, ob an Magie glaubende Menschen eine kritische Einstellung zu ihren Glaubensanschauungen und Erklärungen einnehmen bzw. überhaupt einnehmen können, dann wird der Rationalitätsbegriff enger. Dieser engere Rationalitätsbegriff führt zur Frage: Können Menschen mit magischen Anschauungen diesen gegenüber kritisch werden, unter welchen Bedingungen und in welchem Ausmaß?

Man könnte von der Annahme ausgehen, daß gerade die Aufklärung eine solche kritische Einstellung ermöglicht und kulturell festgeschrieben hat.[45] Dem widersprechen aber einige historische Erfahrungen. Man könnte auch von der gegenteiligen Annahme ausgehen und annehmen, daß die Vermarktung des Bösen in der modernen Gesellschaft die Möglichkeit der kritischen Distanz zu magischen Praktiken, die das Gute oder das Böse bewirken sollen, einschränkt.

44 Indikator dafür ist die überbordende Nachfrage nach esoterischer Literatur. Ob dies allein auf eine durch die moderne Gesellschaft erzeugte Kultur des Narzißmus (Döhmann-Höh 1981; Sennett 1976, 1983) zurückgeführt werden kann, ist allerdings zweifelhaft. Dieses Phänomen erscheint eher als eine weitere Ausdrucksform einer Entwicklung der europäischen Kultur, deren symbolische Weichenstellung schon viel früher vorgenommen worden ist.

45 Die Aufklärung erweist sich immer wieder als der Prüfstein einer Evolutionstheorie (Cochetti 1985). Die »Dialektik der Aufklärung« zu fassen, bedeutet, einerseits die evolutionäre Singularität selbst noch evolutionstheoretisch zu fassen, andererseits die Blockierungen zu identifizieren, die im Versuch der Institutionalisierung der Aufklärung stattgefunden haben. Der hier vorgestellte Versuch der Lösung dieses Problems besteht darin, der Moderne zwar die Fähigkeiten zuzuschreiben, die kulturelle Evolution der Gesellschaft weiterzutreiben. Daß sie es tut, ist damit allerdings noch keineswegs gegeben. Dazu bedarf es spezifischer Formen der Kommunikation, die sich aber nur unter unwahrscheinlichen evolutionären Bedingungen stabilisieren lassen, d. h. auf der »letzten« Stufe kultureller Evolution als Selbstreproduktion einer kollektiven Praxis.

Dieser Zusammenhang zeigt sich gerade an den modernen Vorstellungen von der Hexe und dem Teufel. Sie sind Abwechslung und Unterhaltung, Kinderschreck oder Träger des Schaurigen und Abartigen geowrden. Es ist chic, über den Teufel zu reden. Das gehört zur neuen Halbbildung der neuen Mittelklassen. Auch der Teufel erleidet also einen fundamentalen Bedeutungsverlust in der Moderne. Analoges gilt für die Hexen (Schöck 1987). Beide, die Hexe wie der Teufel, werden zugleich zu einer symbolischen Repräsentation für Kräfte und Energien, die von der Gesellschaft unterdrückt worden sind. Die Psychologisierung des Bösen in der modernen Gesellschaft macht – paradoxerweise – das Gute des Bösen sichtbar.
Dieser Zusammenhang zeigt sich aber auch an den modernen Vorstellungen von den Göttern und Engeln. Sie werden in die Welt des kindlichen Gemüts abgedrängt. Sie sind verkaufsfördernde Gestalten, Teil des konsumtiven Verwertungszusammenhanges moderner Gesellschaften. Sie figurieren als Symbole für etwas, das schon unverständlich geworden ist. Und es ist auch kein Ersatz für die alten Bedeutungen zu sehen. So werden sie zu Symbolen für eine frei flottierende Affektivität, die den Kindern, Verrückten, Wilden und sonstigen anderen zugeschrieben wird. Sie werden zu Symbolen moderner Fürsorglichkeit.
Mit diesem Funktionswandel religiöser Symbolisierungen des Guten und Bösen geht ein neuer Irrationalismus einher. Die Gegenwart wird nicht mehr als Ergebnis von Handlungen, die wir verstehen und kritisieren können, sondern als das Ergebnis dunkler Mächte gedeutet. Geschichte wird wieder personalisiert: nicht mehr als Geschichte der großen Männer, sondern als Geschichte von Dämonen, die sich in Männern (oder Frauen) verkörpern (etwa in Hitler, der zum Dämon, zum Bösen schlechthin wird), oder als Geschichte von Verrückten, die der historische Zufall an die Oberfläche der Gesellschaft gespült hat. Es handelt sich schlicht gesagt um Obskurantismus, um Vernebelung von Unbegriffenem, nicht um den Versuch des Verstehens von Unbegriffenem. Wir haben es hier mit einem Prozeß der Umkehrung von Emanzipation zu tun. Die Menschen suchen die Abhängigkeit, und je unbegreifbarer die neuen Autoritäten werden, umso besser erfüllen sie diese Funktion. Es handelt sich um eine kollektive Flucht zurück in die negative Sicherheit der Abhängigkeit vom Bösen in der Welt.

Solche neu-magischen Praktiken können das Bewußtsein entschärfen, das nötig ist, um sozialen Wandel unter Kontrolle halten zu können. Statt dessen entsteht eher das Bedürfnis nach einem neuen Heiland. Die Fixierung auf den Erretter aus dieser bösen Welt ist jedoch – unter den gegebenen gesellschaftlichen Bedingungen – nichts anderes als eine Einladung zu einer neuen Form von charismatischer Herrschaft. Der Glaube an Hexen politisiert nicht. Er entpolitisiert. Er macht unfähig zu politischen commitments. Er vertraut nur mehr auf die unergründlichen Regungen der Seele, des tiefsten Inneren, die ungebrochen durch den Verstand sich Bahn schaffen oder den Verstand nachträglich zur Rechtfertigung bemühen (das ist das Spezifikum des Esoterikers).

Die symbolische Organisation der Gesellschaft entscheidet somit über die Form, in der auf die Veränderungen in der Gesellschaft und in ihrer Umwelt reagiert wird. Das Modell, das der modernen Gesellschaft zugrunde liegt, folgt der Logik des flexiblen Umgangs mit den Symbolen von Gut und Böse. Indifferenz gegenüber Gut und Böse ist das Geheimnis der europäischen Moderne gewesen. Das hat die Religionskriege beendet und eine staatliche Entwicklung eingeleitet, die sich von moralischen Vorschriften unabhängig wußte. Der Staat konnte, je nach Bedarf, gut oder böse sein, ohne sich zugleich rechtfertigen zu müssen. Weber hat die damit ausgelöste Entwicklung als formale Rationalisierung gekennzeichnet. Die Apotheose dieses Modells ist das Plädoyer für eine höhere Amoralität (Luhmann 1986b, S. 259ff.).

Gegen dieses »Mittelwegmodell« richten sich jene »radikalen« Modelle, die in der Gesellschaft das Gute bzw. das Böse repräsentiert sehen. Sie moralisieren den Umgang mit der Natur und bauen in diese Moralisierung die Reflexion auf die Funktion der Moralisierung ein. Sie moralisieren die Gesellschaft und radikalisieren die Aufklärung. In der Moderne scheint also das Kritikpotential gegen die faktisch ablaufenden Evolutionsprozesse gesteigert worden zu sein. In der Moderne ist die symbolische Organisation der Gesellschaft so durchsichtig geworden, daß der Zwang entfällt, auf Evolution warten zu müssen. Die symbolische Organisation der Gesellschaft verliert ihre Selbstevidenz. Sie wird zum Gegenstand reflexiver symbolischer Praxis.

Teil II
Von der Natur zur Kultur

Die kulinarische Moral. Eine komparative Analyse von Eßtabus

Vorbemerkung

Das Essen ist, wie Simmel (1957) betont hat, eine eminent soziale Aktivität. Eßregeln sind *soziale Regeln* par excellence. Das gemeinsame Mahl bringt einmal Menschen an einem Tisch zusammen. Das zwingt zu Sozialität. Eßvorschriften kontrollieren darüber hinaus die Formen sozialen Verhaltens. Das macht das Essen zu einem Schlüssel für den »Zivilisierungsprozeß« der Menschen (Elias 1971). Um diese soziale und zivilisatorische Funktion von Eßregeln erklären zu können, muß man die *kulturelle Logik* verstehen, die ihnen zugrunde liegt.[1]

Die *kulturelle Logik* von Eßregeln soll im folgenden an einem speziellen Fall von Eßregeln, nämlich *Eßtabus*, gezeigt werden. Eßtabus sind kulturell tiefsitzende und zugleich emotional hochbesetzte Eßverbote. Sie drücken ein kollektives *moralisches Gefühl* oder *moralisches Empfinden* aus, das vor allem moralischen Bewußtsein bereits besteht.[2] Als Eßtabus bezeichnen wir eine

1 Die folgenden Überlegungen lassen sich als Versuch einer kulturtheoretischen Reformulierung soziologischer Theorieangebote verstehen. Zur jüngeren Diskussion zu diesem Problembereich vgl. das Sonderheft 27/1986 der Kölner Zeitschrift für Soziologie und Sozialpsychologie über »Kultur und Gesellschaft«, insbesondere die Einleitung von Neidhardt (1986). Von zentraler Bedeutung in dieser Diskussion sind die Anregungen der strukturalen Kultur- und Sozialanthropologie. Vgl. dazu die Beiträge zum Sonderheft 24/1984 derselben Zeitschrift, insbesondere die Beiträge von Drechsel (1984) und Willis (1986).

2 Man kann das die *Moral* einer Gesellschaft nennen, wenn man Moral von *Ethik* (als der kognitiven Institutionalisierung der Moral) und *Recht* (als der normativen Institutionalisierung der Moral) unterscheidet. Doch dieses kollektive moralische Empfinden enthält darüber hinaus eine tiefere Bedeutung. Es repräsentiert zugleich ein *symbolisches Verhältnis zur Natur*. Es legt fest, wie wir uns zu der uns umgebenden und zur eigenen Natur verhalten. In Eßtabus werden die *symbolischen* Grundlagen sozialer Ordnung, die unbewußten Grundlagen der Moral verkörpert. Diese Unterscheidung ist in der kognitivistischen Moraltheorie verlorengegangen – mit eindrucksvollen Beispielen für eine kognitivistische Konzeption der Moral. Dazu vgl. etwa die Beiträge in Edelstein/Nunner-Winkler (1986). Für eine Zurückführung dieser Diskussionslinie in die soziologische Diskussion ist allerdings eine soziologische Theorie der Kultur systematische Voraussetzung.

kollektiv geteilte Abscheu, das Fleisch bestimmter Tiere zu essen. Die einen essen keine Schweine, die anderen keine Hunde, wieder andere keine Rinder. Warum – so stellt sich die Frage – sind bestimmte Tiere vom kulinarischen Genuß ausgeschlossen?
Offensichtlich werden mit Hilfe von Eßtabus grundlegende moralische Probleme einer Gesellschaft geregelt. Die These, von der im folgenden ausgegangen wird, lautet, daß man Eßtabus als Elemente einer *kulinarischen Moral* verstehen kann, in der die »unbewußten« Voraussetzungen des in einer Gesellschaft herrschenden moralischen »Bewußtseins« zu finden sind. Eßtabus sind – kurz formuliert – moralische Normen vor aller Moral.
Eßtabus sind für die Repräsentation eines kollektiven moralischen »Unbewußtseins« prädestiniert; denn sie sind Normen an der Schnittstelle von Natur und Kultur. Man hat sie wegen dieser Eigenschaft auch als *totemistische* Normen bezeichnet. Tabus, die sich auf das Töten oder Verspeisen von Tieren beziehen, gehören zum *Totemismuskomplex*. Seit der systematischen Kritik von Lévi-Strauss (1965) an der funktionalistischen Erklärung von totemistischen Vorstellungen sind diese Phänomene ins Zentrum der Auseinandersetzung um eine angemessene theoretische Behandlung des Verhältnisses von Natur, Kultur und Gesellschaft gerückt.[3]
Die klassischen Totemismustheorien haben diese Form der Symbolisierung der Welt allerdings nur als Ausdruck einer primitiven Mentalität, als eine Form primitiven Denkens und primitiver Moral erklärt. Sie sind aber selbst nichts anderes – wie Lévi-Strauss gezeigt hat – als eine Ausdrucksform totemistischer Symbolbildung. Der »Totemismus« ist ist eine Erfindung moderner Theoretiker, die symbolische Formen analysieren, die sie nicht verstehen. Insofern ähneln sie magischen Theorien. Das ist die Quintessenz der Kritik von Lévi-Strauss an den Totemismustheorien (Lévi-Strauss 1965). Der Totemismus ist eine richtige Theorie über sich selbst: nämlich eine Theorie über diejenigen, die den Totemismus erfinden.

3 Die Diskussion um den Totemismus läßt sich in dieser Weise in einer spezifisch soziologischen Wendung weiterführen. Den Ausgangspunkt dieser Diskussion markiert die Kritik am Totemismusbegriff bei Lévi-Strauss (1965). Totemismus ist – so das Resümee von Lévi-Strauss – keine primitive Denkform, sondern eine universale Form des Denkens. Zur Kritik dieser Kritik vgl. Worsley (1973).

Über das Problem der symbolischen Ordnung des Essens kommen damit grundlegende Fragen des Selbstverständnisses des modernen Wissens über die Gesellschaft ins Spiel. Es ist deshalb nicht nur nicht abwegig, sondern es bietet sich geradezu an, die den Eßtabus zugrundeliegende symbolische Ordnung zum Ausgangspunkt einer Diskussion zu machen, die nicht nur das Problem einer aller kognitiven und normativen Strukturierung der sozialen Welt vorausgesetzten Moral, sondern auch die reflexive Struktur modernen Denkens über das Soziale thematisiert. Die Analyse von Eßtabus wird deshalb im folgenden immer zugleich als eine systematische Kritik der diese Eßtabus erklärenden Theorien geführt.

In drei Schritten soll im folgenden der Versuch unternommen werden, die Frage nach der Bedeutung und Funktion von Eßtabus zu beantworten. Der *erste* Schritt besteht darin, eine systematische Rekonstruktion verschiedener Erklärungsstrategien für diese Eßtabus vorzunehmen. Das Ziel dieser Überlegungen ist zu prüfen, welche Antworten auf die simple Frage, warum es überhaupt Eßtabus gibt, gegeben werden. Der *zweite* Schritt besteht darin, in komparativer Perspektive Eßtabus in verschiedenen Gesellschaften zu analysieren. Zu diesem Zweck werden die Eßverbote der Jivaro-Indianer in Brasilien, die Eßverbote im klassischen Judentum und die Eßverbote in der modernen westeuropäischen Kultur analysiert. In einem *dritten* Schritt wird schließlich nach der diesen Tabusystemen impliziten Moral gefragt.

Theoretische Ansätze der Erklärung von Eßtabus

Wozu sind Tiere gut?

In der Kultur- und Sozialanthropologie haben sich drei unterschiedliche Theoriestrategien, mit denen eine Erklärung von Eßtabus versucht worden ist, herauskristallisiert:

- eine Theorie, die Eßtabus als das Ergebnis ökonomisch rationaler Verhaltensnormen erklärt;
- dann eine Theorie, die Eßtabus aus ihrer Funktion für die Herstellung von sozialer Solidarität erklärt;

- und schließlich eine Theorie, die Eßtabus als das Implikat einer bestimmten kognitiven Strukturierung der Welt, als Ausdruck kognitiver Anomalitäten erklärt.

Diese drei theoretischen Ansätze lassen sich auf folgende drei griffigen Formeln bringen[4]:

- Tiere sind gut zum Essen.
- Tiere sind gut zum Verbieten.
- Tiere sind gut zum Denken.

Diese drei Positionen erklären Eßtabus aus unterschiedlichen Gründen. In der ersten Variante sind es Annahmen über »Präferenzstrukturen«, die den individuellen und/oder kollektiven *Nutzen* von Eßtabus fassen sollen. Die theoretische Erklärung arbeitet hier mit *rationalistischen* Annahmen. In der zweiten Variante sind es Annahmen über »Mechanismen sozialer Integration«, die die *Funktion* von Eßtabus erfassen sollen. Das impliziert eine *funktionalistische* Erklärung. In der dritten Variante sind es »kulturelle Deutungsmuster«, die die *Bedeutung* von Eßtabus festlegen. Man kann das als einen *strukturalistischen* Erklärungsansatz bezeichnen. Diese drei Erklärungsansätze gilt es am Beispiel des Eßtabus zunächst zu erläutern.

Rationalistische Erklärungsansätze

In der klassischen *funktionalistischen Anthropologie* wurden hinter allen Tabus materielle Gründe vermutet. Es sind letztlich die Bedürfnisse des Magens, die durch Tabuisierungen erfüllt werden.[5] Ein Tier wird erlaubt, wenn es »gut zu essen« ist; ein Tier wird verboten, wenn es »schlecht zu essen« ist. Speiseverbote entspringen letztlich dem Wunsch nach einer effizienten Aneig-

4 Die Unterscheidung »gut zum Denken« und »gut zum Verbieten« knüpft an Tambiah (1969) an. Hinzu kommt eine naturalistische Version, die sich verstreut in Arbeiten findet, die dem sozialanthropologischen Funktionalismus oder dem neueren Kulturmaterialismus nahestehen. Zum letzteren vgl. insbesondere Harris (1977).

5 So formuliert Malinowski, der Begründer der klassischen funktionalistischen Sozialanthropologie: »Kurz ist der Weg, der vom Urwald zum Magen und dann zum Geist des Wilden führt: die Welt bietet sich ihm als ein verwirrtes Bild dar, auf dem sich nur die nützlichen Tier- und Pflanzengattungen, in erster Linie die eßbaren, abzeichnen.« (Malinowski 1948, S. 27) Diese Argumentation zeigt die anfängliche Verwandtschaft zwischen naturalistischen und funktionalistischen Erklärungsversuchen.

nung der Natur. Dieses Bedürfnis, die Natur zu kontrollieren, setzt eine gemeinsame Teilhabe von Mensch und Tier an der Natur voraus. Das schränkt eine grenzenlose Ausbeutung ein, impliziert also ökonomisch motivierte Verbote, Tiere zu essen. Eßverbote werden zum Ausdruck einer *ökologischen Rationalität*.

Eine Radikalisierung dieses Arguments enthält der in den letzten Jahren in Mode gekommene *kulturelle Materialismus* (Harris 1968, 1979), der im Kampf gegen – wie er formuliert – dialektische, formalistische und andere obskurantistische Theorietraditionen die Entstehung von Normen, zu denen Eßtabus zählen, aus dem *Nutzen* erklärt, den ein Verzicht auf Fleisch für das materielle Überleben einer Gesellschaft hätte. Solche Gesichtspunkte betreffen etwa das Vermeiden von Überjagung durch eine zu intensive Jagd und von Versteppung durch ein zu intensives Abweiden. Es geht also primär um das Vermeiden von Kosten, die die Haltung von Tieren, die zum Essen bestimmt sind, bedeuten würde. Es werden also hinter den Eßtabus ökologisch motivierte Nützlichkeitsgesichtspunkte vermutet.

Funktionalistische Erklärungsansätze

Die rationalistischen Theorien kommen dann in Schwierigkeiten, wenn sie nicht einzelne Tiere, sondern die Gesamtheit der verbotenen Tiere erklären sollen. Warum etwa darf die Schildkröte nicht gegessen werden, obwohl sie nur einen minimalen Beitrag zur Proteinversorgung liefert und ökologisch irrelevant ist?

Eine – diese Schwierigkeiten vermeidende – Antwort findet sich in den klassischen *funktionalistischen Theorien*. Sie suchen die Gründe für das Bestehen von Eßtabus nicht in individuellen und/oder kollektiven Präferenzstrukturen, sondern in den Zwängen der Aufrechterhaltung einer sozialen Ordnung selbst. Die Schildkröte wird nicht deswegen tabuisiert, weil sie schlecht schmeckt oder weil sie relativ zu anderen Tieren wenig Protein verspricht, sondern weil sie *gut zum Verbieten* ist. Sie ist ein Kommunikationsmedium für normative Regelungen, die die Aufrechterhaltung einer sozialen Ordnung in Raum und Zeit sicherstellen.

Diese Erklärungsstrategie kennzeichnet vor allem die funktionalistische Schule der »British Social Anthropology« (von Radcliffe-Brown bis Evans-Pritchard). Die Beschreibung von Tieren als nichteßbar hat die Funktion, *Solidarität* in der Gesellschaft zu stiften, Sozialintegration zu ermöglichen. Dies ist der Hintergrund der These, daß Tiere gut zum Verbieten sind. Soziale Integration wird – so diese Theorie – dadurch gewährleistet, daß gegenseitige Abhängigkeiten, Reziprozitätsbeziehungen erzeugt werden, die sich in der Normierung von »legalen Verpflichtungen«, nämlich Verwandtschaftsrollen und daran angebundenen Pflichten und Verboten, manifestieren. Es sind die Funktionserfordernisse einer sozialen Ordnung, die die Gebote bzw. Verbote bedingen, die dann ihrerseits im Rahmen einer symbolischen Ordnung legitimiert werden.

Diese Theorie geht davon aus, daß soziale Integration auf normative Regelungen angewiesen ist, die festlegen, was zur Gesellschaft gehört und was nicht. Diese Theorie behauptet also, daß sich Systeme von einer Umwelt unterscheiden müssen und daß dies im Falle sozialer Systeme Normen leisten. Tabunormen sind dann nur eine spezielle Variante der Mechanismen, die die Funktion haben, ein soziales System von seiner Umwelt (der sozialen wie der nichtsozialen!) unterscheidbar zu machen.

Diese funktionalistische Erklärung entgeht den Fallstricken des ökonomischen Rationalismus, der für normative Regelungen immer psychische Dispositionen, genauer: eine – innerhalb kultureller Grenzen variable – Disposition zu rationalem Verhalten voraussetzen muß. Sie entgeht aber nicht den Fallstricken einer *Reifikation des Sozialen*. Denn Systeme gibt es nicht einfach; sie sind vielmehr selbst symbolische Konstruktionen, deren Logik innerhalb der Logik einer System-Umwelt-Differenz nicht angemessen zu fassen ist.

Das läßt sich gerade am Phänomen der Eßtabus zeigen. Die symbolische Bedeutung von Eßtabus kann nicht mit einer theoretischen Konstruktion gefaßt werden, die nur erklärt, daß Eßtabus für die Differenz von System und Umwelt gut sind. Diese theoretische Konstruktion müßte vielmehr auch erklären, warum es gerade bestimmte (und nicht beliebige) Eßtabus sind, die für diese Funktion der Systembildung benutzt werden. Um dieses Frage zu beantworten, muß man auf den Prozeß eingehen, dessen Resultat »Systeme« sind. Systeme sind nur das »byproduct« eines permanenten symbolischen Konstruktionsprozesses sozialer

Wirklichkeit. Das verbietet es, Systembildung zum Schlüssel einer Analyse symbolischer Formen zu machen.[6]
Bevor soziale Systeme entstehen, werden sie *gedacht*. Die Schildkröte wird weder tabuisiert, weil sie schlecht schmeckt oder weil sie relativ zu anderen Tieren wenig Protein verspricht, noch weil sie der Erhaltung der gesellschaftlichen Ordnung dient, sondern weil sie eine *Bedeutung* hat.[7] Das aber impliziert, sich auf die Perspektive der Akteure selber einzulassen und zu verstehen zu versuchen, warum die Tierwelt in eßbar und nichteßbar eingeteilt wird. Die Erklärung, daß Tiere gut zum Essen sind, setzt die Antwort auf die Frage voraus, warum gerade bestimmte Tiere sich für das Denken einer sozialen Ordnung und das Darstellen einer Sozialstruktur eignen. Das setzt eine andere Form der Analyse von Eßtabus voraus: eine strukturale Analyse.

Strukturalistische Erklärungsansätze

Die vorhergehenden Überlegungen zwingen dazu, die Erklärung von Eßtabus in der kognitiven Konstruktion dieser Eßtabus selber zu suchen. Sie erlauben den Schritt zu einer dritten Erklärungsvariante: Tiere sind nicht einfach gut zum Essen und Verbieten, sondern vor allem *gut zum Denken* einer (kognitiven)

6 Diese Kritik gilt vor allem für die systemtheoretische Radikalisierung des sozialwissenschaftlichen Funktionalismus. Allerdings ist dem Argument, daß die Systemgenese der blinde Fleck systemtheoretischer Erklärungen sei, mit der Theorie autopoietischer Systeme zumindest auf den ersten Blick der Boden entzogen. Zu dieser Theorieentwicklung vgl. Luhmann (1984). Daß soziale Evolution auf die selbsttätige Entfaltung der Objektivierungen des Sozialen reduziert werden kann, wird im folgenden bestritten. Die Autopoiesis von sozialen Systemen hinkt immer mindestens einen Schritt hinter der tatsächlichen Poiesis des Sozialen hinterher. Objektivierungen gehen gesellschaftlicher Praxis nicht voraus, sondern können ihr nur folgen. Dazu vgl. u. a. Eder (1985a).

7 Ein schönes Beispiel dafür ist das Vermehrungsritual für Fliegen und Mücken in Nordaustralien. Warum wird ein solches Vermehrungsritual abgehalten, obwohl die Mückenplage groß ist? Die Antwort haben Spencer/Gillen (zit. nach Lévi-Strauss 1965) bereits gegeben: »Man darf nicht vergessen, daß die Fliegen und Mücken, obwohl an sich widerlich, ganz eng mit dem verbunden sind, was der Eingeborene in bestimmten Perioden des Jahres zu erhalten wünscht, nämlich einen starken Regen.« (zit. nach Lévi-Strauss 1965, S. 85) Das heißt, Mükken sind nicht nützliche Gegenstände, sondern sind Zeichen für etwas anderes: Mücken stehen für Regen.

Ordnung in der Welt. Tiere eignen sich – weil sie physiologisch verschieden sind – zum Denken: Man kann sie einteilen, klassifizieren, man kann in die Tierwelt eine *Ordnung* bringen. Damit steht ein Modell einer Ordnung zur Verfügung, das man zum Denken einer sozialen Ordnung benutzen kann. Diese theoretische Perspektive läßt sich als *struktural* bezeichnen.[8]
Die Natur wird also benutzt, um eine soziale Ordnung denken zu können. Die natürlichen Unterschiede dienen zum Denken der sozialen Unterschiede. Die strukturalistische Grundannahme lautet, daß in die Natur eine Ordnung projiziert wird, die dann zum *Modell*[9] einer sozialen Ordnung wird. Die natürliche Ordnung wird nicht auf die soziale Ordnung projiziert. Die natürliche Ordnung ist nur das *Medium* der Konstruktion einer sozialen Ordnung. Die strukturale Analyse führt also nicht zu einer Naturalisierung des Sozialen, sondern im Gegenteil zu einer Sozialisierung der Natur. Zu dieser *theoretischen* Annahme tritt eine *methodische* Annahme. Die dem Strukturalismus zugrundeliegende Idee (Durkheim 1903; Lévi-Strauss 1968) ist die, daß man erst dann, wenn man die Strukturen einer kognitiven Ordnung der Welt kennt, die Bedeutung jedes Einzelelements bestimmen kann. Eßtabus struktural zu analysieren heißt dann, den Platz zu bestimmen, den ein tabuisiertes Tier in einem Klassifikationssystem der Tierwelt einnimmt. Wenn diese methodische Regel erfüllt ist, dann kommt die theoretische Annahme zum Zuge: die *soziale Logik* zu entziffern, die dieser Klassifikation der Natur zugrunde liegt.
Solche Klassifikationssysteme können ganz verschieden konstruiert sein. Der Mechanismus ihrer Konstruktion sind *binäre Schematisierungen*, die in aufeinander aufbauenden Differenzierungen die Natur in Klassen einteilen. Einige binäre Schematisierungen wie die Differenz von Mensch und Tier scheinen kulturell universal zu sein. Es gibt andere binäre Schematisierungen, die vom empirischen Wissensstand (und von Interessen) abhängig sind. Binäre Schematisierungen ordnen die Welt. Deshalb werden jene empirischen Phänomene, die sich der binären Schematisierung

8 Als beste Einführung in diese Denkweise siehe Leach (1978). Die klassischen Texte finden sich bei Lévi-Strauss (1967, 1981). Einen Überblick liefert Oppitz (1975).

9 Zum strukturalistischen Modellbegriff vgl. Lévi-Strauss (1967), S. 299ff. und (1975b), S. 87ff.

entziehen, problematisch. Es fällt auf, was in der Logik der klassifikatorischen Grenzziehung unscharfe Grenzen aufweist. Wo ein Tier zwei Klassen zugleich angehört oder in keine Klasse hineinpaßt, wird es zum Repräsentanten möglicher Unordnung. Douglas (1966) hat versucht, einige solcher klassifikatorisch anomaler Fälle zu identifizieren. Besonders prekär sind Unschärfen, die die Differenz Tier/Mensch betreffen. *Normal* ist, daß Tiere vor den Menschen davonlaufen und menschlichen Kontakt scheuen; *anomal* ist, wenn sie dies nicht tun, sich also menschlicher und tierischer Bereich überlappen. Das gilt für einige Haustiere (etwa Hund und Katze), die teils als wilde Tiere, teils als den Menschen zugehörig gesehen werden.
Andere klassifikatorische Unschärfen können entstehen, wenn zur Klassifikationslogik Konsistenzregeln hinsichtlich des Brutverhaltens, Schlafverhaltens, Freßverhaltens und anatomischer Eigenheiten gehören. Fleischfressende Tiere sollten etwa Fell und Klauen aufweisen im Unterschied zu pflanzenfressenden Tieren, die Hufe und eine weiche Haut haben. Als problematisch erscheinen dann jene Pflanzenfresser, die Fell oder Klauen haben. Eierlegende Tiere leben in der Luft, sind also in der Regel Vögel. Auf der Erde lebende Tiere haben vier Füße und laufen oder klettern. Als problematisch erscheinen dann jene Arten, die vier Füße haben *und* Eier legen (etwa die Schildkröte), sind Landtiere, die wie Vögel fliegen oder im Wasser leben, sind Landtiere, die mehr als vier Füße oder gar keine Füße haben (Schlangen etc.).
Es werden also vorzugsweise diejenigen Tiere tabuisiert, die kognitiv anomal sind. Kognitive Anomalitäten sind ein Mittel, Ordnung von Unordnung zu unterscheiden und so Unordnung vermeidbar zu machen.[10] Eßtabus sind dann normative Regeln, die sich aus der *kognitiven Anomalität* eines Tieres erklären lassen.

10 Eßtabus sind nicht irgendein beliebiger Fall für die symbolische Ordnung der Gesellschaft. Sie gehören vielmehr zu jenen Symbolisierungen, die das Problem des materiellen Überlebens dazu benutzen, um das Nichtmaterielle denkbar zu machen. Die Natur wird gerade hier zum Medium der symbolischen Organisation der Gesellschaft.

Die skizzierten Erklärungsansätze implizieren unterschiedliche Formen der Analyse von Tabunormen: die *ökonomische Analyse*, die *funktionale Analyse* und die *strukturale Analyse*. Diese Formen der Analyse hängen mit den paradigmatischen Grundannahmen der einzelnen Erklärungsstrategien zusammen.

Das *rationalistische Paradigma*[11] beruht auf einer Form der Analyse, die nur unter eingeschränkten sozialen Bedingungen gilt. Diese *ökonomische* Analyse setzt eine Gesellschaft voraus, die moralische Überlegungen und symbolische Zwänge neutralisiert hat und soziale Normen unabhängig von solchen Voraussetzungen als Aggregateffekt von individuellen Rationalhandlungen versteht. Damit ergeben sich aber fatale Theorieprobleme. Besonders dann, wenn Konstruktionsprozesse gemeinsam geteilter symbolischer Welten thematisch werden, muß diese Theorie scheitern. Die ökonomischen Analysen arbeiten in solchen Fällen mit der Annahme von speziellen Randbedingungen, die den Geltungsbereich der Erklärungen jedoch in dem Maße, wie diese Randbedingungen vermehrt werden, einschränken. Die interne Logik dieser Erklärung endet schließlich in einem Erklärungsmodell, in dem das, was erklärt werden soll, nämlich das »Soziale«, in die Randbedingungen gepackt wird. Erst dieses Abschieben der Erklärungsprobleme in die Randbedingungen sichert die »reine« Geltung der theoretischen Annahmen über rationales Verhalten und plausibilisiert die Behauptung der Universalität von solchen Normen. Die ökonomische Analyse setzt eine kulturelle Welt, die vor allen psychologischen Dispositionen besteht, schlicht voraus. Das macht die ökonomische Analyse für eine soziologische Analyse von Normen unzureichend. Eine ökonomische Analyse von Eßregeln muß deshalb immer zu kurz greifen.

Das *funktionalistische Paradigma* kehrt die Problematik rationalistischer Ansätze geradezu um. Die *funktionale* Analyse von

11 Das rationalistische Paradigma ist als »ökonomische Analyse« nicht nur in der Sozial- und Kulturanthropologie wiederauferstanden. Es hat auch in der allgemeinen Soziologie und in der Rechtssoziologie eine gewisse Verbreitung gefunden. Das funktionalistische Paradigma gehört via Parsons zum Standardparadigma der Soziologie. Die Theorie kollektiven Verhaltens (Olson 1968) und die Theorie der sozialen Differenzierung sind nur Anwendungsfälle dieser beiden theoretischen Paradigmata.

Normen legt in keiner Weise den Bezugspunkt fest, im Hinblick auf den diese Normen funktional sein können. Diese Bezugspunkte sind letztlich beliebig. Anstatt von einer »harten« Grundannahme auszugehen (wie der eines Rationalverhaltens), ist sie »weich«. Es gibt immer Normen, die dysfunktional im Hinblick auf einen gewählten Bezugspunkt (wie »soziale Integration«) oder weder das eine noch das andere sind. Normen mögen zwar aus solchen funktionalen Erfordernissen entstanden sein oder auf Grund solcher funktionaler Erfordernisse eine besondere Überlebensfähigkeit besitzen. Damit sie aber überhaupt als *Normen* identifiziert werden können, müssen sie in eine kulturelle Ordnung »passen«. Sie müssen sich mit anderen Normen relationieren lassen und aus diesem Zusammenhang verstanden werden. Die Logik einer solchen symbolischen Ordnung läßt sich aber nicht aus funktionalen Gesichtspunkten gewinnen. Die Logik einer kulturellen Ordnung besteht unabhängig vom Systemcharakter sozialer Realität.

Einen Schritt hin zu einer Analyse der Logik kultureller Ordnungen geht das *strukturalistische Paradigma*. Die ihm zugrundeliegende *strukturale* Analyse von Normen macht Zusammenhänge zwischen diesen Normen sichtbar, die weder ein Reduktionismus auf funktionale Imperative noch ein Reduktionismus auf universale psychische Dispositionen sichtbar machen kann.[12] Die strukturale Analyse thematisiert also die systematischen Voraussetzungen beider Theoriestrategien, der rationalistischen wie der funktionalistischen. Die Welt, in der psychologische Dispositionen eine Wirkung haben können und funktionale Imperative Folgen haben können, ist eine bereits symbolisch strukturierte Welt, ist also keine tabula rasa. Die Strukturen dieser symbolisch geordneten Welt erklären, wie Dispositionen und Wirkungen, wie Imperative und Folgen zusammenhängen. Die strukturale Analyse führt somit zu einer Theorie, die Gesellschaft jenseits der

12 Die Welt symbolischer Formen ist mehr als die Einzigartigkeit subjektiver Innenwelt und weniger als die Komplexität der objektivierten sozialen Welt. Sie steht zwischen einer subjektivistisch verstandenen und einer objektivistisch verstandenen Welt. Sie macht es notwendig, eine Welt sozialer Tatsachen von einer subjektiven Welt der Erkenntnis, Gefühle usw. und einer objektiven Welt der Systeme zu unterscheiden. Die Welt der symbolischen Formen ist also jenseits von Objektivismus und Subjektivismus zu konzeptualisieren. Der Begriff der »Kultur« als einer Ausdrucksform vergesellschafteter Individualität bietet sich als Bezeichnung dieser Zwischenwelt an.

Addition von Einzelhandlungen und jenseits der Eigenkomplexität als einen symbolisch geregelten Zusammenhang begreift. Die strukturale Analyse ist somit der ökonomischen Analyse und der funktionalen Analyse vorausgesetzt.

Das impliziert einen Primat der strukturalen *Methode* über funktionale und kausale Methoden der Erklärung. Die strukturale Methode mag zunächst nur wie ein Verfahren der Zufallssuche erscheinen. Wie in einem Puzzle werden Eßverbote immer wieder zusammengesetzt, bis sie eine *logisch konstruierbare Ordnung* ergeben. Die strukturale Analyse ist somit alles andere als ein Zufallsverfahren. Sie ist ein Verfahren, das die strukturierenden Regeln (die »Prinzipien«) des Zusammenhanges einer symbolischen (oder kulturellen) Ordnung herauszufinden sucht.

Die strukturale Methode basiert auf der Annahme, daß Kultur eine logisch geordnete Welt sei.[13] In der Logik symbolischer Zusammenhänge *spiegelt* sich nicht mehr die Gesellschaft. Diese Logik legt vielmehr die *Modelle* fest, nach denen in der Gesellschaft gehandelt wird. Symbolische Zusammenhänge sind nicht mehr Überbau, sondern Basis (und die Basis der Marxschen Theorie wird dann zur ökologischen Umwelt!). Die Strukturen symbolischer Zusammenhänge und die Gesellschaft verhalten sich zueinander wie Modell und Realität, wie Orchesterpartitur und Aufführung.[14]

Die strukturale Analyse von *Eßverboten* sucht deshalb zunächst die *logische Ordnung* zu entziffern, die hinter den verschiedenen Eßtabus liegt. Sie bringt eine Ordnung in ein Chaos von Phänomenen, indem sie übergeordnete Gesichtspunkte sucht, um Differenzen zu Klassen von Differenzen zusammenzufassen. Dieses Verfahren läßt sich wiederholen. Man kann weiter nach Gesichtspunkten suchen, die die Klassen von Differenzen auf höherstufige Unterschiede zwischen Oberklassen reduzieren. Dieser Regreß über Stufen der Abstraktion von den ursprünglichen Differenzen endet in einer fundamentalen Differenz, im Fall der Eßverbote in

13 Der Fall »logischer Unordnung« ist nicht ausgeschlossen. Gemäß der hier vorgetragenen Theorie müßte logische Unordnung mit sozialer Desintegration Hand in Hand gehen. Denn im Fall logischer Unordnung ist es nicht gelungen, symbolische Zusammenhänge zu stiften, die von allen geteilt werden können. Es kann keine gemeinsam geteilte Kultur hergestellt werden.

14 So Lévi-Strauss (1971), S. 32ff. und Leach (1978), S. 56ff. Eine interessante Kritik findet sich in Yalman (1968).

der *Differenz zwischen Menschen und Tieren*. Die strukturale Analyse versucht also, die vorgegebenen Differenzen auf ihre *organisierenden Prinzipien* zurückzuführen.
Die dieser strukturalen Perspektive eigene Argumentation, daß Tiere gut zum Denken einer Ordnung bzw. Unordnung sind, führt eine zentrale Durkheimsche These fort. Das Denken, das die Tiere ordnet, ist ein Mittel, um die Gesellschaft darzustellen. In der Ordnung der Tiere ordnet sich die Gesellschaft selbst. Das bedeutet, daß wir dann, wenn wir die Logik des Systems der Eßtabus verstanden haben, die Logik der symbolischen Ordnung der Gesellschaft verstanden haben.[15] Die strukturalistische These behauptet also, daß die Logik symbolischer Ordnungen der Schlüssel zur Analyse des Funktionierens der Gesellschaft und der Schlüssel zur Erklärung der Rationalität sozialen Handelns ist.
Im folgenden soll der Versuch einer *strukturalen Analyse* von Eßtabus in verschiedenen Gesellschaften unternommen werden. Dazu werden Fälle herangezogen, die jeweils unterschiedliche Gesellschaftsformen repräsentieren: die Eßtabus der Jivaro-Indianer in Zentral-Brasilien, die Eßtabus der traditionalen jüdischen Gesellschaft sowie Eßtabus in modernen europäischen Gesellschaften (Abschnitt 3).
Diese Analyse führt zu der weitergehenden Frage nach den *Bedeutungsgehalten*, die über das symbolische System der Eßtabus kommuniziert werden. Es wird der Versuch unternommen, den kognitivistischen »Bias« der strukturalen Analyse zu korrigieren und den sozialen Gehalt dieser Struktureigenschaften zu identifizieren. Die soziologisch aufgeklärte strukturale Analyse besteht darin, das Problem der *Moral* systematisch in eine strukturale Analyse symbolischer Ordnungen zu integrieren (Abschnitt 4).

15 Durkheim/Mauss haben diese These in »De quelques formes primitives de la classification« (1903) zum ersten Male formuliert. Die These lautet kurz gesagt: Die Gesellschaft ordnet die Welt nach ihrem eigenen Bilde. Die weitergehende These von Durkheim war, daß die »Formen« der Sozialstruktur (im Sinne einer morphologischen Vorstellung) das klassifikatorische Denken bestimmen. Das Durkheimsche Beispiel (Durkheim 1981) war das der Zuñi-Indianer, die angeblich eine siebenteilige Sozialorganisation besaßen, die sich in einem siebenteiligen Himmel widerspiegelte. Dieses Beispiel ist allerdings empirisch falsch und theoretisch nicht zwingend. Hier schlägt ein morphologistisches Selbstmißverständnis durch, das die These von der in der Ordnung der Tiere enthaltenen Ordnung der Gesellschaft unnötigerweise entwertet.

Eßverbote bei den Jivaros in Zentralbrasilien

Die Jivaros[16] leben in kleinen Gruppen, halbseßhaft in der Nähe oder direkt am Ufer der Flüsse, die das Amazonasbecken füllen. Ihr Habitat ist also primär der tropische Urwald. Sie kennen folgende Eßverbote:
- den Tapir, den Hirsch und das amphibische Wasserschwein (Hydrocheorus capybara), das allerdings kein Schwein, sondern das (größte überhaupt existierende) Nagetier ist,
- den Ameisenbären und das Faultier,
- Eidechsen, Mäuse und Schlangen sowie
- Raubtiere (insbes. den Tiger).

Generell eßbar sind Vögel, kleine Nagetiere, Affen (bis auf den Guariba-Affen) und die südamerikanischen Wildschweine (peccaries). Diese Eßverbote kontrastieren mit den Eßnormen der Yanomamö und der Mundurucu (die ebenfalls in dieser Gegend leben), die den Tapir, den Hirsch und das amphibische Wasserschwein jagen, jedoch auch auf den Ameisenbären und das Faultier, auf Eidechsen, Schlangen und Raubtiere verzichten, und den Kalapalo, die die Landtiere mit Ausnahme der Affen meiden und sich auf Fische beschränken.
Im folgenden wird versucht, den Sinn der Eßverbote in diesen Stämmen zu entziffern. Zunächst wird eine rationalistische Erklärung diskutiert. Dann wird der Versuch unternommen, die solidaritätsstiftende Funktion dieser Tabus zu identifizieren. Schließlich wird der semantische Kontext, in dem die verbotenen Tierarten eine bestimmte Bedeutung erhalten, also das den Eßverboten zugrundeliegende kognitive Klassifikationssystem, diskutiert.

16 Zur ethnographischen Literatur der Indianer des Amazonasbeckens im allgemeinen und der Jivaros im besonderen vgl. Ross (1978), Karsten (1926), Chagnon (1968; 1974), Zerries (1983).

Eine ökonomische Analyse der Jivaro-Eßtabus

Eine *ökonomische Analyse* für die Tabunormen der Jivaro hat Ross (1978) vorgelegt. Eßtabus sind – so Ross – das Ergebnis des Versuchs, ein ökologisches Gleichgewicht zwischen natürlicher Umwelt, Jagdtechniken, Größe einer Gruppe und Form der Seßhaftigkeit herzustellen. Der adaptive Vorteil von Eßtabus besteht darin, die Proteinzufuhr einer Population auf Tiere zu beschränken, die eine ökonomisch optimale Versorgung unter gegebenen natürlichen Randbedingungen erlauben.

Aus diesen Annahmen ergeben sich folgende Erklärungsvorschläge. Populationen, die in der Nähe fischreicher Flüsse wohnen, werden dazu tendieren, die auf dem Land lebenden Tiere zu tabuisieren. Populationen, die in gewisser Entfernung von Flüssen leben, müssen Tiere jagen, wobei sich folgende Alternative eröffnet: Entweder sie jagen alle Tiere, d. h. auch Großwild; dann aber muß der Preis geringer Bevölkerungsdichte und hoher geographischer Mobilität bezahlt werden (mit ganz speziellen sozialen Konsequenzen, auf die ich hier nicht weiter eingehen will). Oder sie jagen nur kleine Tiere, was eine seßhaftere Lebensform ermöglicht, zugleich aber auch die Größe der Niederlassung begrenzt. Eine dritte Möglichkeit ist, von Fischen partiell abhängig zu sein und Kleinwild zu jagen; in diesem Fall erweisen sich die morphologischen Beschränkungen der Sozialorganisation als am wenigsten restriktiv.

Diese Zusammenhänge lassen sich an den verschiedenen Stämmen, die im oberen Amazonasbecken leben, gut belegen. Die Achuräer z. B. verbieten den Hirsch und den Tapir und konzentrieren sich auf die Kleintierjagd bei einer relativ kleinen Dorfgröße. Die Yanomamö jagen Großwild und bilden nur relativ instabile Niederlassungen. Daraus folgert Ross, daß diejenigen Gruppen, die sich auf Großwild spezialisiert haben, eher zu einem nomadisierenden Leben gezwungen sind als diejenigen, die sich auf Kleinwild spezialisieren.[17]

Warum aber werden auch die jeweils nicht genutzten Tierarten verboten? Die skizzierte Erklärung erklärt nur die ökologisch

17 So argumentiert Ross: »The focus on small animals makes possible a more stable residence pattern which has shifted much of their energy investment to a horticultural regime more compatible with labor intensification than is the procurement of large game.« (Ross 1978, S. 9)

sinnvolle Konzentration auf das Verspeisen bestimmter Tierarten. Man hat deshalb Tabunormen aus der Gefahr der Überjagung zu erklären versucht. Tabus wären dann Versuche, Fehladaptationen zu vermeiden. Größere Gemeinschaften, die das sich nur langsam vermehrende Großwild jagen dürfen, würden dieses sehr schnell ausgerottet haben. Die Reproduktionsrate könnte mit der notwendigen Jagdrate nicht mehr in Übereinstimmung gebracht werden. Die minimal notwendige Proteinzufuhr wäre damit gefährdet. Tabuisierungen sind dann Strategien der vorweggenommenen Anpassung an ein Habitat.
Nun gibt es aber Fälle von Tabuisierungen, die unter diesem Gesichtspunkt wenig Sinn machen. Es gibt immer maladaptive Praktiken. Die harte Fassung der ökologischen Erklärung (Tabus als rationale Antworten auf Überlebensprobleme) müßte durch eine weichere Fassung ersetzt werden. Eine solche hat Carneiro[18] in einer Kritik an Ross vorgeschlagen. Die weichere Fassung geht davon aus, daß jede Gesellschaft normalerweise mehr Möglichkeiten zum Überleben hat, als sie minimaliter braucht. Die meisten Gesellschaften können sich also maladaptive Praktiken leisten. Solche maladaptiven Praktiken lassen sich durch eine den symbolischen Festlegungen eigene Trägheit erklären. Tabus gelten eben immer weiter fort, selbst wenn sich die Umwelt, die zu ihrer Entstehung führte, geändert hat und die Tabus überflüssig oder gar kontraproduktiv geworden sind.
Das Tabu auf Ameisenbären erscheint aber weder adaptiv noch maladaptiv, so daß diese Zusatzannahme beim Ameisenbären wenig Sinn macht. Schwierigkeiten bereitet auch die Tatsache, warum man schwierig zu jagende Tiere wie den Tapir oder Hirsch, wenn sie für die Proteinzufuhr nicht mehr benötigt werden, auch noch tabuisieren muß.[19] Schwierigkeiten bereitet schließlich die Tatsache, daß die Konzentration auf Kleintierjagd verbunden ist mit dem Tabu auf Tiere wie Eidechsen, Mäuse und Schlangen. Denn was könnten die Gründe dafür sein, daß diese

18 Unter den Kritiken des Aufsatzes von Ross ist besonders die von Carneiro hilfreich. Siehe Ross (1978), S. 9.

19 Schwierigkeiten bereitet dies allerdings nicht, wenn man annimmt, daß diese Tiere besonders gut schmecken, weswegen der Genuß durch ein Tabu vereitelt werden muß. Das führt aber zu einer tautologischen Erklärung, da das, was schmeckt, erst durch Tabus definiert wird.

Tiere als Möglichkeiten der Proteinzufuhr ausgeschlossen werden, wenn sie doch ein funktionales Äquivalent zum Verzicht auf die Großwildjagd sein könnten?[20]

Eine funktionale Analyse der Jivaro-Eßtabus

Es ist kaum überraschend, daß Jagd auf Tiere unter ökologischen Restriktionen steht. Doch die Implikation, daß die nichtgejagten Tiere tabuisiert werden müssen, folgt daraus noch lange nicht. Es stellt sich deshalb die Frage, wie die damit gegebenen Spielräume normativ ausgefüllt werden und was daraus für die soziale Organisation der Jagd folgt.

Die *funktionalistische Erklärung* der Eßtabus läuft darauf hinaus, solidaritätsstiftende Prozesse zu identifizieren, die durch Tabus ausgelöst werden, und ihnen deshalb sozialintegrative Funktionen zuzuschreiben. Dazu gehört die unterschiedliche Verteilung von Eßtabus zwischen den einzelnen Stämmen. Wenn die Yanomamö und Mundurucú Großtiere jagen und essen und bei den Achuräern und Kalapalo Großtiere tabu sind, dann bedeutet das zugleich eine soziale Verteilung von materiellen Reproduktionschancen zwischen den Stämmen. Eßtabus regulieren hier einen Bereich von sozialen Beziehungen, der außerhalb der Reziprozitätsnetze der einzelnen Gesellschaften liegt. Eßtabus machen das Zusammenleben möglich. Ihre Funktion ist, eine soziale Ordnung zu erhalten, in diesem speziellen Falle: die segmentäre Differenzierung der Gesellschaft zu reproduzieren.

Die Kalapalo unterscheiden sich als Mitglieder der oberen Xingú-Stämme von den unteren Xingú-Stämmen (die alles essen). Sie unterscheiden sich von den anderen oberen Xingú-Stämmen durch ihre Friedfertigkeit und Generosität, durch eine bestimmte Art, sich als Menschen zu bezeichnen. Nicht das Fleisch von Großtieren zu essen und friedfertig zu sein, unterscheidet sie von den feindlichen Nachbarn, die alles essen und aggressiv sind. Das Einhalten einer kulinarischen Praxis sichert also die Einzigartigkeit eines Stammes gegenüber dem anderen. Außenabgrenzung und Sicherung der inneren Solidarität sind die sozialintegrativen Gesichtspunkte, mit denen eine funktionale Analyse arbeitet.

20 Man denke nur an die Azteken, die diese Kleinlebewesen bis hin zu den Ameisen intensiv für die eigene Versorgung genutzt haben. Vgl. Harris (1977).

Eßtabus besitzen aber auch innerhalb eines Stammes unterschiedliche Geltung. Tabus können saisonal oder gruppenspezifisch variieren. Wagley (1977) hat solche spezifischen Tabus bei den Tapirapé-Indianern Zentralbrasiliens gezeigt. Bei den Tapirapé sind es Frauen, Kinder und Kindsväter, die das Fleisch bestimmter Tiere nicht essen dürfen (Wagley 1977, S. 77ff.). Zum verbotenen Fleisch gehören der Hirsch, der Guariba-Affe, der Tapir und der kleine Ameisenbär. Generell tabu sind – wie bei den Jivaros und anderen benachbarten Stämmen – das amphibische Wasserschwein, das Faultier, Schlangen und das Opossum. Diese »speziellen« Tabus haben eine analoge Funktion innerhalb eines Stammes wie die »generellen« Tabus zwischen den Stämmen: Sie erzeugen dadurch, daß sie soziale Beziehungen zwischen Gruppen herstellen, soziale Solidarität.[21] Und sie sichern dadurch, daß sie die saisonalen Rhythmen symbolisieren, soziale Integration über Zeit.

In der funktionalistischen Perspektive erscheinen Eßtabus somit als ein Mittel, Verbote auszudrücken. Verbote generalisieren Verhaltenserwartungen. Sie sichern damit soziale Integration. Zugleich haben sie auch eine Raum und Zeit übergreifende Integrationsfunktion. Sie strukturieren Beziehungen sozialer Gruppen in einem gegebenen sozialen Raum und strukturieren die Zeit, in der die Gruppe lebt. Warum aber diese Funktionen gerade über das Medium der Eßtabus erfüllt werden, bleibt in der funktionalistischen Perspektive kontingent. Es interessiert nicht, warum es gerade Eßtabus sind, die sich für die Reproduktion von sozialen Systemen eignen, sondern nur der schlichte Umstand, daß sie sich dafür eignen. Das führt letztlich zu einer tautologischen Erklärung[22]: Es sind die Zwänge sozialer Ordnung, die zu sozialen

21 Wagley hat das folgendermaßen interpretiert: »A man who was the father of an infant and thus prohibited to eat armadillo, for example, would kill such an animal if he encountered it, even though it was also taboo to his wife and daughters. He would bring it to the village as a gift to a brother-in-law, a sister's son, or a special friend (anchiwawa) who did not have an infant child and perhaps had growing sons (boys can eat armadillo). He would not expect immediate payment of any kind, but in time he would expect his relative or friend to remember his gift. Thus, if the recipient had chances to kill a peccary, he would have reciprocated with a choice piece of meat. In consequence, the limitation on diet resulted in cementing social ties. Unless it was an animal which all Tapirapé found repugnant, such as the sloth, there was always someone anxious for the meat.« (Wagley 1977, S. 67)

22 Diese Erklärungsprobleme lassen sich auch nicht durch eine Aufteilung der

Zwängen führen. Es sind Essensvorschriften, die zum diätetischen Eßregime führen. Doch Eßtabus sind mehr als das, was diese Analyse aus ihnen macht. Sie sind auch und vor allem eine Art und Weise, die soziale Welt zu denken.

Eine strukturale Analyse der Jivaro-Eßtabus

Wenn man nicht nur die Frage nach der Funktion von Eßtabus, sondern auch die Frage nach der Bedeutung von Eßtabus stellt, dann folgt daraus die Notwendigkeit, zunächst die Deutungen zu rekonstruieren, die für die Eßtabus von denen, die sie einhalten, gegeben werden. Auf die Frage, warum einige Tiere nicht eßbar sind, geben die Jivaros folgende Antworten:

- Der *Tapir* ist verboten, weil er einen eigenartig hohen Pfeiflaut von sich gibt und sich lautlos bewegt; der Hirsch ist verboten, weil er sich kaum hörbar bewegt und unglaublich schnell ist (Karsten 1926, S. 285).
- Der *Ameisenbär* und das *Faultier* sind nicht eßbar, weil sie keinen After haben, der *Guariba-Affe*, weil er dauernd furzt (Lévi-Strauss 1973, S. 508).
- *Schlangen* und *Raubtiere* sind nicht eßbar, weil sie monströs sind, weil sie ein schockierendes Wesen haben; die Kalapalo nennen diese Eigenschaft »itseke«, was »Ungewöhnliches« bezeichnet (Basso 1972, S. 643).

Die genannten Tiere weichen irgendwie von dem, was als normal empfunden wird, ab. Dazu gehören einmal Landtiere, die sich zugleich im Wasser bestens fortbewegen können. Dies gilt insbesondere für das amphibische Wasserschwein, ein semiaquatisches Tier, das durch Schwimmhäute zwischen den Zehen optimal für das Schwimmen ausgestattet ist. Ungewöhnlich an diesen Tieren ist also, daß sie zugleich auf dem Land und im Wasser leben

Analyse in systemische und lebensweltliche Kontextbedingungen ausräumen. Zu zeigen ist, welches die kulturellen oder symbolischen Voraussetzungen jeder funktionalen Analyse sind. Sie sind solange unproblematisch, als die kulturellen Voraussetzungen der funktionalen Analyse unstrittig sind. Sobald diese aber variieren, verliert die funktionale Erklärung ihre Erklärungskraft. Die klassische Kritik von Dahrendorf, daß funktionalistische Erklärungen eine inhärente Stabilitätsorientierung besitzen, liegt nicht am Konservativismus der Theorie, sondern an der ungenügenden theoretischen Konzeptualisierung des kulturellen Systems.

können (nach der Regel: Vierbeiner gehören auf das Land, und Fische gehören ins Wasser).

Für den Hirsch und den Tapir ist die genannte Ambivalenz weniger zentral (obwohl es zu den frustrierenden Jagderfahrungen gehören mag, daß sich beide durch Schwimmen der Verfolgung entziehen können). Was den Jivaros am Tapir und am Hirsch auffällt, sind der Fortbewegungsmechanismus, die Freßgewohnheiten und die Sprache. Auffallend sind spezielle Verhaltensweisen. Sie leben allein, solitär, und sind nur während der Nacht aktiv. Sie leben nicht sozial und sie schlafen nicht in der Nacht. Insofern sind sie also in einer ganz speziellen Weise ungewöhnlich. Auffällig sind also die Fähigkeit zum Leben und/oder Fortbewegen im Wasser und die solitäre und nokturnale Lebensform. Dazu kommen noch aus der Sicht der Jivaros weitere Verhaltensauffälligkeiten. Der Tapir redet »falsch«, weil seine Lautproduktionen hauptsächlich aus ungewöhnlichen Pfeiflauten bestehen. Der Hirsch ist überängstlich, weil er zu schnell davonläuft.

Einen besonderen Status neben diesen Großtieren haben der Ameisenbär und das Faultier. Diese werden von allen Stämmen gleichermaßen gemieden. Beide Tiere gehören zur Klasse der Gürteltiere. Innerhalb der Gruppe der Säugetiere weisen sie eine ungewöhnliche Eigenschaft auf: Sie gehören zu jener Klasse von Säugern, die die Regel verletzen, nach der in einem Kieferast höchstens bis zu sieben Backenzähne vorhanden sein können. Beide, der Ameisenbär und das Faultier, weisen weit mehr Backenzähne auf einem Kieferast auf.[23] Ein weiteres Merkmal dieser beiden Tiere, das die Amazonas-Indianer nennen, liegt in ihrem Verdauungsmodus begründet. Sie drücken das so aus, daß diese beiden Tiere keinen After haben. Weil der Ameisenbär keinen After hat, muß er sich von Ameisen ernähren (andernfalls würde er größere Lebewesen verspeisen können). Das Faultier hat keinen After; denn dieser wurde ihm mit Erde zugestopft, weil es dauernd furzte.[24] Diese Ambivalenz gilt in analoger Form auch für den Guariba-Affen. Dieser ist nicht eßbar, weil er dauernd

23 Siehe dazu Romer (1970), S. 582ff. Im übrigen ist auch in afrikanischen Gesellschaften das Pendant zum Ameisenbär, der Pangolin, ein schuppiger Ameisenfresser, ein hochritualisiertes Tier. Vgl. dazu Douglas (1966).

24 Siehe Lévi-Strauss (1973), S. 508. Daß in den über das Faultier berichtenden Mythen auch noch andere symbolische Gehalte eine Rolle spielen, sei hier unbestritten. Hier geht es nur um die Stellung dieses Tieres im System der problematisierten Tiere.

defäzieren muß. Er hat einen zu offenen After. Hier sind es die Eigenheiten des Verdauungsmodus, die diese Tiere auffällig machen.
Wildkatzen unterscheiden sich schließlich dadurch von den anderen Tieren, daß sie den Menschen angreifen. Als Raubtiere haben sie einen besonderen Status, der sie von anderen Tieren unterscheidet. Schlangen schließlich gehören ebenfalls zu einer besonderen Klasse von Tieren. Sie werden wegen ihrer körperlichen Form ganz einfach als unheimlich empfunden.
Die *Logik dieses Systems von Eßtabus* soll im folgenden auf eine doppelte Art und Weise rekonstruiert werden. Zunächst soll das Klassifikationssystem der Tierwelt untersucht werden, das die Kalapalo, die die weitestgehenden Eßtabus in dem hier interessierenden Gebiet kennen, gebrauchen. Dabei wird der Versuch unternommen, aus der Benennung der Klassifikationsklassen die interne Logik dieses Systems zu rekonstruieren. Dann soll diese Logik mit den Zuschreibungen konfrontiert werden, die die Amazonas-Indianer an die so klassifizierten Tiere herantragen.
Basso (1972, S. 630) hat in einer Analyse des Kalapalo-Eßsystems die Struktur dieses Klassifikationssystems beschrieben. Morphologische Merkmale, Freßweisen und Habitat sind die äußeren Merkmalsklassen ihrer Einteilung. Nach ihnen werden die »lebenden Wesen« eingeteilt und benannt (Schaubild 2).
Eßbar sind demnach Vögel, die auf dem Lande leben, Landtiere, die wie Menschen sind, und Wassertiere. *Nichteßbar* sind menschliche Wesen, dann Landtiere, die den Menschen unähnlich sind, schließlich Vögel, die nicht auf dem Lande leben, und schließlich Schlangen. Warum darf man Affenfleisch essen? Deswegen, weil es – wie die Kalapalo sagen – dem Menschen ähnlich ist. Eßbar ist ein Tier, weil es der Vorstellung menschenähnlichen Verhaltens am nächsten kommt. Tiere, die so sind wie die Kalapalo, nämlich friedfertig, können gegessen werden.
Ein Parameter dieser Klassifikation ist die Ähnlichkeit mit den Menschen. Er gilt für die Vögel, die auf dem Land leben (denn das sind auch zweibeinige Landtiere), und er gilt für Affen. Fische sind negativ definierte Wesen. Sie sind das Gegenteil der zweibeinigen Landtiere, nämlich im Wasser lebende Tiere. Sie sind vom Menschen so weit entfernt wie die anderen Tiere nahe sind. Nur diese beiden Kategorien, die dem Menschen ganz nahen und die dem Menschen ganz fernen Wesen, sind eßbar. Nicht eßbar sind

Schaubild 2: Das System der Eßtabus bei den Kalapalo

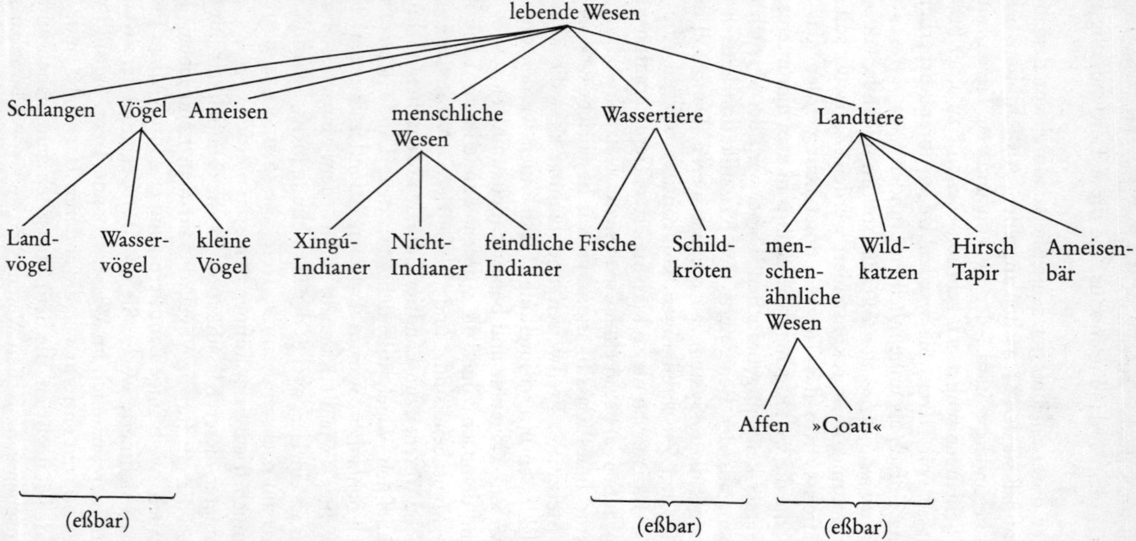

die Kategorien von Tieren, die den Menschen unähnlich sind, aber nicht so unähnlich, daß sie nichts Menschliches mehr aufweisen (so daß sie wieder eßbar werden).
Diese implizite Logik macht Sinn, wenn man die Erklärungen analysiert, die die Jivaros für ihre Eßtabus geben (Karsten 1926). Die von den Jivaros am meisten gefürchteten Tiere sind der Tiger und andere Mitglieder der Wildkatzenfamilie sowie die Anaconda, eine giftige Riesenschlange. Beide Tiere sind dadurch gekennzeichnet, daß sie töten können. Diese Eigenschaft drücken die Jivaros dadurch aus, daß sie erklären, daß beide Tiere die Reinkarnation des Geistes von Medizinmännern und Hexern seien, die versuchen würden, mit Hilfe dieser Tiere ihre Feinde zu schädigen oder gar zu töten. Dies ist nicht eine Personifizierung des Tigers oder der Anaconda, sondern ein Ausdruck dafür, daß diese Tiere Teil einer *Unordnung* sind. Beiden Tieren geht man deshalb – so gut man kann – aus dem Wege.
Wenn man die Rede über die den Tieren innewohnenden Geister als eine *metaphorische* Ausdrucksform einer gesellschaftlichen Unordnung, als Thematisierung einer »symbolischen Unordnung« der Gesellschaft nimmt, dann macht auch das Verbot der anderen Tiere Sinn[25]. Den nichteßbaren Tieren werden böse Geister zugeschrieben. Diese Geister sind menschlicher Natur. Sie benützen die dem Menschen nicht zu sehr unähnliche äußere Form von Tapir und Hirsch, um dem Menschen zu schaden. Keinem Fisch würden solche Attribute zugeschrieben. Diese Tiere werden also in Zusammenhang mit *bösen Geistern* ge-

25 Als Gründe für die speziellen Tabus auf den Tapir und den Hirsch geben die Jibaros folgendes an: »... the tapir is looked upon by the Jibaros with superstitious fear as being the incarnation of the spirit of an evil sorcerer. The animal is supposed to bewitch people by means of whistling sound that it produces. Its flesh is therefore never eaten. The same in a still higher degree holds good of the deer, which is one of the most dreaded demons (iguanchi) known to the Jibaros. The souls of persons particularly feared in life – for instance, those of enemies killed in battle – may reappear in the shape of a deer. The souls of women are also believed to reincarnate themselves in this timid animal which, in its noiseless movements and the mysterious rapidity with which it disappears in the forest, easily suggests to the Indian mind the idea of a ghost. The Jibaros therefore never eat the flesh of the deer, believing that if they do eat it they will certainly die.« (Karsten 1926, S. 285) Zu den indigenen Erklärungen der Bedeutung der tabuisierten Tiere bei den Yanomamö vgl. Zerries (1983), S. 160ff., der über die diese Tiere betreffenden Ursprungsmythen berichtet. Das führt dann aber schon in Fragen der Analyse der Moral der Eßtabus.

bracht: mit den bösen Geistern von Hexern, von getöteten Feinden und von Frauen. Der Zusammenhang mit den bösen Geistern, die Frauen zugeschrieben werden, ist am extremsten bei den Yanomamö ausgeprägt, die ihre Frauen ja auch physisch verunstalten. Offensichtlich wird mit der Unterscheidung von eßbar/nichteßbar eine symbolische Grenze zwischen Gesellschaft und Nicht-Gesellschaft, zwischen symbolischer Ordnung und symbolischer Unordnung gezogen.

Als metaphorische Ausdrucksform symbolischer Unordnung der Gesellschaft macht auch die Erklärung der Tabus auf den Ameisenbären und das Faultier einen Sinn. Daß es das Los der Menschen sein könnte, daß sie entweder verstopft sind oder daß sie durchlässig sind, ist ein altes mythisches Thema. Es gehört zur Ordnung der Welt (und die gilt gleichermaßen für Tier und Mensch), daß sie eine Öffnung besitzen, mit deren Hilfe sie das Gegessene wieder ausscheiden können, ohne daß sie das Gegessene dauernd unverdaut wieder verlieren.[26] Alles, was zu geschlossen ist (verstopft ist) und alles, was zu offen ist (dauernd defäzieren muß), ist Unordnung. Tiere, die sich dieser Ordnung nicht fügen, fallen aus dem System der Naturordnung heraus. Mit ihnen darf man nicht umgehen. Man darf sie nicht essen.

Mit dieser Gegenüberstellung von zu sehr »geschlossen« und zu sehr »offen« werden kritische Grenzfälle sozialer Integration symbolisiert: nämlich die zentripetalen und zentrifugalen Tendenzen eines Verwandtschaftssystems. Zu offen ist die Gesellschaft, wenn die Reziprozitätsverpflichtungen zwischen Verwandten zu weitmaschig sind. Zu geschlossen ist sie, wenn diese unmittelbar eingeklagt werden. Lévi-Strauss (1981) hat gezeigt, wie diese Logik in den Heiratsvorschriften einfacher Gesellschaften operiert. Heiratssysteme entwickeln sich eher in Richtung auf generalisierten Frauentausch (Heirat mit der Tochter der Schwe-

26 Ein Mythos der Guyana-Indianer begründet dieses Normalitätskriterium folgendermaßen: »Einst hatten weder Menschen noch Tiere einen After, und sie kackten durch den Mund. Pu'iito, der After, ging langsam umher, furzte ihnen ins Gesicht und lief weg. Die wütenden Tiere taten sich zusammen. Sie stellten sich schlafend, und als Pu'iito sich einem von ihnen näherte und wie üblich furzte, liefen sie ihm nach, ergriffen ihn und schnitten ihn in Stücke. Jedes Tier erhielt seinen Teil, mehr oder weniger groß, je nach der Öffnung, die man heute an ihm sieht. Dies ist der Grund, warum alle lebenden Geschöpfe einen After haben, ohne den sie noch heute durch den Mund kacken müßten, um nicht zu platzen.« (Lévi-Strauss 1976, S. 508)

ster des Vaters), da der restringierte Frauentausch nur geschlossene Systeme erzeugt. Der generalisierte Frauentausch öffnet eine Ordnung, er macht die Integration vieler Einheiten möglich. Dieses System kann jedoch auch leicht auseinanderbrechen; es kann zu offen sein. Der Frauentausch kann zusammenbrechen, die Ordnung gestört werden.
So wie die Menschen verstopfte Tiere meiden, so meiden sie die Logik des restringierten Frauentausches.[27] Die Logik von Verstopftheit und Durchfall ist also eine metaphorische Weise, eine Ordnung zu denken, die nicht geschlossen ist, aber auch nicht so offen, daß die Menschen sich nicht mehr sozial aufeinander beziehen können.

Eßverbote im alttestamentarischen Judentum

Die Normen, die den *jüdischen Speisekalender* festlegen, sind in zwei Büchern formuliert: in Leviticus (3. Buch Moses) und Deuteronomium (5. Buch Moses). Es ist nach diesen Vorschriften verboten, das Fleisch des Schweines, des Hasen, des Kamels und des Klippschliefers[28] zu essen. Als Regel dafür wird angegeben: Man darf nicht Tiere essen, die entweder nur gespaltene Hufe haben oder nur wiederkäuen; nur Tiere, die beides zugleich aufweisen, sind eßbar. Eine besondere Bedeutung unter diesen Eßverboten hat das *Schweinefleischtabu* erhalten. Es ist zum Inbegriff des diätetischen Regimes der alttestamentarischen Gesellschaft überhaupt geworden. Deshalb haben sich auch die meisten Erklärungsversuche auf dieses Tabu beschränkt.
Für diese Verbote, besonders für das Schweinefleischtabu, sind gleichermaßen rationalistische, funktionalistische und strukturalistische Erklärungen gegeben worden. Folgende Analysen sollen im folgenden diskutiert werden: die *ökonomische* Analyse von

27 Der restringierte Frauentausch ist empirisch seltener als der generalisierte Frauentausch, was als ein statistischer Hinweis für die Gültigkeit dieser Deutung gesehen werden kann. Vgl. zu diesem Befund Lévi-Strauss (1981).

28 Eine glänzende Interpretation der Eßvorschriften der Juden findet sich bei Soler (1979). Vgl. auch Michel (1985). Die folgende Diskussion verdankt sich der neueren »Bibelforschung«. Als Überblick vgl. Lang (1984). Funktionalistische Ansätze werden in Gilson (1983, 1984), strukturalistische in Carroll (1977, 1978) diskutiert.

Harris (1977), *funktionale* Analysen diverser theoretischer Herkunft und die *strukturale* Analyse von Douglas (1966).

Eine ökonomische Analyse jüdischer Eßtabus

Die Frage, warum Schweinefleisch verboten ist, hat die Interpreten schon lange bewegt. Die orthodoxe Antwort lautet: weil Schweine wirklich schmutzig sind. Diese Antwort hat allerdings empirisch wenig für sich. Denn es gibt viele andere Tiere, die sich ebenso wie Schweine in ihrem eigenen Schmutz wälzen und Kot fressen. Im 12. Jahrhundert hat dann Moses Maimonides, der Hofarzt Saladins in Kairo, die erste ernstzunehmende nichtreligiöse Theorie entwickelt: Schweinefleisch ist ungesund, da ungenügend gekochtes Schweinefleisch Trichinen enthält. Es gibt also einen »natürlichen« Grund, Schweinefleisch zu vermeiden. Dagegen sind die Orthodoxen angetreten mit dem Argument: Wenn Jahwe wirklich aus gesundheitlichen Gründen gehandelt hätte, dann hätte er nur verboten, ungenügend gekochtes Schweinefleisch zu essen. Aber er hat Schweinefleisch insgesamt verboten (und, wie hinzuzufügen ist, nicht nur Schweine, sondern auch viele andere Tiere). Jahwe muß also auch noch andere Gründe gehabt haben.

Moderne wissenschaftliche Erklärungen knüpfen an diesen Disput an und führen ihn fort. Harris präsentiert in seinem »kulturmaterialistischen« Ansatz eine verbesserte Variante des Maimonides-Arguments (Harris 1977, 1978). Sein Argument läßt sich in drei Teile teilen:

- Schweinefleisch schmeckt gut, und wenn es nützlich ist, es zu verbieten, dann müssen die Sanktionen hoch besetzt sein; denn Menschen können nicht von sich aus einer für sie schädlichen Versuchung widerstehen; es müssen also hohe Kosten im Spiele sein, damit ein Nettonutzen entstehen kann, der das Verbot des Schweinefleischgenusses erklären kann.
- Das ökologische Habitat, in dem die alten Hebräer lebten, war für die Schweinezucht ungeeignet; die »energy base« dieser Gesellschaften reichte nicht aus, den Luxus der Schweineproduktion zu tragen; die ökologischen und ökonomischen Kosten wären einfach zu hoch.
- Die Funktion solcher Normen ist schließlich, sich von anderen

positiv unterscheiden zu können, eine Gruppenidentität zu sichern, ohne daß das auf Kosten der »energy base«, der ökologischen Adaptabilität, geht.

Eine gewisse Schwierigkeit für diese Erklärungsstrategie bereitet die Tatsache, daß neben dem Schwein auch noch andere Tiere verboten sind: Geier, Falken und Schalentiere. Die genannten Vögel sind für die Nahrungsversorgung bedeutungslos. Schalentiere waren in der hebräischen Ökologie wohl kaum zu haben, also auch irrelevant. Es ist also unter Nutzengesichtspunkten nichts irrational daran, auch diese Tiere zu verbieten. Irrational auf den ersten Blick ist es allerdings, ein so wohlschmeckendes Tier wie das Schwein zu verbieten. Eine nutzentheoretische Erklärung kann diese scheinbare Irrationalität als rationales Verhalten erklären, wenn sie zeigen kann, daß die Kosten des Schweinefleischgenusses höher als dessen Nutzen gewesen sind.

Wie kommt es zu den hohen Kosten des Schweinefleischgenusses? Es liegt, so Harris, daran, daß die Kosten, Schweine zu füttern und zu pflegen, unter den gegebenen ökologischen Bedingungen zu hoch sind, verglichen mit den Kosten der Rinder-, Ziegen- oder Schaf-Tierhaltung. Das hebräische Habitat war semiarid. Schweine sind jedoch an Wälder und schattige Flußufer angepaßt. Sie sind auf Nüsse, Früchte u. ä. angewiesen; sie können sich nicht allein von Gras ernähren. Vor allem aber ist das Schwein thermodynamisch schlecht an das heiße, trockene Klima angepaßt; es kann nicht genügend schwitzen; es besitzt zu wenig Haarkleid, um sich längere Zeit in der Sonne aufhalten zu können. D. h. es braucht entweder Schatten und/oder Möglichkeiten, sich Feuchtigkeit von außen zu holen.[29]

Das Schwein war also, wenn es – und das war seit etwa 7000 v. Chr. der Fall – gehalten wurde, ein schwierig zu haltendes Tier. Es war ein Luxustier, für das Schatten und Pfützen besorgt werden mußten, ein Tier, das keine Milch produzierte, sondern nur Fleisch. Es fraß außerdem noch dasselbe, was auch die Menschen aßen. Zwischen 7000 und 2000 v. Chr. wurde darüber hinaus bei steigender Bevölkerungszahl der Waldbestand weitgehend dezimiert, was die Kosten der Schweineproduktion weiter erhöhte. Das Schwein wurde zu einem ökologischen Luxus.

29 Das ist der Sinn des Suhlens: Je wärmer es ist, umso häufiger müssen sich Schweine in feuchter Umgebung suhlen und umso schmutziger werden sie natürlich auch.

Damit scheint die Genese des Schweinefleischverbots erklärt. Aufgrund der ökologischen Gegebenheiten und der demographischen Entwicklung waren die Kosten zu hoch geworden, Schweine zu halten. Die Tatsache, daß Jahwe hört, Schweine seien unsauber, was diesen dann veranlaßte, Schweinefleisch zu verbieten, bedeutet also nichts anderes, als daß die Gesellschaft begriff, daß es zu kostspielig ist, Schweine unter den gegebenen Bedingungen zu halten. Diese Erklärung löst also nicht nur das Rätsel der scheinbaren Irrationalität dieser Norm. Sie bestätigt vielmehr auch noch die generelle Annahme, daß ökologische und demographische Bedingungen den Kulturwandel bestimmen.

Gegen diese Erklärung sind zahlreiche empirische Einwände erhoben worden.[30] Der zentrale Einwand ist der, daß es nicht klimatische oder topographische Bedingungen sind, die das Schweinefleischtabu erklären, sondern religiöse Gründe. Denn unter gleichen ökologischen Bedingungen gibt es eben Schweinefleischtabus und den kulinarischen Genuß von Schweinefleisch. Was das Schwein selbst anbelangt, so ist es weit adaptiver als Harris annimmt. Es frißt Abfälle, die Menschen nicht mehr verwerten. Es hat einen relativ hohen Effizienzgrad (35%) hinsichtlich des Verhältnisses von »aufgenommener Nahrung« zu »Fleischproduktion«. Alle diese Gesichtspunkte machen eher eine Gegenthese plausibel. Das Schweinefleischtabu ist ökologisch arbiträr. Es gibt keine materiellen ökologischen oder ökonomischen Interessenlagen, die eine befriedigende Erklärung für das Vorhandensein dieses Tabus liefern könnten.

Eine funktionale Analyse jüdischer Eßtabus

Die ökologische Unterbestimmtheit des Schweinefleischtabus macht es erforderlich, zusätzliche Variablen für die Bestimmung des »Adaptationswertes« dieses Tabus einzuführen. Wenn es nicht die Kosten der Nahrungsproduktion sind, dann sind es soziale (und damit u. U. nichtrationale) Gründe, die die Beibehal-

30 Vgl. dazu Diener/Robkin (1978), S. 496ff. In dieser Diskussion wird theoriegeschichtlich nichts anderes als die These des frühen Durkheim (des Durkheim der Arbeitsteilung) reproduziert. Die Kritik, die sich daran anschließt, findet sich in den Grundzügen dann beim späten Durkheim (also dem Durkheim der »Elementaren Strukturen des religiösen Lebens«).

tung eines (wie auch immer entstandenen) Tabus zur Folge haben. Das ist der Ausgangspunkt einer funktionalen Analyse.
Als Ausgangspunkt einer *funktionalen Analyse* der Eßtabus im alttestamentarischen Judentum dient ein historisch spezifischer Zusammenhang: Die Unterscheidung von reinem und unreinem Fleisch fällt mit dem Ende der ägyptischen Gefangenschaft und dem Beginn einer eigenen selbständigen Geschichte, mit dem Übergang von einer – in der Gefangenschaft zerstörten – natürlichen Ordnung eines nomadisierenden Daseins zu einer gewollten, politisch begründeten Ordnung (Kippenberg 1977, S. 313ff.), zusammen. Diese politische Ordnung ist angesichts der Dauerbedrohung durch mächtigere Völker (Ägypter, Perser, Griechen, Römer) prekär gewesen. Unter diesen Bedingungen eine jüdische Identität aufrechtzuerhalten, wurde zum zentralen Problem der Reproduktion einer staatlichen Ordnung. Diese permanent bedrohte kollektive Identität führt auf der Ebene kultureller Symbolisierungen zu einer besonderen Betonung der Differenz von *Reinheit* und *Unreinheit*. Die als unrein bezeichneten Tiere repräsentieren die Feinde, die die kollektive Identität des Judentums bedrohen.[31]
Diese Erklärung gewinnt an Plausibilität, wenn man die jüdische Geschichte mit derjenigen Mesopotamiens und Ägyptens vergleicht. In diesen Gesellschaften gibt es keine herausragenden Tabunormen, die den Reinheitsvorstellungen eine so zentrale Stellung zuschreiben, wie dies für die jüdische Kultur charakteristisch ist.[32] Diese Gesellschaften waren – aus ihrer Geschichte heraus verständlich – expansiv; sie waren nicht mit dem Problem der Selbsterhaltung als Kollektivität wie die jüdische Gesellschaft konfrontiert. Die äußeren Grenzen dieser Gesellschaften waren unscharf. Beziehungen zu den Gruppen an den Rändern der Empires konnten nur nützlich sein, sei es zum Zweck der Vergrößerung des Empires, sei es als Bollwerk gegen weiter entfernte Feinde. Die Mischung aus Zugehörigkeit und Nichtzugehörigkeit war also sozial integrativ. Damit wird die Differenz von Reinheit

31 Diese Erklärung folgt dem klassischen funktionalistischen Schema von sozialer Differenzierung und korrespondierendem kulturellen Wandel. Sie läßt offen, wie es zu dieser Korrespondenz kommt. Prototypisch dazu Luhmann (1980, 1981).
32 Man denke an die zahlreichen Tiergottheiten Ägyptens und Mesopotamiens. Als einen Überblick vgl. Müller (1983).

und Unreinheit unwichtig; es gibt keinen funktionalen Bezug für solche Unterscheidungen.

Ein Testfall für eine solche Theorie ist das Schweinefleischverbot im *Islam* und die Enttabuisierung des Schweinefleisches im *Christentum* (Diener/Robkin 1978, S. 504ff.). Auch im Islam gilt dasselbe wie für den Jahwismus: Mit der Entstehung einer politisch organisierten Gesellschaft wird das Weltbild in einer bestimmten Weise umorganisiert und in diesem Falle so, daß nun das Schweinefleischtabu hineinpaßt. Die Entstehung des Staates auf der arabischen Halbinsel findet unter analogen Bedingungen statt wie die Entstehung des Staates in Palästina. Eine Reihe nomadisierender Gruppen, zeitweise fremden Staaten unterworfen, organisiert sich in einer autonomen politischen Einheit. Das impliziert eine scharfe Abgrenzung nach außen. Die scharfe Abgrenzung, institutionell festgeschrieben durch die Unterscheidung zwischen Gläubigen und Ungläubigen, zwischen denen, die Mohammed folgen, und den anderen, führt dazu, daß aus der jüdischen Tradition von Mohammed ganz bestimmte Dinge übernommen werden, insbesondere – das ist eine These – die Betonung der klassifikatorischen Reinheitsregel. Daß Mohammed auch eine antijüdische Politik (etwa Mekka und nicht mehr Jerusalem zum Zentrum des Glaubens zu machen) betrieb, ist damit nicht inkompatibel.

Warum wird aber in der christlichen Tradition das Schweinefleischtabu (mit wenigen Ausnahmen) nicht weitergeführt? Die Erklärung liegt in der andersartigen Fortführung der politischen Geschichte. Das Christentum wurde erst innerhalb des bereits etablierten römischen Reiches zu einer politischen Institution. Es mußte deshalb nicht Grenzen nach außen fest fixieren, sondern im Gegenteil Grenzen offenhalten. Das ergab sich in besonderem Maße aus der kulturellen Selbstdefinition der Christen nach der paulinischen Wende. Die entscheidende Differenz bestand darin, daß auch Heiden Christen werden konnten. Die Reinheitskriterien waren damit dysfunktional geworden. Die Unreinheit des Schweines mußte nicht mehr zum Tabu führen. Sie führte vielmehr zu Indifferenz.

Die zentrale Bedeutung des Schweinefleischtabus für die jüdische Identität wurde in dem Maße verfestigt, wie die politische Existenz des jüdischen Volkes in Frage gestellt wurde. So hat das Schweinefleisch zur Zeit der griechischen Eroberung und des

Makkabäeraufstandes auch eine historisch-politische Bedeutung erhalten. Der Genuß von Schweinefleisch wurde damals als Loyalitätsprüfung für die griechischen Herren benutzt. Wer sich dieser Prüfung nicht unterwarf, wurde getötet. Damit erst wurde eines der vielen Speiseverbote zum zentralen Identitätskriterium: Jude sein bedeutete, kein Schweinefleisch zu essen (Douglas 1974, S. 60f.). Das Schweinefleisch wird hier ein Mittel für den Zweck, eine äußere Herrschaft in Frage zu stellen. Das Schweinefleischtabu hat damals die Funktion gewonnen, die Besonderheit des jüdischen Volkes, seine Nichtunterwerfung unter andere Völker, zu begründen und damit eine spezifische Beziehung Israels zu den Nachbarvölkern zu begründen.

Aber auch intern haben diese Tabus eine sozialintegrative Funktion erfüllt, nämlich die Macht einer religiösen Priesterklasse (und des mit ihr verbündeten Königtums) gegenüber häretischen Tendenzen im Volke abzusichern.[33] Grundlage der Macht der Priester ist gerade ihre Funktion gewesen, die Befolgung der Tabus zu überwachen und zugleich das zu essende Fleisch auf seine Reinheit zu prüfen. Das stellt sie ins Zentrum eines sozialen Kontrollsystems.

Verboten wird nach der funktionalistischen Erklärungslogik das Schweinefleisch somit nicht deswegen, weil es maladaptiv wäre. Verboten wird das Schweinefleisch einmal deswegen, weil es die anderen essen, weil es der Außenabgrenzung einer kollektiven Identität dient. Indem es verboten wird, ist zugleich ein Medium geschaffen, das die Aufrechterhaltung der Machtstrukturen in der Gesellschaft ermöglicht. Eßtabus stabilisieren eine kollektive Identität und reproduzieren zugleich gesellschaftliche Macht. Sie sichern also die Reproduktion von politischer Herrschaft.

33 Dieser Gesichtspunkt gilt besonders für staatlich organisierte Gesellschaften. In ihnen spielen Eßtabus eine eminente herrschaftliche Funktion. Die priesterliche Kontrolle über das, was das Volk ißt und wann es ißt bzw. fastet, gehört zu den elementaren Formen politischer und sozialer Kontrolle. Solche funktionalen Imperative lassen sich auch am indischen Kontrastfall zeigen. Zur Kontroverse um die »heiligen Kühe« vgl. Simoons (1979) und Simoons/Lodrick (1981).

Das Bedürfnis nach Außenabgrenzung erklärt aber nicht zureichend die jüdischen Eßtabus. Es erklärt vor allem nicht, warum sich gerade das *Schwein* und nicht irgendein anderes Tier für diese Funktion geeignet hat. Die strukturalistische Antwort auf die Frage nach der Erklärung des Schweinefleischtabus lautet: Es ist die *Anomalität* des Tieres in einem Klassifikationssystem der Tiere, die das Schwein auszeichnet und für Funktionen wie die oben genannten prädestiniert. Mit dieser Antwort wird eine – der funktionalistischen Perspektive entgegengesetzte – methodische Sichtweise eingenommen. Denn man muß sich nun auf die Beschreibungen und Erklärungen, auf die Form der kognitiven Organisation der Welt, einlassen. Man muß nun zuerst versuchen zu verstehen, warum Jahwe die Schweine verboten hat, und die Erklärung des Rabbis hinsichtlich der Gründe Jahwes ernst zu nehmen.[34]

Inwiefern erscheint in den Deutungen des Rabbis das Schwein als besonders anomal? Warum erscheint das Schwein als ein Monster im alten israelitischen Klassifikationssystem?[35] In Leviticus (3. Buch Moses, 11) wird das Schwein zusammen mit dem Hasen und dem Kamel und dem Klippschliefer verboten. Das, was diesen Tieren gemeinsam ist, ist, daß sie entweder gespaltene Hufe haben oder daß sie wiederkäuen, aber daß sie nicht beides zugleich haben. Sie passen also nicht in das klassifikatorische Teilsystem der Wiederkäuer. Rinder, Schafe und Ziegen sind paarhufig *und* käuen wieder. Die Regel, die dahinterliegt, ist die: Ein reines Tier muß alle notwendigen Kriterien seiner Klasse haben; andernfalls ist es abstoßend, unrein. Diese Regel gilt auch für den Fortbewegungsmodus: Rein sind nur solche Tiere, die die entsprechenden Charakteristika für die Bewegung in ihrem Habitat haben: Flossen im Wasser, Flügel in der Luft, vier Füße auf dem Land. Anomal sind dann alle jene Tiere, die im Wasser ohne Flossen leben, die Flügel haben, aber nicht in der Luft leben. Anomal sind Tiere, die auf dem Land leben und viele oder gar

34 D. h. man darf die Rabbis nicht für bloße Dummköpfe halten. Man muß vielmehr deren Perspektive zum Ausgangspunkt eines adäquateren Erklärungsversuchs machen.

35 Zur Beantwortung dieser Frage wird auf die Analysen und Deutungen von Douglas (1976) und Soler (1979) zurückgegriffen.

keine Füße haben. Anomal sind Tiere, die dem falschen Element zugeordnet sind (etwa Schwimmvögel). Schließlich müssen Tiere vollständig sein, d. h. Haut, Füße und Arme besitzen. Für Fische heißt das, daß sie Flossen und Schuppen besitzen müssen. Unrein sind also alle Schalentiere, Mollusken und andere »Meeresfrüchte«. Unrein sind aber auch Würmer (weil sie keine Füße haben) und Tausendfüßler, weil sie – je nachdem, wie man es sieht – gar keine oder zu viele Füße besitzen.

Das Grundprinzip dieses Klassifikationssystems reiner und unreiner Speisen hat den Sinn, eine kognitive Ordnung in der Welt festzuschreiben. Die Struktur dieses Klassifikationssystems läßt sich – vereinfacht – wie in Schaubild 3 darstellen.

In der Klassifikation der Tierwelt erscheinen also nur wenige Tiere als eßbar. Ihre Eßbarkeit ist dadurch gegeben, daß sie *reinen Klassen* angehören. Die Reinheit dieser Tiere ist eine klassifikatorische Reinheit. Rein sind Landtiere, die gespaltene Hufe haben und Wiederkäuer sind. Rein sind Vögel, die in der Luft leben und keine Raubvögel sind, also keine Greiffüße haben. Rein sind Wassertiere, wenn sie im Wasser leben und Flossen (Schwanz-, Brust-, Rückenflossen) haben. Alle diese Tiere sind für die Tafel geeignet.

Innerhalb der reinen Tiere findet sich weiterhin die Unterscheidung zwischen den Tieren, die sich für das religiöse Opfer eignen, und solchen, die nur gut für das Essen sind. Die *reinsten* der reinen Tiere unter den Vögeln sind die Turteltauben, Tauben und die Spatzen (Douglas 1975, S. 264) und unter den Landtieren die erstgeborenen Tiere der domestizierten Rinder, Ziegen und Schafe. Diese Tiere symbolisieren Häuslichkeit (deswegen werden domestizierte Tiere und keine Fische geopfert) und Friedfertigkeit (die Assyrer opferten im Gegensatz dazu wilde Tiere).

Die soziale Logik dieser Klassifikation[36] wird sichtbar, wenn man dieses klassifikatorische System als eine soziale Klassifikation liest:

– Verabscheute Tiere sind friedlos (wie die feindlichen Nachbarn).

36 Die Anregung, diesen Zusammenhang zwischen der Logik der Klassifikation und der sozialen Klassifizierung der Menschen herzustellen, kommt von Leach (1972). Bourdieu hat diese Erklärungsstrategie auf die soziologische Analyse moderner Gesellschaften ausgeweitet (Bourdieu 1982).

Schaubild 3: Das System der Eßtabus im Judentum

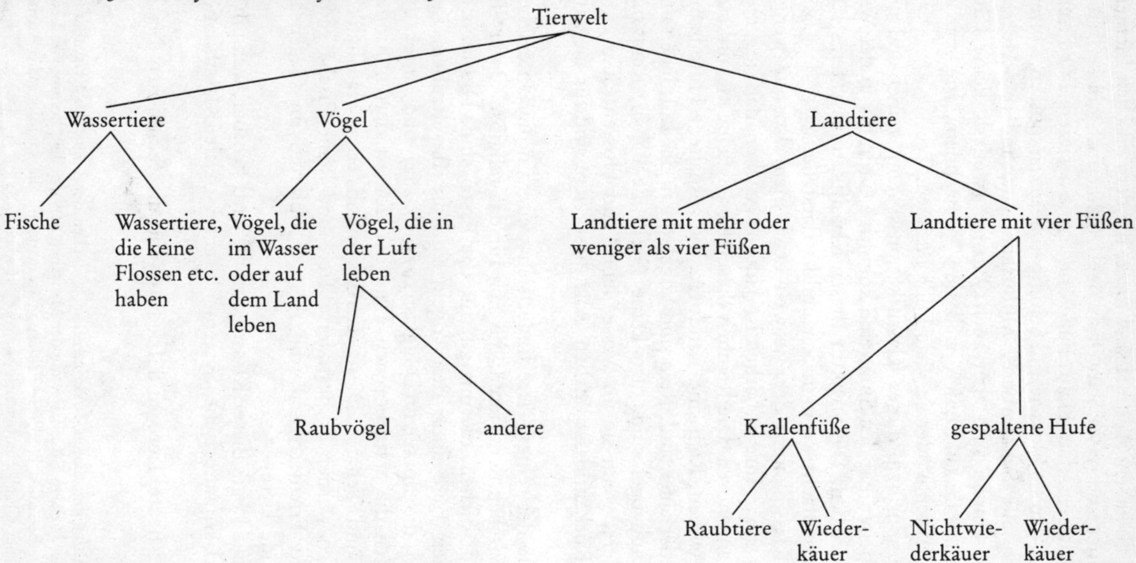

– Eßbare Tiere sind nicht räuberisch (wie die Rechtsgenossen), was nicht bedeutet, daß sie friedfertig sind.
– Heilige Tiere sind häuslich und friedfertig (wie die Leviten, die heiligen Vertreter Jahwes).

Damit lassen sich parallele Reihen zwischen nichteßbar, eßbar, opferbar einerseits und zwischen Klassen von Menschen andererseits herstellen:

Schaubild 4: Die soziale Klassifikation der Tiere im antiken Judentum

Soziale Klassifikation der Menschen	Leviten erstgeborene Juden	reine Menschen auserwähltes Volk der Juden	unreine Menschen Nicht-Juden
Eßbarkeit von Tieren	opferbare Tiere (in besonderer Weise eßbar)	eßbare Tiere	nicht-eßbare Tiere

Die Logik der Klassifikation der Tiere ist also ein Mittel, die Logik der Klassifikation des Sozialen zu konstruieren. Die Tiere sind so gesehen ein Mittel, die Gesellschaft zu denken. Die Klassifikation der Tiere erlaubt die Strukturierung des sozialen Raumes.

Offen geblieben ist allerdings noch die Frage, warum das Schwein eine herausragende Rolle im System der Eßverbote erhalten hat. Um ein spezielles Tabu wie das Schweinefleischtabu zu verstehen, muß man das ganze System verstanden haben. Wenn man das System verstanden hat, dann sieht man, daß das Schwein eine besondere *klassifikatorische Anomalie* darstellt. Das Schwein überschreitet die Grenzen einer taxonomischen Klasse. Mehr noch: Es gehört halb der einen Klasse und halb der anderen zu. Es ist paarhufig, käut aber nicht wieder. Und diese Grenzüberschreitung ist es, die das Schwein so abstoßend macht.

Wir können nun – auf dem Hintergrund der historischen Erfahrung dieser Gesellschaft – verstehen, warum klassifikatorische Grenzüberschreitungen *bedeutsam* werden können. Es muß zu der Bedingung, daß kognitive Anomalien systematisch in der symbolischen Ordnung einer Gesellschaft vorgesehen sind, die Bedingung hinzutreten, daß Grenzüberschreitung die Gesellschaft gefährdet. Und es gehört zu den negativen historischen Erfahrungen des jüdischen Volkes, daß seine Grenzen, die objektiven wie die symbolischen, immer gefährdet gewesen sind. Die alttestamentarische Gesellschaft bewertet perfekte Kategorien positiv, Kategorien, die genau trennen, was dazugehört und was nicht dazugehört. Eine scharfe Grenzziehung, die eine rigide kollektive Identität voraussetzt, kann nicht zulassen, daß etwas dazugehört bzw. nicht dazugehört.[37] Die aus der Logik der Kultur folgende klassifikatorische Anomalie des Schweines ist also die Voraussetzung dafür, daß das Schweinefleischtabu im Kontext der jüdischen Gesellschaft eine solche zentrale historische und politische Bedeutung hat erlangen können.

Eßverbote in modernen Gesellschaften

Die modernen europäischen Gesellschaften kennen ebenso wie andere Gesellschaften eine Reihe von Tabus. Hervorragend unter diesen Tabus sind die Tabus auf Pferde-, Hund- und Katzenfleisch. Besonders das Tabu auf den Hund unterscheidet die europäische Kultur von den Kulturen im asiatischen und pazifischen Raum, die das Hundefleisch als Delikatesse betrachten (Ishige 1977). Die Erklärung für diese Differenz liegt nahe. Auf Grund der pastoralen Tradition in Europa, die es in den asiatischen und pazifischen Ländern gerade nicht gegeben hat, ist der Hund zum »Freund« des Menschen geworden, eine Einstellung, die den nichtpastoralen Kulturen fremd ist.

Dem Verbot von Hunde-, Katzen- und Pferdefleisch steht in Umkehrung dieser Bewertung die hohe Bewertung von Rind- und Schweinefleisch gegenüber. Auch die moderne Kultur scheint weiterhin symbolische Formen zu kennen, die sozialstrukturell – etwa als Ausdruck schichtspezifischer Ernährungsgewohnheiten (Herpin 1980; Ferber 1980; Grignon & Grignon 1980) – nicht zureichend erklärt werden können. Damit ist die Hypothese verbunden, daß auch die modernen Eßregeln eine symbolische Ordnung voraussetzen, deren Klärung es möglich

37 An den Heiratsregeln der alten Israeliten läßt sich das besonders gut zeigen. Es war erlaubt, weibliche Kriegsgefangene entfernter Völker zu heiraten; aber es war problematisch, sich mit halbblütigen Israeliten zu verbinden. Und das Schwein ist genauso halbzugehörig. Es ist das einzige unter den vier explizit verbotenen Tieren, das gespaltene Hufe hat, wodurch es schon fast zur Klasse der Wiederkäuer gehört. Das macht das Schwein besonders abstoßend.

macht zu verstehen, wie Tiere bewertet werden und wie dies deren Eßbarkeit bestimmt.[38]
Es bleiben somit – trotz aller Entzauberung der modernen Welt – auch in der modernen europäischen Kultur weiterhin Tabus auf Fleisch bestehen, die der Instrumentalisierung des Fleisches der Tiere kulturell tief verankerte Grenzen setzen. Die folgende Analyse der für die moderne europäische Kultur spezifischen Eßtabus erlaubt Rückschlüsse auf kulturelle Selbstverständlichkeiten, an denen sich der Prozeß der »Modernisierung« bricht. Hier sind die Gründe für das zu suchen, was wir heute die *Wiederverzauberung* der Welt nennen.

Eine ökonomische Analyse moderner Eßtabus

Wenn es nach der Logik der modernen Verwertungsrationalität ginge, dann wären die modernen Eßtabus nur mehr ein zunehmend überflüssiger Überbau über die Regel, nach der man ißt, was die Entfaltung der Produktivkräfte mit den Mitteln der Schweinezucht, Hühnerzucht und Rinderzucht zur Verfügung stellt. Was zählt, ist der Tauschwert von Tieren; er bestimmt deren Eßbarkeit. Die »noch« tabuisierten Tiere sind auch ökonomisch gesehen sinnlos. Hunde etwa weisen einfach eine zu ungünstige Relation zwischen Protein-Input und Protein-Output auf. Die ökonomisch optimal geeigneten Tiere werden demgegenüber zu einem Teil des Verwertungsprozesses, der über den Markt (Schweinezyklen) oder über den Staat (Agrarsubventionen) geregelt wird.[39]
Selbst wenn dieses System an ökologische und psychologische

38 Diese symbolische Ordnung der konsumtiven Aneignung der Natur wird in der Moderne zunehmend ausgebaut. Zu den Tabus auf Tiere tritt das Tabu auf andere Formen der Aneignung der Natur: auf diejenigen Stoffe, die berauschen und entdisziplinieren. Tabunormen werden vom »Fleisch« auf »Drogen« ausgedehnt. Das ist charakteristisch für eine Kultur, die auf Leistung und gegen den Rausch setzt, eine Kultur, die auf Rationalität und gegen Irrationalität setzt. Solche zusätzlichen Tabus sind etwa die Tabuisierung von Drogen als »Rauschgifte«, denen die nichttabuisierten Drogen »Tabak« und »Alkohol« gegenüberstehen. Vgl. dazu Schivelbusch (1980), S. 235ff. sowie Hess (1987). Man kann das als Dialektik der Entzauberung verstehen: Entzauberung geht mit einer zunehmenden Verzauberung Hand in Hand.

39 Typisch für diese Verwertungslogik ist die Expansion der Schweinefleischproduktion. Das Schwein eignet sich in der Tat für die industrielle Fleischproduk-

Grenzen gerät (etwa im Zuge der zunehmenden Industrialisierung der Fleischproduktion), reagiert das ökonomische System rational. Es werden eben zunehmend Tiere mit dem nächstbesten Verhältnis von Protein-Input zu Protein-Output verwertet: z. B. Lamm oder Wild. Eine solche ökonomische Theorie muß behaupten, daß Eßtabus in der Moderne, die dieser Nutzenlogik widersprechen (wie etwa das Pferdefleischtabu), traditionale Relikte aus einer Zeit sind, in der die ökonomischen Verhältnisse so waren, daß das Tabu sinnvoll war. Im Kontext einer modernen Kultur, die Zweckrationalität zur kulturellen Grundorientierung macht, verlieren diese Tabus jedoch an Sinn. Das Hunde- und Pferdefleischtabu ist für die moderne kapitalistische Produktion auf dem Agrarsektor nur mehr eine kontingente Randbedingung (Sahlins 1976a). Die Logik der kapitalistischen Produktion überformt zunehmend die in Eßtabus sich manifestierende symbolische Logik. Sie universalisiert die Logik der Maximierung der Aneignung der Natur. Die Rationalität kapitalistischer Produktion wird durch Tabus nur eingeschränkt, aber nicht bestimmt.

Das *Pferdefleischtabu* ist ein Fall, der für die Annahme einer restriktiven Rolle einer solchen symbolischen Logik spricht. Das Pferd wird zunehmend verwertet, weil es zum Essen geeignet ist. Das führt dazu, daß das Tabu zunehmend bröckelt. Die *Logik der Verwertung* beseitigt jene Restbestände traditioneller Tabus, die ihr zu sehr im Wege stehen.

Gegen dieses Bild einer den kollektiven Nutzen maximierenden Gesellschaft spricht aber schon der phänomenale Augenschein (Sahlins 1981, S. 243f.). Einem Fremden, insbesondere dem, der aus dem pazifischen Raum kommt, würden beim Studium des Alltagslebens in der westlichen Welt sicherlich die zahlreichen Hunde und Katzen (und andere Tiere) auffallen, die die Straßen der Städte füllen, die Randsteine beschmutzen, auf Stühle klettern, in den Betten der Menschen schlafen und das Familienmahl teilen. Das ihn am meisten überraschende Phänomen dürfte aber sein, daß sie nicht gegessen werden. Das, was die heiligen Kühe für die Inder sind, sind die Hunde und die Katzen für die westliche Kultur. Sie stehen für eine das Alltagsleben strukturierende Überzeugung. Dieses Beispiel zeigt, daß Tiere, die nicht gegessen werden, einen *Gebrauchswert* haben. Auch in der Moderne ist

tion am besten. Das setzt aber voraus, daß das Schwein – wie in Europa – nicht tabuisiert ist.

das Essen von Tieren an eine symbolische Logik gebunden, die den Tieren eine soziale Bedeutung gibt. Die Form der Aneignung der Tierwelt durch den Menschen muß deshalb solange unverständlich bleiben, wie die symbolische Logik der Aneignung nicht begriffen wird.[40]

Diesem Einwand begegnet die funktionale Analyse, indem sie kulturelle Systeme als gegeben setzt und so zu Randbedingungen für die Aneignung der Natur durch Essen macht. Die folgende funktionale Analyse macht nicht die psychische Natur des kapitalistischen Unternehmers und die mit ihm verbundene historisch spezifische Kultur moderner Gesellschaft zur »ceteris-paribus-Klausel«. Sie setzt eine spezifische Kultur, die *Moderne*, als selbstverständlich voraus. Sie verschwindet hinter den *funktionalen Imperativen*, die einer funktionalen Analyse moderner Eßtabus zugrundeliegen.

Eine funktionale Analyse moderner Eßtabus

In dem Maße, wie die Modernisierung der Gesellschaft vorangeht, verändern Eßtabus ihre soziale Funktion. Eine *funktionale Analyse* moderner Eßtabus muß deshalb spezifisch »moderne« funktionale Bezugspunkte benennen, die den Beitrag von Eßtabus zur Reproduktion der modernen Gesellschaft sichtbar machen können. Ein *erster* solcher Bezugspunkt ist die symbolische Repräsentation und kulturelle Reproduktion des *Modells der Egalität*, das das Organisationsprinzip moderner Gesellschaften von dem traditionaler Gesellschaften unterscheidet. Dann, wenn in der kapitalistischen Ökonomie und vor dem modernen Staat alle gleich werden (ohne allerdings dann unbedingt das Gleiche zu erhalten), entsteht ein spezifisch *modernes* Problem der sozialen Reproduktion von Unterschieden. Das Problem lautet: Die Gesellschaft muß so tun, *als ob* sie die Gesellschaftsmitglieder gleich behandelt. Die kulturelle Stabilisierung dieser systemati-

40 Das Argument, daß die kapitalistische Produktion diese symbolische Logik zerstört und ihre Verwertungslogik an deren Stelle setzt, ist eine die ökonomische Logik überschätzende Annahme. Sie führt vor allem dazu, daß die Kritik der Aneignung der Natur sich auf die ökonomische Logik einstellt und dabei die Irrationalität symbolischer Logiken (die davor ebensowenig wie die ökonomische Logik gefeit sind) systematisch übersieht. Nicht jedes »Grün« ist auch rational. Und nicht jeder ökonomische Gesichtspunkt ist irrational.

schen Täuschung (dieses »als ob«) stellt die ideologische Funktion moderner symbolischer Ordnungen zentral.
Das setzt einen weitgehenden Wandel der kulinarischen Lebenswelt in Gang. Die Regeln der kulinarischen Lebenswelt müssen eine von traditionalen religiösen Traditionen entkoppelte ideologische Funktion erfüllen. Eßtabus verlieren ihre Funktion der Institutionalisierung einer hierarchischen Ordnung (und der damit verbundenen primär vertikalen Differenzierung). Sie grenzen nun den Bereich der Tierwelt aus, in dem Tiere von allen gleichermaßen ohne Hemmungen verspeist werden können. Tiere dienen nun der »conspicuous consumption« (Veblen 1899). Innerhalb dieser Grenzen, also im Bereich der Tierwelt, in dem Tiere nur mit Hemmungen verspeist werden könnten, dienen Eßtabus einer »conspicuous nonconsumption«. Es kommt hier zu einem dem Umgang mit den Menschen nachempfundenen Umgang mit den Tieren. Eßtabus erfüllen damit die Funktion, zugleich eine funktionale Differenzierung zu symbolisieren und die egalitäre Konkurrenz der Mitglieder der modernen Gesellschaft zu ermöglichen und zu reproduzieren.
Die soziale Funktion von Eßtabus besteht somit in der Moderne darin, Distinktionen aufrechtzuerhalten. Der Mensch ist in der Moderne, was er ißt. Und wenn er etwas Einzigartiges sein will, dann kann er dies darüber hinaus durch hochindividualisierte Eßgewohnheiten tun. Die Entstehung von Restaurants in den Städten (Aron 1973; Mennell 1985) und die rezente Ausbildung einer Eßkultur durch den Larousse gastronomique oder den Guide Michelin bauen auf dieser modernen Form der Aneignung der Natur auf. Jeder kann nach seiner Façon essen und sein kulturelles Kapital mehren. Soziale Differenzen werden in der »egalitären« Gesellschaft über zunehmend differenziertere Strategien des Umgangs mit den Normen, die das Essen regeln, hergestellt.[41]
Ein *zweiter* Bezugspunkt für eine funktionale Analyse moderner Eßtabus ist die Außenabgrenzung moderner Gesellschaften voneinander. Dies läßt sich besonders an den *nationalen Unterschie-*

41 Daß das Essen zu den Aspekten gehört, in denen sich die Einstellungen zur jeweils anderen Nationalität am klarsten ausdrücken, gehört zu den klassischen Ergebnissen der nationalen Vorurteilsforschung. Zu einer Analyse fundamentaler nationaler Differenzen im Verhältnis zur Natur (die die kulturelle Basis dieser Vorurteile sind) vgl. den Aufsatz zur Differenz im deutschen und französischen Naturverhältnis von Gephart (1985).

den zwischen den einzelnen modernen Gesellschaften zeigen. So dienen z. B. die nationalen Eßkulturen der verschiedenen westeuropäischen Gesellschaften dazu, Außenabgrenzungen zu stabilisieren, nationale Differenzen aufrechtzuerhalten und damit *nationale Identität* zu sichern. Das ist die Funktion, die der negativen Wahrnehmung der Franzosen als »Pferdefleischesser« durch die Deutschen zugrunde liegt. Das ist die Funktion, die dem negativen Bild der Italiener als jenem Volk, das praktisch alles ißt, zugrunde liegt. Essen und nationale Identität hängen offensichtlich eng zusammen. Eßtabus dienen auch in der Moderne als Schlüsselsymbole für Identität und Differenz.[42] Die modernen Eßvorschriften lassen sich aus diesen funktionalen Bezügen nur unzureichend erklären. Die diesen Funktionen zugrundeliegenden Symbolisierungen, die ihnen vorausgehende symbolische *Logik* der modernen Gesellschaft, bleibt unbegriffen. Das motiviert auch hier den Versuch einer strukturalen Analyse.

Eine strukturale Analyse moderner Eßtabus

Wenn man die *Bedeutung* von Tieren aus der kognitiven Ordnung, die in der Moderne auf die Tierwelt projiziert wird, verstehen will, dann darf man nicht nach den szientifischen Klassifikationen der Natur greifen. Linné bestimmt nicht das kollektiv geteilte Bild der Natur, der Ordnung der Tiere. Näher an den Strukturen der Alltagskultur sind Brehms Tierleben oder Knorrs Tierlexikon, Bücher, die zwar nicht den Klassifikationen der biologischen Wissenschaft widersprechen, die dennoch die für die Lebenswelt relevanten Parameter einführen, deren Folge (nicht Ursache!) bestimmte affektive Beziehungen zu den verschiedenen Arten sind.
Eine *strukturale Analyse* dieser praktischen Logik findet sich in einer kulturanthropologische Studie, die den Versuch macht, die das Alltagsleben strukturierenden Begriffe der Ordnung der Tierwelt zu identifizieren. Leach (1963) hat das System der Eßtabus in

42 Diese neue Bedeutung von Eßvorschriften hängt mit der Vermarktung der Natur zusammen. Wenn man sich nicht mehr durch Haben und Nicht-Haben in genügend differenzierter Weise unterscheiden kann, dann wird die Art, wie man ißt, zum Kriterium für Innenabgrenzungen. Man muß auf symbolische Strategien ausweichen. Dazu vgl. Bourdieu (1982).

der englischen Kultur (und die unterscheidet sich in dieser Hinsicht nur partiell von der unseren) anhand der Unterscheidungen »lebender Geschöpfe« im Englischen rekonstruiert.[43] In Schaubild 5, das die Darstellung von Leach (1972, S. 49) leicht modifiziert wiedergibt, finden sich die eßbaren und nichteßbaren Tiere – graphisch unter einem Strich zusammengefaßt – in der untersten Linie. Sie sind das Ergebnis einer logischen »Ableitung«, die vom Begriff der Natur ausgeht und über begriffliche Dichotomisierungen zur Identifizierung nichteßbarer Tiere gelangt.

Nicht eßbar sind Insekten und Reptilien (mit Ausnahmen, die aus der rezenten »Exotisierung« der europäischen Küche resultieren). Unter den eßbaren Vierbeinern gibt es einige Einschränkungen hinsichtlich ihrer generellen Eßbarkeit. Haustiere, die dem Menschen als »Schoßtiere« am nächsten stehen, können nicht gegessen werden. Raubtiere können ebenfalls nicht gegessen werden.

Eßbar sind Fische, Vögel oder vierbeinige Tiere unter bestimmten Voraussetzungen. Eßbar sind Haustiere, die nicht Schoßtiere sind, und die auf freier Wildbahn lebenden Tiere, die nicht Raubtiere sind. Eßbar sind also Tiere, die eine intermediäre Position zwischen den dem Menschen am nächsten stehenden Tieren und den Raubtieren einnehmen. Das Schwein z. B. ist ein Stalltier, kein Schoßtier, während das Pferd oder die Ziege dem Menschen weit näher stehen. Der Feldhase ist eßbar, da er auf freier Wildbahn lebt, aber kein Raubtier ist, während der Fuchs als ein in freier Wildbahn lebendes Raubtier tabu ist.

Um die Struktur dieses Systems zu identifizieren, hat Leach den Versuch unternommen, die Eßtabus aus der *Nähe* bzw. *Ferne* der jeweiligen Tiere zum Menschen zu erklären. Tiere, die dem Menschen nahestehen, sind verboten. Tiere, die dem Menschen am fernsten sind, sind ebenfalls verboten. Diese Erklärung macht eine implizite normative Annahme, nämlich eine anthropozentrische Annahme: Die Tierwelt wird vom Bezugspunkt eines Ego aus klassifiziert; nah und fern sind relativ zu einem Ego gedacht.

Warum sind Raubtiere von Ego am weitesten entfernt? Raubtiere gehören – wie oben bereits erwähnt – zu den universell tabuisier-

43 Leachs Analyse der anthropologischen Aspekte der Sprache geht vom Zusammenhang von Tierkategorien und Schimpfwörtern aus (Leach 1972, S. 49). Schimpfwörter lassen sich als eine Ausdrucksform von Distanz betrachten, deren extremste Form dann das Tabu wäre.

Schaubild 5: Das System der Eßtabus in der modernen Gesellschaft

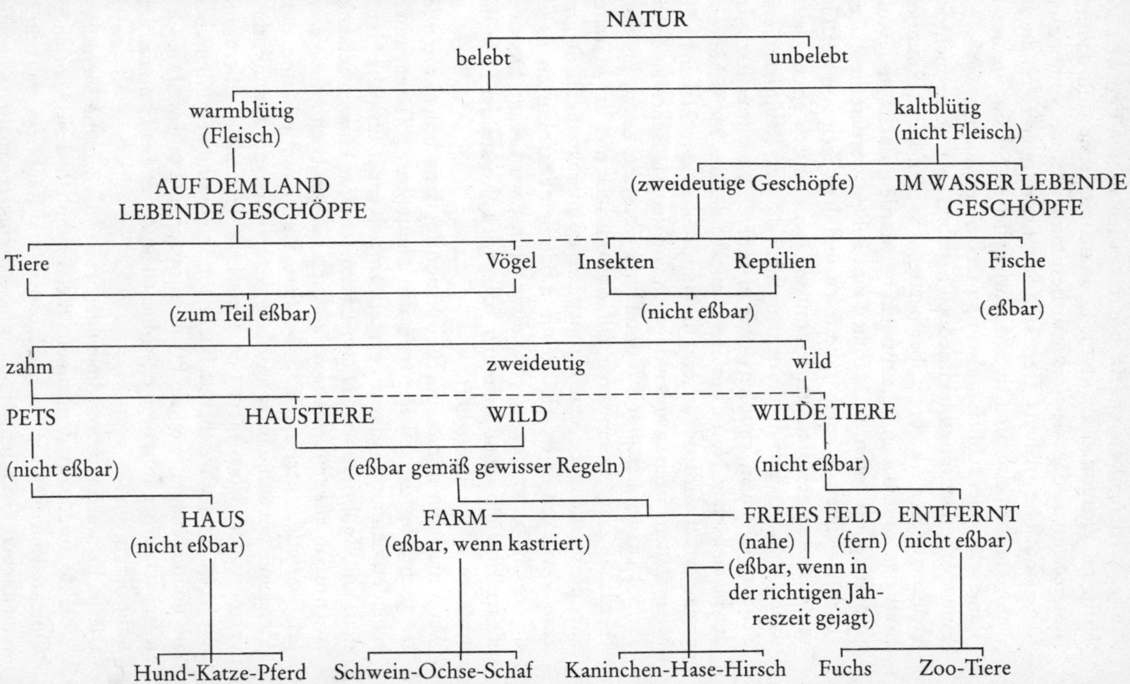

ten (gemiedenen) Tieren. Raubtiere werden als von Ego weit entfernt, im Extremfall als »Non-Ego« definiert: Sie sind dadurch ausgezeichnet, daß sie in einem bestimmten Sinne »unmenschlich« sind. Die »nahen« Tiere sind Schoßtiere oder Tiere, die für den Menschen eine affektive Bedeutung haben. Sie sind in diesem Sinne sehr »menschlich«, also Ego wesensverwandt.

Eine solche Deutung bleibt jedoch beliebig, solange sie nicht auf Deutungen der Akteure selber bezogen werden kann. Raubtiere (und das sind bei uns hauptsächlich Marder, Fuchs und Wolf) sind Tiere, die töten. In Märchen und Fabeln werden diese Tiere gekennzeichnet als solche, die töten und deswegen von der Gesellschaft ferngehalten werden müssen (sei es durch Tricks, sei es durch Gewalt). Die modernen Mythen, die den Raubtieren eine Bedeutung geben, knüpfen – wie in anderen Gesellschaften – an der bestialischen Natur des Tieres an, die der des Menschen entgegengesetzt wird. Haustiere, die unmittelbar zum Haushalt der Menschen gehören, werden dagegen von den Menschen als Interaktionspartner behandelt (vom Hund über die Katze bis zum Pferd; die Ziege ist ein Grenzfall, obwohl auch hier das Märchen eher die menschliche Seite betont). Diese »interaktive« Beziehung zum Menschen ist es, die auch in modernen Erzählungen als für deren Charakter kennzeichnend angeführt wird. Eine Deutung dieser Tiere als »dem Menschen nah« wird also aus der Sicht der Akteure selbst abgesichert.

Wenn man nun in dieser Klassifikationslogik nach dem *Parameter* sucht, der die eßbaren von den nichteßbaren Tieren unterscheidet, dann muß dies ein gemeinsamer Nenner für nahe Haustiere und Raubtiere sein. Dieser Parameter einer binären Schematisierung in *eßbar/nichteßbar* läßt sich mit der Dichotomie *ähnlich/unähnlich* verbinden. Schoßtiere und Raubtiere sind dem Menschen am ähnlichsten insofern, als sie entweder Interaktionspartner oder als sie Jäger und Fleischfresser sind. Stalltiere und auf freier Wildbahn lebende Nicht-Raubtiere sind dem Menschen am unähnlichsten, weil sie Pflanzenfresser sind und weil sie Objekte, sei es der Fürsorge des Menschen, sei es des Hungers von Raubtieren, sind.

Dieser Parameter trennt diejenigen Tiere, die wie die Menschen Subjekte sind, von denjenigen, die, unähnlich dem Menschen, Objekte sind. Während nahe Haustiere und Raubtiere (aus unterschiedlichen Gründen) einen *Subjektcharakter* erhalten (sie sind handelnde Wesen), werden die anderen Tiere zu *Objekten*, die dem Menschen untertan sind. Sie eignen sich damit »objektiv« als Objekt seiner kulinarischen Bedürfnisse.

Die modernen praktischen Taxonomien, die Eßbares von Nichteßbarem unterscheiden, unterscheiden also zwischen den Tieren, die dem Menschen ganz nah oder ganz fern sind einerseits, und jenen, die ihm weder nahe noch fern sind. Sie definieren also erstens eine (kognitiv neutralisierte) Kategorie von Tieren, die instrumentell, als Objekte menschlichen Handelns (nämlich als Fleisch), betrachtet werden. Sie definieren zweitens eine Kategorie von Tieren, die tabu sind. Dazu gehören einmal die Schoßtiere und nahen Haustiere, die als Interaktionspartner des Menschen gesehen werden. Dazu gehören weiterhin die Tiere, denen man aus dem Wege geht, die in dem Maße nicht verfolgt werden wie sie den Menschen nicht verfolgen. Die Märchen und Fabeln vom Wolf und vom Fuchs thematisieren genau diesen Typus von negativer Reziprozität.

Daß man Tiere nicht essen darf, hängt also einmal damit zusammen, daß sie so gesehen werden, als ob sie wie Menschen wären. Dies sind die Tiere, die nicht einfach genutzt werden, sondern denen eine spezielle *Sympathie* entgegengebracht wird. Daß man Tiere nicht essen darf, hängt zweitens damit zusammen, daß man die Tiere im Naturzustand beläßt. Die »wilden« Tiere sind die andere Welt, die zum Gegenstand der Neugierde (man braucht hier nur auf die Erfindung der zoologischen Gärten zu verweisen), des Abenteuers oder des Kinderschrecks wird. Den, den man bestaunt, besiegt oder über den man fabuliert, ißt man nicht.

Diese klassifikatorische Ordnung läßt sich folgendermaßen darstellen:

Schaubild 6: Die soziale Klassifikation der Tiere in der modernen Gesellschaft

Ego-Distanz	Schoßtier	Haustiere (Stalltiere)	Tiere auf freier Wildbahn	wilde Tiere (Raubtiere)
Eßverbote	+	–	–	+

In dieser Klassifikation ist die Eßbarkeit desjenigen Teils der Tiere gesichert, die sich vom Menschen weitgehend unterscheiden. Alle die Tiere, die diese Ferne nicht kennen, stellen *kognitive Anomalitäten* dar. Inwiefern sind Hunde, Pferde, Katzen, Esel etc. anomal? Sie sind es deswegen, weil sie an der Grenze zwischen Tier und Mensch stehen, an der Grenze, die die Welt der Menschen von der der Tiere unterscheidbar macht. Gerade daß diese Tiere wie Interaktionspartner sind, macht sie prekär. Und Schoßtiere gefährden diese Differenz am meisten. Warum aber sind Raubtiere tabu? Weil sie etwas dem Menschen Analoges tun: nämlich sich zum Herrn über die anderen Tiere zu machen, Tiere zu töten. Sie gefährden insofern das Privileg des Menschen, sich seine Umwelt untertan zu machen. Sie verletzen also in einer anderen Art und Weise die Grenze zwischen Tier und Mensch.

Diese Grenze wird in den intermediären Tierkategorien eingehalten. Sie behindern nicht die freie Verfügbarkeit der Tiere für menschliche Bedürfnisse. Die Eßtabus können nun in ihr Gegenteil verkehrt werden. Das Essen von (erlaubten) Tieren wird zum *kulinarischen Genuß*. Das erlaubte Tier wird zum Mittel für die kulinarische Aneignung der Natur. Unser klassifikatorisches System erlaubt es, diese »intermediären« Tiere zum Gegenstand kulinarischer Genüsse zu machen. Das eßbare Tier erhält einen Gebrauchswert, der sich aus dessen *symbolischer* Eignung zum kulinarischen Genuß ergibt.

Eine analoge Serie von Normen findet sich auf der Ebene von Heiratsvorschriften (Leach 1972), was darauf hinweist, daß die Logik der Klassifikation der Tiere ein Mittel der Darstellung der Logik der Gesellschaft ist. Diejenigen, die dem Menschen, also Ego, am nächsten sind, sind als Heiratspartner tabu (das ist das Inzesttabu). Diejenigen, die von Ego entfernter bzw. ihm unähnlich sind, sind potentielle Heiratspartner. Das sind genügend entfernte Verwandte (Kusinen) ebenso wie Nachbarn generell. Schwierigkeiten ergeben sich in der Deutung der Heiratsregeln Fremden gegenüber. Das Kriterium der zu großen räumlichen oder kulturellen Distanz ist im Zuge fortschreitender Modernisierung soweit relativiert worden, daß es Differenzierung dem Fremden gegenüber kaum mehr zuläßt.[44] Die Differenzen

44 Worin Differenzen noch erfahren werden können, resultiert eher aus dem Nicht-Genau-Wissen, ob der Fremde ein Verwandter ist oder nicht. Der Fremde kann potentiell immer ein Verwandter sein; es gibt keinen gemeinsa-

schrumpfen auf eine grundlegende Differenz ein: die zwischen nah und fern, zwischen vertraut und unvertraut.[45]

Es gibt also auch in der Moderne eine symbolische Logik, die das praktische Handeln der Menschen vor aller Ethik und aller Nutzenkalkulation bestimmt. Die Moderne befindet sich nicht jenseits der – den »primitiven« Gesellschaften zugeschriebenen – praktischen Logik. Ihre symbolische Ordnung ist von dieser praktischen Logik genauso wie die aller anderen Gesellschaften durchsetzt.

Kulinarische Kultur und Moral

Normative Implikationen der strukturalen Analyse

Die strukturale Analyse von Eßtabus zeigt, daß Eßtabus nur aus der ihnen zugrundeliegenden kognitiven Ordnung angemessen verstanden werden können. Es bleibt jedoch das Problem bestehen, warum diese kognitive Ordnung praktisches Handeln motivieren kann. An diesem Problem läuft auch die strukturale Analyse der Eßtabus auf, die Mary Douglas vorschlägt. Sie löst es letztlich »psychologisch«. Eßtabus resultieren bei ihr aus einer universellen Abneigung vor »Anomalitäten«, aus einem psychischen Zwang zur Herstellung einer kognitiven Ordnung. Doch mit dieser Unterstellung wird dem Problem, *warum* kognitive Anomalitäten gemieden werden müssen, nur ausgewichen.[46]

Es liegt nahe, dieses Problem »psychologisch« lösen zu wollen.

men sozialen Kontext, der diese Frage entscheiden könnte. Ein Indikator für diese Problematik wären moderne literarische Gestalten wie etwa der Bruder Medardus in E. T. A. Hoffmanns »Elixieren des Teufels«.

45 Das bleibt dann auch nicht ohne Folgen für die theoretischen Beschreibungen der Gesellschaft und die sie charakterisierenden Dichotomien. So scheint auch die Differenz zwischen lebensweltlich und systemisch zu den Unterscheidungen zu gehören, die in dem Maße schrumpfen, wie man die symbolische Logik der modernen Gesellschaft explizieren kann.

46 Dazu Douglas (1966, 1974). Die konsequente Soziologisierung der symbolischen Logik, die Douglas aufzeigen kann, besteht darin, die Kontextbedingungen der symbolischen Logik als Teil dieser Logik zu bestimmen. Das führt dann dazu, symbolische Logik als praktische Logik zu bestimmen. Siehe in diesem Band dazu das Kapitel über »Praxis und Geschichte«.

Denn die Motivation, das zu tun, was die Logik der symbolischen Ordnung der Gesellschaft erfordert, erscheint als etwas, das die Gesellschaft nicht mehr kontrollieren kann. Sie erscheint als ein Problem des *Persönlichkeitssystems*. Doch die strukturale Analyse entzieht sich dabei ihren eigenen Boden. Denn das System der Eßtabus kennt eine interne Strukturiertheit, die psychologischen Dispositionen vorausgesetzt ist. Daraus ergibt sich ein Plädoyer gegen eine psychologische Lösung des Problems des Übergangs von der *Logik* einer symbolischen Ordnung zur *Praxis* einer symbolischen Ordnung. Die Alternative ist ein Plädoyer für eine *kulturtheoretische* Aufklärung strukturaler Analysen symbolischer Systeme.

Eine Erklärung von Eßtabus mit Hilfe psychologischer Dispositionen gerät notwendig in einen tautologischen Zirkel. Jede Gesellschaft – so die psychologisierende Argumentation – kennt affektive Probleme, die sich aus individuellen Dispositionen ergeben. Dieses Argument impliziert die Annahme, daß Menschen universell vor bestimmten Dingen Ekel empfinden, daß sie Angst vor ihnen haben. Eine solche (mehr oder weniger) universelle Abneigung liege auch den Eßtabus zugrunde. Psychologische Erklärungen gehen weiterhin davon aus, daß vor allem Ambivalenzen gegen Schmutz[47] auf natürliche Phänomene projiziert werden, die für den Menschen Bedeutung haben. Dazu gehören vor allem auch Nahrungsmittel. So ist etwa das Schweinefleischtabu einiger Völker oft als eine psychologische Abneigung gegenüber dem schmutzigen Tier, genauer: als Abneigung gegenüber einem Exkremente fressenden Tier, interpretiert worden. Das Schwein symbolisiert affektive Abneigungen, die dadurch kompensiert werden können, daß ihm ein anomaler Status in der Natur zugesprochen und daraus ein Tabu abgeleitet wird.

47 Eine andere psychologisierende Erklärung versucht, die Abneigung gegenüber dem Fleisch bestimmter Tiere mit der Klasse von Phänomenen in Zusammenhang zu bringen, die negative psychische Reaktionen hervorrufen. Dazu gehören vor allem Ausscheidungen: Exkremente, Urin, Samen, Menstruationsblut, Schweiß, Spucke, abgefallene Haare, Fingernägel usw. Zuweilen erregt auch Muttermilch Ekel. Doch auch diese Phänomene unterliegen einer praktischen Logik. Als Absonderungen einer Person sind sie Überschreitungen der Grenzen eines Ichs. Was vorher Teil einer körperlichen Identität war, hat sich nun davon gelöst. Wie prekär diese Grenzfälle zwischen Ich und Nicht-Ich sind, läßt sich auf einer Ebene der Euphemisierungsstrategien zeigen: Man spricht und schreibt von Exkrementen, nicht von Scheiße, von Urin, nicht von Pisse (Leach 1963).

Diese Theorie verwechselt jedoch die Ursache mit der Wirkung. Das Schwein als solches produziert noch gar keine Affekte. Wir essen – und andere Völker tun dies auch – Schweinefleisch, obwohl Schweine Exkremente fressen. Erst der rituelle Bezug zum Schwein, seine Tabuisierung erzeugt eine Disposition für Angst und diese Disposition kann dann mit generellen psychologischen Affekthaltungen besetzt werden. Weit davon entfernt, eine Ursache für die Tabuisierung von Schweinefleisch zu sein, sind die affektiven Ängste erst ein Produkt dieser Tabuisierung.[48]
Psychologische Erklärungen von Eßtabus beruhen also letztlich auf einer *Tautologie*: Man will Eßtabus aus psychologischen Dispositionen erklären und muß doch erst diese Dispositionen erklären, um Eßtabus verständlich zu machen. Die affektive Haltung zu einem tabuisierten Tier ist nicht Grundlage, sondern Folge von dessen logischer Stellung in einer (kulturell definierten) Weltordnung. Die Tiere, die man nicht essen darf, erzeugen erst sekundär affektive Einstellungen.
Ein solcher tautologischer Fehlschluß liegt auch der von Rousseau und Bentham nahegelegten Idee einer allgemeinen Fähigkeit zum Mitleiden mit den Tieren, der Fähigkeit zur »Compassion«, zugrunde.[49] Diese von Gefühl getragene Beziehung zu Tieren macht das Essen dieser Tiere zum Problem. Denn jedes Fleisch, das konsumiert wird, impliziert das Töten eines Tieres. Tiere zu töten ist aber für die Menschen niemals unproblematisch gewesen. Diese Praxis ist immer der Aufhänger für einen extensiven Symbolismus und rituelle Regulierungen gewesen. Deshalb muß das Essen von Tieren reguliert und eingeschränkt werden. Im

48 Diese Kritik hat Lévi-Strauss auf die Theorien angewandt, die Magie und Ritual auf Angst gründen: »Da die Affektivität die dunkelste Seite des Menschen ist, hat man immer versucht, auf sie zurückzukommen und vergaß dabei, daß das, was der Erklärung widerstand, gerade deswegen nicht geeignet ist, als Erklärung zu dienen.« (Lévi-Strauss 1965, S. 91) Die Angst, die Affektivität ist keine Ursache; sie ist vielmehr »die Art und Weise, wie der Mensch subjektiv und dunkel eine innere Unordnung wahrnimmt... Wenn eine einsehbare Verbindung besteht, muß diese zwischen den artikulierten Verhaltensweisen und Strukturen der Unordnung gesucht werden, deren Theorie noch auszuarbeiten bleibt, und nicht zwischen diesen Verhaltensweisen und dem Reflex von Phänomenen, die auf dem Bildschirm der Sensibilität nicht zu sehen sind.« (Lévi-Strauss 1965, S. 91)

49 Dazu vgl. besonders die Arbeiten von Singer. Daß die Konsequenz solcher Überlegungen nur der Vegetarismus sein kann, ist offensichtlich. Vgl. auch Wolf (1980).

Extremfall wird es ganz vermieden. Dann wird das Problem durch die vegetarische Lebensweise gelöst.

Auch hier werden Ursache und Wirkung verwechselt: Die Compassion mit Tieren ist nicht die Ursache, sondern die Wirkung von Tabunormen. Von der – gesellschaftlich bedingten – Relevanz von Tabunormen hängt es ab, wieweit Compassion geht, warum sie in einer Kultur eng, in der anderen weiter gesteckt ist. Also weit davon entfernt, eine Ursache von Tabus zu sein, ist Compassion eine Folge der Gesellschaft, eine von der Gesellschaft erzeugte moralische Einstellung zu den Tieren.[50]

Doch dieses Argument einer moralischen Einstellung zu den Tieren ist zugleich ein Schlüssel für das Problem der kollektiven Vermeidung von kognitiven Anomalitäten. Eßtabus haben eine moralische Bedeutung – und in dieser Bedeutung liegt ihre motivierende Kraft begründet. Eine konsequente strukturale Analyse muß deshalb noch einen Schritt weiter gehen: Sie muß in der Logik der kognitiven Klassifikation der Tiere die Logik von *moralischen Gefühlen* gegenüber den Tieren zeigen. Eine solche strukturale Analyse beschreibt die moralischen Motive, die der symbolischen Praxis des Befolgens von Eßtabus zugrunde liegen, als Ergebnis einer Moral, die in die kognitive Klassifikation der Welt eingegangen ist. Das Befolgen von Eßtabus ist dann nicht das Ergebnis psychologisch erklärbarer Dispositionen. Das Befolgen von Eßtabus ist das Ergebnis kollektiv geltender moralischer Vorstellungen, die in der kognitiven Ordnung der Welt transportiert und kommuniziert werden. Eßtabus sind das Ergebnis einer kognitiven Ordnung, die eine *moralische Ordnung*

50 Der Kulturmaterialismus (Harris 1979) arbeitet hauptsächlich mit einer Pseudo-Exaktheit. Diese wird dadurch möglich, daß immer vom Ergebnis sozialer Prozesse aus argumentiert wird. Wenn man aber das Ergebnis immer schon vorher weiß, dann kann das Ergebnis einer theoretischen Konstruktion nie falsch sein. Man kann dann nur darauf hinweisen, daß die Theorie unterkomplex sei. Darauf wiederum kann mit der »Verfeinerung« der Theorie (also durch Zusatzhypothesen) geantwortet werden. Die Theorie selber kann niemals in Frage gestellt werden. Analog läßt sich auch gegen die psychologisierenden Annahmen argumentieren, die für die »kulturmaterialistischen Theorien« charakteristisch sind. Sie erfordern unwahrscheinliche Annahmen über die Natur des Menschen. Sie gehen von einem Rationalmodell strategischen Handelns aus. Dabei ist es soziologisch erklärungsbedürftig, unter welchen (sehr speziellen!) Bedingungen strategisches Handeln überhaupt möglich ist. Jedes strategische Handeln ist an die praktische Logik gebunden, die dem Kontext, in dem gehandelt wird, eigentümlich ist.

denkbar macht. Eßtabus sind eine Möglichkeit, eine moralische Welt zu denken.[51]

Daß Eßtabus die Logik moralischer Beziehungen (die Differenzierung in nah und fern, oben und unten, Freund und Feind) zu symbolisieren vermögen, ist oben bereits mehrfach angedeutet worden. Doch damit ist die Beziehung zwischen der kognitiven Logik von Eßtabus und der moralischen Logik von Eßtabus noch unzureichend bestimmt. Es stellt sich weiterhin die prinzipielle Frage, warum sich gerade Tiere als Mittel zu einer Moralisierung der Welt eignen.

Eine strukturale Analyse von Systemen von Eßverboten kann sich deshalb nicht darauf beschränken, nur die kognitiven Relationen zwischen den Tieren, die nicht gegessen werden dürfen, aufzuzeigen. Die logischen Relationen zwischen den verbotenen Tieren stehen vielmehr zugleich für moralische Relationen. Die Welt der Tiere (= Natur) ist immer auch eine moralische Welt, die als Metapher für die Welt der Menschen (= Gesellschaft) dienen kann. Die metaphorische Relation zwischen Natur und Gesellschaft ist ein Mittel zur Rückspiegelung der Gesellschaft auf die Natur. Natürlichen Unterschieden wird eine moralische Bedeutung gegeben. Die den Gesellschaftszustand kennzeichnende moralische Ordnung wird auf den Naturzustand zurückprojiziert. Eßtabus stehen für ein Modell der *angemessenen* Beziehungen zwischen Individuen und Gruppen. Der Klassifikation der Tierwelt in eßbar und nichteßbar liegt auch die Idee einer richtigen *moralischen Ordnung* der Gesellschaft zugrunde.

Das in der klassifikatorischen Ordnung der Tiere enthaltene Modell einer moralischen Ordnung läßt sich mit Hilfe von Annahmen rekonstruieren, die auf die unterstellte moralische »Qualität« der Tiere rekurrieren. Folgende zwei Annahmen können als Schlüssel zur Rekonstruktion dieser moralischen Ordnung herangezogen werden:

– Das Tabu auf das Fleisch von Raubtieren hängt mit dem Problem des Tötens zusammen. Raubtiere sind deshalb tabu, weil sie selbst töten. Töten ist eine jener Handlungen, die auf sozio-

51 Die moderne Ökologiediskussion beginnt, diesen Zusammenhang reflexiv verfügbar zu machen. Sie identifiziert den Umgang mit der Natur als gesellschaftliche Praxis und die Beschreibung der Natur als Thematisierung eines gesellschaftlichen Naturverhältnisses. Siehe dazu in diesem Band vor allem das Kapitel über »Praktische Rationalität«.

kultureller Ebene einer besonderen rituellen und symbolischen Kontrolle, Bearbeitung und Rechtfertigung bedürfen. Raubtiere fallen aus einer kulturellen Ordnung heraus, die gerade das Töten zu regulieren sucht. Das Essen solcher Tiere impliziert in einem gewissen Sinne die Einverleibung der Unordnung, gefährdet die soziokulturelle Distanz des Menschen zur Natur.

– Den Tabus auf Nicht-Raubtiere gemeinsam ist die Eigenschaft der verbotenen Tiere, einer kulturell definierten Welt zugleich anzugehören und ihr zugleich zu widersprechen. Tiere sind tabu, wenn sie einer Ordnung widersprechen, die die Menschen in die Natur projiziert haben. Sie sind tabu, wenn sie z. B. eine Schöpfungsordnung infrage stellen. Sie sind aber auch dann tabu, wenn sie dem Menschen in irgendeiner Hinsicht ähnlich sind, wenn sie die kulturelle Definition der Grenzen zwischen menschlicher und tierischer Ordnung überschreiten.

Die *erste* Annahme bezieht sich auf das Tabu, das Fleisch von Raubtieren zu essen. Die *zweite* Annahme bezieht sich auf das Tabu, das Fleisch bestimmter Tiere, die nicht Raubtiere sind, zu essen. Die metaphorische Beziehung, die sich aus diesen Annahmen ergibt, ist die zwischen der *jagenden/tötenden Natur* einerseits und der *friedlichen Natur* andererseits. In diesen Projektionen des Moralischen auf die Natur findet sich der Schlüssel zur Erklärung der moralischen Logik von Eßtabus.

Um diese Projektionen zu analysieren, muß man auf die Motive rekurrieren, die als Erklärungen für das kollektive Befolgen von Eßtabus gegeben werden. Solche Erklärungen thematisieren das für eine Gesellschaft charakteristische Verhältnis von Natur und Gesellschaft. Sie rechtfertigen die Art und Weise, wie diese Gesellschaften den Naturzustand verlassen und in den Gesellschaftszustand eingetreten sind. Sie finden sich besonders aufschlußreich in *Ursprungsmythen*[52], die den Übergang von der Natur zur Kul-

52 Das bedeutet nicht, daß nun Gesellschaftstheorie auf Mythenanalyse reduziert würde. Es geht vielmehr um den Versuch, in den Erklärungen, die in der Moderne für die Geltung von praktischen Logiken geliefert werden, die rationalen und irrationalen Gehalte zu entziffern. Das ist das Gegenteil der Mythologisierung der Moderne. Das ist Entmythologisierung mittels einer »mythologischen Analyse« von Gesellschaftstheorien.

tur erzählen und erklären. In diesen Mythen finden sich Theorien über den Ursprung einer moralischen Ordnung in der Welt. In diesen Mythen wird die Moral, die den Eßtabus zugrunde liegt, formuliert. In den Ursprungsmythen können wir die *praktische Logik* rekonstruieren, die erklärt, warum die Menschen der *kognitiven Logik* symbolischer Ordnungen gehorchen. Man muß diese Logik nur in den Mythen entziffern können.

Eine strukturale Analyse der Moral

Daß den Eßtabus auch eine *praktische Logik* zugrunde liegt, ergibt sich bereits aus dem präskriptiven Charakter, den diese Normen haben. Eßtabus sind – im Vergleich zu anderen Normen – besonders hervorgehoben. Sie regulieren moralisches Verhalten. Das können sie nur dadurch, daß in ihnen bereits eine Moral steckt. In allen Eßtabus ist ein elementares moralisches Problem enthalten: nämlich das Problem des *Tötens*. Das Problem des Tötens ist im Verhältnis zur Natur, insbesondere im Verhältnis zu den Tieren, die gegessen werden, unausweichlich.
Man kann dieses Problem des Tötens in die Natur selbst projizieren; dann erscheint die Natur als eine Welt, in der sich die Menschen »wie die Tiere« im Kampfe aller gegen alle befinden. Die Gesellschaft muß sich dann von dieser Natur fernhalten. Oder man unterstellt einen »Sündenfall«, in dem das paradiesische Nebeneinander der Tiere untereinander und mit den Menschen durch das Töten eines anderen zerstört worden ist; dann muß das Miteinander in der Gesellschaft neu hergestellt werden. Um das Problem des Tötens zu lösen, werden also Erklärungen und Rechtfertigungen für das Töten in Form von Theorien des Übergangs von der Natur zur Kultur gesucht. Jede Gesellschaft kennt Erklärungen dafür, wie sie vom Naturzustand zum Gesellschaftszustand gelangt ist. Und sie kennt Begründungen dafür, warum im Gesellschaftszustand Menschen Tiere töten dürfen.
Im folgenden soll der Versuch gemacht werden, in den Ursprungsmythen der Jivaros, der alten Juden und der modernen Westeuropäer die Formen der Thematisierung des moralischen Problems des Tötens zu rekonstruieren. In einer Fortführung der strukturalen Analyse von Eßtabus soll dann gezeigt werden, daß den kognitiven Konstruktionen der Natur eine spezifische mora-

lische Bedeutung eigen ist, die die praktische Bedeutung *kognitiver Anomalitäten* theoretisch zu fassen ermöglicht.

Ursprungsmythen bei den Jivaros

Die Idee einer richtigen und guten Ordnung bei den Jivaros wird in jenen Mythen ausgedrückt, die von der vergangenen Zeit erzählen, in der die Menschen und Tiere noch eins waren. Tiere waren einst mit menschlicher Sprache ausgestattet, hatten menschliche Gefühle und menschliche Intelligenz, waren in Stämmen organisiert, führten Kriege gegeneinander und feierten Siegesfeste, so wie es die Jivaros immer noch tun (Karsten 1926, S. 284). Diese Vorstellung von einer Zeit, in der alle Lebewesen Menschen waren, ist eine Rückprojektion der Welt, die die Jivaros als die moralisch gute Welt bestimmen, in eine paradiesische Vergangenheit. In dieser Welt wurden keine Tiere gegessen, noch fraßen Tiere Menschen. Das Paradies ist vielmehr ein Zustand natürlicher Harmonie zwischen allen Lebewesen. Diese paradiesische Vergangenheit geht im Übergang zur Kultur nicht verloren. Was die Menschen und Tiere miteinander verbindet, bezeichnen die Jivaros als ihr »Mana«. Das Mana ist eine psychische Kraft, die allen Lebewesen eigen ist.

Dieses Mana ist im Übergang von der Natur zur Kultur moralisch differenziert worden. Es gibt gutes und schlechtes Mana. Schlechtes Mana haben Raubtiere, weil sie töten. Schlechtes Mana haben der Tapir und der Hirsch, weil sie sich verhalten wie jene Medizinmänner, die durch geheimnisvolles Gebaren den Menschen Böses wollen. Deswegen werden diese Tiere tabuisiert. Das Tabu wird so auf eine Analogie zu bösen menschlichen Handlungen gegründet. Ein gutes Mana haben demgegenüber diejenigen Tiere, die ein Merkmal mit den (guten) Menschen gemeinsam haben, Tiere also, die der menschlichen Ordnung am ehesten entsprechen. Die Kalapalo etwa essen (neben Fischen) nur solche auf dem Lande lebenden Tiere, die sie selbst als »dem Menschen ähnlich« klassifizieren (hauptsächlich Affen, die auch noch morphologische Ähnlichkeiten mit den Menschen besitzen).[53]

53 Die Kalapalo ziehen die Grenzen dieser Ähnlichkeit sehr weit. Der Bereich des Eßbaren wird dadurch sehr eingeschränkt. Die Jivaros und die Yanomamö ziehen – vermutlich aus ökologischen Gründen – engere Grenzen. Die unord-

Die tabuisierten Tiere sind also diejenigen, die sich einer Vorstellung natürlicher Harmonie nicht fügen. Sie stören auf ihre Weise die Ordnung, die einst bestanden hat, und der Mensch kann diese Ordnung nur mehr dadurch aufrechterhalten, daß er diese »unordentlichen« Tiere meidet. Auf der anderen Seite aber ißt der Mensch bestimmte Tiere, nämlich solche, mit denen er in natürlicher Harmonie leben kann.

Hier entsteht nun ein Problem, nämlich die widersprüchliche Anforderung an den Menschen, einerseits die Einheit mit den Tieren zu denken (durch Ausgrenzen der tabuisierten Tiere), andererseits die nichttabuisierten Tiere auch zu essen, und das impliziert: sie vorher zu töten, ihnen das Leben zu nehmen. Durch das Töten von Tieren wird jene kulturelle Ordnung wieder zerstört, die durch die Unterscheidung von gutem und schlechtem Mana möglich geworden ist. Es ist nicht das Essen von Fleisch, sondern das damit verbundene *Blutvergießen*, das neue Unordnung in der Welt schafft. Dies ergibt sich aus der Vorstellung, daß das Leben, das den Tieren eignet, nicht in ihrem Fleisch, sondern in ihrem Blut steckt. Im Blut steckt die »Seele« eines Tieres. Blut nehmen bedeutet also, das Leben nehmen. Diese Idee wird am deutlichsten dort, wo Menschen mit Blut in Berührung kommen, sei es mit dem Blutvergießen im Kriege, sei es mit dem Menstruationsblut der Frauen: Beides erfordert Reinigungsriten, in denen das Blut wieder »abgewaschen« wird, damit der Mensch wieder rein wird, nicht mehr tabu ist (Karsten 1926, S. 482).

Wegen dieser Implikationen des Blutvergießens töten die Jivaros die zu schlachtenden Haustiere durch Strangulieren. Dies gilt jedoch nicht für die wilden Tiere, die gejagt werden. Diese Tiere werden in einigen Fällen einem Ritual unterzogen, in dem diese Tiere um Verzeihung dafür gebeten werden, daß sie nun getötet werden. Am weitesten haben die Bororo die Ritualisierung des Tötens gejagter Tiere entwickelt. Sie bitten jedes gefangene Tier und jeden gefangenen Fisch um Verzeihung, bevor sie es (bzw. ihn) töten. Diese rituelle Behandlung der eßbaren Tiere stellt sicher, daß das Töten zum Zweck des Essens nicht die Ordnung der Welt zerstört, die mit dem Übergang vom Naturzustand zum Gesellschaftszustand eingerichtet worden ist.

entlichen Tiere werden auf einige zentrale, die gesellschaftliche Unordnung darstellende Fälle reduziert.

Die Idee einer richtigen und guten Ordnung im alten Judentum enthält – wie bei den Jivaros – auch die Idee einer guten Beziehung zu den Tieren. Die Informationen dazu liefert insbesondere das Buch Genesis, in dem der paradiesische Zustand und das stufenweise Heraustreten aus diesem erzählt wird. Gott hat – in dieser Überlieferung – ursprünglich das Töten ohne Ausnahme verboten. Gott war das Leben, und Leben zu nehmen war gleichbedeutend damit, Gott zu töten. Das Paradies war – für Menschen wie Tiere – vegetarischer Natur (Pflanzen wurden nicht als Lebewesen betrachtet). Diese Ordnung wurde von den Menschen durchbrochen. Dann kam die Sintflut und nach der Sintflut eine neue soziale Ordnung. Das Töten und damit die Essensvorschriften wurden neu interpretiert: Gott erlaubte Noah, jedes Fleisch zu essen. Er verbot aber den Genuß des tierischen Blutes. Das *Blut* wurde zum Inbegriff des Lebens; es gehörte Gott. Die Grenze zwischen Ordnung und Unordnung, zwischen Leben und Tod war also gezogen mit der symbolischen Unterscheidung von Blut und Fleisch (Soler 1979).

Erst mit Moses entsteht jenes System von Essensvorschriften, das hier interessiert: die Trennung von reinen und unreinen Tieren und damit die Unterscheidung eßbarer und nichteßbarer Tiere. Die Gebote, die Gott Noah gegeben hatte, galten noch für alle Menschen. Die Gebote, die er nun Moses gegeben hatte, sollten nur noch für die Hebräer, für sein auserwähltes Volk, gelten. Zusätzlich zu der universalen Trennung von Blut und Fleisch kommt also eine für ein bestimmtes Volk distinktive Trennung hinzu: die zwischen eßbarem und nichteßbarem Fleisch. Diese Spezifizierung der Eßverbote erfordert die Einführung von zusätzlichen moralischen Gesichtspunkten, auf die ein neues System von Eßverboten gebaut werden kann. Das System von Eßverboten wird komplexer konstruiert. Die partikulare Einzigartigkeit, die auf diesem komplexen Niveau möglich wird, wird aus der Verknüpfung dreier – zuvor unverbundener – Strukturelemente abgeleitet.

Wie im Beispiel der Jivaros ist auch hier die Bedeutungsdifferenz von Blut und Fleisch konstitutiv: Blut = Leben, Fleisch = Tod. Diese Differenz wird rituell immer wieder bestätigt. Das Essen eines Tieres setzt die Opferung von dessen Blut voraus[54]. Nur dadurch wird das Fleisch rein. So entgeht der Mensch dem Gesetz, daß der, der tötet, selbst getötet wird. Aber nicht jedes Fleisch ist rein. Es wird also eine zweite Differenz hinzugefügt: die zwischen reinem und unreinem Fleisch. Diese Differenz wird nun in einer neuartigen und komplexeren Weise konstruiert. Sie gründet gemäß den Büchern Leviticus und Deuteronomium auf drei Kriterien. Tiere sind rein, (a) wenn sie *Hufe* haben, (b) wenn sie *wiederkäuen*, und (c) wenn sie *Paarhufer* sind.

Das *erste* Kriterium sondert ganz offensichtlich pflanzenfressende Tiere von fleischfressenden Tieren ab. Nur pflanzenfressende Tiere sind rein. Huftiere können nicht Beute machen. Nur Tiere mit Greiffüßen können andere Tiere fangen und fressen. Warum aber sind nur pflanzenfressende Tiere rein? Aus der Logik von Gottes Schöpfung ergibt sich das stringent: weil Fleischfresser und damit fleischfressende Tiere im Schöpfungsplan nicht enthalten waren (dazu zählen also Hunde, Katzen, Greifvögel etc.).

Das *zweite* Kriterium ist Wiederkäuen. Warum dieses Kriterium? Wiederkäuen ist ein eindeutiges Kriterium dafür, daß es sich bei diesen Arten um Pflanzenfresser handelt. Dieses Kriterium schließt aber das Schwein aus. Denn das Schwein käut nicht wieder.

Das *dritte* Kriterium, nämlich Paarhufigkeit, ist das Kriterium für Haustiere: Kühe, Schafe, Ziegen. Warum dieses dritte Kriterium? Es ist eine Verstärkung des zweiten Kriteriums. Wiederkäuer fressen nicht nur einfach Pflanzen. Sie fressen diese sogar zweimal. Die Wiederkäuer (etwa Schafe und Kühe) besitzen neben dem Kennzeichen »Wiederkäuen« noch ein weiteres anatomisches Spezifikum: nämlich gespaltene Hufe. Dieses dreifach gesicherte symbolische System hat offensichtlich den Zweck, möglichst genaue und restriktive Kriterien anzugeben, die sicherstellen, daß man es wirklich nur mit *pflanzenfressenden Tieren* zu tun hat. Damit sind zusätzlich ausgeschlossen: das Pferd, der Esel, das Kamel und der Klippschlieferdachs.

Warum ist nun das Schwein besonders hervorgehoben? Der Grund liegt in seinem anomalen Status. Nach dem dritten Krite-

54 Zunächst mußte dieses Ritual im Tempel von Jerusalem stattfinden. Später konnte es stellvertretend in jedem Haushalt durchgeführt werden, was sicherlich eine Anpassung an die komplexer werdende Gesellschaft gewesen ist.

rium gehört es zu den reinen Tieren, nach dem zweiten Kriterium aber nicht. Es ist also zugleich rein und unrein, es ist gemäß der Logik der Reinheit zugleich Pflanzenfresser und Fleischfresser. Damit fällt es aus der Logik der moralisch motivierten Unterscheidung heraus. Es gefährdet die Logik der Ordnung, die sich die alten Juden in der mythologischen Vergewisserung des Übergangs von der Natur zur Kultur konstruiert haben.
Die partikulare Einzigartigkeit der moralischen Ordnung, die hier hergestellt worden ist und im Schwein ihre absolute Negation findet, gründet in der Regel: Man darf Jahwe nur das Blut von Tieren opfern, die selbst eindeutig Pflanzenfresser sind. Damit ist eine soziale Wirklichkeit definiert, die das *Prinzip des Nicht-Tötens*, symbolisiert im *Primat der pflanzenfressenden Tierwelt*, zum moralischen Bezugspunkt dessen macht, was die Kultur von der Natur trennt.[55]

Moderne Ursprungsmythen

Moderne Ursprungsmythen sind in den seit dem 17. Jahrhundert das moderne soziale und politische Denken bestimmenden *Gesellschaftsvertragstheorien*[56] enthalten. In ihnen wird ein (mehr oder weniger) fiktiver Übergang vom Naturzustand in den Gesellschaftszustand beschrieben, der durch einen Vertragsschluß zwischen den Beteiligten möglich wird. In diesem Vertrag einigen sich die Menschen auf eine für alle gleichermaßen verbindliche und insofern gültige moralische Ordnung. Welche Konsequenzen sich aus dem Vertragsschluß ergeben, hängt seinerseits davon ab, wie der Zustand, der durch den Vertragsschluß überwunden werden soll, konzipiert wird. Denn dieser *Naturzustand* definiert zugleich die Bedingungen, unter denen der Vertragsschluß stattfindet. Er definiert die Regeln des Vertragsschlusses und enthält

55 Das trennt diese Gesellschaft etwa von der griechischen und römischen Gesellschaft, die den anderen Pol symbolischer Organisation der Gesellschaft besetzen. Vgl. dazu in diesem Band das Kapitel über »Die carnivore und die vegetarische Kultur«.

56 Moderne Gesellschaftsvertragstheorien als Ursprungsmythen zu bezeichnen, bedeutet nicht, die spezifische Rationalität, die diese Geschichten kennzeichnet, zu negieren. Sie sind Teil des erst in der Moderne ausdifferenzierten praktischen Diskurses geworden und deshalb per definitionem als reflexive Konstruktion gebaut. Vgl. Eder (1986a).

insofern Vorentscheidungen über mögliche Ergebnisse dieses Vertragsschlusses.

Die Vorstellung eines *Naturzustandes* ist in der europäischen Moderne von zwei Faktoren bestimmt worden. Der erste Faktor hat mit der entstehenden neuzeitlichen Naturwissenschaft, der zweite mit der entstehenden kapitalistischen Ökonomie zu tun. Seit dem späten 17. Jahrhundert haben die Naturwissenschaftler auf die Ähnlichkeiten in Anatomie und Intelligenz zwischen Menschen und Menschenaffen hingewiesen. Darwin schließlich hat die gemeinsame biologische Ahnenschaft von Menschen und Tieren gezeigt. Das Verhältnis zur Tierwelt ist aufgrund dieser genealogischen Einsichten zunehmend problematisch geworden. Die industrielle Revolution auf der anderen Seite hat den Menschen zunehmend weniger von tierischer Arbeit abhängig gemacht. Je marginaler Tiere für die Ökonomie geworden sind, umso mehr hat sich eine einfühlende Attitüde gegenüber den Tieren entwickeln können. Tiere sind – ebenso wie Kinder – zum emotional besetzten Partner geworden.

Diese Veränderungen sind die Auslöser für eine kulturelle Bewegung gewesen, die etwa seit dem 16. Jahrhundert das Modell einer richtigen Beziehung zwischen Menschen und Tieren aus einer anthropologischen Perspektive reformuliert. Tiere werden wie Menschen oder – weniger oft – Menschen wie Tiere gesehen. Letzteres charakterisiert den Hobbes'schen Naturzustand. Rousseau dagegen spricht von einem Naturzustand, in dem Menschen und Tiere von der gleichen Art waren, in dem alle Lebewesen sich als gleiche behandelt haben. Das Gemeinsame dieser Positionen ist, daß man die Tiere nicht mehr von Jahwe her, sondern von den Gefühlen und Empfindungen des Menschen her denkt. Das theologische Argument zugunsten der Tiere als einem Teil der Schöpfungsordnung Gottes wird in diesen Positionen anthropologisch umgedeutet.[57]

Eine Form der »Anthropologisierung« des alten theologischen Arguments ist die utilitaristische Doktrin, daß das Glück aller derjenigen, die empfinden und leiden können, maximiert werden sollte. Diese Anthropologisierung hat eine philosophische Tradition begründet, die über Bentham bis zu Singer (1975, 1979)

57 Ein interessantes Feld moderner mythologischer Analyse ist in jener Literatur zu finden, die Tiere dazu benutzt, die Welt der Menschen zu beschreiben. Ein Beispiel ist etwa Carolls »Alice im Wunderland«.

reicht.[58] In der utilitaristischen Tradition wird ein moralisches Gefühl, das wir gegenüber den Tieren empfinden können, nämlich sie nicht zu quälen, artikuliert. Der wohl am weitesten gehende Versuch, ein solches »Gefühl« moralisch zu begründen, findet sich im »radikalen Egalitarismus« von Singer (1979), der allen empfindungsfähigen Wesen Rechte zuschreibt und deswegen nicht nur das Quälen von Tieren, sondern auch das Töten von Tieren zum Zwecke des Essens verurteilt. Wenn der Mensch auch ohne Fleisch seinen Hunger stillen kann, dann ist das Essen von Tieren eine nicht mehr rechtfertigbare Handlung; sie ist unmoralisch.

In dieser Umkehrung des Übergangs von der Natur zur Kultur manifestiert sich in »verkehrter« Weise eine neuartige Form der Herstellung einer moralischen Ordnung im Gesellschaftszustand: Wenn die Menschen ihre Beziehungen auf einer »anthropologischen« Grundlage reformulieren, werden sie gezwungen, egalitäre Prinzipien anzuwenden. Das bedeutet, die Differenz zwischen Tieren und Menschen als Differenz zweier egalitärer Systeme zu denken. So wie die Menschen untereinander – vom

58 Die utilitaristische Position gegen das Töten von Tieren ist historisch gesehen die wirkungsvollste Position gewesen. Bentham hat ihr folgende eloquente Begründung gegeben: »The day may come when the rest of the animal world may acquire those rights which never could have been with-holden from them but by the hand of tyranny. The French have already discovered that the blackness of the skin is no reason why a human being should be abandoned without redress to the caprice of a tormentor. It may one day come to be recognized that the number of the legs, the villosity of the skin, or the termination of the os sacrum, are reasons equally insufficient for abandoning a sensitive being to the same fate. What else is it that should trace the insuperable line? Is it the faculty of reason, or perhaps the faculty of discourse? But a full-grown horse or dog is beyond comparison a more rational, as well as a more conversable animal, than an infant of a day, or a week, or even a month, old. But suppose they were otherwise, what would it avail? The question is not, Can they reason? nor Can they talk? but, Can they suffer?« (Introduction to the Principles of Morals and Legislation, Ch. XVIII, Sec. 1, note; zit. nach Singer 1979, S. 49f.) Singer hat diese Position in Richtung einer Tierethik ausgearbeitet (Singer 1976) und philosophisch weiterzuentwickeln versucht (Singer 1979). Zur Kritik des systematischen Versuchs, den klassischen Utilitarismus mit dem Präferenz-Utilitarismus zu verbinden, vgl. Hart (1980). Zu den praktischen Intentionen Singers siehe sein Vorwort zur Neuausgabe von Salt (1980). Eine die Probleme einer utilitaristischen Zoophilie vermeidende Position bietet Clark (1977), der die Einzigartigkeit des moralischen Status des Menschen bestreitet und von einer den Menschen und die Tiere übergreifenden moralischen Gemeinschaft ausgeht.

moralischen Standpunkt aus – sich als Gleiche behandeln müssen, so sind Tiere untereinander gleich. Offen ist, wie die Differenz zwischen diesen beiden egalitären Reihen gedacht werden muß. Dieses Problem hat für eine neue Denkfigur den Weg geebnet. Die *Anthropologisierung* des Naturzustands wird durch die *Apriorisierung* des Naturzustands ersetzt. Kant hat einen solchen Versuch gemacht, indem er von Pflichten gegenüber den Tieren als von indirekten Pflichten gegenüber der Menschheit spricht: So wie man sich dem Tier gegenüber verhält, so verhält man sich gegenüber den Menschen. Dieses Argument entfaltet Kant am Beispiel des treu dienenden Hundes, den sein Herr nach Gesichtspunkten der Menschlichkeit (nicht nach Gesichtspunkten der Verpflichtung gegenüber Tieren, da Tiere nicht urteilen können) nicht einfach töten darf. Diese Begründung eines moralischen Verhältnisses zu den Tieren argumentiert von der Erwartung des Menschen an das Tier aus: Wenn man vom Tier erwartet, sich auf den Menschen in einer quasi-menschlichen Weise zu beziehen, dann ergeben sich von daher »Verpflichtungen der Menschlichkeit« des Menschen gegenüber dem Tier. Da Tiere nicht denken und urteilen können, kann man ihnen keine moralischen Rechte per se zuerkennen. Sie gehören ihnen aber insoweit zu, wie sie der Mensch in seine Erwartungen an das Tier hereinnimmt (Wolf 1980).

Die Achtung vor den Tieren ist in diesen Moraltheorien davon abhängig, was ich von den Tieren als Verhalten zu mir selbst erwarte. Wir töten ohne moralische Bedenken Fliegen und Insekten. Wir haben Hemmungen, dies bei den höher entwickelten Tieren zu tun, insbesondere bei Hunden und Katzen und manchmal auch bei Pferden, Eseln und Ziegen. Dem, was eßbar ist, bringen wir wiederum andere Erwartungen entgegen. Eßtabus sind also ein Ergebnis einer differentiellen Konstruktion »indirekter« (wie Kant formuliert) Pflichten.

Die Nichteßbarkeit von Tieren allein aus dem Prinzip abzuleiten, Pflichten gegenüber Tieren als indirekte Pflichten gegenüber der Menschheit zu begreifen, ist allerdings unzureichend. Es ist kein Zufall, daß Kants Begründung einer moralischen Behandlung von Tieren (d. h. daß man sie nicht einfach töten kann) am Beispiel des Hundes entfaltet wird. Kants Begründungsversuch setzt also bereits ein in einer besonderen Weise kulturell geregeltes Verhältnis zu Tieren voraus.

Das Verhältnis zu der als eßbar (und ausbeutbar) definierten Tierwelt kann mit einer solchen Begründung des Verhältnisses zur Natur rationalisiert werden.[59] Denn es delegitimiert das Tieropferritual. Die Heiligung des Schlachtens ist in der Moderne unmöglich geworden. Das rituelle Opfer, das das Töten von Tieren heiligte, wird durch das Unkenntlichmachen des Schlachtens, durch die Entöffentlichung des Schlachtens ersetzt. Das Schlachten der Tiere wird in Schlachthäusern rationalisiert. Das, was als Fleisch gegessen wird, erinnert kaum mehr an das Tier. Die Apotheose dieser Rationalisierung des Umgangs mit den Tieren ist der »Hamburger«.

Die Moderne löst also das Problem des Tötens auf eine neue Weise, nämlich dadurch, daß sie das Töten »professionell« organisiert, so daß man als Nicht-Metzger nicht mehr davon betroffen ist. Die Professionalisierung des Metzgers substituiert die priesterliche Ritualisierung. »Entöffentlichung« des Verhältnisses zur Natur ist das Komplement zur instrumentellen Rationalisierung des Verhältnisses zur Natur. Die rituelle Handlung wird zur professionellen Handlung der zweckmäßigen Zerteilung und Verwertung von Fleisch »entzaubert«.

In diesem Prozeß der Rationalisierung des Verhältnisses zur Natur zerstört sich der Ursprungsmythos selbst. Die Natur wird der Gesellschaft unterworfen. Zugleich aber wird dieser Gesellschaftszustand vom Naturzustand wieder eingeholt: einmal in einem objektiven Sinne insofern, als die Gesellschaft an die Grenzen der Natur gerät; dann in einem subjektiven Sinne insofern, als gegen die Instrumentalisierung der Natur die Natur in irrationaler Gegenwehr rebelliert.[60]

59 Daß die Kantische Begründung objektiv diese Funktion erfüllen kann, liegt daran, daß sie ihre eigenen kulturellen Voraussetzungen nicht mehr kennt und diese auf die apriorischen Bedingungen praktischer Vernunft zurückführt. Sie bleibt damit der praktischen Logik gegenüber indifferent. Sie ist keine Kritik der praktischen Logik, sondern nur Selbstkritik der praktischen Vernunft. Das reicht aber nicht aus, um die Selbstlegitimierung gesellschaftlicher Praxis zu fassen.

60 Diese kulturellen Definitionen haben die Anknüpfungspunkte für diverse Radikalismen in der Moderne geliefert (Schäfer 1985). Die Moralisierung der Natur als eine »soziale Natur« gehört zum Bestandteil grüner Protestbewegung. Die Juridifizierung des Lebens ist ein Beispiel für einen Radikalismus der instrumentellen Einstellung gegenüber der Natur. Und die Ästhetisierung der Natur gehört zum Grundmuster romantischer Fluchtbewegungen (Daxner/Bloch/

Eine Theorie moralischer Evolution

Typen moralischer Evolution

Die Mythen, die über die Herstellung (oder Wiederherstellung) einer moralisch geregelten Welt berichten, beschreiben einen *evolutionären Lernprozeß*. Ihr Gegenstand ist die soziale Evolution eines Gesellschaftszustandes. Sie sind aber nicht nur »Berichte« über diesen evolutionären Lernprozeß. Sie sind zugleich auch Theorien über diesen Lernprozeß. *Mythen*, die eine Entstehungsgeschichte erzählen, sind also immer auch zugleich *Mythologien*, die eine (indigene) Theorie sozialer Evolution enthalten.

Jede der drei oben genannten Gesellschaften kennt einen mythischen Bericht und eine mythologische Theorie über den Übergang vom Naturzustand zum Gesellschaftszustand. Die Eßtabus, die in diesen Berichten ihre Erklärungen und Rechtfertigungen erhalten, gelten in diesen Gesellschaften auch heute noch. Sie schleifen sich nicht durch natürliche Evolution (also aufgrund von Produktivkraftentwicklung oder Komplexitätssteigerung), sondern durch Kulturkontakt und kulturelle Assimilation ab. Die Ursprungsmythen beschreiben insofern nicht »entwicklungslogisch« aufeinander aufbauende, sondern konkurrierende Übergänge vom Naturzustand in den Gesellschaftszustand.

Im folgenden sollen diese Übergänge als Formen *spezieller moralischer Evolution* theoretisch beschrieben werden. Diese Formen moralischer Evolution unterscheiden sich in folgenden Hinsichten: im Grad der *Ausdifferenzierung aus der Natur* und dem damit korrespondierenden Typus *sozialer Differenzierung*, die sie festschreiben, und in den Organisationsprinzipien der *moralischen Ordnung*, die sie auf dieser Grundlage generieren. Das verbietet es zugleich, diese speziellen Prozesse moralischer Evolution als Stufen einer *generellen moralischen Evolution*, also universalgeschichtlich zu deuten.[61] Sie werden vielmehr als gleichbe-

Schmidt 1981; Schimank 1983; Weiß 1986). Siehe auch das Kapitel über »Moderne Gegenkulturen« in diesem Band.

61 Hier wird die alte Frage nach dem Verhältnis von genereller Evolution und spezifischer Evolution wieder aufgenommen. Der Begriff »evolutionäre Lernprozesse« gibt dem Aspekt der »speziellen Evolution« eine wichtigere Bedeutung. Das ist mit Folgeproblemen für die Idee einer »generellen Evolution« verbunden, die das Konzept einer kognitiven Entwicklungslogik in der generel-

rechtigt behandelt und in komparativer Absicht als mögliche Formen moralischer Evolution konzipiert.

Diese Typen spezieller moralischer Evolution lassen sich auf drei Typen reduzieren, die jeweils ein spezifisches gesellschaftliches Naturverhältnis zum Ausgangspunkt haben. Diese drei Typen basieren auf der Vorstellung der Gesellschaft (1) als einer *natürlichen Ordnung*, (2) als einer *hierarchischen Ordnung* und (3) als einer *egalitären Ordnung*. Diese Typen setzen an unterschiedlichen Graden der Ausdifferenzierung der Gesellschaft aus der Natur an. Man kann zwar diese Grade der Ausdifferenzierung der Gesellschaft aus der Natur nach Maßgabe der Verfügung über Ressourcen wiederum evolutionär klassifizieren. Die evolutionäre Theorie, die dann entsteht, ist eine Theorie der evolutionären Steigerung von Macht. Sie beschreibt, wie Gesellschaften, die ihre Produktivkräfte und ihre Komplexität gesteigert haben, die Möglichkeit erhalten und dann genutzt haben, andere Gesellschaften zu unterwerfen und in den Prozeß der je eigenen Form *sozialer* Evolution hineinzuziehen. Diese *natürliche Evolution* der Gesellschaft verbietet es geradezu, auf eine *soziale Evolution* der Gesellschaft zu schließen.

Diese Formen spezieller moralischer Evolution bringen konkurrierende Modelle einer moralischen Ordnung hervor. Diese *Modelle einer moralischen Ordnung* der Gesellschaft lassen sich als *wilde Moral*, als *holistische Moral* und als *individualistische Moral* kennzeichnen.

Die *wilde Moral* ist dadurch gekennzeichnet, daß sie Kultur und Gesellschaft an eine natürliche Ordnung bindet und damit das evolutionäre Tempo gesellschaftlicher Machtsteigerung minimiert. Das Recht bleibt an »Sitte«, an die eingelebte Lebensform gebunden. Die moralische Ordnung der Gesellschaft setzt mit Hilfe der natürlichen Ordnung Grenzen für die machtförmige Organisation sozialer Beziehungen. Die Modi stratifikatorischer und funktionaler Differenzierung werden gerade nicht aus der wilden Moral ausdifferenziert, sondern bleiben an sie gebunden und damit beschränkt.

Die *holistische Moral* dominiert erst dort, wo sich das *Recht* aus dem eingelebten Zusammenhang von Sitte und Gewohnheit lösen und eine Ordnung jenseits einer natürlichen Ordnung etablieren

len Evolution in Frage stellt. Zu dieser korrekturbedürftigen klassischen Unterscheidung vgl. Sahlins/Service (1960).

kann, nämlich eine »übernatürliche« Ordnung. Sie setzt stratifikatorische Differenzierung frei und lenkt damit soziale Evolution in Richtung auf einen alternativen Typus sozialer Ordnung: auf eine traditional legitimierte hierarchische Ordnung.

Die *individualistische Moral* setzt sich in Gesellschaften durch, die das Individuum von vorgegebenen sozialen Ordnungen distanziert (wie in der kapitalistischen Ökonomie). Das setzt funktionale Differenzierung frei. Es gibt keine »Gerechtigkeit« mehr, sondern nur mehr »Zwischenräume« zwischen ausdifferenzierten Systemen. Das lenkt moralische Evolution in Richtung auf abstraktere Bestimmungen einer sozialen Ordnung. Die normativen Prämissen einer sozialen Ordnung werden radikal vereinfacht. Sie werden auf die (fiktive) Gleichheit der ihr Angehörenden gegründet. Die »Enthierarchisierung« der Welt, die mit den Prämissen der gleichen Chance der Teilnahme und Teilhabe verbunden ist, setzt die Eigendynamik sozialer Systembildung, insbesondere den Mechanismus funktionaler Differenzierung frei. Moral wird in eine abstrakte prozedurale Moral (Eder 1986a, 1987a) transformiert. Das hat die soziale Evolution der Moderne in eine »kontrafaktische« egalitäre Ordnung beschleunigt.[62]

Diese drei Typen moralischer Evolution erzeugen moralische Ordnungen, die heute wieder miteinander konkurrrieren. Sie sind innerhalb der die Naturgeschichte der Gesellschaft kennzeichnenden natürlichen Evolution der Gesellschaft unterschiedlich »erfolgreich« gewesen. Nicht die »höchste«, sondern die »mächtigste« Form spezieller moralischer Evolution hat sich in dieser Naturgeschichte durchgesetzt.[63] Mit dem Ende der Naturgeschichte der Gesellschaft (und die moderne Gesellschaft und ihre ökologische Krise scheinen dies anzukündigen) ist nicht der Sieg der bislang herrschenden Form moralischer Evolution gegeben. Es sind mit diesem Ende der Naturgeschichte vielmehr erstmals die Voraussetzungen für die evolutionäre Konkurrenz dieser Formen moralischer Evolution hergestellt worden. Und der Ausgang ist heute offener denn je.

62 Analoges gilt für die Ausdifferenzierung eines »professionellen« Wissens über die Natur aus den »wilden« Wissenssystemen und für die Ausdifferenzierung »theoretischer« Wissenssysteme aus dem professionellen Wissen.

63 Siehe für eine weiterführende Diskussion in diesem Bande das Kapitel über »Die gesellschaftliche Aneignung der Natur«.

Die mythologische Erklärung, die die Jivaros für ihre soziale Ordnung, speziell für ihr diätetisches Regime liefern, geht von der Vorstellung einer selbstevidenten, im Wesen der Dinge liegenden Ordnung der Welt aus. Die Zusammenhänge zwischen Tieren und Menschen beruhen letztlich auf der Überzeugung, daß die Tiere weder besser noch schlechter als Menschen sind, noch daß sie von den Menschen grundsätzlich verschieden sind, sondern darauf, daß sie *wie* Menschen sind. Diese Vorstellung, Tiere zu behandeln, als ob sie Menschen wären, erlaubt es, das Modell der Tierwelt analog zum Modell der Welt der Menschen zu konstruieren. So wie die Tiere sich unterscheiden, unterscheiden sich die Menschen. Die Ordnung dieser Welt ist also gleichermaßen für die Tiere wie für die Menschen verbindlich. Der Übergang vom Naturzustand in den Gesellschaftszustand ist nicht mit einer Auflösung des Naturzustandes verbunden. Der Gesellschaftszustand ist vielmehr dadurch ausgezeichnet, daß die Menschen daran gehindert werden, diesen Naturzustand zu zerstören.

Diese Vorstellung ist der unseren diametral entgegengesetzt. Während wir heute – bis auf einige Restbestände – unsere Eßnormen danach ausrichten, ob wir Fleisch vertragen, ob es unserer Gesundheit zuträglich ist, ist die der wilden Moral zugrundeliegende Vorstellung dadurch ausgezeichnet, daß der einzelne die »Reinheit« der Ordnung nicht beflecken darf.[64] Kultur und Gesellschaft werden dadurch aufrechterhalten, daß man sie vor dem Subjekt schützt. Der undifferenzierte Naturzustand wird dadurch im Gesellschaftszustand aufrechterhalten, daß ein System von Tabus und Reinigungsritualen institutionalisiert wird. Der undifferenzierte Naturzustand wird kulturell stabilisiert, indem die Begriffe von Natur und Moral den unmittelbaren Zusammenhang mit der Natur thematisieren.

Wer diese dem Naturzustand entsprechenden Regeln verletzt, der zerstört die natürliche Harmonie. Er fällt aus der natürlichen

64 Lévi-Strauss hat dieses Verhältnis von Subjekt und Objektwelt folgendermaßen formuliert: »Statt daß die guten Manieren, die wir meinen, die innere Reinheit des Subjekts vor der äußeren Unreinheit der Wesen und Dinge schützen, dienen sie bei den Wilden dazu, die Reinheit der Wesen und Sachen vor der Unreinheit des Subjekts zu schützen.« (Lévi-Strauss 1973, S. 541f.)

Ordnung und damit auch aus der Gesellschaft heraus. Er stirbt einen sozialen Tod. Sein Geist wird sich in jenen Tieren niederlassen, die für die Menschen tabu sind. Damit ist die Ordnung, die im Gesellschaftszustand in Frage gestellt worden ist, wieder hergestellt.

Hierarchische Ordnung und holistische Moral

Das System der jüdischen Eßverbote ist eine logische Konsequenz aus Jahwes Schöpfungsplan. In diesem Plan steckt die fundamentale moralische Regel, der sich sein Volk unterzuordnen hat: nämlich die *Regel des Tötungsverbots*. Das Paradies ist eine ursprüngliche Welt des Nicht-Tötens, eine dem Plan der Schöpfungsgeschichte entsprechende Welt, also eine vegetarische Welt. Der Weg aus dem Paradies, also der Übergang vom Naturzustand in den Gesellschaftszustand, besteht in einem Bruch mit Jahwes Schöpfungsordnung, nämlich im Sündenfall der Menschen. Mit diesem Bruch ist das Töten in die Welt gekommen. Die Rückkehr zum Naturzustand ist nun unmöglich geworden. Die Herstellung eines Gesellschaftszustandes ist nicht mehr auf die Sicherung eines Naturzustandes bezogen. Der Gesellschaftszustand wird vielmehr zu einer »zweitbesten« Ordnung.

Diese zweitbeste Ordnung ist dadurch gekennzeichnet, daß der Gesellschaftszustand ebenfalls auf Jahwes Schöpfungsplan rekurriert, doch nicht mehr direkt, sondern in einer abgeleiteten Form. Das bedeutet zwar die Unterordnung unter Jahwes Willen. Nur diese Unterordnung kann die Verunreinigung des Paradieses durch den Menschen kompensieren. Diese Unterordnung ist mit einer Rekonstruktion des Gesellschaftszustandes verbunden. Der Gesellschaftszustand erscheint als eine logische Transformation des Naturzustandes, der Jahwes Schöpfungsplan zugrunde liegt. Diese Doppelstruktur, zugleich an Jahwes Schöpfungsordnung gebunden zu sein und dennoch einen neuen Gesellschaftszustand zu errichten, erklärt die spezifische Komplexität, die das System der Eßverbote in der alttestamentarischen Gesellschaft kennzeichnet. Eßverbote sind ein Mittel zur Wiederherstellung eines mit Jahwe versöhnten Universums. Sie reinigen einerseits das Universum von der Verunreinigung durch den Menschen; sie anerkennen zugleich die Anmaßung des Menschen, das Recht auf das Töten aus Jahwes Hand zu nehmen. Daß diese Lösung prekär gewesen ist, liegt in der Ambivalenz begründet, daß der Gesellschaftszustand noch an den Naturzustand gebunden ist, zugleich jedoch sich davon zu emanzipieren sucht. Diese Ambivalenz erklärt die *Rigidität*, mit der Eßverbote, die die Distanz von Natur und Kultur regeln, befolgt worden sind.

Dieser Zusammenhang zwischen Naturzustand und Gesellschaftszustand, zwischen den Tieren und den Menschen, setzt den »traditionalen« Typus sozialer Evolution in Gang. In dieser sozialen Evolution dienen Tiere dazu, hierarchisierbare Differenzen zwischen den Menschen zu symbolisieren. Reine und unreine Tiere stehen für Überordnung und Unterordnung, für höher und niedriger. Die Tiere selbst werden noch in diese Hierarchie einbezogen, nämlich als Verlängerung der Hierarchie nach unten. Tiere werden nun auch rechtsfähig wie Menschen. Sie können wie Menschen verurteilt und bestraft werden.[65] Nicht nur Haustiere wurden verurteilt. Interessant ist der typologische Befund von Amira (1891), daß in Europa Tierstrafen, die durch weltliche Tribunale wegen Mordes ausgesprochen wurden, auf Haustiere (Schweine, Kühe, Pferde usw.) beschränkt waren, und daß Tierprozesse, die durch kirchliche Tribunale wegen Gemeinschaftsschädigung ausgesprochen wurden, sich auf Ratten, Mäuse, Heuschrecken und ähnliches Getier beschränkten. Die Erklärung liegt auf der Hand. Tiere, die nicht unter menschlicher Kontrolle stehen, die man also nicht einfach vor Gericht zerren kann, erfordern die Intervention der Kirche, d. h. die Anwendung von sakralen Formen der Bestrafung wie Beschwörung oder später Exkommunikation.

Diese Beispiele zeigen, daß das Tier in einer ganz speziellen Weise dem Menschen ähnlich wird. Das Tier ist dem Menschen gleich, indem es dem gleichen Gesetz unterworfen ist. Der Mensch behandelt das Tier als seinesgleichen in einer ganz bestimmten Hin-

65 Im 2. Buch Moses heißt es etwa (Kap. 21, V. 28): »Wenn ein Ochse einen Mann oder ein Weib stößt, daß sie sterben, so soll man den Ochsen steinigen.« In Leyden wurde 1595 ein Hund verhaftet, der ein Kind gebissen hatte; da er die Tat nicht leugnete, wurde von einer Folterung abgesehen; doch er wurde vom Scharfrichter gehängt (Rensch 1973, S. 246). Noch 1906 wurde in Delemont in der Schweiz ein Hund zum Tode verurteilt, da er zusammen mit zwei Männern einen anderen Mann ermordet hatte (Evans 1906, S. 334). In der »Süddeutschen Zeitung« vom 8. 5. 1980 (S. 47) wird berichtet, daß in der westindischen Stadt Ujjai ein Mann einen Affen wegen Mordes an seiner Frau angezeigt hat.

sicht: nämlich als Teil einer *Schöpfungsordnung*. Dieser Ordnung sind Menschen und Tiere gleichermaßen unterworfen. Doch nehmen die Tiere den untersten Rang in der Schöpfungsordnung ein. Sie sind die in der Schöpfungsordnung am niedrigsten eingestuften Menschen. Sie stehen am untersten Ende einer übernatürlichen Hierarchie.

Man kann nun sehen, wie sich die wilde Moral von der Moral der Unterordnung unter einen göttlichen Schöpfungsplan, also von einer hierarchischen Moral, unterscheidet. Im Rahmen wilder Moral war die soziale Ordnung *selbstevident*. Die Ordnung mußte vor dem Subjekt geschützt werden. In der neuen hierarchischen Moral ist das Subjekt in die natürliche Ordnung eingedrungen und hat es – nach den Maßstäben wilder Moral – verunreinigt. Das Paradies, die ungebrochene Einheit mit der Natur kann aber – im Gegensatz zur Logik wilder Moral – nicht mehr wiederhergestellt werden. Die Herstellung eines Gesellschaftszustands setzt voraus, die soziale Ordnung einem absoluten Subjekt außerhalb der empirischen Subjekte zuzuordnen, einem absoluten Gott. Der Einbruch der Subjekte in die Geschichte wird durch die Unterordnung der Subjekte unter den absoluten Gott ausgeglichen. Es gibt keine selbstevidente Ordnung mehr, sondern nur mehr eine *gottgegebene* Ordnung, die jenseits aller Natur gedacht wird, die »übernatürlich« ist.

Egalitäre Ordnung und individualistische Moral

Das System moderner Eßtabus basiert auf der Idee eines mit Rechten ausgestatteten *Subjekts*. Dessen zentrale Merkmale sind: Gleichbehandlung eines jeden Individuums, Akzeptieren jedes einzelnen Individuums als Verkörperung der Menschheit.[66] Aus dieser Welt fallen die Tiere heraus. In den traditionellen Vorstellungen einer Schöpfungsordnung gehörten die Tiere noch zur sozialen Ordnung (wenn auch als niedrigste Form einer Schöp-

66 Locke etwa spricht im Second Treatise von der »great and natural Community« (§ 128), die jeder einzelne im Idealfall (d. h. wenn die Menschen nicht schlecht wären) verkörpern würde. Gegenüber der holistischen Vorstellung einer Schöpfungsordnung (siehe das Buch Genesis), in der jedem sein Platz zugewiesen ist, wird hier ein individualistisches Universum (Dumont 1970) konstituiert, in dem theoretisch jeder gleich dem anderen ist. Vgl. zur Geschichte dieses Verhältnisses zu den Tieren Harwood (1928).

fung). In der Moderne verlieren die Tiere auch noch diesen Status. Sie werden zur *Umwelt* der menschlichen Sozialordnung, mit der man fürsorglich, ausbeuterisch oder aggressiv umgeht. Sie werden in dem Maße zum Objekt, wie die Menschen sich zum Subjekt des Gesellschaftszustandes zu machen suchen.

In der Moderne unterstehen die Tiere nicht mehr einem für Menschen und Tiere gleichermaßen geltenden göttlichen Recht. Die Welt der Tiere wird in einer anderen Weise verrechtlicht. In den diversen Tierschutzgesetzen werden die Tiere insofern zu Rechtssubjekten, als diese Gesetze das Leiden der Tiere zu minimieren suchen. Dies gilt gleichermaßen für die Tiere, die als Schoßtiere dienen, wie für die, die gegessen oder in Zoos eingesperrt oder Objekt des Jagdvergnügens werden.

Diese Verrechtlichung einer Pflicht zu angemessener Behandlung tierischen Lebens geht einher mit einer Ausdehnung des Rechts auf manipulativen Umgang mit der lebenden Natur.[67] Dies bedeutet den Übergang von der juristischen Behandlung der Tiere gemäß dem für alle Geschöpfe Gottes gleichermaßen geltenden Strafrecht zu einer verwaltungsrechtlichen Behandlung tierischen Lebens. Die ersten Schritte in Richtung juristischer Verfügbarkeit lebendiger Natur scheinen inzwischen getan worden zu sein (Engeln 1987). In einer Supreme Court Entscheidung vom 16. Juni 1980 (Diamond vs. Chakrabarty U.S. 103) ging es darum, ob die Entdeckung bzw. Erzeugung eines bestimmten Mikroorganismus, der sich zum Abbau von Öl eignet, *patentiert* werden kann. Das positive Urteil des Gerichts bedeutet, die verwaltungsrechtliche Verfügbarkeit der Natur auch auf die lebende Natur auszudehnen (Edelmann 1981). Dieses Urteil ist die Kehrseite der Entwicklung, die das Leiden der Tiere durch Rechtsvorschriften zu minimieren sucht: Es steht für die Maximierung der instrumentellen Verfügbarkeit der lebenden Natur. Es gibt nun eine juristische Verfügbarkeit über das Lebendige, das die Manipulation an diesem Lebendigen freisetzt. Die künstliche Natur, die der Mensch der natürlichen Natur hinzufügt, gibt dem instrumentellen Verhältnis zur Natur eine neue Qualität.

Der Übergang vom Naturzustand zum Gesellschaftszustand erfährt in diesem kulturellen Kontext eine weitere Radikalisierung.

67 Dies ist der Grund für die erneute Diskussion um das alte Thema von Rechten für Tiere. Vgl. als jüngeren Beitrag dazu Bosselmann (1985; 1986). Zur Kritik vgl. Uebersohn (1986) und Keller (1986).

Der Gesellschaftszustand ist nicht mehr nur eine »zweitbeste« Ordnung. Die Natur wird auch nicht mehr in einer Übernatur »aufgehoben«. Der Gesellschaftszustand ist vielmehr die Ordnung, die sich von der Natur trennt und diese sich untertan macht. Das Kriterium, das die Welt der Menschen von dieser Natur trennt, ist das der *Vernünftigkeit*. Die Vernunft gehört zum Gesellschaftszustand. Die Unvernunft gehört zur Natur. Unvernünftig sind die, die nicht in die gesellschaftliche Ordnung passen; dazu gehören die Tiere, aber auch die Kriminellen und die Irren. Diese Trennung von Vernunft und Unvernunft erlaubt es, die Unvernünftigen zu Objekten der Vernünftigen zu machen, sei es, daß die tierischen Repräsentanten der Unvernunft gegessen, gehätschelt oder geschossen werden, sei es, daß die menschlichen Repräsentanten der Unvernunft in Gefängnissen und Irrenanstalten eingesperrt und diszipliniert werden.
An die Stelle der anthropomorphen Natur und an die Stelle des absoluten Gottes tritt das *vernünftige Subjekt*. Der Gesellschaftszustand wird nicht mehr deswegen errichtet, weil das Subjekt eine natürliche Ordnung zerstören und verunreinigen oder eine übernatürliche Ordnung verletzen kann. Der Gesellschaftszustand dient vielmehr – nachdem er einmal erreicht worden ist – dazu, daß das vernünftige Subjekt die natürliche Ordnung herstellt. Die Konstruktion eines übernatürlichen Stellvertreters sozialer Akteure, nach dessen Plan die Gesellschaft sich erhält, wird aufgelöst zugunsten der Vorstellung, daß die sozialen Akteure selbst den »Plan« bestimmen, nach dem der Gesellschaftszustand hergestellt werden kann.

Die evolutionäre Rationalität von Eßtabus

Welche Rationalitätskriterien kann eine solche Theorie moralischer Evolution für das Problem der *Rationalität* von Eßtabus liefern? Die klassische Frage nach der Rationalität von Eßtabus läßt sich nicht quantitativ entscheiden. Es gilt kein Zusammenhang: Je weniger Eßtabus, umso rationaler die Gesellschaft (mit der Implikation, daß die Abnahme von Eßtabus ein Indikator für den Übergang von magischen zu rationalen Vorstellungen wäre). Es gilt auch kein Zusammenhang: Je optimaler an das Habitat adaptiert, umso rationaler die Eßtabus (mit der Implikation, daß

Überlebenskrisen Vergesellschaftung bestimmen). Beide Indikatoren sind unzureichend. Auch magische Praktiken können rational sein. Und ökonomisch optimierte Praktiken können irrational sein. Wie kann dann aber noch über Rationalität und Irrationalität von Eßtabus entschieden werden?

Das zwingt zunächst dazu, den sozialen und kulturellen Kontext in die Antwort auf die Rationalitätsfrage einzuführen. Man fragt dann nach der »ökologischen Rationalität«[68] von Eßtabus. Sind die Eßtabus rational angesichts der natürlichen Umwelt einer Gesellschaft? Welches sind die Folgen von Eßtabus für die Reproduktion der Gesellschaft in der Natur? Zerstören Eßtabus diese natürliche Umwelt oder tragen sie zu deren Reproduktion bei? Diese *Naturalisierung der Rationalitätsfrage* läuft allerdings die Gefahr eines haltlosen Relativismus. Sie läuft darauf hinaus, daß es soviele Rationalitätskriterien gibt, wie es unterschiedliche natürliche Umwelten gibt. Wenn man die Konsequenzen eines solchen Relativismus nicht teilt, dann muß man restringierende Bedingungen für Rationalität benennen. Man muß »ökologische Rationalität« enger fassen. Zwei Rationalitätskriterien jenseits einer »ökologischen Rationalität« lassen sich tentativ benennen: das Kriterium *gelingender Kooperation* und das Kriterium *gelingender Kommunikation.*[69] Kooperation ist die Reaktion auf den Grad der Ausdifferenzierung aus der Natur. Je weiter ausdifferenziert, umso mehr Anforderungen werden an die Reproduktion von Kooperation gestellt. Eßtabus können dann unter dem Gesichtspunkt beurteilt werden, wie sie Kooperation auf einem gegebenen Stand der Ausdifferenzierung aus der Natur sicherstellen oder behindern. Jede Kooperation wird durch kommunikative Organisation vergesellschaftet und wird dadurch unter weitergehende Rationalitätsanforderungen gesetzt. Gelingende Kommunikation unter den gegebenen Bedingungen der Ausdifferenzierung aus der Natur ist das Rationalitätskriterium, das sich

68 Zu diesem Begriff siehe die Einleitung zu diesem Band. Der Begriff der »ökologischen Vernunft« meint zunächst nur eine rationale Form der Anpassung an eine als objektiv und extern gedachte Umwelt. Der Schlüssel zu einer »Kritik der ökologischen Vernunft« ist der Begriff der Anpassung.

69 Zur Diskussion um die Rationalität von Kooperation vgl. die konkurrierenden Ansätze von Held (1977) und Raub/Voss (1986). Siehe auch die Diskussion in Eder (1985a). Zur Diskussion des Problems gelingender Kommunikation (jenseits des Utilitarismus) siehe die Programmatiken von Luhmann (1984) und Habermas (1981).

dann notwendig ergibt. Eßtabus sind rational in dem Maße, wie sie Kommunikation unter den Bedingungen der Ausdifferenzierung der Gesellschaft aus der Natur ermöglichen und sicherstellen.

Gelingende Kommunikation stellt soziale Beziehungen ohne Kampf her und löst Streit ohne Gewalt und Unterdrückung. Wir finden in einfachen wie in modernen wie in traditionalen Gesellschaften Rationalität und Irrationalität im Sinne gelingender oder scheiternder Kommunikation. Rache ist nicht auf einfache Gesellschaften beschränkt. Das Strafrecht kennt in einigen modernen Ländern ebenfalls die Logik der Rache. Und diskursive Einigung ist nicht typisch für moderne Gesellschaften. Sie findet sich ebenso häufig bzw. ebenso selten in den Verfahren der Streitschlichtung in einfachen Gesellschaften (Griffiths 1982; Nothdurft/Spranz-Fogasy 1986).

Die Analyse der Eßtabus in verschiedenen Gesellschaften hat gezeigt, daß in diesem Sinne die Jivaros und die alten Juden ein System entwickelt haben, das gelingende Kommunikation in Gang hat setzen können. In modernen Gesellschaften ist dies eher zweifelhaft geworden. Die Logik moderner Eßtabus zeigt, daß die moderne Kultur auf Prämissen beruht, die einer solchen Rationalität im Wege stehen. Die Gegenbewegung gegen diese Prämissen und der veränderte Umgang mit den Tieren und die Bewegung gegen die bloße Verwertung der Natur zeigen aber, daß die Rationalitätsfrage unentschieden ist.

Ob das »moderne Experiment« der radikalen Ausdifferenzierung von Kultur und Gesellschaft aus der Natur rational ist, das ist zur Kernfrage hochentwickelter moderner Gesellschaften geworden. Es muß nicht per se irrational sein. Nur sind offensichtlich die kommunikativen Formen, die diesem Experiment angemessen wären, bislang noch nicht gefunden worden. Wir tun weiter so, als ob das, was wir essen, keine kommunikative Bedeutung hätte.

Die carnivore und die vegetarische Kultur. Zwei Modelle der symbolischen Organisation der Gesellschaft

Die kommunikative Struktur symbolischer Praxis

Der ethnographische Blick

Die Sozial- und Kulturanthropologie zählt zu jenen Sozialwissenschaften, die das Selbstverständnis der Gesellschaft, aus der sie hervorgegangen sind, schon immer irritiert haben. Die Beschäftigung mit uns fremden Kulturen zwingt nicht nur dazu, die kulturellen Voraussetzungen der Wahrnehmung fremder Kulturen zu reflektieren. Der mit der Beschäftigung mit dem »Fremden« verbundene *Verfremdungseffekt* (Leiris 1977, 1978) hat auch dazu geführt, daß in der Sozial- und Kulturanthropologie die Frage des »Verstehens« schon sehr früh ins Zentrum methodischer Selbstreflexion gerückt worden ist (Kippenberg/Luchesi 1978; Douglas 1975). Eine solche Selbstreflexion führt – wenn sie konsequent durchgeführt wird – dazu, die kulturellen Voraussetzungen des eigenen Denkens in Frage zu stellen. Die Soziologie dagegen hat bislang ihre kulturellen Voraussetzungen, die zugleich ihr Gegenstandsbereich sind, eher als Spezialproblem, nämlich als ein Problem der »Wissenssoziologie«, behandelt.

In dem Maße aber, wie der ethnographische Blick zurück auf die eigene Gesellschaft gerichtet wird, ergreift der Verfremdungseffekt auch die Soziologie. Es kommt die Ambivalenz und Uneindeutigkeit dieser »Referenzkultur« in den Blick. Die Kultur der modernen Gesellschaft erscheint als eine Kultur, die alle Kultur verloren hat, als eine Kultur, die versucht, ihre Logik auf Zweckrationalität, auf »utility as the cultural order«, zu reduzieren. In dem Moment, wo diese Kultur nicht mehr so recht funktioniert (und dieses Phänomen ist relativ jung), gerät diese Selbstbeschreibung ins Wanken und mit ihr die theoretische Selbstsicherheit der darauf aufbauenden Soziologie. Der der Soziologie durch ihren Gegenstand nahegelegte Ethnozentrismus bricht in dem Maße auf, wie die Gesellschaft, in der die Soziologie lebt, selbst diese kulturellen Voraussetzungen in Frage stellt. Die Reaktionen darauf sind sehr unterschiedlich. Eine Reaktion besteht darin, die kulturellen Präsuppositionen *kulturrelativistisch* zu behandeln. Eine andere Reaktion besteht darin, Kultur zu *naturalisieren*, sie auf anthropologische Konstanten menschlichen Handelns zu reduzieren.

Die *kulturrelativistische* Tradition hat seit jeher mit der ihr eigenen logischen Inkonsistenz zu kämpfen. Auch der Kulturrelativismus muß seinem eigenen Verdikt unterstellt werden können. Von größerer systematischer Bedeutung ist die naturalistische, auf utilitaristische Handlungstheorien rekurrierende Theorietradition geworden.[1] Eine in diesem Zusammenhang wichtige Diskussion findet in der Sozial- und Kulturanthropologie statt: die Diskussion zwischen den *cultural materialists*, als deren Hauptexponent Marvin Harris, und den *symbolic structuralists*, als deren Hauptexponent Marshall Sahlins gelten kann (Harris 1968; Sahlins 1981).

Beide Autoren stellen sich die gleiche Frage: Was ist das reale Leben, die reale Praxis, die die Reproduktion und Evolution von historischen Gesellschaftsformationen (bestehend aus Basis und Überbau) bestimmt? Harris beantwortet diese Frage in einer Art und Weise, die einer vertrauten Variante des Historischen Materialismus sehr nahe kommt: Es ist die *nutzenoptimierende Praxis* der Aneignung der Natur, die Entfaltung der Produktivkräfte, die eine Produktionsweise mit ihrem ganzen politisch-rechtlichen und kulturellen Überbau in Bewegung bringt. Sahlins beantwortet diese Frage in einer im Kontext des Historischen Materialismus ungewohnten Weise: Es ist die *symbolische Praxis* der Aneignung der Natur, die Transformation von Natur in Kultur via Gesellschaft, die die Bedingungen für Reproduktion und Evolution historischer Gesellschaftsformationen festlegt. Harris erklärt die Entstehung und den Wandel institutionalisierter Praktiken (ökonomischer, politischer, ideologischer Art) aus dem Nettonutzen (benefits minus costs), der sich ergibt, wenn die Bedürfnisse nach Essen, Sex, Gesundheit und Beifall befriedigt werden

1 Diese Theorietraditionen finden unter dem Titel »ökonomische Theorie« wieder größere Verbreitung in der Soziologie und Sozialanthropologie. Vgl. für die Soziologie etwa die Arbeiten der neuen Chicago-Schule. Dazu grundsätzlich Coleman (1979) sowie Lindenberg (1987).

sollen. Ob Kosten oder Vorteile gegeben sind, läßt sich an steigenden oder sinkenden Todesraten, am Kalorien- oder Protein-Input, an der Häufigkeit von Krankheiten, an »energetic balances« (also ökologischen Gleichgewichten) etc. messen. Sahlins dagegen erklärt die Entstehung und den Wandel institutionalisierter Praktiken aus der Art und Weise, wie in einer Gesellschaft die Beziehungen zwischen den Menschen und die Beziehungen zwischen den Menschen und der Natur symbolisch organisiert werden.

Diese Theorien enthalten also konkurrierende Erklärungen für die Genese und die Reproduktion einer gesellschaftlichen Ordnung. Eine *Nutzentheorie der Kultur* (Kultur als Profit) führt dazu, den Erklärungen der Genese und des Wandels kultureller Normen eine naturalistische Logik zugrunde zu legen. Dieser naturalistische Reduktionismus kulminiert – zu Ende gedacht – in der These der soziobiologischen Grundlagen gesellschaftlicher Ordnung.[2] Eine *Kommunikationstheorie der Kultur* (Kultur als Sprache) führt dazu, Erklärungen der Genese und des Wandels kultureller Normen auf eine kulturellen Ordnungen eigene Logik zu beziehen. Das führt dazu, die Regeln der Konstruktion einer symbolischen Ordnung zu entziffern und die in ihr angelegte »Entwicklungslogik« zu identifizieren. Das bedeutet nicht, eine universale Entwicklungslogik auf der Ebene der Menschheitsgeschichte anzunehmen. Das bedeutet nur, für eine jeweils spezifische Kultur die ihr zugrundeliegende Logik symbolischer Ordnung, ihre kulturellen Apriori, zu rekonstruieren und die damit eröffneten Entwicklungschancen zu identifizieren.[3]

Nutzenorientiertes Handeln setzt einen vorgesellschaftlichen Zu-

2 Dieses Zu-Ende-Denken ist natürlich cum grano salis zu nehmen. Zumindest legt solches Theoretisieren nahe, die Grundannahmen über menschliches Verhalten möglichst gut abzusichern. Und welche Wissenschaft böte nicht eine bessere »wissenschaftliche« Grundlage für solche Annahmen als die Biologie?

3 Diese Entgegensetzung von nutzentheoretischen und symboltheoretischen Erklärungsstrategien soll natürlich nicht die Differenzen innerhalb dieser Theoriepositionen verdecken. In beiden Positionen lassen sich *minimalistische* und *maximalistische* Varianten unterscheiden. Minimalistische Nutzentheorien erklären nur jene Normen, die das Überleben sichern; alles, was über diesem Minimum liegt, ist kontingent. Maximalistische Nutzentheorien erklären die Entstehung jeder Art von Normen als Ergebnis einer Optimierungsstrategie (etwa nach dem Modell der Mikroökonomie); diese Theorie funktioniert allerdings nur unter der Klausel, daß alle anderen Handlungsvariablen konstant bleiben (ceteris paribus-Klausel) (Opp 1983). Minimalistische Sinninterpretationen behaupten, daß eine symbolische Eigenlogik nur jenen Normen zuge-

stand voraus. Nutzentheorien müssen immer von einem Nullzustand der Vergesellschaftung ausgehen, wenn sie Soziales zu erklären suchen. Der ideale Nullzustand, der die Anwendungsbedingungen dieser Theorie liefert, wäre der *Naturzustand*. Gerade die Veränderung dieses Naturzustandes und seine Transformation in einen Gesellschaftszustand sind der Gegenstand soziologischer Analyse. Soziologische Theorien setzen dort an, wo der Naturzustand verlassen wird. Eine *Kommunikationstheorie der Kultur* macht – im Gegensatz zu den ökonomischen Theorien – diese Differenz zum Naturzustand zu ihrem Gegenstandsbereich.

Erst eine solche Kommunikationstheorie der Kultur kann die Komplexität eines gesellschaftlichen Naturverhältnisses fassen. Ökonomische Theorien der Kultur unterscheiden Gesellschaften danach, wie »vorteilhaft« sie sich an ihre ökologischen und sonstigen Umweltbedingungen anpassen. Sie unterschätzen aber das Problem der Durchsetzung einer solchen vorteilhaften Anpassung. Die Prämisse eines ökonomisch rationalen Umgangs mit der Natur tut so, als ob ökonomische Rationalität problemlos kommunizierbar wäre. Und sie tut so, als ob ökonomische Rationalität der einzig rationale Gesichtspunkt menschlicher Kommunikation wäre. Der kommunikationstheoretische Blick[4] zeigt, daß solche Unterstellungen sowohl falsche Generalisierungen enthalten als auch den Sinn von Kommunikation verfehlen.

Dieser kommunikationstheoretische Blick – und einem solchen Blick sperrt sich prinzipiell die utilitarische Theorie – soll im folgenden auf einen Typus von Praktiken gerichtet werden, der

schrieben werden könne, die Grundprobleme des menschlichen Lebens erträglich machen, insbesondere das Problem des Todes; was darüber hinausgeht, wird dem materiellen Zwang oder dem Genius einer Kultur zugeschrieben. Maximalistische Sinninterpretationen erklären die Entstehung jeder Art von Normen als logisches Resultat eines kommunikativ organisierten Symbolisierungsprozesses, in dem alle Aspekte und Elemente der Welt in ein kognitiv konsistentes System, in ein »Bild« von der Welt integriert werden. Das zugrundeliegende Modell läßt sich – mit einer kleinen Verschiebung in der Konzeptualisierung des »Sozialen« – als ein Durkheimscher soziologischer Determinismus bezeichnen.

4 Diese kommunikationstheoretischen Überlegungen schließen an den in der strukturalen Anthropologie entwickelten Kommunikationsbegriff an (Leach 1978). Das erlaubt es, den von Luhmann (1984) und Habermas (1981) theoretisch entwickelten Kommunikationsbegriff an makrosoziologische Phänomene anzunähern.

zugleich ein gesellschaftliches Verhältnis zur Natur wie eine spezifische Struktur kommunikativer Beziehungen in der Gesellschaft repräsentiert: auf die *symbolische Praxis des Opfers.*[5] Es geht im besonderen um die Praxis des *Blutopfers* (Loeb 1974), die vom Kannibalismus über Tieropfer bis zu Formen der Selbstverstümmelung reicht.

An solchen Opferpraktiken kann gezeigt werden, daß das Opfer eine Form der Aneignung der Natur ist, das über seine ökonomische Funktion hinaus vor allem kommunikative Funktionen erfüllt. Solche kulturellen Praktiken machen die Blindheit des ökonomischen Blicks und die Schärfe des kommunikationstheoretischen Blicks in exemplarischer Weise deutlich.

Opferrituale und Vergesellschaftung

Das *Opfer* ist eine Form ritueller Praxis, das sich bereits in einfachen Gesellschaften findet. Es ist Teil einer rituellen Praxis, die den Geistern zurückgibt, was diese den Menschen gegeben haben. Die Geister müssen nicht gut gestimmt werden; man muß sie nicht zu überreden versuchen. Man muß nur die Gegenseitigkeit, die einfache Gesellschaften kennzeichnet, auch in Relation zu den Geistern aufrechterhalten. In staatlich organisierten Gesellschaften werden solche rituellen Formen zu einem Opfer, das den Göttern gegeben wird, um sie positiv zu beeinflussen. Die restringierte Kommunikation des Rituals (Bloch 1974) wird in Richtung auf höhere Freiheitsgrade reorganisiert. Die soziale Evolution des Opfers ist in traditionalen Gesellschaften zugleich von Exzessen begleitet gewesen, die diesem evolutionären Prozeß seine Eindeutigkeit nehmen.

Um die Götter, die Macht, Prestige, Recht, Reichtum und Gesundheit geben, gnädig zu stimmen, wird im Opfer den Göttern das weitestgehende Opfer gegeben, das Menschen geben können: nämlich Menschen. Alle komplexeren Gesellschaften haben *Men-*

5 Das Opfer hat eine bedeutende Rolle in der soziologischen und sozialanthropologischen Theoriebildung gespielt. Zur theoretischen Diskussion des Opfers vgl. die klassischen Arbeiten von Hubert/Mauss aus dem Jahre 1899 (Hubert/Mauss 1986a, 1968b), Loisy (1920) sowie die neueren Ansätze von Girard (1972) und Turner (1976). Einen Überblick lieferte Bourdillon (1980). Speziell zum Menschenopfer vgl. Sagan (1974, 1982).

schenopfer gekannt. Die mythischen Erzählungen jener Gesellschaften, die das Menschenopfer nicht mehr kennen (und z. B. durch Tieropfer ersetzt haben), berichten von Menschenopfern in ihrer Vorgeschichte. Das Ausmaß der Menschenopfer variiert in den verschiedenen archaischen traditionalen Gesellschaften. Und das Ausmaß, in dem dieses Opfer zivilisiert worden ist, differiert zwischen den Gesellschaften.

Ein evolutionär folgenreiches Ergebnis dieser Zivilisierung ist jenes gemeinsame *Opfermahl*, das zum Modell der Organisation der griechischen Polis geworden ist.[6] Die Gemeinschaft der Opfernden definiert den Kommunikationsmodus, auf den die Gesellschaft gegründet wird. Dieses Opfermahl dient dann – in Verknüpfung mit jüdisch-christlichen Elementen – als Überleitungsformel in die europäische Moderne. Das Opfermahl wird ersetzt durch die Gemeinsamkeit derer, die für Gott arbeiten und zusammenleben. Die protestantischen Sekten übernehmen die evolutionäre Rolle, die die Opfergemeinschaft in der Evolution staatlich organisierter Gesellschaften gespielt hat. Auch die Evolution des Opfers in der Moderne ist von Exzessen begleitet gewesen. Von den Hexenverfolgungen über die nationalistischen und kolonialistischen Verfolgungen bis hin zum Holocaust reichen die Versuche, dem Opfer einen »modernen« Sinn zu geben.

Die bürgerliche Gesellschaft ist der Versuch, diese Vergemeinschaftungsform zu zivilisieren[7], sie zu einem Modell der Gesellschaft zu machen, das diese Exzesse zu kontrollieren vermag. Ein für die Modernisierung einiger historischer Gesellschaften entscheidendes Ergebnis dieser Evolution sind die *Aufklärungsgesellschaften* gewesen. Ihr Kommunikationsmodus folgt dem Ideal »diskursiver Verständigung«. Diese Form der Kommunikation ist das Modell für das geworden, was wir die »bürgerliche Gesellschaft« nennen (Eder 1985a). Die Gemeinschaft der in einer durch Arbeit bestimmten Lebenswelt miteinander Kommunizie-

6 Dazu vgl. die Arbeiten von Detienne/Vernant (1979), die sozialanthropologische und historische Zugangsweisen verknüpfen. Zur Vorgeschichte vgl. Burkert (1972). Zur Wirkungsgeschichte vgl. James (1962). Zum indischen Kontrastfall siehe Biardean/Malamond (1976).

7 Man kann somit auch die Entstehungsgeschichte der Moderne als einen evolutionär neuen Anlauf zu einem »Zivilisierungsprozeß« verstehen. Zu dieser Programmatik vgl. Elias (1971). Einen interessanten theoretischen Ansatz bietet auch MacFarlane (1977).

renden wird auf ihre bloße Form reduziert: auf die Form »diskursiver« Auseinandersetzung. Ob und wieweit dieses Modell in der Lage ist, Vergemeinschaftungsformen zu zivilisieren, ist allerdings nach den Erfahrungen mit der Moderne zweifelhaft geworden. Der Zivilisierungseffekt von Kommunikation ist offensichtlich unabhängig vom Grad der Komplexität, den eine Gesellschaft erreicht hat.[8]
Was die Evolution von Kommunikation in diesen unterschiedlich komplexen Gesellschaften bestimmt, das soll im folgenden an Opferpraktiken in einfachen, traditionalen und modernen Gesellschaften gezeigt werden.[9]

Das Ende des Kannibalismus

Der Diskurs über primitiven Kannibalismus

Kannibalismus ist ein abwertender Begriff für Phänomene, die den Umgang mit toten bzw. getöteten Menschen betreffen. Was das Phänomen, das vom anthropologischen Weltbild als Kannibalismus bezeichnet worden ist, wirklich bedeutet, setzt ein Verständnis der Kontextbedingungen voraus. Die Begriffe, die eine kulturimperialistische Sicht benutzt, um diese Phänomene zu verstehen, führen, wenn sie nicht in ihrer Perspektivität relativiert werden, systematisch in die Irre. Kannibalismus ist eine symbolische Praxis, die sich in einigen Gesellschaften findet und nur aus der Logik der Kultur dieser Gesellschaften heraus verständlich gemacht werden kann.[10]

8 Solche Komplexitätsniveaus sind definiert durch den Stand der Entwicklung der Produktivkräfte und den Grad der Ausdifferenzierung der Gesellschaft aus der Natur. Siehe dazu die Kapitel über »Die gesellschaftliche Aneignung der Natur« sowie über »Praxis und Geschichte« in diesem Band. Der Prozeß der Zivilisierung ist von diesen Ausgangsbedingungen weitgehend unabhängig. Nur die Anforderungen an ihn steigen mit zunehmender Komplexität.

9 Noch einmal sei betont, daß diese Unterscheidung von Gesellschaften noch keine Annahme einer sozialen Evolution impliziert. Diese Unterscheidung verdankt sich zunächst nur Unterschieden im Hinblick auf den Grad der Ausdifferenzierung der Gesellschaft aus der Natur. In diesem Sinne sind moderne Gesellschaften der Natur ferner als einfache. Das ist aber unabhängig davon, ob die in diesen verschiedenen Gesellschaften sich herausbildende Form ritueller Kommunikation in einem »praktischen« Sinne rational ist oder nicht.

Wenn man die Diskussion über Kannibalismus rekonstruiert, dann beginnen die Schwierigkeiten schon dort, wo das anthropologische Weltbild die meisten Kannibalen vermuten würde: in der frühgeschichtlichen Vorzeit der Menschen (Andree 1887; Roper 1969). Gerade an archäologischem Material wird die kulturtheoretische Ahnungslosigkeit besonders deutlich. Systematische Verletzungen am menschlichen Körper werden als Indikatoren für zielgerichtetes intrahumanes Töten gedeutet, das dann als Kannibalismus gedeutet wird.

Die Selbstverständlichkeit, mit der man solche Phänomene als Kannibalismus zu deuten versuchte, hat die Vermutung provozieren müssen, daß es gar keinen Kannibalismus gibt. Kannibalismus sei nichts anderes als eine Erfindung der Anthropologen. Sie sei ein Ergebnis des anthropologischen Weltbildes und somit Teil der modernen Ideologie (Arens 1979). Dieses Argument ist zwar richtig. Doch die Schlußfolgerung, daß es keinen Kannibalismus gegeben habe, ist eine überzogene Ehrenrettung des Menschen. Es ist unbezweifelbar, daß es »kannibalische« Glaubensvorstellungen gegeben hat. Und es gibt kein Argument apriori, warum

10 Es gibt also einen Zusammenhang zwischen geringer Ausdifferenzierung aus der Natur und Kannibalismus, ein Zusammenhang, der – wo sich das politisch/kulturell aufdrängt – eine kulturimperialistische Sicht nahelegt. Ein Beispiel dafür ist die »ethnographische Studie« über die Anthropophagie von Andree aus dem Jahre 1887. Zwei Zitate zeigen das überdeutlich. Er schreibt: »Am scheußlichsten erscheint uns die Anthropophagie aber entschieden da, wo alles Gefühl so abgestumpft ist, daß sie zur reinen Leckerei wird... Wenn – wie übereinstimmend verschiedene glaubwürdige Beobachter berichten – die Fan am Gabon und die Obotschi am Niger fremde Leichen ausgraben und fressen, so finden wir darin keine Beschönigung.« (Andree 1887, S. 103) Abgesehen davon, daß das Genießen als solches bereits verdächtig ist, artikuliert sich das zivilisierte Bewußtsein als Abscheu vor solchen Praktiken. Zugleich kann sich dieses zivilisierte Bewußtsein trösten und beglückwünschen: »Erfreulich ist zu sehen, wie mehr und mehr die Anthropophagie an Boden verliert und wie selbst in der kurzen Spanne geschichtlicher Zeit, die seit der großen Periode der Entdeckungen verflossen ist, in einem sehr bedeutenden Raume der Kannibalismus bereits verschwand... Freilich verschwand an manchen Stellen auch die Anthropophagie mit dem Volke selbst und da, wo vor nur hundert Jahren im Gebiet der großen nordamerikanischen Seen noch anthropophage Rothäute der Jagd oblagen und rachsüchtig den an den Kriegspfahl gebundenen Feind zerstückelten und verzehrten, da breitet sich nun, mächtig das Land überflutend, die angelsächsische Rasse aus.« (Andree 1887, S. 105f.)

diese Glaubensvorstellungen nicht bisweilen (selten oder öfter) in die Praxis umgesetzt worden sind.[11]

Das, was als Kannibalismus bezeichnet wird, dürfte bereits beim frühen Menschen damit zu tun haben, daß er ein intensives Interesse an den körperlichen Überresten seiner Mitmenschen entwikkelt hat, das sich in unterschiedlichen Formen äußern konnte: sei es in Form von Bestattungsriten, sei es in Form von Kopfjägerkulten, sei es in Form von kannibalischen Ritualen der Aneignung des Körpers des anderen durch Essen. Wenn man verstehen will, was *Kannibalismus* ist, muß man verstehen, was er im einzelnen, etwa in der Form des *Essens*, bedeutet.

Ein Versuch, die *Anthropophagie* zu erklären, besteht darin, hinter den kulturellen Vorstellungen, die die Menschen mit diesen Ritualen verbinden, einen objektiven, den Menschen nicht notwendig bewußten, Vorteil zu vermuten und zu identifizieren. Dabei liegt es nahe, an den *Nahrungswert* kannibalischer Praktiken zu denken. Eine frühe Version dieser These findet sich bei Dole (1961). Sie beschränkt den Nahrungswert nicht nur auf das, was sie »gastronomic endocannibalism« nennt. Sie sieht das Nahrungsmotiv auch im »rituellen Kannibalismus« gegeben (Dole 1961, S. 570).[12]

Dieses Argument ist von Garn/Block (1970) widerlegt worden. Sie weisen in einer Diskussionsbemerkung darauf hin, daß die Mindestration an Menschenfleisch für eine 60 Mann starke Gruppe mindestens einen Mann pro Woche ausmachen würde. Das aber würde bedeuten, daß sich diese 60 Mann starke Gruppe in einem Jahr selber aufessen müßte, damit ein signifikanter Effekt im Hinblick auf den Protein-Input entstünde. Dieses Argument hat allerdings die in den 70er Jahren stattfindende Diskussion nicht verhindern können (Harris 1977, 1978; Dornstreich/Morren 1974).

Die strukturale Gegenbewegung gegen diesen ökologischen Ob-

11 Diese ganze Diskussion ist eher ideologischen Kämpfen geschuldet denn wissenschaftlicher Analyse. Nachdem auch wegen des problematischen Charakters des empirischen Materials der theoretischen Deutung ein relativ freier Spielraum gegeben ist, schießen unwahrscheinliche Deutungen leicht ins Kraut.

12 Das kulturelle Modell, das hinter dieser Deutung liegt, wird deutlich, wenn Dole das Essen von Menschenfleisch einer frühen Phase rituellen Endokannibalismus' zuordnet, während symbolische Praktiken wie das Trinken von in Wasser verrührtem Knochenmehl der Verstorbenen als Überbleibsel von einfacheren Formen des Kannibalismus gedeutet werden. Siehe Dole (1961), S. 572.

jektivismus markiert Lévi-Strauss' Theorie des Kannibalismus.[13] Gerade die *Anthropophagie* – so Lévi-Strauss – löst in unserer Kultur das meiste Entsetzen aus, was bereits etwas über unsere Kultur sagt. Wenn man von den durch die Not erzwungenen Formen der Anthropophagie absieht (und die gibt es überall), dann bleibt das Problem des rituellen Verzehrs von Körperteilen eines Vorfahren oder eines Feindes zu dem Zweck, sich dessen Macht anzueignen oder dessen Macht zu neutralisieren. Daß man solche Bräuche verurteilt, setzt seinerseits den Glauben an die Auferstehung des Fleisches, also bestimmter Vorstellungen des Zusammenhangs von Geist und Seele, schon voraus. Solche Vorstellungen liegen aber gerade auch der rituellen Anthropophagie zugrunde. Auch Pietätlosigkeit läßt sich diesen Praktiken nicht vorwerfen, nachdem unsere Kultur in den Anatomiesälen auch nicht anders mit den Körpern umgeht, als dies einzelne einfache Kulturen tun.

Jenseits einer in allen Gesellschaften verbreiteten Vorstellung vom Zusammenhang von Seele und Körper besteht die Differenz zwischen der einfachen und der modernen Gesellschaft darin, daß das, was als gefährlich angesehen wird, in diesen Kulturen einverleibt wird, in unserer Kultur aber ausgeschlossen (»ausgespien«) wird. Im ersten Fall handelt es sich um *Anthropophagie*, im zweiten Falle um *Anthropemie* (Lévi-Strauss 1978, S. 382). Es handelt sich also um zwei gegensätzliche Modelle symbolischer Praxis, um zwei Modelle der symbolischen Organisation der Gesellschaft, die sich moralisch nicht unterscheiden und hierarchisieren lassen.[14] Kannibalismus hat also mit tiefsitzenden kulturellen Festlegungen zu tun, die als solche gar nicht moralisiert werden können.

Ein erster Schritt in der Analyse dieser Denkvoraussetzungen ist

13 Vgl. dazu Lévi-Strauss (1964) sowie (1973), S. 511-532. Die Denkvoraussetzungen für diesen Zugang hat Lévi-Strauss bereits 1955 in »Traurige Tropen« (Lévi-Strauss 1978, S. 381ff.) formuliert.

14 Lévi-Strauss vergleicht die rituelle Praxis der Einverleibung mit unserer Praxis des Strafens und kommt zu folgendem Schluß: »Und der Gipfel der Absurdität ist erreicht, wenn man, wie wir es tun, den Schuldigen einerseits als Kind behandelt, um ihn bestrafen zu können, und andererseits als Erwachsenen, um ihm den Trost zu versagen, und zudem noch glaubt, einen großen Fortschritt des Geistes erzielt zu haben, weil man einige Mitmenschen, anstatt sie aufzufressen, lieber physisch und moralisch verstümmelt.« (Lévi-Strauss 1978, S. 383f.)

die These vom »kulinarischen Dreieck« (Lévi-Strauss 1964) gewesen. Die spezifische These, daß es einen Zusammenhang zwischen Endokannibalismus und dem Gekochten und zwischen Exokannibalismus und dem Gebratenen gebe, ist allerdings bestritten worden (Shankman 1969). In der dann von Lévi-Strauss (1973), S. 511ff., vorgenommenen Revision des »kulinarischen Dreiecks« sind die Oppositionspaare verändert worden. Das Gekochte wird nicht mehr dem Gebratenen, sondern das Rohe wird dem Gekochten gegenübergestellt. Das Gebratene ist eine nur partielle Transformation des Rohen. Daraus folgt, daß das *Gekochte* eher der *Kultur*, das *Rohe und Gebratene* eher der *Natur* zuzuordnen wäre. Kannibalismus wäre dann in dem Maße, wie das Fleisch gekocht wird, kulturelle Praxis. Kannibalismus wäre in dem Maße, wie das Fleisch gebraten oder roh gegessen wird, dem Zwang der Notwendigkeit gehorchende »natürliche« Praxis.

Lévi-Strauss' Versuch, Kannibalismus aus der Strukturlogik des »kulinarischen Dreiecks« zu erklären, dürfte ein Fall von misplaced concreteness sein. Wie die Logik der Zubereitung von rituellen Mahlen mit der Logik der Kultur zusammenhängt, ist ein offenes Problem. Eine direkte Beziehung ist empirisch nicht zu zeigen. Deshalb bietet es sich an, zur klassischen strukturalen Hypothese zurückzukehren, vom Gegensatzpaar »Einverleiben/Ausspeien« auszugehen und den Zusammenhang zwischen diesem Gegensatzpaar und den kulinarischen Gegensatzpaaren offen zu lassen.

Damit ist eine aussichtsreichere strukturale Erklärungsstrategie formuliert. Sie bringt symbolische Praktiken nicht mit dem universalen Bedürfnis nach Hunger, gutem Essen, des Neidens oder des Prestigehungers zusammen, sondern mit der Logik der Kultur auf einem spezifischen Niveau der Ausdifferenzierung der Gesellschaft aus der Natur. Man könnte dann überprüfen, inwieweit die spezifische Härte der natürlichen Lebensbedingungen einfacher Gesellschaften mit dieser Differenz kovariiert und Differenzen in der kulturellen Praxis der Anthropophagie (oder Anthropemie!) bewirkt.

Der Analysevorschlag läuft also darauf hinaus, zunächst die strukturellen Alternativen zu identifizieren, die die symbolische Organisation der Gesellschaft auf einem niedrigen Niveau der Ausdifferenzierung der Gesellschaft aus der Natur bereitstellt, und dann in einem zweiten Schritt die Kontextbedingungen zu identifizieren, die aus diesen Alternativen einen Entwicklungspfad selegieren.

Die Welt der Kwakiutl

Dafür, wie der Naturzustand, der sich im Kannibalismus manifestiert, kollektiv bearbeitet und symbolisch bewältigt wird, ist die Kultur der Kwakiutl-Indianer ein besonders aufschlußreiches Beispiel.[15] Die Kultur der Kwakiutl-Indianer ist der privilegierte Gegenstand von ökologischen und ökonomischen Theorien in der Kultur- und Sozialanthropologie gewesen. Insbesondere die Institution des *Potlatch* hat die Phantasie der ökonomischen Theoretiker (und Methodologen) immer wieder beschäftigt (Harris 1977, S. 81ff.). Und sie ist gleichermaßen der privilegierte Gegenstand struktural ansetzender Theorien geworden. Eine interessante und kulturtheoretisch anspruchsvolle Studie über die Strukturen der symbolischen Organisation der Kwakiutl-Gesellschaft hat Walens (1981) vorgelegt. An diese Studie schließen die folgenden Überlegungen an.

Die Welt der Kwakiutl ist voll von *Mündern*. Es sind die Münder der Menschen, die sprechen, die Münder von Tieren, die hungrig sind und fressen, die Münder von Killerwalen, die bedrohlichen Zähne von Wölfen und Bären, von Cannibal Birds, die menschliche Schädel zertrümmern, von wilden Frauen mit Hängebrüsten und vorstehenden Lippen, die unvorsichtige Wanderer und böse Kinder suchen und verschlingen. Die Welt der Kwakiutl ist eine *orale Kultur*. Sie beruht auf der Angst vor dem Verschlungenwerden.

Die Apotheose der Macht des Hungers findet sich im *hamatsa*, dem »Cannibal Dance« (Walens 1981, S. 15). Der Wunsch des Kannibalen, Menschenfleisch zu essen, repräsentiert all jene Kräfte, die die Gesellschaft zerstören können. Der Kannibale muß somit gezähmt werden – das ist die Grundlage des Kannibalentanzes. Der Kannibalentänzer ist so sehr durch den Wunsch nach Menschenfleisch bestimmt, daß er ununterbrochen mit den

15 Vgl. dazu Walens (1981). Hinzu kommt, daß die ethnographischen Berichte über diese Kultur zu den herausragenden Zeugnissen ethnographischer Feldforschung (sie wurden von Boas gesammelt) gehören.

Zähnen knirscht. Zunächst greift er alle Personen in seiner Umgebung an, beißt sie und wird dann vom Bärentänzer verjagt. Nach einer Weile kehrt er wieder zurück, da ihn der alte Hunger nach Menschenfleisch wieder erfaßt hat. Die Teilnehmer am Tanzritual singen heilige Gesänge, doch ohne Erfolg. Dann taucht eine nackte Frau (seine wirkliche oder klassifikatorische Schwester) mit einem Körper in ihrem Arm auf und tanzt vor ihm in lasziver Weise. Aber selbst dieses inzestuöse Angebot hält den Kannibalen nicht von seinem Hunger nach Menschenfleisch ab. Er greift sich den Körper und verschlingt ihn. Damit ist zwar der Hunger befriedigt; aber er ist nicht negiert. Das geschieht erst im letzten Tanz. Die anderen Tänzer pressen dem Kannibalentänzer ein schwelendes, mit Menstruationsblut getränktes Tuch ins Gesicht. Sobald der heilige Rauch den Körper des Kannibalen erreicht hat, ist er gesättigt; denn sein primäres Bedürfnis wurde durch das Menstruationsblut gestillt. In diesem Moment wird der Kannibale zum Kind, dem alles, Essen und Trinken, Reden und Schlafen, neu gelehrt werden muß. Wenn der Kannibalentänzer diese Re-Initiation hinter sich gebracht hat, dann hat er die zerstörerische Kraft der ursprünglichen Freßgier besiegt.

In diesem Tanz wird das Grundproblem der Kwakiutl-Kultur gelöst: sich vom Zwang des ungehemmten Hungers, vom Zwang, den Nächstbesten zu verspeisen, gelöst und das Essen in eine symbolisch geregelte Form gebracht zu haben. Damit werden aber nicht einfach kannibalische Bedürfnisse zivilisiert. Eine solche psychologische Erklärung würde nicht erklären können, warum Essen (und der Kannibalismus ist nur die ambivalenteste Form, sich Nahrung zu verschaffen) eine so große Rolle spielt. Das wird dann deutlich, wenn man Essen – ebenso wie den Kannibalismus als seine radikalste Symbolisierung – als eine *Form von Kommunikation* deutet. Essen ist das Medium der Kommunikation mit den Geistern, von denen die Menschen abhängig sind. Die Geister geben die Nahrung und die Menschen müssen sie zurückgeben. Sie transformieren dabei auch dieses Zurückgeben. Sie geben keine Körper zurück. Sie geben Gegenstände, die Seelen repräsentieren, zurück. Erst diese Bedeutung von Nahrung macht verständlich, warum das Kannibalische zum Organisationsprinzip der Kultur der Kwakiutl geworden ist.

Wenn das Nahrungsproblem eine so wichtige Rolle spielt (und dafür gibt es sicherlich überzeugende ökologische Erklärungen), dann kann man die Kwakiutl-Kultur als eine Kultur bezeichnen, die dieses Problem rituell zu regeln und damit zu zivilisieren gelernt hat. Diese Leistung macht ein Phänomen verständlich, das für die Gesellschaft der Kwakiutl von hoher ökonomischer Bedeutung gewesen ist: das Ritual der kollektiven Zerstörung von Reichtum, den *Potlatch*. Was in den Augen des naiven Beobachters als ein irrationales Zerstören von Gütern erscheint, gewinnt im symbolischen System der Kwakiutl eine rationale Bedeutung: Indem man Tierhäute und Decken (die homolog zum Leder sind) zerstört, gibt man den Geistern zurück, was sie vorher als Nahrung gegeben haben.

Man kann hinter dieser manifesten Irrationalität auch eine einfache kalkulatorische Rationalität am Werke sehen, besonders dann, wenn man den Potlatch unter dem Gesichtspunkt eines Festes sieht, in dem die Beteiligten sich gegenseitig in dem, was sie zum Fest beitragen, zu übertreffen suchen. Daß im Potlatch dieser Mechanismus wirksam werden konnte, ist der Effekt eines Rituals, aber nicht dessen Ursache. Wenn man sich auf ein Ritual einläßt, dann deswegen, weil damit eine kulturelle Norm befolgt wird, die bestimmte Praktiken möglich (und andere unmöglich) macht.[16] So hat der Potlatch seinen Sinn nicht im festlichen Gelage, sondern in dem, was zunächst ganz unsinnig zu sein scheint, nämlich in der Zerstörung von Gütern. Dieser Praxis widerspricht die Idee einer Umverteilung von denen, die zuviel, hin zu denen, die zuwenig haben. Und das Prestige, das man sich erwirbt, wenn man viele Güter zerstören kann, beruht nicht darauf, daß die Habenichtse sich Güter aneignen können, sondern darauf, daß es einen gemeinsam geteilten Glauben an Geister gibt, der zu dieser »Zerstörung« (die für diese Kultur gar keine ist!) führt.[17]

16 Harris hat den Potlatch als »a nearly universal mechanism for assuring the production and distribution of wealth among peoples who have not yet fully acquired a ruling class« erklärt (Harris 1977). Die symbolische Konkurrenz wird also aus dem Fehlen einer herrschenden Klasse erklärt.

17 Inwieweit diese Zerstörung mit Prestige sinnvoll in einen Zusammenhang gebracht werden kann, hängt davon ab, ob das materielle Motiv bei den Geistern eine zentrale Rolle spielt. Das aber ist wiederum eine Frage des kulturellen

Das bloße materielle Motiv ist durch die Struktur des symbolischen Universums der Kwakiutl weitgehend neutralisiert. Das Beispiel des Kannibalentanzes zeigt gerade, daß das Bedürfnis, sich einfach die Natur anzueignen, sie zu verschlingen, hochproblematisch ist. Das Aneignungsmotiv ist geradezu kulturell tabuisiert. Die Kwakiutl-Kultur ist damit in der Lage, die kannibalische Vergangenheit zu kontrollieren und zugleich die Exzesse, die mit der zunehmenden Komplexität der Gesellschaft diese bedrohen, zu kontrollieren. Damit ist die Bedeutung des Potlatch genau der Bedeutung entgegengesetzt, die ihm ökonomische Erklärungen zuschreiben. Der Potlatch ist ein Mechanismus, gerade die Motive zu neutralisieren, die ihnen die ökonomische Erklärung unterstellt. Der Potlatch sichert – eine ungewollte Ironie – die Reproduktion einer nichtutilitarischen Kultur.

Die Kwakiutl-Kultur läßt sich als Ergebnis einer sozialen Evolution deuten, in der das Komplexitätsniveau vorstaatlich organisierter Gesellschaften »zivilisiert« werden konnte. Darin unterscheidet sie sich von anderen einfachen Kulturen: sei es von den Yanomamö, deren Aggressivitätskontrolle kaum entwickelt war, sei es von den Kopfjägergesellschaften in Neuguinea, die die Aggression gegen den anderen auf Kosten des Fremden und des Feindes ausgelebt haben.[18] Diese Differenzen begleiten die Evolution der Gesellschaft auch auf dem Niveau staatlich organisierter Gesellschaften, wie die folgenden Analysen der aztekischen und jüdischen Gesellschaften zeigen. Das zentrale Erklärungsproblem ist: Warum wurde in komplexeren Gesellschaften das Menschenopfer beibehalten und welches waren die Gründe, die in einigen Gesellschaften zur Aufgabe des Menschenopfers geführt haben?

Codes einer Gesellschaft. Bei den Kwakiutl zumindest ist dieser Zusammenhang nicht gegeben.

18 Zu diesen Beispielen vgl. Chagnon (1968, 1974), Berndt (1962), Koch (1974) sowie Rappaport (1979). Bei diesen Gesellschaften kommt also – auf einem analogen Niveau der Ausdifferenzierung der Gesellschaft aus der Natur – eine andere kulturelle Evolution zum Zuge, eine, die auf Gewalt und nicht auf Kommunikation setzt. Ambivalent bleibt das Beispiel der Guayaki (Clastres 1972, S. 229ff.), die ohne Unterlaß gegen die Toten kämpfen und dabei zur Anthropophagie Zuflucht nehmen, die aber auch anderen Gründen (etwa beim Beispiel des inzestuösen Guayaki) Stammesgenossen und Fremde töten, um sie dann zu verspeisen.

Menschenopfer und kulturelle Ordnung

Die aztekischen Menschenopferrituale

Die aztekischen Menschenopferrituale mit anschließender Verteilung von Menschenfleisch zum Verzehr sind in der Literatur bisweilen angezweifelt worden.[19] Der Einwand basiert auf einer ideologiekritischen Lektüre der Berichte der spanischen Chronisten, aus denen wir unsere Informationen beziehen. Zusammengefaßt lautet das Argument: Um das hochentwickelte Volk der Azteken (Bray 1982; Katz 1975) als Barbaren erscheinen zu lassen, wurden ihnen die barbarischsten Eigenschaften, die sich die Spanier denken konnten, zugedichtet. Das ermöglichte dann die Rechtfertigung der Ausbeutungs- und Ausrottungspolitik der spanischen Konquistadoren.

Diese Argumentation ist allerdings nur eine Variante der für die moderne westliche Kultur charakteristischen Selbstbeschreibung, das Nichtbarbarische zu verkörpern. Das Argument, daß das Barbarische den anderen Kulturen nur angedichtet werde, unterstellt zugleich, daß in Wirklichkeit diese ebenso nicht-barbarisch seien wie die westliche Kultur. Die Differenz von Barbarisch/Nichtbarbarisch wird also gar nicht in Frage gestellt. Gerade die steht aber zur Disposition. Um das Barbarische einer Kultur zu ermessen, kann man nicht mit der kulturellen Selbstverständlichkeit, die modernen Gesellschaften eigen ist, operieren. Man muß die kulturellen Bedeutungen dessen, was wir »barbarisch« nennen, aus der Logik der jeweiligen Kultur rekonstruieren. Ansonsten kehrt sich der klassische kulturelle Imperialismus nur um (Diamond 1976).

Die empirischen Tatbestände, von denen wir ausgehen müssen (und die wir als »barbarisch« empfinden), sind folgende[20]: Etwa 20.000 Menschen wurden während der viertägigen Einweihungsfeiern des Haupttempels in Tenochtitlan im Jahre 1487 geopfert. Vom 16. Jahrhundert an wurden jährlich etwa 15.000 bis 20.000

19 Die Motive dazu sind vielfältig: sei es, die Handlungen der Konquistadoren zu rechtfertigen, sei es, der moralischen Abwertung der Indianer den empirischen Boden zu entziehen. Dazu gibt es eine ausführliche Diskussion. Vgl. Arens (1979), Sahlins (1979), Séjourné (1971).

20 Zumal nach der sorgfältigen Edition der zahlreichen Bände des Paters Sahagùn (Sahlins 1978, S. 45) wird es notwendig, die Chronisten ernster zu nehmen, als es eine projektive Ideologiekritik will.

Menschen geopfert und gegessen. Das Opferritual selbst war äußerst elaboriert. Die Opfer (meist Kriegsgefangene, aber auch Sklaven) wurden geschmückt und in einer Art Prozession in die Stadt gebracht. Sie wurden dargestellt, als ob sie Götter wären. Während der Vorbereitungen des Opferrituals erhielten sie heiliges Brot und heiligen Wein gereicht. Die Tötung fand auf der großen Pyramide statt. Die den Körpern entnommenen Herzen wurden der Sonne entgegengehalten, das Blut über das göttliche Heiligtum gegossen. Die Körper wurden schließlich über die westlichen Treppen des Heiligtums hinuntergerollt, die Arme und Beine an die dort Versammelten zum Essen verteilt und die Rümpfe den Tieren in Montezumas Zoos vorgeworfen (Sahlins 1978; Erdheim 1973; Séjourné 1971).

In der Analyse und Erklärung dieser Praktiken stellen sich drei Fragen:

- Welchen *Sinn* haben diese Praktiken?
- Welche *objektiven Voraussetzungen* müssen gegeben sein, damit diese Praktiken und die sie regelnden Normen den supponierten Sinn haben können?
- Welche *Funktion* haben diese Praktiken für die Reproduktion des Gesellschaftssystems?

Der Ausgangspunkt einer Erklärung der Menschenopferrituale ist die Frage nach dem objektiven Sinn dieser Praktiken. Diese Frage besitzt einen analytischen Primat vor den anderen. Denn die Frage nach den objektiven Bedingungen wie den Funktionen setzt eine kulturell konstituierte Praxis bereits voraus. Das schließt aber nicht aus, daß diese Praxis durch ihre objektiven Bedingungen und ihre Funktionen modifiziert werden kann. Diese weitergehenden Fragen sind vielmehr entscheidend für das Problem der »Richtung« der Evolution symbolischer Praktiken in verschiedenen Gesellschaften.[21]

21 Der Evolutionsbegriff wird also nicht universalgeschichtlich angesetzt. Er kennzeichnet vielmehr die Dynamik und Richtung, die die Entwicklung historischer Gesellschaften von einem gegebenen Stand der Ausdifferenzierung der Gesellschaft aus der Natur aus bestimmen. Das Problem, ob diese Ausgangsbedingungen selber eine universale Evolution enthalten, wird hier ausgeklammert. Vgl. dazu das Kapitel über »Praktische Rationalität« in diesem Band.

Zur Logik der Menschenopferrituale

Eine ökonomische Analyse

Harris (1977, 1978) hat den Versuch unternommen, den Sinn der Menschenopferrituale *nutzentheoretisch* zu erklären. Menschen handeln in einer bestimmten Weise, weil der Nutzen die Kosten übersteigt. Auf das Essen angewandt: Die Menschen essen bestimmte Dinge, weil ihr Nutzen die Kosten, die ihre Bereitstellung impliziert, übersteigt. Harris erklärt – wenn man es ein bißchen drastisch formulieren will – die kulturellen Normen des aztekischen Menschenopferrituals durch die Bedürfnisse des Magens: Der Sinn des Rituals ist die Versorgung mit proteinreicher Nahrung. Die Frage nach dem Sinn dieser Praktiken ist damit schon gelöst. Das Essen von Menschenfleisch ist die mehr oder weniger effiziente Lösung eines Nahrungsproblems in der Gesellschaft. Diese naturalistischen Sinninterpretationen werden in einem zweiten Schritt zu einer ökologischen Erklärung dieser Praktiken ausgeweitet. Die »energy base«, die Aufrechterhaltung eines natürlichen Gleichgewichts unter gegebenen ökologischen Bedingungen bestimmt die Ausbildung und Reproduktion dieser kulturellen Praktiken. So versucht Harris zu zeigen, daß dieses rituelle Handeln unter den gegebenen ökologischen Bedingungen der aztekischen Gesellschaft tatsächlich sinnvoll war. Aufgrund einer Jahrtausende dauernden Intensivierung der Nahrungsproduktion und eines dauernden Bevölkerungswachstums nahm im zentralen mexikanischen Hochland die Anzahl der Rinder, Schweine, Vögel und Fische ab, was zur Folge hatte, daß nicht mehr genügend tierisches Protein pro Kopf und Jahr vorhanden war. Die Azteken sahen sich also – im Gegensatz zu den anderen indianischen Hochkulturen ihrer Zeit, etwa den Inkas, die über das Lama verfügten – mit dem Problem konfrontiert, nicht genügend eßbare Tiere zur Verfügung zu haben.
Es ist nun aber nicht so, daß die Azteken erst die Möglichkeit, Menschenfleisch zu essen, hätten erfinden müssen. Im Gegenteil. In vorstaatlichen Gesellschaften war der rituelle Kannibalismus weitverbreitet. Er war eine – so Harris – Belohnung für Loyalität und Tapferkeit im Kampf. Ein Vergleich mit anderen Gesellschaften auf der Entwicklungsstufe staatlicher Organisation zeigt, daß dort eine andere Nutzenüberlegung dominierte. Die herr-

schenden Klassen finden es in der Regel profitabler, Kriegsgefangene als Diener und Sklaven zu gebrauchen anstatt sie aufzuessen. Diese Nutzenüberlegung trifft aber auf die aztekische Gesellschaft nicht zu. Sie essen ihre Kriegsgefangenen. Offensichtlich muß Kannibalismus – wenn man in der Logik der Harrisschen Erklärung bleibt – einen anderen Nettonutzen gehabt haben. Der aztekische Kannibalismus ist, so die Schlußfolgerung, aus den spezifischen ökologischen Bedingungen der aztekischen Gesellschaft zu erklären. Aus ökologischen Gründen wurde das Essen von Menschen nicht verboten, sondern geradezu gefördert. Der aztekische Kannibalismus hat – so die Schlußfolgerung – in der Tat das Problem der Versorgung mit proteinreicher Nahrung gelöst.

Allerdings kann die These in dieser allgemeinen Form nicht richtig sein. Denn 15.000 Menschenopfer jährlich berechnet auf eine Bevölkerung von 2 Millionen im mexikanischen Hochland, das bedeutet weniger als ein Menschenopfer pro Jahr pro 100 Einwohner. Verteilt auf alle Bewohner des mexikanischen Hochlandes würde dies weniger als ein Pfund pro Person und Jahr ergeben. Diese Menge wäre wohl bereits einem in vorstaatlichen Verhältnissen lebenden kannibalistischen Häuptling als karg erschienen. Zwei Spezifizierungen führt deshalb *Harris* ein: Einmal das Argument, daß die Menschenopferrituale nur einmal im Jahr stattfanden, und dann zu einem Zeitpunkt, an dem die ohnehin karge Versorgung mit Fleisch aus jahreszeitlichen Gründen einen Tiefpunkt erreicht hatte. Aber dieses Argument macht auch noch nicht mehr Fleisch pro Kopf. Deshalb das zweite Argument: Menschenfleisch wurde nur an die herrschenden Schichten, nicht an die Masse des Volkes verteilt. Nur die Krieger und die Nobilität erhielten Menschenfleisch. Krieger waren privilegierte Teilnehmer am Opfermahl, weil für sie der rituelle Kannibalismus, wie Harris anderswo gezeigt hat, die Funktion hat, durch zusätzliche Proteinversorgung die Kampfbereitschaft gegenüber konkurrierenden Stämmen aufrechtzuerhalten, bzw. diese positiv zu ihren Gunsten zu verändern. Die Nobilität war privilegierter Teilnehmer am Opfermahl, weil für sie Menschenfleisch prestige- und damit machtsichernde Funktionen hatte. Dies war vor allem für die Händlerschicht bei den Azteken von Bedeutung. Denn Händler konnten keine Kriegsgefangenen machen. Sie mußten Sklaven kaufen, um Menschen opfern zu können. Die damit ver-

bundenen Ausgaben einschließlich der Ausgaben für die Vorbereitung des Rituals konnten derartig hoch werden, daß sich Händler selbst als Sklaven verkaufen mußten und damit u. U. selbst gegessen wurden.[22]
Damit ist das ökologische Argument zumindest relativiert. Mag auch ökologisch gesehen keine Prämie darauf gestanden haben, Menschenfleisch zu essen, so ist es doch nützlich, zum Zweck der Aufrechterhaltung des Stammes im Krieg mit den konkurrierenden Stämmen die Krieger zu privilegieren. Die Integration der Händler, deren Zahl mit der zunehmenden Komplexität der aztekischen Gesellschaft zugenommen hat, in diese privilegierte Schicht verstärkt nur noch diesen Effekt.
Das führt zur Frage nach der sozialen Funktion dieser Praktiken. Welche Funktion hatten das Menschenopfer und das Verspeisen von Menschen? Harris unterstellt, daß solche Normen die Herstellung von Ausbeutungsbeziehungen ermöglichen. Die Beziehung zwischen Essern und Gegessenen stellt die höchste denkbare Form der Ausbeutung des Menschen durch den Menschen dar.[23] Dieser Verwendungszusammenhang sichert also die Stabilität von Normen über ihren Entstehungszusammenhang hinaus. Sie gelten auch dann noch, wenn ihre ursprünglichen Geltungsvoraussetzungen (nämlich nützlich für ein Individuum oder eine Gruppe gewesen zu sein) bereits entfallen sind. Die entstehenden kulturellen Normen sind dann nichts anderes als die »spiritualisierten« Formen natürlicher Restriktionen.
Gerade an diesem Beispiel läßt sich aber zeigen, daß der »cultural materialism«[24] ein unzureichender Versuch ist, die Entstehung und Veränderung einer Kultur zu erklären. Diese Gesellschaftstheorie erklärt kulturelle Praktiken als Ergebnis einer rationalen Kalkulation vorhandener Ressourcen zur Befriedigung natürlicher Bedürfnisse. Es gibt eine Rationalität in diesen Praktiken – doch sie ist nicht außerhalb dieser Kultur, sondern in ihr zu suchen.

22 Das ist – wie Harris (1979) in seiner Kritik an Sahlins bemerkt – die Logik des Profitmachers: »Dog eats dog wherever you go.«
23 Wie Harris mit Blick auf moderne Ausbeutungsformen bemerkt: »Even bourgeois businessmen refrain from dining on their workers.« Vgl. Harris (1979), S. 52
24 Dies ist die Selbstkennzeichnung dieser Theoriestrategie; vgl. Harris (1968, 1979), der seinerseits wieder auf Harner (1977a, 1977b) zurückgreift.

Sahlins[25] bestreitet in seiner Kritik der Deutung von Harris, daß der Sinn von rituellen Menschenopfern in deren »nutritional value«, in deren Nahrungswert, stecke. Der Sinn liegt vielmehr darin, daß diese Rituale *Opfer* gewesen sind, also Handlungen, die einen eigentümlichen *symbolischen Sinn* besitzen. Ein Opfer stellt zwei Typen von Beziehungen her: eine Beziehung zwischen Opferern und Opfern und eine Beziehung zwischen den Opfern und den Göttern. Das Opfer wird mit den Göttern identifiziert; es wird in einem gewissen Sinne göttlich. Und die Opfernden identifizieren sich mit dem Opfer. Sie sprechen es als »geliebter Sohn« an. Sie essen nicht das Fleisch ihres Opfers, da man nicht »sein eigenes Fleisch« essen kann. Der Opferer ißt das Fleisch eines anderen Opferers. Das Opferritual ermöglicht also, über diese zwei Arten von Beziehungen eine Beziehung zwischen den Menschen und den Göttern herzustellen. Das Menschenopferritual ist eine *heilige Kommunikation* mit den Göttern.

In einer komparativen Perspektive ist dieser symbolische Sinn gar nicht so sehr außergewöhnlich. Die jüdische Tradition kennt als funktionales Äquivalent das *Lammopfer*, das selbst ein Ersatz für das von Jahwe geforderte, aber dann von ihm verhinderte Opfer Isaaks durch Abraham war. In der christlichen Tradition wird das Menschenopfer zum zentralen Topos in der *Selbstopferung* von Jesus. Die »heilige Kommunion« (das Essen von Brot und Wein) in der christlichen Kirche wird selbst verstanden als das Essen des Fleisches und Blutes von Gottes Sohn. Auch hier ist es ein Menschenopfer, das die Beziehung zwischen den Menschen und dem einen Gott ermöglicht.

Der Sinn dieser symbolischen Praxis ist einmal darin zu suchen, das Problem des *Todes* zu bewältigen.[26] Indem geopfert und dann das Opfer gegessen wird, ist es möglich, Tod in Leben zu transformieren. Dieser Versuch, das Problem des Todes zu bewälti-

25 Die Kritik von Sahlins ist nicht nur innerwissenschaftlich geblieben. Sie hat – auch was die Veröffentlichungspolitik anbelangt – auf öffentliche Wirkung abgezielt. Vgl. Sahlins (1978, 1979).

26 Der Zusammenhang von Opfer und Tod ist bereits Teil früher Spekulationen über den Sinn des Opfers gewesen. Allerdings stand die psychologisierende Spekulation einer Aufdeckung ihres sozialen Sinns meist im Wege. Dazu vgl. etwa Leach (1978).

gen, ist aber keine zureichende Bedingung für die Erklärung des Opfertodes. Der *Opfertod* ist zugleich ein Mechanismus, eine gestörte Beziehung zwischen den Menschen und dem Gott, dem geopfert wird, wiederherzustellen. Indem durch den Opfertod die kommunikativen Beziehungen zwischen Gott und den Menschen wiederhergestellt werden, wird eine symbolische Ordnung bekräftigt. Der Opfertod sichert also das Medium gesellschaftlicher Kommunikation. Die Logik, die dieser symbolischen Form zugrundeliegt, hat nichts mehr mit Nutzen-Kosten-Kalkulationen zu tun. Es handelt sich um eine Logik, die nicht individuelle Nutzenmaximierung, sondern interindividuelle Kommunikation möglich macht.

In diesem kommunikationstheoretischen Rahmen stellt sich dann die Frage, warum es im aztekischen Fall gerade Menschenopfer sind, die dazu dienen sollen, die Beziehung zwischen den Menschen und den Göttern herzustellen und damit Kommunikation zu ermöglichen. Die Ursache dafür sucht Sahlins in der spezifischen symbolischen Vorstellungswelt, nämlich den Gottesvorstellungen, die die aztekische Kultur auszeichnen. Götter werden als etwas betrachtet, das über die soziale Ordnung hinausgeht, das außerhalb der Kontrolle der Gesellschaft liegt. Insofern stellen Götter potentielle Feinde dar. Man muß sich die Götter aneignen, um diese Distanz zu überbrücken und die in den Göttern vermutete Gefahr zu bannen.

Die Konquistadoren haben die Folgen dieser Auffassung am eigenen Leib zu spüren bekommen. Sie wurden wie Götter empfangen, und, sobald man ihrer habhaft werden konnte, gegessen, d. h. man eignete sich ihre göttliche Macht an. In den Ursprungsmythen der Azteken wird von den Göttern dasselbe berichtet, was die Menschen jetzt wiederholen: Erst dadurch, daß sie sich selbst zerstörten, wurden sie zu Göttern. Es war ihr eigener Opfertod, der sie zu Göttern gemacht hat. Mit diesem Opfertod haben sie die Sonne in Bewegung gesetzt und damit die Welt »geschaffen«. Der der aztekischen Kultur zugrundeliegende Weltenlauf wurde durch die Selbstopferung der Götter in Gang gesetzt und wird durch weitere Opfer in Gang gehalten. Die Wertorientierungen dieser Kultur sind auf diese Weltenlaufvorstellung ausgerichtet. Ausgezeichnet ist, wer Krieger ist (weil er Gefangene macht, die geopfert werden können). Ausgezeichnet sind Mütter, die Kinder gebären, die dem Regengott geopfert werden (denn die Tränen der Kinder sind wie die Regentropfen). Um den Weltenlauf in Gang zu halten, muß also Blut fließen.[27] Die dieser Kultur zugrundeliegende Grundvorstellung ist somit auf das *Blut* gegründet. Das Fließen von Blut ist äquivalent zur Bewegung der Welt.[28] Sahlins hat die Logik dieses System auf die Formel eines »potentiellen Desasters« gebracht. Die Rituale sind ein dauernder Aderlaß für die Gesellschaft gewesen. Es handelt sich um das Ritual einer großangelegten Zerstörung von Leben, deren Logik weit davon entfernt ist, »ökonomischer« Natur zu sein.[29]

Die Funktion solcher kultureller Praktiken für die Reproduktion der Gesellschaft liegt in der Sicherung der Solidarität von Gruppen und der sozialen Integration zwischen den sozialen Gruppen in einer zunehmend hierarchisierten Gesellschaft begründet. Das Problem, vor das sich eine solche Gesellschaft gestellt sieht, ist, soziale Integration unter der Bedingung einer zunehmenden sozialen Ungleichheit zu gewährleisten. Nicht – wie Harris annimmt – die Maximierung der möglichen Ausbeutung der Unterprivilegierten durch die Privilegierten, sondern die Sicherung *sozialer Kohäsion* ist die Funktion des Rituals. Das Menschenopferritual band die entstehenden privilegierten Schichten (Krieger und Kaufleute) in einen Kreislauf reziproker Verpflichtungen, der in vorstaatlichen Gesellschaften noch konstitutiv für das Gesamtsystem war. Die Ausbildung von bürokratischen Formen politischer Herrschaft fand ihre kulturelle und legitimatorische Basis in den Menschenopferritualen. Die Azteken setzen dabei soziale Evolution in Gang, die sich in ihrer eigenen Entwicklungslogik verstrickt. Sie baut das Kommunikationssystem Gesellschaft so auf, daß Kommunikation sich festläuft. Die über solche Opferrituale festgelegte Form gesellschaftlicher Kommunikation sichert nicht mehr ihre eigene Fortführung, die sie auf-

27 So wird die Geburt von der Hebamme mit dem Ruf begleitet: »Die Frau hat einen Gefangenen gemacht.« Die Händler hat man analog zu den Kriegern definiert. Sklaven zu kaufen hat man als eine versteckte Form der Eroberung umgedeutet.

28 Vgl. dazu Sahlins (1978); Erdheim (1973), S. 47ff.; Séjourné (1971), S. 176ff. Auf solche Vorstellungen kommt man nicht zufällig. Sie hängen mit der spezifischen Form aztekischer Staatsentstehung zusammen.

29 Vgl. Sahlins (1978), S.48. Ähnliches gilt für die südpazifischen Kannibalen, wo die Ankunft der Europäer die Logik der symbolischen Repräsentation derart beeinflußt hat, daß der Kannibalismus verstärkt wurde, obwohl die Bevölkerungsrate rapide absank und genügend Nahrungsmittel vorhanden waren.

grund der Dynamik, die diese Gesellschaft in Gang gesetzt hat, notwendig gemacht hat.[30]
Die legitimatorische Funktion wird deutlich am Prestige, das sich vor allem die Krieger im Opferritual erwerben konnten. Es ist ein häufig registriertes Phänomen, daß der Staat und daß soziale Klassen gerade nicht auf der Grundlage nackter Gewalt, sondern vermittelt über charismatische Formen der Herrschaft, etwa über das besondere moralische Prestige, entstanden sind. Gegenüber den nichtprivilegierten Gruppen zählt der Erfolg als Rechtfertigungstitel für Privilegierungen, im Rahmen der aztekischen Kultur eben die Anzahl der gemachten Kriegsgefangenen bzw. der gekauften Sklaven. Religiöse Rituale als Mechanismen der Herrschaftsbildung sind aber ein selbstdestruktiver Mechanismus der sozialen Evolution von staatlich organisierten Gesellschaften. Sie sind manchmal nur Übergangserscheinungen auf dem Weg zum Staat (Eder 1976, 1979; Service 1975; Miller 1976). Sie sind oft auch das Ende der Evolution staatlicher organisierter Gesellschaften. Die aztekische Gesellschaft hat diese Evolution durch das Festhalten an Opferritualen blockiert und diese Formen bis zum Exzeß weiterentwickelt. Sie hat dabei aber gerade nicht das Zentralproblem dieses Typus von Gesellschaft, nämlich die Stabilisierung und Reproduktion einer Form legitimer politischer Herrschaft, gelöst.[31]

30 Diese Formulierung unterstellt, daß Gesellschaften, die sich zunehmend aus der Natur ausdifferenzieren, einen gesteigerten Bedarf an Kommunikationsmöglichkeiten haben. Die Funktion sozialer Evolution besteht dann darin, diese Kommunikationsmöglichkeiten auszubauen. Damit lassen sich Opferrituale als eine Form der Sicherung solcher Kommunikationsmöglichkeiten deuten und auf ihre Angemessenheit im Hinblick auf die Reproduzierbarkeit von Kommunikation bewerten.

31 Siehe dazu Bray (1982), S. 393 ff., der hinter diesen Ritualen den in die Reproduktion staatlicher Herrschaft eingebauten Zwang zu kriegerischer Expansion sieht. Generell dazu Claessen/Skalnik (1978) Cohen/Service (1979) und Fried (1967). Man könnte das zentrale Problem dieses Gesellschaftstypus als die Sicherung der primitiven Akkumulation von politischer Macht beschreiben. Solange diese Akkumulation nicht gelingt, gibt es keine Sozialstruktur, die es erlaubt, Machtressourcen (Besitz an Land, Verfügung über Arbeitskraft) zu monopolisieren und strategisch einzusetzen. Eine Vorstellung von diesen Problemen gibt die Diskussion um den Klientelismus. Dazu Eisenstadt (1982, 1984).

Das Ende der Menschenopfer

Die Nicht-Opferung Isaaks

Die Analyse der aztekischen Opferrituale hat gezeigt, daß im Verlauf der sozialen Evolution staatlich organisierter Gesellschaften eine neue kollektive Identität auf eine traumatische Weise hergestellt worden ist. Dies hat mit einer bestimmten Form sozialer Evolution zu tun, ist also nicht ein evolutionäres Durchgangsstadium, durch das alle Gesellschaften hindurchgehen müssen. Das aztekische Beispiel ist ein Beispiel für eine mögliche Evolution. Das dies nicht so sein muß, läßt sich an einem anderen, ebenso extremen Beispiel zeigen: nämlich an der kulturellen Verarbeitung des Übergangs von einer tribalen zu einer staatlich organisierten Gesellschaft in der Geschichte der israelitischen Stämme (Crüsemann, 1978; Freedman/Graf 1983). Das läßt sich an der Geschichte der *Nichtopferung Isaaks durch Abraham* zeigen.

Dieses Ereignis begründet eine Tradition, die das Töten von Menschen unter ganz andere, vor allem aber restriktive Bedingungen stellt. Es führt zu einer Begrenzung des Tötens, das im Übergang zu komplexeren Entwicklungsstufen leicht außer Rand und Band geraten kann. Die Erfahrung politischer Herrschaft führt im alten Israel jedoch zu Symbolisierungsstrategien, die den Rückgriff auf die Logik des Tötens und Getötet-Werdens gerade zu vermeiden suchen.

Mit der Nichtopferung Isaaks, die ein spezifisches Tötungsverbot in das kulturelle System der Gesellschaft des alten Israel einbaut, nimmt diese Gesellschaft eine besondere Stellung in ihrer historischen Umwelt ein.[32] Denn dieses Verbot widerspricht der kulturellen Ordnung, die für die Kulturen Ägyptens, Mesopotamiens und Syriens zentral gewesen ist. Allen diesen Kulturen ist gemeinsam, daß sie zu der Zeit, als die altisraelitische Kultur das Menschenopfer aufgegeben hat, weiterhin Menschenopfer praktiziert haben (Green 1975). In diesen Kulturen wurden weiterhin

32 Vgl. dazu Laum (1928), S. 82ff. Auch Parsons benutzt – aus anderen Gründen – diese Gesellschaft als Sonderfall. Vgl. Parsons (1971). Generell zum Opfer im Alten Testament Rogerson (1980).

Menschen für Himmelsgottheiten, die für Regen, Sonne etc. sorgen sollten, geopfert. Das Menschenopfer sollte (wie in der aztekischen Kultur) sicherstellen, daß die Sonne nicht aus ihrer Bahn gerät, daß Monde sich nicht verfinstern, daß Regenzeiten stattfinden.

Der Bruch mit solchen Vorstellungen ist vermutlich durch kognitive Lernprozesse in Gang gesetzt worden. Sobald die Logik der Himmelsbewegungen durchschaut wird, sobald gesehen wird, daß die Bewegungen, die beobachtet werden, selbst irgendwie bewegt werden, dann erübrigt sich das Opfern von Menschen zur Beeinflussung von Himmelsgottheiten. Damit könnte – wie Heinsohn (1979) behauptet – auch die Nichtopferung Isaaks zusammenhängen. Denn die Idee eines allmächtigen Gottes steht hinter der monotheistischen Konzeption des *einen* Gottes. Diese Innovation verkürzt den evolutionären Prozeß der Auflösung von Vorstellungen, an die das Menschenopfer gebunden ist.

Doch die Erklärung des Tötungsverbots in der altisraelitischen Gesellschaft läßt sich nicht zureichend als Effekt der kognitiven Rationalisierung des Wissens über die Natur erklären. Es gilt vielmehr, die Entwicklung zu erklären, die solche kognitiven Einsichten möglich macht. Kognitive Rationalisierung mag soziale Evolution in eine bestimmte Richtung beschleunigen. Das Erklärungsproblem ist aber: Wie kommt es zu dieser spezifischen Diskontinuität? Was prädestiniert diese Gesellschaft zu dieser Diskontinuität? Was sind die sozialen und kulturellen Voraussetzungen dieser Diskontinuität?

Zur Logik des Tötungsverbots

Eine rationalistische Erklärung

Eine interessante Erklärung des *Tötungsverbots* bei den Israeliten hat Heinsohn (1979) geliefert. Sie besteht aus zwei Teilen: Das Tötungsverbot wurde aufgestellt, um das demographische Wachstum einer dezimierten Gruppe zu fördern (»Seid fruchtbar und mehret Euch«); und es diente zugleich dazu, die Differenz des altisraelitischen Volkes von seinen (ehemaligen) Unterdrükkern zu markieren. Beide Argumente laufen darauf hinaus, daß es »Vorteile« sind, die zum Tötungsverbot führen.

Diese nutzentheoretisch motivierten Erklärungen lassen sich dann mit Annahmen über die Funktionen verknüpfen, die mit dem Tötungsverbot erfüllt werden konnten. Ein solcher Funktionalismus formuliert die Nutzenpräferenzen nicht mehr nur physiologisch (aus der Proteinzufuhr), sondern soziologisch. Das Erklärungsmodell selbst bleibt unberührt. Das Fehlen von Kannibalismus macht eine physiologische Erklärung unmöglich. Wo nichts gegessen wird, kann auch kein Hunger gestillt werden.
Solche externalistischen Erklärungen unterlaufen jedoch das Zentralproblem: Warum werden Identitätsprobleme überhaupt so zentral gestellt und warum wird auf Bevölkerungswachstum gesetzt? Warum wird eine Fruchtbarkeitsmoral als Lösung herangezogen? Hier Annahmen über rationales Verhalten zu machen, bedeutet, das, was es zu erklären gilt, bereits vorauszusetzen. Warum sind die Völker Israels »rationaler« als ihre Nachbarn? Warum suchen gerade sie eine spezielle Identität, wo es doch mehr unterdrückte Kulturen als Unterdrückerkulturen gegeben hat? Warum ist es möglich, in diesem Falle mit einem solchen Rationaltypus zu arbeiten?

Eine symbolische Deutung

Die Lösung dieses Problems kann weder im Zusammenhang mit der Entstehung des Monotheismus – wie Heinsohn (1979) vermutet – noch im Zusammenhang mit sozialen Kontextbedingungen gefunden werden. Es gibt dagegen zunächst ein empirisches Argument. Auch nach Abrahams Weigerung, seinen Sohn zu opfern, gingen die Menschenopfer weiter (Davies 1981, S. 64). Besonders Kinder wurden Baal, dem Moloch, geopfert. Und je mehr im Alten Testament solches verdammt wird, umso offensichtlicher zeigt das seine empirische Realität. Abraham war ein »verfrühter« Versuch, die symbolischen Praktiken, mit deren Hilfe die Menschen mit den Göttern zu kommunizieren suchen, zu »rationalisieren«.
Erklärungsbedürftig ist, warum in Israel jener Prozeß einsetzt, der das Menschenopfer durch das Tieropfer (das Lamm), dieses durch das Opfern von Früchten des Feldes (etwa Gurken!), und dieses schließlich durch den windigen Betrag von 5 Shekel, die an den Opferpriester zu zahlen sind, ersetzt. Offensichtlich sind hier

soziale Strukturen gegeben, die der symbolischen Vermittlung durch Opferhandlungen nicht mehr bedürfen. Es findet eine Rationalisierung hin in Richtung auf eine abstraktere Form gesellschaftlicher Kommunikation statt: in Richtung auf die Kommunikation mit dem *einen* Gott.

Diese Abstraktion nimmt nicht mehr den Weg der religiösen, sondern der rechtlichen Strukturierung sozialer Beziehungen. Das Verschwinden des Opfers geht einher mit der *Verrechtlichung* gesellschaftlicher Kommunikation. Die materielle Entwertung des Opfers ist nicht das entscheidende Moment (obwohl es notwendige Bedingung für dessen Selbstaufhebung ist). Der Bruch mit dem Opfer findet vielmehr dort statt, wo an die Stelle des Opfers die rechtliche Regelung tritt: Das Wort wird zum Medium der Kommunikation, nicht die rituelle Handlung, die für das Wort steht. Das kennzeichnet das alttestamentarische Tötungsverbot: daß es das Töten von Menschen unter rechtlich hochkomplex geregelte Bedingungen stellt. Töten kann nur mehr im Rekurs auf ein durch Gott gegebenes Gesetz erlaubt werden. Das lex talionis begrenzt das Töten von Menschen auf genau bestimmbare Fälle, auf Fälle von Ungerechtigkeit, die das Zusammenleben grundlegend stören.[33] Die Begründung, warum der Mörder mit dem Tode bestraft werden soll, wird gerade aus der Heiligkeit des von Gott gegebenen Lebens abgeleitet.[34]

Der Kampf zwischen diesen konkurrierenden Prinzipien gesellschaftlicher Kommunikation hat sich dann am Fall des Propheten Jesus radikalisiert und entschieden. Denn hier handelt es sich um ein Menschenopfer, das zugleich ein Resultat eines gerichtlichen Verfahrens ist: Das Urteil ist ein Menschenopfer und umgekehrt. Das Opfer wird dabei zu einem *Selbstopfer*, das seine alte Logik verliert. Der Opfernde und das Opfer werden identisch. Das Op-

33 Quellen für diese Regeln sind hauptsächlich die 5 Bücher Moses, die die Gesetze des alten Israel enthalten. Grundlegend ist das Gesetz der Wiedervergeltung. Das Gesetz lautet: »Der Bluträcher soll den Totschläger töten.« (4. Buch Moses 35, 19) So wie einer seinem Nächsten angetan hat, so soll ihm angetan werden: Auge um Auge, Zahn um Zahn. Im 5. Buch (dem jüngsten) wird dieses Prinzip auf den Fall des Totschlags eingeschränkt: »Ihr sollt keine Sühne nehmen für das Leben eines Totschlägers, welcher schuldig ist zu sterben, sondern getötet soll er werden.« (5. Buch Moses 35, 31)

34 Diese Begründung läßt sich als eine evolutionäre Überleitungsformel verstehen: »Wer Menschenblut vergißt, durch Menschen soll sein Blut vergossen werden, denn nach seinem Bilde machte Gott den Menschen.« (1. Buch Moses 9, 6)

fer verbindet nicht mehr per se. Es wird individualisiert und reflexiv. Die dem Opfer inhärente Gewalt wird auf das Recht verlagert und dort institutionell zivilisiert.
Die Richtung, die diese Evolution genommen hat, besteht in der Loslösung des Opfers aus dem Kontext bloßer Herrschaftslegitimation. Sie führt zur Bindung von Kommunikation an die Gesellschaft, die vor aller Herrschaft bereits besteht: an die *Gemeinschaft der Gläubigen*. Diese Form der Verankerung von Kommunikation in Vergemeinschaftungsformen jenseits staatlicher Gemeinschaften ist die Bedingung dafür, daß es dieser Gesellschaft gelungen ist, die Exzesse politischer Macht unter Kontrolle zu halten. Die soziale Evolution der Gesellschaft des Alten Testaments hat die Bedingungen für eine »kommunikative« Organisation sozialer Beziehungen hergestellt, die dem Reich der Notwendigkeit, der Komplexität »traditionaler Gesellschaften«, angemessen war.

Menschenopfer in der modernen Gesellschaft

Das griechische Opfermahl

Die moderne Gesellschaft, die sich seit dem 16. Jahrhundert in Europa herausgebildet hat, schließt nur mehr gebrochen an die jüdische Tradition des unblutigen Opfers an. Sie entwickelt nicht so sehr ein das Töten restringierendes Modell gesellschaftlicher Kommunikation. Sie setzt vielmehr eine andere Traditionslinie der Evolution des Opfers fort, nämlich die Tradition des antiken Opfermahls. Das *griechische Opferritual* hat die alten blutigen Rituale in einer anderen Form »zivilisiert«, als die jüdische Tradition dies getan hat. Es hat das blutige Opfer gerade nicht abgeschafft, sondern als Opfermahl in Delphi beibehalten, und zwar gegen den Widerstand pythagoreischer und anderer Gruppen, die versucht haben, dieses zentrale Symbol der Einheit der Polis in Frage zu stellen. Wenn man die Kultur der modernen Gesellschaft in Europa verstehen will, dann muß man gleichermaßen an die *unblutige* Tradition des Judentums wie an die *blutige* Tradition des antiken Griechenland anschließen. Erst der Rekurs auf diese doppelte kulturelle Tradition macht die Ambivalenz der Kultur der Moderne verständlich.

Das »blutige« griechische Opfer ist die kulturelle Grundlage der Polis gewesen. In dem Maße, wie die Polis das Modell der politischen Moderne wird, wird das blutige Opfermahl auch zum Schlüssel für jene Formen der »communitas«, die dem Prozeß politischer Modernisierung zugrundeliegen.[35] Die symbolischen Formen, die charakteristisch für die Gemeinschaft der am griechischen Opfermahl Teilnehmenden gewesen sind, werden in jenen Vergemeinschaftungsformen reproduziert, die die Modernisierung der europäischen Gesellschaft getragen haben: nämlich in den *protestantischen Sekten* und den *Aufklärungsgesellschaften*.
Diese symbolische Rolle des griechischen Opfermahls für die soziale Evolution der Moderne wird in der These vom griechischen Opfermahl als einem symbolischen Inkraftsetzen eines *Gesellschaftsvertrags* thematisch (Detienne/Vernant 1979). Die kulinarische Praxis des Opfermahls ist die »konstituierende Sitzung« eines Gesellschaftsvertrags. Der moderne Gesellschaftsvertrag erscheint – wenn man diese kulturelle Traditionslinie in Rechnung stellt – als nichts anderes als die Fortsetzung einer blutigen kulinarischen Operation.
Das griechische Opfermahl ist damit auch ein Schlüssel zur *Pathogenese* dieser Moderne. Denn die Fähigkeit des griechischen Opfermahls, das Dionysische zu integrieren und zugleich das Pythagoreische auszuschließen, mag unter den Bedingungen traditionaler Vergesellschaftung noch möglich gewesen sein. Sie zerbricht in dem Maße, wie die gesellschaftliche Macht wächst,

35 Auf die Bedeutung des Opfermahls hat bereits Simmel hingewiesen: »Die Kulte des Altertums, die sich im Gegensatz zu den Weltreligionen nur an begrenzte Kreise lokal Zusammengehöriger zu wenden pflegten, konnten sich deshalb im Opfermahl zusammenfassen. Insbesondere im semitischen Altertum bedeutet dies das brüderliche Verhältnis durch den gemeinsamen Zutritt zur Tafel Gottes. Das gemeinsame Essen und Trinken ... löst eine ungeheure sozialisierende Kraft aus, die übersehen läßt, daß man gar nicht wirklich »dasselbe« ißt und trinkt und die primitive Vorstellung erzeugt, man stelle hiermit gemeinsames Fleisch und Blut her. Erst das christliche Abendmahl, das das Brot mit dem Leibe Christi identifiziert, hat auf dem Boden dieser Mystik die wirkliche Identität auch des Verzehrten und damit eine ganz eigentümliche Verknüpfungsart unter den Teilhabenden geschaffen.« (Simmel 1957, S. 244) An diese These läßt sich die Webersche These vom Zusammenhang von Vergemeinschaftungsformen und Modernität, also die »Protestantismusthese«, anschließen und reformulieren. Die aus der Logik des Opfermahls sich ergebende kommunikationstheoretische Beschreibung solcher »Gemeinschaften« kann einen Zusammenhang von Vergemeinschaftungsform und gesellschaftlichem Wandel systematisch herstellen. Vgl. generell dazu Eder (1982b).

die mit Hilfe dieser symbolischen Form gebändigt werden soll. Das aber bedeutet, daß diese symbolische Form nicht mehr in der Lage ist, die Exzesse der evolutionär wachsenden Macht moderner Gesellschaften zu zivilisieren. Diese symbolische Form ermöglicht zwar den Beginn der Moderne, indem sie Modelle der Kommunikation auf der Ebene moderner Gesellschaften bietet. Sie kann aber nicht mehr die Reproduktion dieser Moderne sichern.

Die *Ambivalenz* moderner Vergemeinschaftungsformen besteht darin, das prekäre Gleichgewicht zwischen blutigem Opfer und unblutiger Gegenbewegung gegen das Opfer, das die griechische Polis zuwege brachte, unter den Bedingungen moderner Vergesellschaftung fortzuführen. Die moderne Gesellschaft hat diese Ambivalenz nicht ausgehalten. Die Entstehung der Moderne ist vielmehr ein Prozeß, in dem die Zivilisierung der Macht und die Exzesse der Macht gleichermaßen gesteigert wurden. In dem Maße, wie die Zivilisierung der Macht mißlingt, ist eine soziale Evolution in Gang gesetzt worden, die als Pathogenese der Moderne beschrieben werden kann.[36]

Das kulturelle Trauma der Hexenverfolgungen

Das Evolutionsproblem moderner europäischer Gesellschaften läßt sich doppelt bestimmen. Es ist einmal bestimmt durch das generelle Problem, kommunikative Strukturen und Prozesse unter den Bedingungen steigender gesellschaftlicher Macht sicherzustellen. Und es ist zum anderen bestimmt durch die Ambivalenz der kulturellen Traditionen, die den Formen kommunikativer Beziehungen in der Moderne zugrunde liegen.

Die institutionelle Form, die den Beginn der Moderne markiert, ist der *absolute Staat*. Er ist ein Versuch, die wachsende Komple-

36 Vgl. zur Deutung der Modernisierung als eines Prozesses der Pathogenese kommunikativer Verständigung Eder (1985a). Das Kriterium für die evolutionäre Rationalität dieser Gemeinschaftsformen besteht in der Form der Kommunikation, die sie institutionalisieren. Ein mögliches Anwendungsfeld ist das Recht. Dem Recht vorausgesetzt sind kulturelle Selbstverständlichkeiten, die Kommunikation ermöglichen bzw. behindern. Es geht dann um die symbolischen Praktiken, die in diesen Gruppen eingeübt werden. Sie legen die Bedingungen für Kommunikation fest und mit ihnen die Bedingungen für das Gelingen bzw. Scheitern von Kommunikation in der modernen Gesellschaft.

xität der Gesellschaft steuern und reproduzieren zu können. Eine der wichtigsten institutionellen Innovationen war der Versuch des modernen Staates, die Wissensproduktion zu monopolisieren (u. a. auf dem Wege der Gründung von Universitäten, über die er die staatliche Hoheit hatte und hat). Das bedeutete zugleich, all jene Wissensformen systematisch auszuschließen und zu unterdrücken, die sich diesem Monopol nicht fügen konnten oder wollten. Dieser Anspruch auf die Kontrolle des Wissens hat den absoluten Staat zu einem Ausgangspunkt einer evolutionär »neuen« Form der sozialen Evolution der Gesellschaft gemacht. Es handelt sich um ein evolutionäres Experiment, das den Versuch beinhaltet, bislang nicht verfügbare Möglichkeiten gesellschaftlicher Macht zu zivilisieren und kommunikativ beherrschbar zu machen, ein Experiment, das die Evolution der Moderne vorangetrieben hat und das bis heute nicht abgeschlossen ist.

Dieses Experiment scheint den Anforderungen jedoch kaum gewachsen zu sein, die sich mit der Entstehung und Durchsetzung dieser Gesellschaft ergeben haben. Die ungeheure Ausdehnung der Produktivkräfte und die ungeheure Ausdehnung der Möglichkeiten gesellschaftlicher Machtausübung sowie die damit verbundenen neuartigen Konfliktformen (die Weltkriege möglich gemacht haben!) sind mit den kulturellen Festlegungen, die sich historisch in der sozialen Evolution der europäischen Moderne herausgebildet haben, offensichtlich nicht beherrschbar. Die kulturellen Traditionen, die dieses Experiment hätten tragen sollen, haben diese Funktion offensichtlich nicht erfüllen können.

Anders wäre es kaum erklärbar, daß die Entstehung der modernen Gesellschaft zugleich mit einem *kulturellen Trauma* verbunden gewesen ist: mit den Juden- und Hexenverfolgungen in der eigenen Gesellschaft und mit der Verfolgung und Ausrottung anderer Kulturen in den nicht-europäischen Gesellschaften. Hexen, Juden und Indianer wurden auf dem Altar der Modernisierung geopfert. Die Institutionalisierung einer »universalistischen« Moral hat den Weg über die unbarmherzige Verfolgung nicht nur »Andersdenkender«, sondern vor allem auch »Anderslebender« genommen.[37] Die Institutionalisierung des Universalismus im

37 Dies bedeutet nicht, den »Universalismus« als solchen zu verurteilen. Das impliziert nur die Annahme, daß Universalismus per se noch lange nicht rationale gesellschaftliche Strukturen sichert und keinesfalls notwendig gelingende Kommunikation impliziert.

souveränen Staat der frühen Moderne stellt das Problem, wie mit denen umgegangen werden soll, die sich dieser Moral nicht fügen. Die moderne Lösung war: den Körper zu töten, um den Geist zu retten.

Die Voraussetzung des *modernen Universalismus* ist Massenmord gewesen. Die Staatsräson (sie realisierte sich zum ersten Male in der Kirche) symbolisierte die Universalität der Moral. Der Gesellschaftsvertrag, der im griechischen Opfermahl geschlossen wurde, liefert das kulturelle Muster jenes Gesellschaftsvertrags, der die moderne Gesellschaft begründet. Damit stellt sich der moderne Staat in die Tradition der »blutigen« kulturellen Tradition.[38] An die Stelle des Opfermahls rückte das – funktional äquivalente – inquisitorische Verfahren.

Daß in diesem modernen Opferritual zunächst das Töten von Menschen zum Medium des Gesellschaftsvertragsschlusses geworden ist, erinnert an die Exzesse, die die soziale Evolution der aztekischen Gesellschaft begleitet haben. Die Hexen und Ungläubigen sind die modernen Äquivalente zu den aztekischen Menschenopfern. Die Modernisierung in Europa repräsentiert somit eine Form sozialer Evolution, die in ähnlicher Weise wie die aztekische Gesellschaft einen kollektiven Aderlaß institutionalisierte.

Man kann dieses Phänomen nicht mit ökonomischen Erklärungen (sowohl klassisch-marxistischen wie solchen der neuen politischen Ökonomie) abtun. Dieses Phänomen hat tiefer liegende, in der Logik der Kultur verankerte Wurzeln. Man kann es nicht auf Arbeitsmarktprobleme reduzieren.[39] Man kann es auch nicht auf Unterpopulationsprobleme reduzieren.[40] Die Verfolgung von

38 Die rationale Rechtfertigung für Hexenverfolgung liefert – bezeichnenderweise – der Vater der modernen Doktrin der Staatssouveränität, nämlich Jean Bodin. Vgl. dazu Heinsohn/Steiger (1985). Die kulturellen Voraussetzungen der frühmodernen Souveränitätsdoktrin werden gerade an solchen Problemen manifest. Sie sind ein Schlüssel zu den kommunikativen Formen, die in diesen Doktrinen unterstellt werden.

39 So erklärt sich die inquisitorische Strafpraxis nicht allein aus der Funktion, die subsistenzlosen Bevölkerungsteile, die vom Arbeitsmarkt nicht aufgenommen werden können, auszurotten. Vgl. dazu die Analysen von Rusche/Kirchheimer (1981). Diese Annahme kollidiert bereits damit, daß eine Reservearmee unter Marktbedingungen für die Herrschenden immer funktional ist.

40 Eine solche These vertreten Heinsohn et al. Die Verfolgung gerade der Hexen wird daraus erklärt, daß die Hexen Träger von Wissen um die Empfängnisverhütung waren. Der Staat mußte die Hexen ausrotten, um den Populationsan-

Häretikern und Hexen mag solche latenten Funktionen gehabt haben. Schon die Verfolgung von Juden und Indianern hat damit nichts mehr zu tun. Es ist eher so, als ob die ökonomischen Erklärungen selber Teil der Ideologie sind, die benutzt wird, um diese Verfolgungen zu rechtfertigen.[41]

Ökonomische Erklärungen können die entscheidenden Gründe dieser Verfolgungen ganz einfach deswegen nicht benennen, weil die Gründe dafür nicht-ökonomischer Natur sind. Der Grund für die Verfolgung ist im »kulturellen Code« der frühen modernen Gesellschaft zu suchen. Und dieser kulturelle Code setzt eine spezifische, historisch ältere Tradition fort: nämlich die hellenistisch aufgeklärte blutige Kultur des Altertums.

Das kulturelle Trauma der Hexen- und Judenverfolgungen der frühen Moderne ist also das Ergebnis der »blutigen« Tradition der Moderne. Sie ist das »logische« Resultat einer Kultur, die – vermittelt über das Christentum und die Renaissance – die griechische Tradition des blutigen Opfermahls weitergeführt hat. Die soziale Evolution der Moderne nimmt – auf einer hohen Stufe gesellschaftlicher Komplexität – einen blutigen Verlauf. Was die moderne Kultur jedoch im besonderen kennzeichnet, ist die in diese Kultur eingebaute Ambivalenz, die sich aus der pythagoreischen wie besonders aus der jüdischen Tradition speist. Es ist die aus dieser anderen kulturellen Tradition entstandene Gegenbewegung gegen die blutige Moderne, die der sozialen Evolution der Moderne ihr bislang so erratisches Profil gegeben hat.

Die unblutige Tradition der Moderne

Die Opfer der blutigen Modernisierung sind zugleich der Schlüssel für die »andere Seite« der Moderne: für die – an pythagoreische oder jüdische Traditionen anknüpfende – »unblutige« Kultur der Moderne. Diese »unblutige« Kultur manifestiert sich zunächst in einem Wissen, das inoffiziell war und damit außerhalb

stieg auch in Zeiten größerer materieller Not (wo die Menschen in der Regel auf Nachwuchs verzichten) sicherzustellen. Dazu siehe Heinsohn/Knieper/Steiger (1979); Heinsohn/Steiger (1985). Zur Kritik Jerouschek (1986) und die Replik von Heinsohn/Steiger (1987).

41 So ist die Verfolgung der Juden häufig mit dem Argument der ökonomischen Macht der Juden und die Verfolgung der Indianer mit deren ökonomischer Ineffizienz begründet worden.

der Kontrolle des modernen absoluten Staates lag. Diese »andere« Kultur gründete auf einem Wissen[42], das dem Monopolanspruch des modernen Staates auf Wissenskontrolle im Wege stand. Ihm stand jenes Wissen im Wege, das sich in außerstaatlichen sozialen Kontexten reproduziert hat: sowohl die geschlossene religiöse Überlieferung, das *Wissen der Juden*, als auch das *Wissen der Frauen*.[43] So wie die Polisgesellschaft die pythagoreischen und später die jüdischen Sekten zu unterdrücken versucht hat, so beginnt der moderne Staat, diejenigen zu unterdrücken, die das staatliche Gewaltmonopol auf kulturelle Kontrolle in Frage stellen können. Die Existenz eines solchen Wissens begleitet als latente Bedrohung die soziale Evolution der Moderne. Es hat eine die moderne Geschichte begleitende kulturelle Gegenbewegung möglich gemacht.

Eine zweite Form der Gegenbewegung gegen die »blutige« Kultur der entstehenden Moderne, die sich in der Form rigoroser Durchsetzung einer universalistischen Moral manifestiert, sind die *humanitären Gegenbewegungen* gewesen. Die Zivilisierung der modernen Opferrituale der Inquisition findet vor allem in der Gegenbewegung gegen das »inhumane« Strafrecht statt. Deren Forderungen lauten auf Freiheit der Gesinnung (was die Verfolgung von Häretikern und Hexen ausschließt)[44] und auf rationale gerichtliche Verfahren, die die staatliche Gewalt einschränken sollen. Diese Gegenbewegung mit dem Modell einer »unblutigen« Kultur zusammenzubringen, liegt deshalb nahe, weil diese Gegenbewegung sich zugleich auch als Schutzbewegung für das »Leben« verstanden hat. Das entscheidende Element dieser Ge-

42 Dieses Wissen ist nicht nur empirisches, sondern auch moralisches Wissen in der Form von mystischem Wissen gewesen. Es ist ein anderes »moralisches« Wissen, das hier tradiert worden ist und das dann in der Moderne Wirksamkeit erlangt hat.

43 Daß es gerade diese beiden Gruppen sind, hängt einerseits mit der spezifischen Evolution der jüdischen Gesellschaft zusammen, die oben analysiert worden ist, zum anderen damit, daß die Frauen die Träger eines Wissens gewesen sind, das die Gegenströmung gegen die traditionale Opfergesellschaft in die Moderne hinein verlängert hat. Dieser Punkt hängt zusammen mit dem Gegensatz von Kultur und Natur, innerhalb dessen die Frauen eher das Wissen der Natur, die Männer eher das Wissen der Kultur repräsentieren.

44 Das hat zur Folge, daß Kriminelle und Verrückte zum Objekt staatlicher Repression werden konnten. Daß sich in diesem ausgegrenzten Bereich die blutige Maschinerie des modernen Staates weiterhin austoben konnte, ist nur ein weiterer Indikator der Ambivalenz der Moderne.

genbewegung ist das Tötungsverbot auch im rechtlichen Bereich: die humanitäre Bewegung gegen die *Todesstrafe* (Leder 1987). Diese Gegenbewegung hat ihre manifesten kulturellen Wurzeln in jener frühchristlichen Tradition[45], die sich auf ein Urchristentum, also auf die jüdische Tradition beruft. Mit der Entwicklung des Christentums hin zur Staatsreligion wird diese kulturelle Tradition jedoch unterdrückt. Der Diskurs gegen die Todesstrafe wird durch das Schweigen gegenüber der Todesstrafe ersetzt. Der Klerus war es zufrieden, daß Götzendienst bei Todesstrafe verboten war. Doch dieser Bruch einer kulturellen Tradition ist, wie sich an der Gegenbewegung gegen die Todesstrafe zeigen läßt, historisch immer wieder unterbrochen worden. Immer wieder taucht – vor allem in den heterodoxen Bewegungen des Mittelalters – der Gedanke an eine Gesellschaft ohne Töten auf. Franziskus ist einer derjenigen, die das Töten durch das Reden zu ersetzen suchten: Tiere nicht zu schlachten, sondern mit ihnen zu reden und ihnen wie den Menschen im urchristlichen Sinne zu begegnen.[46] Eine weitergehende Bedeutung hat diese Gegenbewegung dann in den Versuchen erhalten, die Hexenprozesse zu beenden und so den Hexenverfolgungen Einhalt zu gebieten. Friedrich von Spees Cautio aus dem Jahre 1632 (Spee 1982) und dann Christian Thomasius' Kritik der Hexenprozesse aus dem Jahre 1701 und 1704 (Thomasius 1986) gehören zu jener Gegenbewegung, die – gegen die Hobbessche Aufklärung – die humanitäre Aufklärung getragen hat.

Diese humanitäre Gegenbewegung, die sich insbesondere gegen das staatlich sanktionierte Töten gerichtet hat, ist bis heute nur in

45 Die Gegenbewegung gegen die Todesstrafe schließt historisch an die Tötungsverbote an, die die altisraelitische Kultur hervorgebracht hat. Das Urchristentum hat die Todesstrafe – im Gegensatz zu der es umgebenden römischen Gesellschaft – abgelehnt. So macht Tertullian (gest. um 220) zum Prinzip für Christen, daß »es eher erlaubt wäre, sich töten zu lassen als zu töten«. Am entscheidendsten verwirft Lactantius (gest. um 330) die Todesstrafe. Bei ihm heißt es: »Denn wenn Gott verbietet zu töten, so verwehrt er uns nicht nur Raubmord, sondern erinnert, daß auch nicht das geschehe, was bei den Menschen für erlaubt gehalten wird (eine gesetzliche Hinrichtung nämlich)... Daher darf bei diesem Gebote Gottes keine Ausnahme gemacht werden, da es immer unrecht ist, einen Menschen zu töten, von welchem Gott wollte, daß er ein heiliges Wesen sei.«

46 Insofern ist es kein Zufall, daß der heilige Franziskus als Symbolfigur der Anti-AKW-Bewegung herangezogen wird. Vgl. dazu Bahr/Mahlke/Sölle/Steffensky (1981).

wenigen Ländern erfolgreich gewesen. Und dort, wo es keine Todesstrafe gibt, ist ihre Weiterexistenz prekär. Die Mehrheit der Bevölkerung plädiert weiterhin für die Todesstrafe. Es sind bislang immer noch kulturell ungesicherte institutionelle Normierungen, die die Todesstrafe verbieten. Der kulturelle »Code«, der dieses Tötungsverbot trägt, ist weiterhin Ausdruck einer »anderen« Moderne.

Diese Beispiele moderner Gegenbewegungen gegen die »blutige« Kultur der Moderne zeigen, daß die symbolischen Grundlagen der modernen Gesellschaft die Richtung der sozialen Evolution der modernen Gesellschaft nicht eindeutig festgelegt haben. Die kulturelle *Ambivalenz* der Moderne ist aber auch die einzige Chance, die diese Kultur besitzt. Die Resurrektion einer »unblutigen« Natur als Gegenbewegung gegen die »blutige« Moderne ist eine Möglichkeit, die der kulturelle Code der europäischen Moderne in sich enthält. Je mehr diese moderne Gesellschaft in Krisensituationen gerät, umso mehr kommt die spezifische *Ambivalenz* dieser Kultur wieder zum Vorschein.

Die Ambivalenz der kulturellen Tradition, die die Moderne kennzeichnet, kann als Gleichzeitigkeit einer *carnivoren* und einer *vegetarischen* Kultur bestimmt werden. Der modernen Kultur stehen zwei grundlegende evolutionäre Optionen offen. Von ihrem Mischungsverhältnis hängt es ab, welche Richtung die soziale Evolution dieser Gesellschaft nimmt. Wie dieses Mischungsverhältnis aussieht, kann aber nicht a priori bestimmt werden. Diese kulturelle Ambivalenz hält vielmehr die Richtung der sozialen Evolution der Moderne offen. Welche Richtung diese soziale Evolution nimmt, ist von den sozialen Auseinandersetzungen abhängig, in denen um die Durchsetzung des einen oder anderen Modells gekämpft wird. Die Thematisierung der meist unbewußten kulturellen Voraussetzungen dieser Auseinandersetzungen mag die Verteilung der symbolischen Macht zugunsten der vegetarischen Kultur verändern. Und das unterscheidet die soziale Evolution der Moderne prinzipiell von der sozialen Evolution traditionaler und einfacher Gesellschaften.[47]

47 Doch das reflexive Durchschauen, das »Entzaubern« der symbolischen Form und der ihr korrespondierenden symbolischen Praxis, scheint diese nur um den Preis pathologischer Folgen außer Kraft setzen zu können. Dort, wo sie am meisten entzaubert worden ist, nämlich in der philosophisch-rationalistischen Kultur in Deutschland, ist sie als Ritual romantischer Kommunikation zurück-

Zwei evolutionäre Optionen

Die carnivore Kultur

Fleisch anders zu essen als dies die (Raub-)Tiere tun, ist ein Versuch, eine Welt der Kultur von einer Welt der Natur unterscheidbar zu machen. Das macht verständlich, warum *Eßvorschriften* einen Gesellschaftszustand repräsentieren können.[48] Die *carnivore Kultur* bestätigt den Gesellschaftszustand. Sie symbolisiert die prinzipielle Entfernung vom Naturzustand. Sie enthält somit ein Modell, nach dem ein Gesellschaftszustand konstruiert werden kann.

Drei solcher Gesellschaftszustände lassen sich unterscheiden. In *einfachen Gesellschaften* hat das Essen von Fleisch die Funktion, soziale Bande rituell zu bekräftigen, alte Obligationen wieder in Erinnerung zu rufen, soziale Solidarität wieder herzustellen. In der Regulierung der Konsumtion kulminiert die Selbstorganisationsfähigkeit einer Gesellschaft. In *traditionalen Gesellschaften* dient das Essen von Fleisch zur Herstellung von Beziehungen zwischen Gleichen in einem System hierarchisch gegliederter sozialer Einheiten. »Kommensalismus« sichert die Zusammengehörigkeit einer sozialen Einheit: Das Essen von Fleisch stellt einmal Gemeinsamkeit zwischen denen her, die zusammen essen. Das Kriterium der »Reinheit« des Gegessenen (mit komplementären, zunehmend komplizierteren Eßritualen) stellt darüber hinaus die Hierarchie zwischen diesen Gruppen und damit eine selbstverständliche hierarchische Ordnung her. Die dieser Ordnung zugrundeliegende symbolische Form besteht darin, daß an der Spitze einer Hierarchie das Essen von Fleisch einem extensiven Ritual unterzogen wird, während die am Fuß einer Hierarchie das Fleisch in barbarischer Weise verschlingen.

In der *modernen Gesellschaft* wird das Essen von Fleisch zu einer »geselligen« Angelegenheit, zu einer Angelegenheit der »bürgerlichen Gesellschaft«. Ihr Kennzeichen und Erkennungszeichen ist das Essen mit Messer und Gabel (Elias 1971). Das Essen wird auf

gekehrt. Zu diesem Phänomen vgl. meine Analyse der Pathogenese der Moderne in Deutschland (Eder 1985a).

48 Zur Literatur über die symbolische Bedeutung der Eßkultur in verschiedenen Gesellschaften vgl. vor allem die Arbeiten von Goody (1982).

egalitäres geselliges Miteinander spezifiziert.[49] Die Konsumtion von Fleisch (und damit auch die Zunahme des Fleischkonsums in modernen demokratischen Gesellschaften!) hat kulturelle und nur sekundär (als restriktive Bedingung) ökonomische Ursachen. Indem man Fleisch ißt, reproduziert man eine Kultur, eine einer spezifischen symbolischen Logik gehorchende Praxis der Konsumtion (Sahlins 1981; Douglas/Isherwood 1978). Die moderne Gesellschaft fügt dieser Praxis noch eine weitere Praxis hinzu: die Praxis der tautologischen Thematisierung. In der Moderne wird das Symbolische ökonomisch und deckt in diesem »Ökonomisierungsprozeß« zugleich die symbolischen Grundlagen zu, auf der das Ökonomische immer beruht. Dies ist die Dialektik moderner Vergesellschaftung: von kulturellen Voraussetzungen abhängig zu sein und diese zugleich unkenntlich zu machen.[50]

Formen der gemeinsamen Aneignung der Natur konstituieren also Gesellschaftszustände auf unterschiedlichen Stufen der Ausdifferenzierung der Gesellschaft aus der Natur. Sie bestimmen die kulturelle Logik, die dieser Praxis ihren objektiven Sinn verleiht. Was auch immer die Akteure subjektiv vermeinen, ihr Handeln wird durch diese Logik symbolischer Systeme, durch diese kulturellen Aprioris objektiv bestimmt. Daraus folgen weitgehende Festlegungen für Kommunikation in der Gesellschaft. Im Medium symbolischer Praktiken kann die symbolische Logik einer solchen »objektiven« Kultur Kommunikation regeln und die Voraussetzungen für ihre soziale Organisation herstellen.

Das Opfer ist jene symbolische Praxis, in der sich die symbolische Ordnung der Gesellschaft manifestiert. Insoweit diese Praxis sich des Mediums von Blut und Fleisch bedient, können wir von einer *carnivoren Kultur* sprechen. Damit wird eine Form von Kommunikation festgeschrieben, die auf Macht und Unterdrükkung und nicht auf Verständigung und Konsens baut.[51] Sie ist diejenige, die evolutionär dominiert hat. Sie hat die sozialen

49 Das heißt nicht, daß sich innerhalb des Teilsystems Geselligkeit nicht wieder Statusdifferenzen ausbilden können. Vgl. Bourdieu (1982).

50 Die vegetarische Gegenbewegung und die mit ihr verbundenen (oft seltsam anmutenden) Formen von Tierliebe sind die verzerrten Ausdrucksformen der anderen (meist unterdrückten) kulturellen Tradition der Moderne. Sie verschaffen sich in dem Maße Ausdruck, wie die Rationalität der ökonomischen Kultur moderner Gesellschaften auch objektiv in Frage gestellt wird. Vgl. dazu auch in diesem Band das Kapitel über »Die kulinarische Moral«.

51 Daraus ergeben sich für eine kommunikationstheoretisch ansetzende Theorie

Strukturen von Kommunikation, die sich in einfachen, traditionalen und modernen Gesellschaften ausgebildet haben, bestimmt. Diese symbolische Logik hat weitreichendere Folgen für die Richtung der sozialen Evolution von Gesellschaften als die Unterscheidung ihrer kognitiven Repräsentationen: eine analogische, hierarchische oder egalitäre Ordnung zu sein. Der Rekurs auf das Fleisch trennt die so unterschiedenen Gesellschaften gleichermaßen von einer möglichen anderen Kultur: der *vegetarischen Kultur*.

Die Rede von einer carnivoren Kultur in der Moderne kann das Trauma verständlich machen, das der Entstehung der Moderne zugrundeliegt: nämlich die Tötung der Andersdenkenden. Die moderne Rechtfertigung dieser Kultur ist eine besondere Form des *carnivoren Diskurses* geworden: der *Diskurs der Staatsräson*. Er rechtfertigt das Töten. Er überantwortet die Verantwortung für das Töten an Instanzen, die nicht mehr verantwortlich sind. Er kehrt heute als systemtheoretischer Diskurs zurück. Dieser Diskurs fordert nur mehr, sich nicht mehr um alles zu kümmern, das System nicht zu überlasten. Er fordert letztlich, dankbar dafür zu sein, daß man mit Scheuklappen an den Augen durch die Welt gehen kann.

Das Gegenteil tut der *vegetarische Diskurs*. Diese Politisierung des vegetarischen Diskurses macht die Natur zum unterdrückten Subjekt, zu einer sozialen Klasse. Die moderne Rechtfertigung der vegetarischen Kultur ist der *Diskurs der Natur*. Das irritiert (und belustigt) den carnivoren Diskurs (Marquard 1986). Denn diese Politisierung scheint nur das zu wiederholen, was der carnivore Diskurs schon immer getan hat.

Gegen diese Angleichung an den carnivoren Diskurs wehrt sich der vegetarische Diskurs. Er muß – und das ist die Dialektik der modernen Gegenbewegung gegen die carnivore Moderne – den carnivoren Diskurs in sich selbst bekämpfen. Wie der angemessene *Gegendiskurs* in einer ökologisch gefährdeten und psychisch überlastenden Welt aussehen kann, das ist eine offene Frage. Der Ruf nach einer neuen Tierethik und der Ruf nach einer neuen Partnerschaft mit der Natur sind vermutlich nur Überleitungsfor-

sozialer Evolution weitgehende Umbauten. Sie muß die evolutionären Differenzen anders ansetzen.

meln von einer tradierten vegetarischen Kultur zu einer modernen vegetarischen Kultur. Was in jedem Fall zur Rekonstitution dieses Gegendiskurses beiträgt, ist die systematische Reflexion auf die kulturelle Tradition, aus der er gespeist wird: aus der kulturellen Bewegung gegen das griechische Opfermahl.

Die vegetarische Kultur

Die kulturelle Bewegung gegen das blutige Opfer zielt auf eine Umkehrung der Symbolik des Opfers. Sie setzt an die Stelle des blutigen Opfermahls die Gemeinschaft derer, die kein Fleisch essen. Dies kennzeichnet die *vegetarische Kultur*. Sie negiert den Gesellschaftszustand. Und sie sucht jenen Naturzustand wiederherzustellen, in dem das paradiesische Nebeneinander von Tieren und Menschen gegeben war. Die Gemeinschaft derer, die kein Fleisch essen, kennt keine Differenzen. Die vegetarische Lebensweise ist die Verneinung sozialer Macht. Vegetarische Lebensformen widersprechen sozialen Machtbeziehungen. Sie setzen auf bloße Kommunikation. Vegetarismus ist letztlich die *Negation* sozialer Differenzen.

Dies gilt für alle Gesellschaften. In *einfachen Gesellschaften* entspricht der vegetarischen Lebensform die Ökonomie des Sammelns, die mit »matriarchalischen« Gesellschaftsformen in Zusammenhang gebracht wird. Die herrschaftsfreie Ordnung – so die Vorstellung – ist die der Frauen[52], die das Sammeln besorgen. Diese Ordnung ist der Ordnung der jagenden Männer entgegengesetzt. Die Ordnung der Männer ist durch Konkurrenz und Differenzierung nach Fähigkeiten gekennzeichnet. Erst in dieser zweiten Ordnung ist der Naturzustand überwunden und der Gesellschaftszustand hergestellt. Die Entstehung sozialer Macht, die mit dem Jagen verbunden ist, erfordert eine spezifische Distanzierung von der Natur. In dem Maße, wie die Menschen sich voneinander unterscheiden (und damit ungleich werden), werden

52 Daß Frauen sammeln und die Männer jagen, deutet auf geschlechtsspezifische Kontexte für rituelles Handeln hin (Moscovici 1972). Das Carnivore wird eher mit dem Männlichen, das Vegetarische eher mit dem Weiblichen verbunden. Diese Vorstellung wird in der Diskussion um die Entstehung und historische Bedeutung des »Patriarchats« wiederaufgenommen. Zu diesem Argumentationszusammenhang vgl. besonders Bornemann (1975).

sie von der Natur verschieden. Die Differenzierung, die mit der männlichen Ordnung möglich wird, differenziert auch die Natur nach ihrem Bilde. Die Trennung in eine carnivore und eine vegetarische Welt symbolisiert somit den Bruch einer (matriarchalischen) Welt des Sammelns mit der Welt des (patriarchalischen) Jagens.

In *traditionalen Gesellschaften* setzt sich diese symbolische »Differenzierung« fort. In ihr zählt nicht mehr das individuelle Geschick, sondern der Status in einer (religiös legitimierten) Hierarchie. Die Differenzierung in Herrscher und Beherrschte erfordert eine weitergehende Symbolisierung. Tiere werden in eßbare bzw. nichteßbare nach Maßgabe ihrer »Reinheit« aufgeteilt. Die aus dieser Differenzierung resultierende Hierarchie verstärkt die Unterscheidung von oben und unten durch die Differenz von rein und unrein. Rein ist die Küche des Opfers (Detienne/Vernant); unrein ist die Küche der Arbeit. Eßverbote gewinnen in traditionalen Gesellschaften somit eine zentrale Rolle nicht nur in der Symbolisierung, sondern auch in der Herstellung und Reproduktion einer hierarchischen Ordnung. Wer zum Opfer zugelassen ist, gehört zur Spitze der Hierarchie; wer auf die profane Alltagskultur beschränkt ist, gehört zum Boden der Hierarchie.

In diesen Gesellschaften sind vegetarische Lebensformen die Negation dieser Hierarchie. So berichtet Detienne von *pythagoreischen Sekten* in der attischen Kultur, die den Fleischgenuß und damit die Teilnahme am Opfer verweigern.[53] Analoge Phänomene gibt es in der bhakti-Bewegung und im Tantrismus im klassischen Indien (Dumont 1970, S. 33ff.). Sie unterscheiden sich mit Hilfe dieser Praxis gleichermaßen von denen, die das »reine« und das »unreine« Fleisch verzehren. Sie verzichten auf die Welt der Gesellschaft und ziehen sich in einen – dem Gesellschaftszustand widersprechenden – Naturzustand zurück. Die gesellschaftliche Differenzierung, die mit der Konstruktion einer »göttlichen« Naturordnung hergestellt worden ist, wird durch die vegetarische Praxis in Frage gestellt. Sie macht die Teilnahme an den die symbolische Reproduktion der Gesellschaft regelnden Ritualen unmöglich.

Diese vegetarische Praxis findet sich auch in *modernen Gesell-*

53 Die Verweigerer des Opfers essen kein Fleisch. Zu dieser griechischen »Besonderheit« vgl. Detienne (1979), S. 14ff.

schaften wieder. Vegetarische Lebensformen repräsentieren auch hier den Widerspruch zur Kultur der Fleischesser und eine Negation der Ungleichheit der Fleischesser. Die Kultur der Fleischesser, die sich in der Moderne in eine Eß-Hochkultur und eine industrielle Eßkultur differenziert hat[54], wird von der vegetarischen Lebensform doppelt negiert. Sie ist zugleich antiindustriell und antibürgerlich. Der Gesellschaftszustand soll wieder in den Naturzustand eingebettet werden. Die Renaturalisierung des Gesellschaftszustands widerspricht der industriellen Kultur und der Klassenstruktur moderner Gesellschaften. Die vegetarische Lebensform artikuliert gegen diese industrielle Klassenkultur ein kollektives Bedürfnis des »Zurück zur Natur«. Sie gehört zu den die Moderne seit Anbeginn begleitenden Fluchtbewegungen (Krabbe 1974; Weiß 1986; Sprondel 1986).[55]

Nicht – und das impliziert weitreichende Korrekturen an einer Theorie der Modernisierung – die Unterscheidung von traditional und modern, sondern die Differenz zwischen der *carnivoren* und der *vegetarischen*, zwischen der *vertrauten* und der *unvertrauten* Moderne (Schäfer 1985) erlaubt die angemessene Rekonstruktion der spezifischen Logik moderner Vergesellschaftung.[56] Erst diese Differenz macht eine Theorie der *sozialen* Evolution der Moderne möglich.

54 Zur Frage klassenspezifischer Eßkulturen in evolutionärer Perspektive vgl. Goody (1982). Eine empirische Analyse moderner klassenspezifischer Eßkulturen versuchen Grignon/Grignon (1980). Der Beitrag von Grignon/Grignon enthält vor allem eine interessante empirische Analyse der differentiellen symbolischen Bedeutung des Essens.

55 Vgl. dazu das Kapitel über die moderne Naturkostbewegung. An dieser Analyse wird klar, daß die symbolische Differenz, die hier behauptet wird, auch für moderne Gesellschaften von Bedeutung ist. Das relativiert manche ideologisch motivierten Erklärungen solcher Bewegungen. Ob diese kulturtheoretische Relativierung für alle modernen sozialen Bewegungen gilt, ist ein Punkt, der hier nur als Denkmöglichkeit angedeutet werden soll.

56 Die Moderne ist eine Kombination beider Kulturen: einer Kultur, die auf das Menschenopfer gegründet wird, und einer Kultur, die auf das Verbot des Menschenopfers gegründet wird. Die griechische Gesellschaft hat die carnivore Kultur prämiiert und sich dabei gleichzeitig gegen die blutige Kultur der Barbaren (die Skythen) abgegrenzt. Die altisraelitische Kultur hat die vegetarische Kultur prämiiert und sich zugleich gegen die religiösen Strömungen der Orphiker und Pythagoräer abgegrenzt, die jedes blutige Opfer ablehnten und auf die unblutige Kultur setzten. Wie diese komplexe Spannung in der Gesellschaft der europäischen Moderne aufgelöst wird, ist ein bislang offenes Problem der Evolution dieser Gesellschaften. Zur Kritik der Unterscheidung traditional/modern vgl. auch Balandies (1974).

Schließlich ergibt sich auch noch ein veränderter Blick zurück auf die »Vorgeschichte« der Menschen. Die Diskussion, die sich etwa gerade am Beispiel der Menschenopfer und des Kannibalismus in den modernen Sozialwissenschaften entzündet hat (Arens 1979; Sahlins 1979; Brady 1982), ist Ausdruck der doppelten symbolischen Logik, die gleichermaßen die vorgeschichtlichen (»primitiven«) wie die posthistorischen (»modernen«) Gesellschaften durchzieht. Dieser Diskurs ist nicht nur eine mehr oder weniger adäquate Deutung »primitiver« Praktiken, sondern impliziert auch eine Deutung »moderner« Praktiken. Der Diskurs über die gute oder schlechte Vorgeschichte der Moderne ist auch ein Versuch, einen Diskurs über sich selbst zu führen. Daß die Optionen für die gute oder schlechte Vorgeschichte offen sind, zeigt nur einmal mehr die grundlegende Ambivalenz des kulturellen Codes der europäischen Moderne.

Das Opfer als Gesellschaftsvertrag

Das Opfer ist eine ritualisierte Form von Kommunikation. Um diese Form von Kommunikation zu verstehen und zu erklären, kann man entweder den subjektiv vermeinten Sinn von Handlungen, die dieser Form von Kommunikation zugerechnet werden, zu verstehen suchen. Man kann aber auch umgekehrt argumentieren und davon ausgehen, daß sich der Sinn der in solchen Kommunikationen stattfindenden Handlungen nicht aus dem *subjektiv vermeinten Sinn*, sondern aus dem *objektiv angesonnenen Sinn* einer Kultur ergibt.

Die einfachste Version einer handlungstheoretischen Erklärung des Opfers besteht darin, das Opfer aus dem Nutzen, den eine Opferhandlung hat, zu erklären. Daß Handlungen immer auch einen Nutzen haben können, ist banal. Es gibt kaum eine Handlung, die nicht irgendwie auch nützlich sein kann. Daß der Nutzen intendiert ist, das Motiv einer Handlung ist, ist eine darüber noch hinausgehende handlungstheoretische Annahme. Das Motiv von Menschenopferritualen wird hier entweder auf materielle Motive (das Essen von Menschenfleisch, soweit überhaupt praktiziert) oder auf psychische Motive (Identitätssicherung, Sicherung einer sozialen Ordnung) bezogen. Diese Handlungsmotive werden also zum Kern der Erklärung des Opfers. Ihre konsequenteste Ausdrucksform finden sie in der machttheoretischen Variante: Das Opfer, insbesondere das Menschenopfer, ist das Ergebnis einer zweckrationalen Kalkulation, die auf die Maximierung von Ausbeutung zielt. Das Opfer ist eine Form der gezielten Ausbeutung derjenigen, die als Opferobjekt (bzw. -subjekt) herhalten müssen. Interaktionistische Varianten der Handlungstheorie verändern nicht die Logik dieser Argumentation. Sie machen nur weniger handfeste Annahmen über Motive, die das Handeln orientieren. Im Extremfall unterstellen sie gar keine Motive mehr, sondern überlassen diese dem Aushandlungsprozeß der an einer Interaktion Beteiligten. Für eine Erklärung des Opferrituals bieten diese Varianten der Handlungstheorie keine neuartigen Erklärungsperspektiven. Das Opferritual ist gerade – und das steht quer zu handlungstheoretischen Grundannahmen – ein Handlungssystem, in dem es nichts mehr auszuhandeln gibt.

Über handlungstheoretische Erklärungsversuche hinaus geht der Versuch, das Opfer aus der Logik einer symbolischen Ordnung der Gesellschaft, aus ihrem »kulturellen Code« zu erklären. Die Bedeutung von kulturellen Vorstellungen, die dem Opfer zugrunde liegen und durch das Opfer bestätigt und reproduziert werden, liegt jenseits der subjektiv zugeschriebenen Bedeutung. Sie ist *objektiv* in dem Sinne, daß dieser kulturelle Code Kommunikation möglich und reproduzierbar macht.[57] Erst diese Logik symbolischer Ordnungen unterscheidet den *Gesellschaftszustand* vom *Naturzustand*. Solange es nichts als individuelle Handlungen (wie sozial motiviert auch immer) gibt, herrscht der Naturzustand. Sobald die Handelnden für ihr Handeln kollektiv geltende Regeln erzeugen, herrscht der Gesellschaftszustand. Im *Naturzustand* braucht man keine Kommunikation; denn es gibt nichts, worüber man sich einigen muß. Im *Gesellschaftszustand* braucht man Kommunikation; denn gemeinsam geteilte Regeln bedürfen eines Verfahrens kollektiver Einigung bzw. kollektiver Bestätigung im Falle des Bruchs von kollektiv geltenden Normen. Was den Gesellschaftszustand vom Naturzustand unterscheidet, ist

57 Daß externe Faktoren wie Demographie, Bewässerung und geographische Grenzen einen Einfluß haben, ist unbestritten. Doch ihre Bedeutung ist abhängig von der Deutung, die Menschen diesen Naturfaktoren geben. Daß Probleme der sozialen Abgrenzung, der Verteilung und Macht eine Rolle spielen, ist unbestritten. Aber sie wirken selten mittels ihrer Naturhaftigkeit. Ihre Rolle ist vielmehr von der Bedeutung dieser Faktoren, die ihnen von einer symbolischen Ordnung gegeben wird, bestimmt.

ein *Gesellschaftsvertrag*. Detienne/Vernant haben – in zugespitzter und provokativer Weise – dies so formuliert: »Le contrat social, c'est d'abord une operation culinaire.«[58] Der Gesellschaftszustand wird in der Durchführung eines gemeinsamen rituellen Mahles bestätigt und reproduziert. Der gemeinsame rituelle Fleischverzehr kennzeichnet eine spezifische kulturelle Option in diesem gemeinsamen Opfermahl, die Option für die carnivore Kultur.[59]

Im Opfermahl werden die kulturellen Grundlagen politischer Herrschaft in der Polis (und der antiken Hauswirtschaft) reproduziert.[60] Auch in modernen Gesellschaften wird der Gesellschaftsvertrag immer wieder zelebriert und beschworen. Allerdings haben sich die symbolischen Ausdrucksformen differenziert. Der Gesellschaftsvertrag wird nicht mehr nur auf Staatsbanketten zelebriert, deren äußere Form noch am weitestgehenden dem klassischen Opfermahl gleicht. Kulinarische Operationen beherrschen auf jedem Feld sozialer Macht die Reproduktion moderner Vergesellschaftung. Die Vorstellung, daß der moderne Rationalisierungsprozeß auch den Gesellschaftsvertrag »rationalisiert« und dabei auf dessen nackten Kern, nämlich ein *Vertrag* zu sein, abstrahiert habe, findet in der symbolischen Welt der modernen Gesellschaft keine Bestätigung. Ohne rituelle Inszenierungen des Gesellschaftsvertrages kommt auch die moderne Gesellschaft nicht aus.

Doch wir sind uns der symbolischen Gehalte dieser Praktiken

58 So formulieren das Detienne/Svenbro (1979), S. 222. Diese These analogisiert letztlich das Opfer und die Formen der Teilhabe am öffentlichen Leben in der Moderne. Daraus ergeben sich einige interessante Perspektiven auf die Funktion moderner Massenmedien, was die symbolische Darstellung von Blut, Töten usw. anbelangt.

59 Vgl. Detienne (1979), S. 7ff. Daß in diesem Mahle Fleisch eine so große Rolle spielt, das spitzt die Frage nach der symbolischen Logik noch einmal zu: Welche Bedeutung hat das Fleisch im Opferritual? Was wird im Medium des Fleisches kommuniziert?

60 Das theoretische Modell eines »Gesellschaftsvertrages« läßt sich ebenso auf archaische Gesellschaften projizieren. Das gemeinsame Jagen ist abhängig von der Lösung des Problems der kollektiven Aneignung des Gejagten. Ohne eine Lösung dieses Problems wäre eine Gemeinsamkeit des ökonomischen Handelns nicht denkbar. Hier wird die rituelle Form zur gesellschaftlichen Form selbst, und zwar nicht deswegen, weil – wie Durkheim meinte – sich in einfachen Gesellschaften elementare Formen zeigen, sondern weil in diesen Gesellschaften Gesellschaft nur als gemeinsam veranstaltetes Ritual den Beteiligten zu erscheinen vermag.

kaum mehr bewußt. Daß sich der empirische Schlüssel zu diesen symbolischen Praktiken gerade in ritualisierten kulinarischen Operationen findet, diese These ist zumindest auf dem Hintergrund des präsentierten historisch-komparativen Materials offensichtlich geworden. Und es besteht kein Grund, an der symbolischen Wirksamkeit kulinarischer Operationen in der modernen Kultur zu zweifeln. Was aber diese Analyse letztlich sichtbar macht, ist das Doppelspiel der *carnivoren Kultur* und der *vegetarischen Kultur* gerade in den kulinarischen Operationen, mit denen wir heute den modernen Gesellschaftsvertrag tagtäglich reproduzieren.

Teil III
Zurück zur Natur?

Der moderne Diskurs über das Eßbare. Zur Soziologie der Naturkostbewegung

Zwei moderne Kulturen

Im Prozeß der Modernisierung der traditionalen Gesellschaft Europas entsteht eine Kultur, die einen neuen Pfad sozialer Evolution möglich macht: die Kultur der *Aufklärung*.[1] Dieser Kultur wurde von der entstehenden bürgerlichen Gesellschaft das Prädikat gegeben, die höchste Form gesellschaftlicher Rationalität zu repräsentieren. Modernisierung wurde gar mit *Rationalisierung* gleichgesetzt.[2] Doch die bürgerliche Gesellschaft hat diesen Anspruch nicht einlösen, geschweige denn sichern können. Die Kultur der Aufklärung hat diese Modernisierung nicht zu kontrollieren, ihre Richtung nicht einzustellen vermocht. Sie ist zu einer – wie es dann in der »Selbstbeobachtung« dieser bürgerlichen Gesellschaft geheißen hat – »Ideologie« geworden.

Diese Selbstkritik ist nicht die einzige Kritik an der Kultur der Moderne gewesen. Die Geschichte der Modernisierung ist nicht nur die Geschichte sozialer Bewegungen, die diese Selbstkritik der bürgerlichen Gesellschaft getragen haben. Diese Geschichte ist auch eine Geschichte sozialer *Gegenbewegungen* gegen die Modernisierung, die über die Selbstkritik der bürgerlichen Gesellschaft hinausgegangen sind. Die bürgerliche Gesellschaft hat allerdings diese Gegenbewegungen und die von ihnen getragene Kritik an der Moderne als eine »irrationale« Kritik beiseite geschoben. Ob es nun Maschinenstürmer, Sektenbewegungen oder romantische Fluchtbewegungen gewesen sind, immer sind sie von der bürgerlichen Gesellschaft, wie selbstkritisch sie sich auch ge-

1 Zu diesem kulturellen Wandel ausführlich Eder (1985b). Der Schlüssel zu diesem kulturellen Wandel ist das Assoziationswesen, das sich seit dem Ende des 18. Jahrhunderts in Europa entwickelt hat.

2 Die klassische Beschreibung dieses Rationalisierungsprozesses hat Max Weber geliefert. Sie kulminiert in der formalen Rationalität bürokratischer Herrschaftsformen. Zur immanent bleibenden Diskussion dieses Rationalisierungsprozesses vgl. Schluchter (1979) und Habermas (1981).

sehen haben mag, als »irrationale« Gegenbewegungen gegen die Kultur der Moderne gesehen und denunziert worden.[3]
Die Wahrnehmung der Gegenbewegungen gegen die Moderne als »irrational« speist sich aus einer in der modernen bürgerlichen Gesellschaft nur unzureichend gebrochenen Selbstzuschreibung von Rationalität. Die Selbstkritik dieser Gesellschaft hat bislang vor dieser Rationalitätsunterstellung Halt gemacht. Doch sie kann sich dies zunehmend weniger leisten. Denn die von ihr selbst produzierte ökologische und kulturelle Krise der Moderne scheint gerade der Kritik dieser Gegenbewegungen Recht zu geben. Den Gegenbewegungen Irrationalität zuzuschreiben, wird schwieriger. Im Gegenteil: Es scheint eher angebracht, eine diesen Gegenbewegungen spezifische Rationalität anzuerkennen statt diese weiterhin wegen ihrer angeblichen »Irrationalität« abzuwerten.
Aus welchen kulturellen Traditionen haben sich diese Bewegungen gespeist? Was sind ihre kulturellen Quellen gewesen? Die klassische Antwort, die das Selbstverständnis der bürgerlichen Gesellschaft nicht hat irritieren können, nennt religiöse Heilserwartungen, wie sie in einfachen Völkern zu finden sind (Lanternari), magische Traditionen, die die Übermächtigkeit der Natur zu kompensieren erlauben (Thomas 1973). Diese Gegenbewegungen seien ein Restbestand traditionaler Kultur, der im Prozeß der Modernisierung noch nicht aufgelöst worden ist. Daß sie bisweilen im Verlauf der Modernisierung an Stärke gewonnen haben oder gewinnen, wird als *Regression* abgetan.
Diese theoretische Perspektive auf moderne Gegenbewegungen folgt weiterhin der – mit der Unterstellung der Irrationalität verbundenen – *Mangelperspektive*. Diese Gegenbewegungen werden als Effekte von Übergangskrisen in die Moderne, von Überforderungen individueller Existenz, von ökonomischen Krisen und

3 Diese Bewegungen sind in der Theorie und Kritik der bürgerlichen Gesellschaft bislang kaum von Bedeutung gewesen. Eine Ausnahme ist Hobsbawm (1952). Zur jüngsten Version dieses Themas vgl. Wulf (1987). Erst die sog. »neuen sozialen Bewegungen« haben dieses Interesse erneut geweckt. Dazu für viele andere Schimank (1983), Weiß (1986), Eder (1986c). Frühere Analysen solcher Bewegungen finden sich eher in der Kulturanthropologie und Entwicklungsländersoziologie. Vgl. etwa Lanternari (1960), Queiroz (1968), Hobsbawm (1972). Die jüngste soziologische Deutung dieser Bewegungen spricht von »atypischen Moralunternehmern« Scheerer 1986).

Konjunkturen gesehen. In solchen Situationen läge es deshalb nahe, auf die vertraute Vergangenheit, die man verloren hat, zu setzen: auf eine Welt ohne Krisen und ohne Sinnprobleme. Das theoretische Bild, das von den modernen Gegenbewegungen gegen die Moderne entworfen wird, ist dann das einer *traditionalistischen Reaktion* auf die Moderne.

Ein anderes Bild ergibt sich, wenn man nicht die Moderne gegen den Traditionalismus, sondern die *dominante* Moderne gegen die *unterdrückte* Moderne setzt. Das eröffnet die Möglichkeit, die These einer diesen Gegenbewegungen eigenen Rationalität zu überprüfen. Denn aus dieser theoretischen Perspektive lassen sie sich nicht mehr problemlos als irrational abwerten. Dieses Modell geht davon aus, daß diese Bewegungen sich nicht aus dem »Alten« speisen, sondern aus einem *Gegenmodell* gegen die dominante Moderne. Sie sind nicht rückwärts gewandte Reaktionen auf den Prozeß der Modernisierung. Sie sind in derselben Weise Träger eines »Projekts« von Modernität, von Versuchen, eine moderne Gesellschaft zu erzeugen, wie dies für die »rationalen« Bewegungen im Prozeß der Modernisierung der Gesellschaft gilt. Sie sind Versuche, eine andere Moderne, eine »unvertraute Moderne« (Schäfer 1985), zu realisieren.

Diese Gegenbewegungen, die sich nicht nur in Opposition zu den herrschenden Eliten oder Klassen, sondern auch meist in Opposition zu den modernisierenden sozialen Bewegungen bis ins ausgehende 20. Jahrhundert (also auch in Opposition zur Arbeiterbewegung!) herausgebildet haben[4], unterscheiden sich nicht nur im Hinblick auf ihr *Ziel*. Die modernen Gegenbewegungen wollen nicht die Macht. Sie wollen eine andere Moderne im Schatten der herrschenden Moderne. Diese Gegenbewegungen weichen auch von dem *Bild*, das man sich von einer »modernen« sozialen Bewegung macht, in mehreren Hinsichten ab:

- Es handelt sich um Bewegungen, die sich nicht um ihr Wachstum kümmern.
- Es handelt sich um Bewegungen, die sich nicht mit der »Organisationsfrage« beschäftigen.
- Es handelt sich um Bewegungen, die nichts mit Rebellion oder Abweichung zu tun haben.

4 Ein Beispiel für eine solche Perspektive sind die Untersuchungen von Hobsbawm zu Revolution und Revolte im 20. Jahrhundert. Siehe Hobsbawm (1977).

– Es handelt sich um Bewegungen, die für ihr Bestehen nicht auf ihren Erfolg angewiesen sind.[5]

Das Bild, das diese Gegenbewegungen bieten, widerspricht dem vertrauten Bild von einer »modernen« sozialen Bewegung. Die modernen Gegenbewegungen bieten vielmehr das Bild eines »fluiden« Phänomens (Gusfield 1981).

Die modernen Gegenbewegungen unterscheiden sich von den »rationalen« sozialen Bewegungen vor allem aber im Hinblick auf die *Themen*, an denen sie sich orientieren. Es geht nicht um die »rationalen« Themen wie Freiheit, Gerechtigkeit und Emanzipation. Es geht vielmehr um die »irrationalen« Themen wie die Integrität des Körpers, um das Thema der *nicht-rationalen Grundlagen rationalen Zusammenhandelns*. Diese Gegenbewegungen thematisieren ein Grundproblem menschlicher Vergesellschaftung: nämlich das *Verhältnis von Natur und Kultur*.[6]

Der Schlüssel zum Verständnis der modernen Gegenbewegungen ist die *Naturfrage*. Die Naturfrage, die bislang nur im Schatten der politischen (konstitutionellen) und sozialen Frage gestanden hat, hat ihre aktuelle Bedeutung mit der Erfahrung erhalten, daß die Gesellschaft ihre Umwelt nicht mehr macht, sondern daß die von ihr gemachte Umwelt auf sie destruktiv zurückwirkt. Doch das haben andere Gesellschaften auch schon erlebt. Der Unterschied besteht heute darin, daß die moderne Gesellschaft die ökologische Krise auch mit einem »anderen« Bewußtsein dessen, was sie tut, erlebt. Sie ist jene Gesellschaft, die die Probleme im Umgang mit der Natur als *ökologische Krise* thematisiert.

Die moderne *ökologische Bewegung* (Brand 1982; Brand/Büsser/Rucht 1983) beansprucht, diese »andere« Rationalität zu verkörpern. Sie löst diesen Anspruch aber nicht ein. Solange die ökologische Bewegung nur Umweltbewegung ist, bleibt sie der dominanten Moderne verhaftet. Auch sie entkommt nicht der Kultur der Moderne, die das Verhältnis zur Natur zu einer primär *technischen* Frage macht. Die ökologische Bewegung bräche erst dann mit der dominanten Rationalität der Moderne, wenn in ihr ein

5 In diesen Dimensionen versucht Gusfield die Differenz von Bewegung und Gegenbewegung zu fassen. Vgl. Gusfield (1981), S. 320f.

6 Ebd. S. 323. Diese Betonung der »kulturellen« Seite kennzeichnet nicht nur die neuere Literatur zu den neuen sozialen Bewegungen, sondern auch die neuere Literatur zu Klassenstruktur und sozialer Ungleichheit in fortgeschrittenen Industriegesellschaften. Als ein Beispiel siehe Bourdieu (1982).

Aspekt menschlicher Vergesellschaftung zum Zuge käme, der in der bisherigen Geschichte westlicher Kulturen nur als untergründige Tradition bestanden hat: ein friedfertiger Umgang mit der Natur, eine expressive Lebensform. Es ist die Utopie von der mit der Natur versöhnten Gesellschaft. Diese Vorstellung einer *Versöhnung* mit der Natur findet sich in religiösen, messianischen und intellektuellen Bewegungen in allen bekannten Kulturen. Sie erfährt in der modernen Gesellschaft des ausgehenden 20. Jahrhunderts einen Bedeutungszuwachs, der sie ins Zentrum gesellschaftlicher Lernprozesse zu rücken scheint.

Die moderne ökologische Bewegung ist also ein *ambivalentes* Phänomen.[7] Sie verkörpert zugleich das rationale und irrationale Moment der Moderne. Sie vereinigt in sich entgegengesetzte Perspektiven auf die Moderne: die »vertraute Moderne« und die »unvertraute Moderne« (Schäfer 1985). Im ersten Fall handelt es sich um eine ökonomisch rationalisierende Bewegung, um ökonomisch motivierten Umweltschutz. Im zweiten Falle handelt es sich um eine Renaissance eines Verhältnisses zur Natur, das die Menschen schon immer gewollt hätten, wenn es ihnen unter den gegebenen Umständen möglich gewesen wäre. Es handelt sich um die objektiv erzwungene soziale Verkörperung einer alten Utopie, die umso manifester wird, je mehr die ökologischen Gefährdungen der modernen Gesellschaft zunehmen. Die *Naturfrage* rückt eine unvertraute und bislang unterdrückte Moderne in das Selbstbewußtsein dieser Moderne.

Um das Phänomen der gegenwärtigen *ökologischen Bewegung* zu verstehen, reicht es also nicht aus, diese Bewegung als »neue« soziale Bewegung zu sehen, die die »alten« sozialen Bewegungen beerbt und deren Tradition fortsetzt. Diese unidimensionale Betrachtungsweise liegt zwar nahe[8]; doch sie reicht nicht aus. Die ökologische Bewegung ist eine *neue soziale Bewegung* und eine *neue soziale Gegenbewegung* zugleich.

Der Doppelcharakter der ökologischen Bewegung kann in dem Maße geklärt werden, wie der historisch-kulturelle Kontext dieser Bewegungen expliziert wird. Deshalb soll im folgenden in

7 Zu dieser Doppeldeutigkeit vgl. Eder (1986c) sowie das Kapitel über »Moderne Gegenkulturen« in diesem Bande.

8 Diese unidimensionale Betrachtungsweise findet sich vor allem bei Raschke (1985). Auch in diese Richtung neigend ein früher Aufsatz zu den neuen sozialen Bewegungen von mir (Eder 1982a).

einem *ersten* Schritt die Ambivalenz des modernen Naturverhältnisses genauer bestimmt werden. Diese Ambivalenz wird in einem *zweiten* Schritt am Phänomen der modernen Eßkultur spezifiziert. In einem *dritten* Schritt wird dann versucht, an der modernen Naturkostbewegung die These des Doppelcharakters der modernen ökologischen Bewegung zu belegen.

Die Ambivalenz des modernen Naturverhältnisses

Die Doppelstruktur moderner Naturerfahrung

Das – aus dem 19. Jahrhundert stammende – Bild der Entwicklung des Verhältnisses der Gesellschaft zur Natur ist doppeldeutig. Das eine Bild ist das einer zunehmenden *Moralisierung der Natur.*[9] Die Geschichte Westeuropas wird – ohne dabei zu sehr die Realität zu verzerren – als eine Geschichte gesehen, in der die Sympathie mit der Natur und die gleiche Achtung vor der Natur zunimmt. Rechte gelten für alle gleichermaßen, wobei das, was unter dem Begriff »alle« verstanden wird, sich tendenziell auf alles »Lebende« ausweitet. Diese Entwicklung läuft parallel zur wissenschaftlichen Aufklärung, zum Niedergang der Magie und zur Ausbildung säkularer Moralvorstellungen (Thomas 1973). So wie Sklaven, niedere Rassen und Frauen in diese neue Welt gleicher Achtung einbezogen wurden, so wurden schließlich auch Tiere und ihr Leiden in diesen Prozeß der »Aufklärung« hineingezogen. Die – für die klassische Aufklärung konstitutive – Annahme einer Superiorität des Menschen über die Tiere aufzugeben, ist mit dieser Haltung jedoch nicht notwendig verbunden.
Die *romantische Bewegung* läßt sich als eine Fortsetzung und Radikalisierung der Aufklärungsbewegung deuten: Sie weitet die Moral, die für Menschen gelten soll, auch auf die Natur aus. Die Idee eines interaktiven Umgangs mit der Natur radikalisiert die

9 Dieses positive Bild der modernen Kultur von sich selbst verdankt sich dem bürgerlichen Selbstbewußtsein, Träger einer höheren Stufe menschlicher Moral zu sein. Die Theorien moralischer Evolution atmen noch diesen Geist. Vgl. Ginsberg (1956). Zu einer historischen Überprüfung dieser These siehe Thomas (1983), der einen leichten, aber nur schwer definierbaren Wandel in diese Richtung sieht.

Aufklärungsidee und dehnt sie auf das »Leben« als solches aus.[10] Das romantische Gefühl richtet sich gegen das Gekünstelte und Erklügelte des aufklärerischen Denkens und Handelns. Es rekurriert dabei auf die *Natur*, auf den Naturkosmos wie auf Natürlichkeit (Weiß 1986, S. 291). Die Natur wird zum verbindlichen, unhintergehbaren Bezugssystem jenseits des bloß Künstlichen, das mit dem Politischen und Gesellschaftlichen identifiziert wird. Die romantische Thematisierung des Naturverhältnisses richtet sich gegen das objektivistische und mechanische Naturbild der neuzeitlichen Wissenschaft. Gegen das mechanische Naturbild wird die Idee einer »Beseeltheit« der Natur und die Vorstellung eines »Dialoges mit der Natur« gesetzt (Weiß 1986, S. 289). Diese Bewegung für einen nichtinstrumentellen Umgang mit der lebendigen Natur hat im 19. Jahrhundert mit Jeremy Bentham einen folgenreichen intellektuellen Ausdruck gefunden. Die Begründung eines menschlichen Umgangs mit der lebenden Natur erfährt hier eine philosophische Begründung, die dieses interaktive Naturverhältnis sozial akzeptabler macht.[11]

Das Bild einer sich verstärkenden Bewegung hin zu einer Moralisierung der Natur ist allerdings nicht so eindeutig, wie das diese Andeutungen suggerieren könnten. Es gibt nicht nur Ausnahmen von diesem Bild einer kontinuierlich zunehmenden Sympathie mit der Natur. Diese Ausnahmen fügen sich vielmehr zu einer eigenständigen *Ausbeutungsgeschichte der Natur* (Brüggemeier/Rommelspacher 1987) zusammen: Natur als zu nutzender Gegenstand, dessen Fähigkeit zur Gegenwehr durch Wissen selbst noch kontrolliert werden kann. Es steigert sich nicht nur die moralische Empfindung gegenüber der Natur. Es steigert sich auch das Herrschaftswissen über die Natur. Wir haben es also mit einem doppelten Steigerungsprozeß zu tun, der gerade nicht der

10 Für den romantischen Umgang mit der Natur stehen literarische Figuren, die von Joseph Freiherr von Eichendorff bis Hermann Hesse reichen. Daß politisch diese romantische Naturbegeisterung starke konservative Aspekte hatte, zeigt sich an Wilhelm Heinrich Riehl, einem der meistgelesenen Kulturkritiker der Restaurations- und Reaktionsperiode. Er bezeichnet den Wald als das, was dem »Kulturmenschen« noch den Traum einer von Polizeiaufsicht unberührten persönlichen Freiheit ermöglicht. Das kulminiert dann in der Vorstellung, daß am deutschen Wesen die Welt genesen möge.

11 Zu Bentham vgl. besonders die Arbeiten von Singer (1976, 1979). In Deutschland wäre, was die Funktion, nicht die philosophische Statur anbelangt, Riehl zu nennen, der Vater des Naturschutzgedankens in Deutschland. Zu Riehls theoretischem Hintergrund vgl. Riehl (1976).

Logik des Null-Summen-Spiels folgt. Es steigert sich gleichermaßen der instrumentelle wie der nichtinstrumentelle Umgang mit der Natur. Auf der einen Seite wird der Umgang mit der lebenden Natur instrumentalisiert. Der Umgang mit dem »Körperlichen«, das Tiere und Menschen teilen[12], wird Teil einer Geschichte sozialer Kontrolle. Die Verwertung des Körpers findet ihre Apotheose in der medizinischen, kriminologischen und psychiatrischen Instrumentalisierung des menschlichen Körpers.[13] Diese Körperlichkeit wird andererseits moralisiert: Sie wird mit Psyche gefüllt und mit Empfindungen versehen. Es entsteht eine neuartige *Sensibilität* gegenüber der Natur.

Es gibt also eine der Moderne inhärente Doppelstruktur des Verhältnisses zur Natur. Das macht zugleich die Ambivalenz des modernen Naturverhältnisses aus. Diese Doppeldeutigkeit manifestiert sich seit dem 17. Jahrhundert in Europa in zwei typischen Formen des Umgangs mit der Natur. Natur wird einmal zum Gegenstand *wissenschaftlicher Erkenntnis*; sie wird ausgehorcht; ihre grundlegenden Gesetze werden erforscht. Natur wird zugleich zum Gegenstand *touristischer Erbauung*; sie wird zum Medium der Erholung in der »freien« Natur. Die Entstehung der *theoretischen Neugierde* der Neuzeit geht seit dem 17. Jahrhundert parallel mit der Erfindung der *Lust an der Natur*. Die Trennung von *theoretischer Neugierde* (Blumenberg 1973) und *Lust an der Natur* (Meschkowski 1986) gehört zu den kulturell folgenreichen Weichenstellungen in die Moderne. Sie bestimmt den europäischen Weg in die kulturelle Moderne. Hier wird die soziale Evolution der europäischen Kultur von der sozialen Evolution anderer Kulturen abgekoppelt.[14]

Die *theoretische Neugierde* systematisiert die Lern- und Anpas-

12 Der Körper gehört zu den Modethemen neuerer Kulturkritik. Vgl. dazu etwa die Beiträge in Kamper/Wulf (1982, 1984).

13 Diese theoretische Sichtweise verdankt sich vor allem den Arbeiten von Foucault. Eine Weiterführung im Hinblick auf den medizinischen Umgang mit dem Körper findet sich bei Attali (1981), der diese Form des Umgangs mit dem Körper in Zusammenhang mit dem »Kannibalischen« bringt. Dieser Umgang mit der Natur deutet auf den *carnivoren* Charakter dieser Kultur.

14 Das bedeutet nicht, daß sie auch höher entwickelt sei oder entwicklungsfähiger sei als andere Kulturen. Diese Abkopplung führt zunächst zu nichts anderem als zu einer gewaltigen Steigerung des evolutionären Tempos. Ob die moderne Gesellschaft dieses Tempo übersteht und überlebt, ist eine erste Frage. Und ob dieses Tempo auch die praktische Vernunft ergriffen hat oder noch ergreifen kann, ist zweifelhaft geworden.

sungsprozesse, die ein effizientes Verhalten gegenüber der Natur ermöglichen (Sprandel 1972, S. 57ff.). Das Ergebnis dieser theoretischen Neugierde ist die Fähigkeit, in den Reproduktionsprozeß der Natur selbst intervenieren zu können. Das erlaubt eine evolutionär einzigartige Kontrolle der Natur und eine evolutionär einzigartige Transformation von Natur in gesellschaftlichen Reichtum. Damit sind aber auch die kognitiven Grundlagen für die aktuelle ökologische Krise gelegt: das Entropiewachstum in der Natur zu beschleunigen, den »Wärmetod« der Materie zu forcieren (Georgesen-Roegen 1971). Die konkreten Stichworte heißen Vernichtung der tropischen Wälder, Zerstörung der Ozonschicht, Erschöpfung der organischen Energieressourcen, chemische Verunreinigung, atomarer Entsorgungsmüll.

Die *Lust an der Natur* zivilisiert den nichttechnischen Umgang mit der Natur. Die Ästhetisierung der Natur ist das Medium dieses sympathetischen oder »kommunikativen« Umgangs mit der Natur. Daß sich diese Lust an der Natur klassenspezifisch und schichtspezifisch manifestiert, ist dann von sekundärer Bedeutung. Die kulturelle Weichenstellung (die für die Reproduktion sozialer Machtverhältnisse immer benutzt werden kann) ist das erklärungsbedürftige Phänomen.

Die parallele Evolution der theoretischen Neugierde und der Lust an der Natur muß Interferenzen zwischen diesen beiden Prozessen erzeugen. So wenig wie die Lust an der Natur von der theoretischen Neugierde unberührt bleibt, so wenig kann sich die theoretische Neugierde gegen die Lust an der Natur immunisieren. Das führt zur Verdoppelung der modernen Ambivalenz gegenüber der Natur. Die theoretische Neugierde und die Lust an der Natur erhalten zusätzliche Bedeutungsgehalte.

Die *romantische Gegenbewegung* gegen die Aufklärung und den Industrialismus ist ein Beispiel für eine solche ambivalente Radikalisierung der Lust an der Natur. Gegen die Entgegensetzung von Kunst und Wissenschaft werden Vorstellungen einer romantischen Naturwissenschaft und Vorstellungen einer Integration von Wissenschaft und Kunst gerichtet. Verherrlicht die Frühromantik noch die Natur, so kehrt sich dieses Verhältnis bereits in der Spätromantik um: Die Natur wird zum Unergründlichen, zum Quell des Schmerzes und des Leides (Timm 1978). Diese negative Umdeutung der Lust an der Natur drückt die Erfahrung aus, daß es keine unmittelbare Naturerfahrung mehr geben kann.

Naturerfahrung ist nur mehr Erfahrung ihrer Unmöglichkeit – und das erzeugt den Schmerz als neuen Erfahrungsmodus der Natur.

Die *neoromantischen Bewegungen* fortgeschrittener Industriegesellschaften (Schimank 1983) greifen explizit auf die Frühromantik zurück. Gegen die These von der Entzauberung durch Wissenschaft wird die These einer »sozialen Naturwissenschaft« (Schäfer 1986) gestellt. Dieses Naturbild kritisiert das »Kopfdenken«, die »einseitige Rationalität der Technik«. Es plädiert für ein sympathetisches und moralisches Verhältnis zur Natur, für Gemeinschaftlichkeit und einen irenischen Begriff von Politik.[15] Dieser Rückgriff rechtfertigt die Formel von der »Wiederverzauberung der Welt«. Wiederverzauberung heißt, das, was die Entzauberung der Moderne vorangebracht hat, umzukehren. Der Mechanismus der Entzauberung ist vor allem anderen die neuzeitliche Wissenschaft gewesen. Die Wiederverzauberung ist bislang allerdings ein in der Selbstbeschreibung dieser Gesellschaft kaum thematisierter Teil der Geschichte der Moderne. Gerade in der Dialektik von Entzauberung durch Wissenschaft und Wiederverzauberung durch Wissenschaftskritik zeigt sich aber die Differenz von sozialer Bewegung und sozialer Gegenbewegung in der Moderne.[16]

Die Doppelstruktur der Erfahrungs- und Wahrnehmungsschemata der Natur hat ihren Ursprung in den alltäglichen Praktiken, die den Umgang mit der Natur bestimmen. Vor aller intellektuellen Repräsentation ist die reale Grundlage der *Doppelbedeutung* der Natur zu suchen. Die alltagspraktische Basis der Doppelbedeutung der Natur zeigt sich in der Dichotomie von Stadt und

15 Ein Beispiel findet sich etwa in Maren-Griesebachs »Philosophie der Grünen« (Maren-Griesebach 1982). Zur Kritik vgl. Rödel (1983), der im Sinne der bürgerlichen Aufklärung versucht, die demokratietheoretischen Implikationen herauszuarbeiten und in der Bewertung dieser Philosophie – und das überrascht nicht – zu einem eher (!) negativen Ergebnis kommt. Die Ambivalenz, die in der doppelten Kultur der Moderne angelegt ist, schlägt auch hier durch.

16 Vgl. als Versuche einer Wiederverzauberung der Wissenschaft Capras »Wendezeit« (Capra 1985) sowie Bermans »Wiederverzauberung der Welt« (Berman 1983). Sie setzen gegen den atomistischen »Cartesianismus« die Idee eines holistischen und partizipatorischen Verhältnisses des Menschen zum Kosmos. Alle Übel der Moderne werden der cartesianischen Rationalität angelastet. Prigogine/Stengers sehen in der Aufdeckung nicht-deterministischer und irreversibler Naturgesetze Alternativen zur Entzauberungsfunktion des modernen naturwissenschaftlichen Denkens (Prigogine/Stengers 1984).

Land. Die doppelte Symbolisierung der Natur geht in den Gegensatz von kultiviertem Land und Wildnis ein. Sie erzeugt den Gegensatz von Naturbeherrschung und Naturschutz. Und sie erzeugt jenes eigentümliche Verhältnis zu den Tieren, das zwischen Fleisch und Barmherzigkeit hin- und hergerissen wird.[17] Sie zeigt sich also im Wohnen, in der Freizeit und vor allem im Essen.

Diese Phänomene werden zu Themen, die auch den intellektuellen Diskurs alimentieren. Sie gehen zu einem (zu klärenden) Teil in die offizielle Ideengeschichte der modernen Gesellschaft ein. Sie sind Gegenstand des verwissenschaftlichten Diskurses. Sie gehen zu einem (ebenfalls zu klärenden) Teil aber auch in die inoffizielle, »unwissenschaftliche« Ideengeschichte der Moderne ein. Sie sind auch Gegenstand populärer Theorien über den Zusammenhang der Welt von den Engeln bis zu den niedersten Tieren (Böhme/Böhme 1983). Erst wenn wir die alltagspraktischen Formen des Umgangs mit der Natur verstehen, können wir die Verzerrungen korrigieren, mit denen die moderne Gesellschaft sich in ihren intellektuellen Repräsentationen zu verstehen sucht. Erst dann kann auch das Monopol auf Rationalität, das die offiziellen wissenschaftlichen Repräsentationen zu halten versuchen, aufgebrochen und die Ambivalenz der Moderne auch in ihrer Selbstbeschreibung sichtbar gemacht werden.

Im folgenden soll die weniger bekannte Seite dieser Ambivalenz genauer analysiert werden. Der Beginn der Neuzeit ist nicht nur mit einer zunehmenden Beherrschung, sondern auch mit einer neuen Sensibilität gegenüber der Natur verbunden. Die Natur wird auch als das *Gute* wahrgenommen. Diese gute Natur kann an der positiven Bewertung des Ländlichen und der Wildnis sowie an der Entstehung des Tierschutzgedankens und des Gedankens der Barmherzigkeit gezeigt werden.

17 Diese Gegensatzpaare hat Thomas als das »menschliche Dilemma« in der Moderne bezeichnet. Vgl. Thomas (1983), S. 242ff. Zur Geschichte der »Liebe zu den Tieren« vgl. Harwood (1928).

Ein Grund für die Entstehung einer das Landleben verherrlichenden Einstellung ist die mittelalterliche *Pest* gewesen (Sprandel 1972, S. 66f.). Die Verherrlichung der Natur in Bocaccios Dekameron (der Natur auf den patrizischen Landgütern!) reagiert auf die Pest in Florenz. Um der Pest in der Stadt auszuweichen, geht man aufs Land. Das Leben auf dem Land wird zum Gegenbegriff gegen den in der Stadt wütenden Tod. Natur wird hier zu etwas Gutem in Relation zur Pest. Die Pest ist das Böse. Sie ist das Gegenteil von Natur. Sie wird aber nicht mehr nur als Geißel Gottes gesehen. Sie wird der Stadt zugerechnet und damit zu einer Ausdrucksform von Gesellschaft. Das *Natürliche* tritt hier in einer neuartigen Weise in einen Gegensatz zum *Gesellschaftlichen*. Die Stadt als Inbegriff der Gesellschaft wird zum Inbegriff des Todes. Das Land als Inbegriff der Natur wird zum Inbegriff des Lebens. Die Verherrlichung der Natur ist die Kompensation der Erfahrung der todbringenden Stadt. Der Schmutz in der Stadt, die schlechte Luft und der Gestank treten in Gegensatz zur reinen Luft auf dem Lande (Thomas 1983, S. 244f.). Die kulturell universale Klassifikation von *rein* und *unrein* wird auf das Verhältnis von Stadt und Land projiziert.[18]

Eine andere Veränderung im Naturverhältnis zeigt sich im Hinblick auf die Bewertung der Kultivierung des Bodens. Dem kultivierten Land wird die *Wildnis* als das Positive, als die von Gott gemachte Welt entgegengesetzt (Thomas 1983, S. 254ff.). Doch diese Wildnis muß entschärft werden, um als Ausdruck des Guten gelten zu können. Die Natur wird als Ausdruck des Lebens »ausstaffiert«. Die Natur wird zu einer »touristischen Natur«. Diese Natur ist eine Erfindung des 17. Jahrhunderts (Böhme/Böhme 1983, S. 34ff.). Sie macht den Park möglich, die gegen Unbilden abgesicherte Natur. Der Tourist, der diese wohlausgestattete Natur betritt, kann die Natur als angenehm und komfortabel empfinden. Der Besucher dieser Natur kann, wenn sie entsprechend arrangiert ist, in ihr Ruhe und Frieden finden (Baal 1971, S. 230f.). Diese von Menschen gemachte Natur hat das Ge-

18 Zur Frage von Reinheit versus Unreinheit vgl. das Kapitel über »Die kulinarische Moral« in diesem Band.

fährliche und Bedrohende vom Schönen, Bequemen und Friedlichen getrennt.

An der Form der *Jagd* wird das Ausmaß der kulturellen Konstruktion der Wildnis und die mit ihr verbundene Ambivalenz in besonderer Weise deutlich. Die Jagd hat nichts mehr mit der Nahrungsversorgung zu tun; sie wird zum Luxus. Die Jagd ist Erholung von der Gesellschaft. Und sie ist zugleich Leben in der wilden Natur, zu der auch das Töten von Tieren gehört. Das Element der Grausamkeit gegenüber den Tieren, das mit der Jagd verbunden ist, wird durch seine »Natürlichkeit« relativiert. Die Jagd ist nutzloses Töten geworden. An diesem »plaisir« wird deutlich, wie sehr die wilde Natur kulturell definierte Natur ist, die sich von der kultivierten Natur nur durch ihre Zwecksetzung unterscheidet. *Kultivierte Natur* dient der Vermehrung des materiellen Reichtums. *Wilde Natur* dient dem »plaisir«.

Die Doppeldeutigkeit des Verhältnisses der modernen Gesellschaft zur Natur beginnt in alltäglichen Praktiken. Sie findet sich in den Formen des Wohnens; sie verschärft sich, wenn es um die kulturellen Formen der Jagd geht. Der wichtigste Schlüssel zur Doppeldeutigkeit des »symbolischen« Umgangs mit der Natur ist jedoch in der Art und Weise zu suchen, wie mit den *Tieren* umgegangen wird.[19] Denn daran wird deutlich, daß diese Doppeldeutigkeit mit Schuldgefühlen, unguten Gefühlen und Abwehr verbunden ist. Sie ist mit *Ambivalenzen* verbunden. Das zeigt sich besonders dort, wo es um das *Essen von Tieren* geht. Diese kulturellen Praktiken erfordern weitgehende kulturelle Symbolisierungen, die die Gefühle steuern können, die mit dem Essen von Fleisch verbunden werden (Thomas 1983, S. 287ff.). Das Essen von Fleisch wird damit zu einem zentralen Schauplatz der symbolischen Selbstdarstellung der modernen Gesellschaft.[20]

19 Damit wird ein Thema aufgenommen, das bereits in der komparativen Analyse von Eßtabus und Opferritualen eine zentrale Rolle gespielt hat: der Umgang mit der lebenden Natur. Siehe das Kapitel über »Die kulinarische Moral« sowie »Die carnivore und die vegetarische Kultur« in diesem Band.

20 Hardt (1987) hat jüngst darauf hingewiesen, daß um die Jahrhundertwende in den literarischen Darstellungen des Essens der Wandel vom Essen als Darstellung der Lust zum Essen als Darstellung des Todes stattgefunden hat. Das Essen behält in der Moderne offensichtlich in gesteigertem Maße die symbolische Funktion, die das griechische Opfermahl gekennzeichnet hat. Vgl. dazu das Kapitel über »Die carnivore und die vegetarische Kultur« in diesem Band.

Die ambivalenten Gefühle, die sich beim Fleischessen zeigen, sind ein eindrucksvolles Beispiel dafür, daß zum Ende des 18. Jahrhunderts der instrumentelle Umgang mit der Natur als abstoßend, als Verletzung moralischer und ästhetischer Gefühle empfunden wurde. Thomas hat das daraus entstehende Dilemma im Problem gesehen, wie die materiellen Erfordernisse einer Gesellschaft mit den neuen Gefühlen und Werten in Einklang gebracht werden können, die diese Gesellschaft hervorgebracht hat (Thomas 1983, S. 301). Die *Ambivalenz* des modernen Verhältnisses zu Tieren rückt damit ins Zentrum einer Rekonstruktion der Moderne, die zugleich die Vorderseite wie die Rückseite des modernen Naturverständnisses sichtbar zu machen trachtet. Tiere werden zugleich gegessen und erzogen. Tiere werden zugleich gequält und gehätschelt. Es gibt keinen Aspekt des Verhältnisses zur Natur, in dem sich so sehr die Ambivalenz des modernen Naturverhältnisses manifestiert wie im Umgang mit den Tieren. Auf die Ambivalenz im modernen Naturverhältnis machen gerade jene sozialen Bewegungen aufmerksam, die das Essen von Tieren problematisieren. Die *vegetarische Bewegung*, die *Reformkostbewegung* und andere auf Gesundheit bezogene Bewegungen des 19. Jahrhunderts haben dieses gegenkulturelle Naturverhältnis zum ersten Male in einer modernitätskritischen Absicht verkörpert. Diese Bewegungen haben den Versuch unternommen, die Doppeldeutigkeit der Natur aufzulösen und ein »eindeutiges« Verhältnis zur Natur herzustellen. Sie sind dabei gezwungen gewesen, sich gegen das herrschende Modell eines technischen und instrumentellen Naturverhältnisses durchzusetzen.

Der sich in dieser Doppelbewegung abzeichnende doppelte kulturelle Modernisierungsprozeß soll im folgenden an der Entwicklung der *Eßkultur* dargestellt werden. Ausgangspunkt dieser Analyse ist die Frage, inwieweit die Suche nach dem *gesunden Essen* als der Grundlage eines gesunden Lebens ein Aspekt kultureller Modernisierung ist, der fundamentale Prinzipien der Modernität teilt und zugleich über diese hinausgeht.

Das Essen als Schauplatz der Kultur

Zwei Eßkulturen in der Moderne

Die Ambivalenz der modernen Eßkultur besteht nicht darin, daß sie klassenspezifisch ist.[21] Die Differenz zwischen der haute cuisine und der Küche des Volkes ist Teil der Klassenstruktur moderner Gesellschaften. Und diese Differenz ist umso mehr von Bedeutung, wie die moderne Gesellschaft die Reproduktion von sozialer Ungleichheit auf die kulturelle Ebene verschiebt. Die Ambivalenz der modernen Eßkultur läuft quer zu dieser sozialen Unterscheidung. Sie baut auf einer *symbolischen Differenz* auf: auf der Differenz zwischen einem *carnivoren* und einem *vegetarischen* Verhältnis zur Natur.

Die These, die den folgenden Überlegungen zugrunde liegt, lautet: Die dominante kulinarische Kultur der Moderne ist die *carnivore* Kultur. Die *carnivore* Kultur ist die herrschende Kultur der modernen Gesellschaft. Sie erscheint als grausam, soweit die unteren Schichten dieses carnivore Modell reproduzieren. Sie erscheint als dezent, raffiniert, soweit die oberen Schichten dieses carnivore Modell reproduzieren. *Blutig* ist sie in beiden Fällen.

Diese carnivore Kultur ist nicht unbestritten geblieben. Sie wird seit dem Beginn der bürgerlichen Kultur von einer *vegetarischen* kulturellen Tradition in Frage gestellt.[22] Diese Form der sozialen Kritik der herrschenden carnivoren Kultur soll im folgenden unter dem Gesichtspunkt analysiert werden, inwieweit sie das Naturverhältnis der modernen Gesellschaft bestimmt hat bzw. wieweit es marginal geblieben ist.

In der Doppelstruktur der kulinarischen Kultur der modernen bürgerlichen Gesellschaft artikuliert sich in exemplarischer Weise die Doppelstruktur der modernen Kultur. In der kulinarischen Kultur werden – an dieser These orientieren sich die folgenden Überlegungen – die symbolischen Grundlagen der dominanten und der gegenkulturellen Bewegungen in der Moderne greifbar.

21 Solche sozialstrukturellen Analysen finden sich etwa bei Goody (1982). An ihnen läßt sich zeigen, daß vor einer solchen Analyse die Analyse der gemeinsam geteilten Kultur bzw. Kulturen stehen muß, will man die gesellschaftliche Funktion schichtspezifischer Eßkulturen angemessen fassen.

22 Der moderne Vegetarismus erhält damit eine evolutionäre Bedeutung, die sich in seiner quantitativen Bedeutung keineswegs widerspiegelt.

Die bürgerliche Eßkultur ist primär carnivore Kultur. Bürgerliche Eßkultur repräsentiert – das ist die zentrale kulturtheoretische Annahme – die demokratisierte Form des griechischen Opfermahls.[23] Das griechische Opfermahl macht das Vergießen von Blut und das Essen von Fleisch zum konstitutiven symbolischen Akt der Polis. Die in diesem Ritual immer wieder bestätigten symbolischen Grundlagen der Polis bestimmen auch die Tradition der europäischen Moderne. Sie erklären den *Primat des Fleisches.*

Man kann die Geschichte der Demokratisierung der carnivoren Eßkultur in aufeinander aufbauende Schritte einteilen und diese Schritte folgendermaßen bestimmen:

- Erster Schritt: Verbürgerlichung der Eßkultur.
- Zweiter Schritt: Anpassung proletarischer Eßsitten an die bürgerliche Eßkultur.
- Dritter Schritt: Uniformierung der Eßkultur, die ihr charakteristisches Symbol im »Hamburger« findet.
- Vierter Schritt: Überformung der Dritten Welt durch die europäische carnivore Kultur.

Damit steht die Demokratisierung der modernen Eßkultur unter einer folgenreichen symbolischen Prämisse. Je weiter die Demokratisierung vorangeht, umso größer wird der Fleischverbrauch. Die symbolische Bedeutung des Fleisches, die im griechischen Opfermahl ihren Ursprung hat, reguliert die Entwicklung der Eßgewohnheiten in der Moderne. Mit der Demokratisierung der Eßkultur wird das *carnivore* Element auch in den unteren Schichten verankert. Das Ethos des Fleischgenusses wird über alle sozialen Klassen hin generalisiert.[24]

23 Das griechische Opfermahl und die gegen dieses Ritual protestierenden pythagoräischen Gruppen sind beschrieben in Detienne (1979).

24 Die historischen Untersuchungen zur Nahrungsversorgung zeigen, daß bis ins Spätmittelalter der Fleischkonsum relativ hoch war. Erst in den darauffolgenden Jahrhunderten bis ins frühe 19. Jahrhundert nimmt der Fleischkonsum aus objektiven Gründen ab. Der Nationalökonom Rocher hat diese Entfleischlichung der Nahrung als »Stufe der Depekoration« bezeichnet. Daran schließen Teuteberg/Wiegelmann (1972) an. Diese Untersuchungen weisen, sobald Daten interpretiert werden, eine eigentümliche Mythologie auf: Sie akzeptieren die moderne »Protein-Mythologie«, die der Fleischnahrung einen allen anderen Nahrungsmitteln überlegenen Nährwert zuspricht und dies gar mit einer höheren Kulturstufe in Zusammenhang bringt. Der Gegenbegriff heißt dann »Brei-

Dieser symbolische Gehalt der bürgerlichen Kultur macht verständlich, warum die bürgerliche Kultur in Widerspruch zu sich selbst geraten mußte. Ihr Anspruch, die Idee einer freien und egalitären Form diskursiver Verständigung zu institutionalisieren, kann mit den symbolischen Voraussetzungen dieser Kultur nicht in Einklang gebracht werden. Sie produziert dank ihrer carnivoren symbolischen Basis systematisch das Gegenteil – und die bürgerliche Gesellschaft ist je nach historischer Situation in unterschiedlicher Art und Weise in der Lage gewesen, diesen Widerspruch zu leben. In der modernen Eßkultur manifestiert sich die *carnivore* Grundlage der bürgerlichen Kultur. Die symbolische Basis der bürgerlichen Gesellschaft realisiert und reproduziert sich im Essen. Sie wird deshalb zum Schlüssel der *Kultur* der bürgerlichen Gesellschaft.

Die »hochkulturelle« Form der Eßkultur hat die Funktion, eine Eßkultur als eine »gültige« Kultur zu legitimieren. Eine solche »hochkulturelle« Form hat diese Kultur in der aristokratischen »haute cuisine« in Paris (Revel 1982; Mennell 1985) gefunden. Eine haute cuisine hat es außer in Frankreich nur noch in China (Chang 1977, S. 3 ff.) gegeben.[25] Beide Eßkulturen haben stilbildend gewirkt und kulturelle Standards gesetzt. Die französische Eßkultur hat gar von einer kulinarischen Eroberung der Welt geträumt (Aron 1973, S. 166).

Hangchow und Paris gehören zu jenen Städten, die vom Essen besessen waren.[25] Die Bedingungen dieser Besessenheit mit Essen sind in beiden Fällen das Vorhandensein einer zahlenmäßig großen Mittelklasse. Eine solche Mittelklasse entstand in Paris nach der Revolution (Aron 1973). Marco Polo berichtet von einem analogen Phänomen in Hangchow vor 1276. Eine weitere Bedingung ist eine reiche ländliche Umgebung, die in beiden Fällen ebenfalls gegeben war. Die Transformation einer »haute cuisine« in die »grande cuisine« Hangchows und Paris' läßt sich als Ergebnis einer Verbürgerlichung erklären, die auf reiche bürgerliche Mittelklassen setzt.

und Mus-Standard«. Prototypisch dazu Teuteberg (1977), S. 86f. Diese kulturellen Deutungsmuster (oder besser Vorurteile?) prägen durchgehend die Interpretation der vorliegenden statistischen Materialien zur Geschichte der Nahrungslage verschiedener Bevölkerungsschichten.

25 Dazu Rothschild (1980), S. 4f. Vgl. auch Freeman (1977). Dieser Vergleich macht auch darauf aufmerksam, daß eine Theorie einer einlinigen Evolution der Eßkultur wenig Erklärungskraft besitzt.

Doch die Entwicklung der kulinarischen Kultur der Moderne hat hier nicht Halt gemacht. Die Durchsetzung der »grande cuisine« zieht die Anpassung proletarischer Eßsitten an die bürgerliche Eßkultur (die »gutbürgerliche Küche«) nach sich. Doch auch sie ist nur ein Zwischenschritt zu einer klassenübergreifenden Uniformierung der Eßkultur, die ihr charakteristisches Symbol im »Hamburger« findet.[26] Hier gewinnt die carnivore Eßkultur ihren bislang prägnantesten Ausdruck. Und damit geht zunehmend einher die Internationalisierung dieser Eßkultur, die in der Überformung der Eßkultur der Dritten Welt durch die europäische carnivore Kultur[27] kulminiert.
Die Demokratisierung der carnivoren Kultur legitimiert nicht nur die carnivore Eßkultur. Sie leistet noch mehr. Sie liefert gerade in der Form der »grande cuisine« die Möglichkeit, die Gegenbewegungen gegen diese Kultur zu zivilisieren. Die Form der »grande cuisine« überformt heute auch die vegetarische Kultur und versucht, sie in die kulinarische Hochkultur der Moderne zu integrieren. Der neue Naturkostluxus, das 3-Sterne-Naturkost-Restaurant, die internationale vegetarische Küche (etwa die »Keyno-Restaurants«!) vereinnahmen die moderne kulinarische Gegenkultur und machen sie dabei zu einer Klassenkultur (Brown, 1986). Sie wird zu einer herrschenden Kultur, die sich dadurch von der beherrschten Kultur zu unterscheiden sucht, daß sie gegenkulturelle Elemente aufnimmt. Ob das die Entleibung der anticarnivoren Kultur bedeutet oder den Prozeß der Verkörperung gegenkultureller Elemente in der Gesellschaft befördert, ist eine offene Frage. Sie läßt sich erst beantworten, wenn wir über die Logik und Dynamik dieser Gegenkultur in der Moderne genaueres wissen.

26 Das Frankfurter Würstchen oder das Wienerle sind provinzielle Vorläufer des kosmopolitischen Hamburgers!

27 Diesen Aspekt hebt besonders Goody hervor. Vgl. Goody (1982), S. 154ff., S. 175ff.

Die kulinarische Kultur ist ein Mechanismus der Reproduktion der dominanten Kultur der Moderne. Man kann auch die Kultur der unteren Schichten nicht als kulinarische Gegenkultur ansehen. Sie ist nur die der kulinarischen Kultur komplementäre *kulinarische Mangelkultur*. In dieser Mangelkultur werden ebenso wie in der kulinarischen Hochkultur die carnivoren Strukturelemente der dominanten Kultur reproduziert. Von einer *anticarnivoren Kultur* soll im Sinne einer Gegenkultur gegen die kulinarische Kultur der oberen wie der unteren Schichten (der bürgerlichen bzw. kleinbürgerlichen Kultur wie der proletarischen bzw. plebejischen Kultur) gesprochen werden. Kennzeichnend für das Verhältnis der dominierenden kulinarischen Kultur und der marginalisierten vegetarischen Kultur sind die abwertenden Kennzeichnungen der vegetarischen Kultur, die sich seit der ersten Hälfte des 19. Jahrhunderts finden lassen: Rohköstlergesichter, Zwiebacknasen, Himbeersaftstudenten oder Kohlrabiapostel u. ä. Diese abwertenden Bezeichnungen entstehen mit den ersten Ansätzen der Ausbildung einer bürgerlichen Kultur in Deutschland (Hepp 1987).

Die zunehmende Industrialisierung seit den 70er Jahren des letzten Jahrhunderts verstärkt diese Gegenkultur. Sie produziert nicht nur ein breiteres Spektrum von gegenkulturellen Aktivitäten (die bürgerlichen Fluchtbewegungen), sondern in vermehrtem Maße auch intellektuelle Rechtfertigungen einer anticarnivoren Kultur. Zu dem, was man heute unter der Lebensreformbewegung[28] zusammenfaßt, gehören sehr verschiedene Gruppierungen mit sehr unterschiedlichen lebensreformerischen Aktivitäten und lebensreformerischen Weltanschauungen. Dazu gehört einmal die *Naturheilbewegung*, die den Lehren von Hufeland, Prießnitz und Kneipp anhing und die auf Naturheilmittel und auf Naturheilverfahren vertraute. Dazu gehört die *vegetarische Bewegung*, die aus ethischen Gründen auf den Fleischverzehr und damit auf das Töten von Tieren verzichtete. Dazu gehört die *antialkoholische Bewegung*, die vor den Folgen übermäßigen Alkoholgenusses warnte. Und dazu gehört auch die *Jugendbewe-*

28 Zur Literatur dieser Gegenbewegungen vgl. Krabbe (1974) sowie Frecot (1976). Zur jüngeren Literatur (insbesondere den Zeitraum von 1890 bis 1930 umfassend) vgl. Linse (1983a, 1983b).

gung, die Freiheit von spießbürgerlichen Konventionen suchte (was u. a. auch zur Abschaffung des steifen Kragens und des Fischbeinkorsetts führte!).

Diese Bewegungen erzeugten eine Nachfrage nach Alternativen zum Produktangebot der damaligen Zeit, die von den Reformhäusern befriedigt wurde. Die Naturkundler suchten nach pflanzlichen Heilmitteln (Heilkräutern, Tees), die Vegetarier nach pflanzlichem Fleischersatz, die Antialkoholiker nach alkoholfreien Getränken und die Wandervögel nach natürlicher Kleidung (aus pflanzlichen Stoffen). Das »Pflanzliche« wurde zum Inbegriff einer Alternative zur herrschenden Eßkultur. Der Betonung des »Pflanzlichen« entspricht die Ablehnung des »Fleischlichen«. Diesen Gegensatz zur kulinarischen Kultur der bürgerlichen Gesellschaft radikalisiert unter den lebensreformerischen Gruppierungen der lebensreformerische Vegetarismus (Krabbe 1974, S. 50ff.; Sprondel 1986).[29]

Die Träger der vegetarischen Bewegung sind die untere und die mittlere Mittelschicht gewesen. Kaufleute und Lehrer, Beamte und Angestellte, Handwerker und Facharbeiter gehören zu den am häufigsten genannten Berufen der Mitglieder des organisierten Vegetarismus (Krabbe 1974, S. 140). Diese anticarnivore Kultur ist also eine *kleinbürgerliche* Bewegung, die in Reaktion auf die bürgerliche Moderne ein »anderes« Naturverhältnis einzuüben und praktisch zu realisieren sucht.

Nach der Jahrhundertwende erleben die Lebensreformer einen weiteren Zuwachs. Die Vegetarier gehen als Siedler auf das Land, um den Acker zu bebauen. Sie werden zu Stadtflüchtlingen. Sie bilden Lebensgemeinschaften und Weltanschauungsgemeinschaften, die sich um eine Idee oder einen Führer scharen. Am bekanntesten geworden ist die (1893 gegründete) »Vegetarische Obstbaukolonie Eden« (Linse 1983b, S. 37ff.). Charakteristisch ist die Nähe vegetarischer Motive zu Formen genossenschaftlicher Organisation. So war das Ziel der »Vegetarischen Obstbaukolonie Eden«, die vegetarische Lebensweise und den gemeinsamen Bodenbesitz in einem neuen Paradiesgarten zu verbinden. Einen Höhepunkt erfährt diese kulturelle Gegenbewegung in der Inflationszeit der 20er und frühen 30er Jahre des 20. Jahrhunderts

29 Die folgenden Analysen sind vor allem ein Kapitel deutscher Kulturgeschichte. Vgl. dazu jetzt Hepp (1987). Vgl. auch Graf (1986).

(Linse 1983a). Die »Inflationsheiligen« radikalisieren die gegenkulturellen Bewegungen und verstärken ihre Nähe zu völkischen Ideen.[30]

Die Tradition antikulinarischer Kultur wird in der gegenwärtigen Naturkostbewegung, die seit den 70er Jahren an Bedeutung gewinnt bzw. gewonnen hat, fortgeführt.[31] Diese Naturkostbewegung teilt viele Züge mit der Lebensreformbewegung des 19. Jahrhunderts. Doch sie greift zugleich weitergehender in das industriell bestimmte Naturverhältnis ein. Die sozialstrukturellen Voraussetzungen dafür sind in der Ausdehnung der Mittelklassen zu suchen, die ja bereits im 19. Jahrhundert das kulturelle Gegenmodell gegen die bürgerliche Kultur getragen haben. Es ist vor allem das sog. »neue Kleinbürgertum«[32], also die neuen Dienstleistungsberufe, die diese Bewegung tragen und damit die gegenkulturelle Tradition fortsetzen. Diese Bewegung erhält eine neue »Qualität« in dem Maße, wie sie die ökologische Krise der gegenwärtigen Industriegesellschaften thematisiert.[33] Sie wird zur kulturellen Produzentin des Topos »ökologische Krise«. Sie liefert neue Problemwahrnehmungen, die in gesellschaftliche Auseinandersetzungen eingehen können. Sie formuliert ein Modell gesellschaftlicher Entwicklung, das auf Natur und gegen die industrielle Zivilisation setzt.

Doch dieser Versuch bleibt ambivalent. Denn dieses Modell bleibt doppeldeutig. Auf der einen Seite verweist dieses Modell auf einen ökonomisch rationaleren Umgang mit der Natur, auf das, was als »ökologischer Umgang mit der Natur« bezeichnet

30 Die politische Verführbarkeit nimmt gleichzeitig zu. Auch dieses Kapitel deutscher Kulturgeschichte entkommt nicht der Pathogenese der Moderne, die die deutsche Geschichte der Modernisierung gekennzeichnet hat. Siehe dazu Eder (1985).

31 Die Literatur zur modernen Naturkostbewegung findet sich eher in Selbstbeschreibungen und Anleitungsbüchern zu praktischem Handeln, etwa alternativen Kochbüchern. Siehe dazu vor allem Grießhammer/Witt (1986); Koerber et al. (1985); Naves-Sonderheft (1987).

32 Zum Zusammenhang von Kleinbürgertum und neuen sozialen Bewegungen vgl. einige Andeutungen in Eder (1985b). Siehe auch Worms (1977). Allgemein zum Kleinbürgertum vgl. Bourdieus Analyse der französischen Gesellschaft (Bourdieu 1982, S. 561ff.), der auch den Zusammenhang von neuem Kleinbürgertum und gegenkulturellen Bewegungen betont.

33 Die ökologische Krise ist auch ein kulturelles Konstrukt. Es hängt eben von kulturellen Symbolisierungsleistungen ab, ob Probleme als Krise wahrgenommen werden können oder nicht. Vgl. dazu etwa Douglas/Wildavsky (1982).

wird. Auf der anderen Seite handelt es sich um ein Modell, das die Rationalität eines »ökologischen Umgangs« mit der Natur selbst noch in Frage stellt und einen nichtökonomischen Umgang mit der Natur, einen »sozialen Umgang« mit der Natur fordert. Diese These einer Doppeldeutigkeit moderner Lebensreformbewegungen soll im folgenden in einer kurzen soziologischen Skizze der modernen Naturkostbewegung[34] erläutert und belegt werden.

Die Naturkostbewegung

Das Thema: Gesund essen

Die moderne Kultur unterscheidet wie alle anderen Kulturen das, was eßbar ist, von dem, was nichteßbar ist. Im Unterschied zu anderen Kulturen wird jedoch das, was nicht gegessen werden soll, nicht mehr explizit tabuisiert und mit religiösen Begründungen und Vorschriften versehen. Es wird vielmehr mit »rationalen« Gründen empfohlen, dieses und jenes nicht zu essen. Und doch ist diese Differenz in dieser Form zu scharf formuliert: Rational sind auch die traditionellen Tabus gewesen. Und sinnstiftende Deutungen gehören auch zum modernen Diskurs über das Eßbare.

Ein zentrales Motiv dieser Bewegung ist die *Angst*[35] vor der industrialisierten Natur: »... wir alle haben Angst. Begreiflich, wenn Gift auf der Zunge zergeht, wenn wir nicht mehr trennen können zwischen dem, was natürlich aussieht, und dem, was natürlich ist.« (Nöcker 1983, S. 12) Dieses Motiv wird umso folgenreicher, je mehr das Essen als eine moralische und ästhetische Frage behandelt wird. Das Motto für diese Einstellung hat Rudolf Steiner, der Begründer der anthroposophischen Bewegung, in die Formel gefaßt: »Du bist, was du ißt!«

Die Unterscheidung von reinen und unreinen Stoffen ist ein zen-

34 Skizze heißt, daß Materialien zusammengetragen werden, die ein Forschungsprogramm begründen können. Eine systematische Ausarbeitung ist also nicht beabsichtigt. Als Materialien für diese Skizze haben einige neuere ökologische Kochbücher und verstreute ökologische »Erbauungsliteratur« gedient.

35 Angst ist das Gemeinsame, was die Naturkostbewegung mit der ökologischen Bewegung teilt. Dazu Eder (1986c). Angst ist das Motiv, das etwa den Gorleben-Protest getragen hat. Vgl. dazu Bahr et al. (1981), S. 50f.

traler Topos der Naturkostbewegung. Dieser Topos wird in der Idee des Vegetarismus (Sprondel 1986, S. 322) als einer Form natürlicher Harmonie, als Leib-Seele-Harmonie radikalisiert. Reinheit stellt sich bei Vegetariern ja von selbst ein, da sie keine unreinen Stoffe zu sich nehmen. Gegen die Angst vor dem Unreinen wird eine Vorstellung von Reinheit gesetzt, die auf nichtwissenschaftliche Weltbildelemente verweist. Ein solches Element ist die Assoziation von *Körnern* und *Keimen*. Körner und Keime stehen für Leben. Die Aneignung dieser Natur ist Aneignung des Lebens. Das Gegenteil ist *Fleisch* und *Schlachten*. Sie stehen für Tod. Die Aneignung dieser Natur ist Aneignung des Todes.[36]

Die dem Vegetarismus zugrundeliegende Theorie beruht auf der Idee einer Harmonie mit der Natur. Diese Idee eines *ethischen* Vegetarismus (Sprondel 1986, S. 318ff.) gründet in der Vorstellung eines heiligen Kosmos. Diese Idee ist Teil einer gegenreligiösen Kultur in der religiösen Tradition der Moderne, die insbesondere aus dem Judentum genährt wird. Diese Harmonievorstellung entspringt der alten Vorstellung der Versöhnung von Mensch und Natur, einer Vorstellung, an der die großen deutschen Juden von Bloch bis Adorno und Fromm festgehalten haben. Der Schlüssel zum ethischen Vegetarismus ist die Erlösungsvorstellung, die die Tiere, die »Kreaturen«, miteinschließt. Das verbindet auch mit der Angst; denn alle Kreatur hat Angst und hofft auf Erlösung. Wie Paulus im Römerbrief (Römer 8, 19-23) schreibt: »daß auch sie, die Schöpfung, von der Knechtschaft der Vergänglichkeit befreit wird zur Freiheit der Herrlichkeit der Kinder Gottes. Denn wir wissen, daß bis zur Stunde die gesamte Schöpfung mit in Seufzen und Wehen liegt. Und nicht nur sie, sondern auch wir selbst, die wir die Erstlingsgabe des Geistes besitzen, ja wir selbst seufzen in uns, wartend auf die Kindschaft, auf die Erlösung unseres Leibes.«[37]

Dieses religiöse Motiv allein trägt jedoch nicht mehr. Es kommen deshalb Motive hinzu, die sich als »besseres Wissen« selbst verstehen. Die Formel »Gesund durch Vollwertkost« signalisiert ein ernährungswissenschaftliches Wissen, das sich als Alternative zur herrschenden Ernährungswissenschaft versteht. Dieses praktische

36 Tolstoi hat dies so formuliert: »Solange es Schlachthäuser gibt, wird es Schlachtfelder geben.«

37 Vgl. dazu die Predigt von Hans-Eckehard Bahr (Bahr et al. 1981, S. 33) mit dem Titel »Hört ihr die Tiere weinen?«.

Alltagswissen scheint die religiösen Motive zunehmend zu überlagern. Die Rede von einer »bewußten Ernährung« fordert dazu auf, das, was zum Essen angeboten wird, einer praktischen Prüfung zu unterziehen. Die Ernährung wird damit zu einem Hilfsmittel, das Verantwortungsgefühl der Menschen gegenüber sich selbst und der Natur zu stärken. Bewußtes Essen soll es letztlich ermöglichen, »die Welt durchs Essen zu sehen« (Moore-Lappé 1978, S. 10). Diese Vorstellung folgt folgender praktischen Logik: Wenn wir unsere Eßgewohnheiten durchschauen, begreifen wir die praktische Moral, die unserem Handeln zugrunde liegt. Sie macht uns auf die Moralität bzw. Immoralität unserer praktischen Handlungen aufmerksam.[38]

Dieses praktische Bewußtsein hat dann auch Folgen für eine rational begründete Veränderung unserer Eßgewohnheiten. Dazu finden sich physiologische und ökonomische Begründungen. Die physiologische Begründung lautet: Es ist besser, mindestens die Hälfte des täglichen Eiweißbedarfs nicht aus Fleisch, sondern aus Eiern und Milchprodukten zu holen. Die ökonomische Begründung lautet: Die Proteinverschwendung unserer Eßkultur, die auf Fleischkost gründet, zerstört die ökologischen Grundlagen der natürlichen Umwelt.[39]

Eine über solche alltagspraktischen Überlegungen hinausgehende symbolische Bedeutung hat die neue Abkehr vom Schwein, die sich in der vegetarischen Bewegung zunehmend ausbreitet: »Das Verhängnisvolle am Schweinefleisch ist, daß die Abfallstoffe nicht auf normale Weise im Organismus verbrannt werden können, sondern nur über krankhafte Ausscheidungsvorgänge in Form von Furunkeln, Ekzemen, Fluor albus (Weißfluß) u. a.« (zit. nach Schwarz 1977, S. 10). Hier wiederholt sich das Argument von Maimonides gegen das Schwein in einer modernisierten Version. Doch darin erschöpft sich nicht die Abneigung gegen das Schwein. Sie liegt tiefer, nämlich in der Negation des Schweines als dem zentralen Symbol der modernen carnivoren Eßkultur.

Auch hedonistische Varianten des Vegetarismus breiten sich aus

38 Ein charakteristisches Zitat: »Weil unsere Eßgewohnheiten so persönlich sind und das Nahrungsbedürfnis doch so allgemein ist, bietet die Ernährung die einzigartige Möglichkeit, unser Interesse zu fesseln und uns auch zu belehren.« (Moore-Lappé 1978, S. 10)

39 Vgl. dazu auch die Erklärungen für Eßtabus, die der moderne theoretische Diskurs bevorzugt. Siehe dazu das Kapitel über »Eßtabus« in diesem Bande.

und tragen zugleich dazu bei, die Differenz von carnivorer und vegetarischer Kultur einzuebnen. Entwaffnend ist das schlichte Argument: »Vollwert schmeckt gut.« Dieses Argument verweist auf Sinnesempfindungen, die im Zuge der Industrialisierung des Essens verlorengegangen oder unterdrückt worden sind.
Um die Bedeutung solcher lebensreformerischer Motive für gesellschaftliche Lernprozesse in der Moderne besser zu verstehen und systematisch angemessener verorten zu können, soll im folgenden der »Gegner«, gegen den sich diese Protestpraktiken richten, analysiert werden. Das erst kann die »objektive Bedeutung« der von diesen Motiven getragenen Praktiken deutlich machen.

Der Gegner: industrial food

Der Gegner der Naturkostbewegung ist die industrielle Verwertung der Natur, insbesondere der lebenden Natur. Die industrielle Produktion von Gütern verändert auch die Produktion von Lebensmitteln.[40] Die Industrialisierung der Nahrungsproduktion hat dieser Bewegung genügend konkrete Anhaltspunkte geliefert. Goody (1982) hat darauf hingewiesen, daß das Problem *verfälschter Nahrungsmittel* seit dem Beginn der Industrialisierung besteht. Typische Beispiele sind das Brot, das mit Holzmehl vermischt gebacken wurde, oder die Wurst, die mit nichtfleischlichen Zutaten gestreckt wurde. Diese Praktiken haben noch eine unmittelbar die Gesundheit bedrohende Bedeutung gehabt. Doch in der Abwehr solcher Praktiken hat sich, weniger in den unteren als in den mittleren Schichten, ein Motiv eingehängt, das über die bloße Sicherung des Überlebens hinausging. *Gesundheit* wird zu einem Begriff, dessen symbolischer Gehalt in dem Maße wächst, wie die Industrialisierung der Nahrungsproduktion voranschreitet.
Der aktuelle Gegner lebensreformerischer Bewegungen zeichnet sich dadurch aus, daß er den Protest antizipiert und sein Produktangebot danach ausrichtet. Es gibt eine Forschung zur Verbesserung von Brot und Getreideprodukten, die nur »scheinbare Verbesserung« ist (Thomas 1986). Es gibt eine industrielle Produktion des Geschmacks bei fast allen Lebensmitteln (Barlösius

40 Vgl. auch Mintz (1987) zur Kulturgeschichte des Zuckers.

1987), die den Geschmacksbedürfnissen entgegenkommt. Die »Sensorik«, eine verwissenschaftlichte Technik zur Prüfung sensorischer Qualitäten, wird statistisch normiert und immer wieder an den sich verändernden Geschmack angepaßt. Das provoziert die Suche nach dem wahren, nichtnormierten Riechen und Schmecken. Das provoziert die Suche nach einer authentischen Sensibilität im Riechen und Schmecken der natürlichen Umwelt. Gegen die industrielle »Abrichtung des Geschmacks« richtet sich der moderne lebensreformerische Protest. Er sucht nach der wahren Natur, die im Prozeß der Industrialisierung und Technisierung der Sinnesempfindungen verlorengegangen ist. Die These vom »Schwinden der Sinne« (Kamper/Wulf 1984) gilt gerade für die Masseneßkultur, die auf der Trennung einer differenzierten Aromaproduktion und einer undifferenzierten Wahrnehmungs- und Geschmackskultur (die eigentümlicherweise die food acceptance sichert!) beruht (Barlösius 1987, S. 374f.).

Zum Gegner wird eine Industrie, die die »natürlichen« Nahrungsmittel »chemisch« verunreinigt. Hier wird nicht die Abrichtung der Sinne, sondern die *Verunreinigung des Natürlichen* zum Thema des Protests. Gegen die Natur wird das Künstliche, gegen das »Biologische« das »Chemische« gesetzt. Untersuchungen zur Chemie in den Nahrungsmitteln (Katalyse e.V. 1986) machen den Gegner dingfest und orientieren die Suche nach dem »Biologischen«, die Suche nach der Natur im Alltag.

Diese alltagspraktische Kritik verbindet sich zunehmend mit einer Kritik der *Eßideologie* fortgeschrittener Industriegesellschaften. Das industrielle Angebot an »proteinreicher« Nahrung gerät zu einer »Protein-Mythologie« (Crawford/Rivers 1975; Moore-Lappé 1978, S. 55ff.). »Proteinreich« wird einfach mit fleischlicher Kost gleichgesetzt. Nur tierisches Eiweiß könnte den Proteinbedarf des Menschen decken.[41] Diese Mythologie reproduziert die carnivore Kultur der Moderne. Der Inbegriff dieser Protein-Mythologie ist der »Hamburger« geworden. An ihm zeigt sich der Zusammenhang von carnivorer Kultur und moderner Kultur: Der »Hamburger« liefert die – ideologisch hochbewertete – Protein-Nahrung und ist zugleich Ausdruck der fastfood-Ideologie. Im »Hamburger« findet das Verhältnis von Naturkostmotiven

41 Immer wieder zeigt sich der Versuch, die Gegenkultur auch utilitarisch zu begründen. Das ist nichts anderes als ein Versuch, die Gegenkultur in der herrschenden Kultur unkenntlich zu machen.

und industrieller Nahrungsproduktion ihren prägnantesten Ausdruck. Er wird zum Symbol ungehemmter Rindfleischzucht in der Dritten Welt und zum Garanten einer demokratisierten carnivoren Kultur.[42]
Diese symbolischen Doppeldeutigkeiten wirken auch auf die moderne Naturkostbewegung zurück. Sie machen sie zu einem schillernden Phänomen, das von sektiererischem Radikalismus bis hin zu Massenhysterien reicht. In allen diesen Reaktionsformen auf die dominante kulinarische Kultur artikulieren sich gegenkulturelle Motive. Damit stellt sich die Frage, wie in diesem bunten Bild gegenkultureller Praxis die soziale Ausdrucksform der modernen Naturkostbewegung als *Bewegung* bestimmt werden kann.

Die Formierung der Naturkostbewegung

Die moderne Naturkostbewegung ist eine Bewegung, die sich auf die Mechanismen kleiner assoziativer Gruppenbildung beschränkt.[43] Es gibt »Vernetzungen« (insbesondere ökonomisch motivierte). Doch diese berühren nicht die antiorganisatorische Haltung dieser Bewegung. Dies geht mit dem Motiv der kleinen Gemeinschaft zusammen, das alle Gegenbewegungen gegen die dominante Moderne teilen. Die Rückkehr in die (auch vernetzte) Gemeinschaft wird als »naturnäher« gesehen als das Leben in der Stadt, in der Metropolis.
Diese kulturelle Gegenbewegung gerät heute zunehmend in den Sog der *ökologischen Bewegung*. Sie tritt damit in Konkurrenz zu den politischen und sozialen Topoi, die in der ökologischen Bewegung gleichermaßen wirksam sind. Sie wird zu einem dritten Arm der Ökologiebewegung. Der erste Arm der Ökologiebewegung rekurriert auf die politische Tradition von Bürgerrechten, die auf das Recht einer lebenswerten Privatsphäre pocht und diese öffentlich verteidigt. Bürgerinitiativen gehören in diese Tradition.

42 Vgl. als ein Beispiel für solche Diskussionen Grefe/Heller/Herbst/Pater (1985) sowie den Beitrag in »Natur« (Heft 10/1985), S. 30ff.

43 Assoziative Gruppenbildung verweist auf das Ideal bürgerlicher Vergesellschaftung, das – entgegen seinen Intentionen – in unterschiedlicher Weise »verbogen« wird: das entweder privatisiert wird (Deutschland), bürokratisiert wird (Frankreich), oder vermarktet und in politische/ethnische Klassenstrukturen gegossen wird (England/USA).

Der zweite Arm rekurriert eher auf die Tradition der Arbeiterbewegung, die partizipatorische und soziale Rechte einklagt. Die Bewegung der Grünen gehört in diese Traditionslinie. Sie konkurriert mit anderen sozialen und politischen Kräften um Macht und Einfluß auf die Entscheidungen mit sozial weitreichenden Folgewirkungen. Der Diskurs wird weniger moralisch und mehr strategisch und legalistisch. Der dritte Arm speist sich aus Reaktionen auf die Zumutungen der modernen Kultur, also gegenmodernistische Motive, die lebensreformerische Ideale oder wie es heute heißt: alternative Lebensformen verteidigen und praktisch einüben. Die Naturkostbewegung erscheint in diesem Zusammenhang als jener Typus alternativer Bewegung, der die alltagspraktischen Bedürfnisse großer Teile der Bevölkerung zumindest ansprechen könnte.

Diese drei Arme und Richtungen der modernen Ökologiebewegung bestimmen die Uneindeutigkeit der *Bewegungsform* der Ökologiebewegung. Die Ökologiebewegung ist keine nur fluide Bewegung. Sie stellt auch den Anspruch, die bislang dominierenden Bewegungen zu ersetzen, an ihre Stelle zu treten. Sie ist auch der massenmedialen Welt gewachsen. Das zeigen Phänomene wie Greenpeace oder WWF (World Wildlife Fund). Auf der anderen Seite findet sich eine kulturelle, auf Alltagsbedürfnisse bezogene Bewegung, die sich jeder Form klassischer Organisation zu entziehen sucht. Es entsteht jene »fluide« Bewegung, die schon immer das charakteristische Kennzeichen moderner Gegenbewegungen gewesen ist. Und je mehr die Ökologiebewegung sich zu organisieren sucht, umso mehr wird sie die Abgrenzungsversuche verstärken, die den »fluiden« Charakter der kulturellen Gegenbewegung in der ökologischen Bewegung verschärfen.

Was die ökologische Bewegung mit der in ihr sich entwickelnden kulturellen Gegenbewegung verbindet, sind jene kulturell tiefsitzenden Empfindungen und Gefühle, die aus der Ambivalenz der Modernisierung des Naturverhältnisses resultieren. Die Ambivalenz der Moderne reproduziert sich in der ökologischen Bewegung. Die Naturkostbewegung ist dabei jener interessante Fall, der eine mögliche, in der Ökologiebewegung selbst miterzeugte Alternative zur ökologischen Bewegung darstellt.

Das über die gemeinsame Verstrickung in die Ambivalenz der Moderne hinausgehende Gemeinsame dieser Bewegungen ist letztlich die *Angst*. Sie eint die Naturkostbewegung mit der ökologischen Bewegung, auch wenn die kulturellen Grundlagen dieser Angst unterschiedliche Wurzeln haben. Die ökologische Bewegung hat Angst vor der *ökologischen Katastrophe*, die durch einen unkontrollierten und irrationalen Umgang mit den Ressourcen dieser Welt in greifbare Nähe gerückt wird. Die Naturkostbewegung hat Angst vor der *Unreinheit*, die durch die Technisierung der industriellen Eßkultur verstärkt wird. Hier treffen also ein rationalistischer und ein symbolischer Begriff von Angst aufeinander.

Das eint und trennt die ökologische Bewegung zugleich. Das eint sie auf der Ebene des sozialen Protests gegen die Welt fortgeschrittener Industriegesellschaften. Das trennt sie auf der Ebene der kulturellen Traditionen, die sie verkörpern. Das Charakteristikum der ökologischen Bewegung ist, zugleich pressure group und ein moralischer Kreuzzug zu sein (Eder 1985b).

Die öffentliche Resonanz der in die ökologische Bewegung eingebundenen Naturkostbewegung sollte aber nicht dazu verleiten, in diesen Verkörperungen gegenkultureller Kräfte bereits den Schlüssel zu einer neuen Vernunft oder gar die Versicherung einer neuen Vernunft zu sehen. Sie sollte nicht dazu verleiten, die Tradition gegenkultureller Bewegungen in der Moderne zum Ausgangspunkt einer Heils- und Rettungsgeschichte der Moderne oder gar der Welt zu machen. Die Geschichte dieser Gegenbewegungen hat vielmehr gezeigt, daß sie politisch ambivalent sind, daß sie sich in Krisenzeiten politisch radikalisieren. Und nichts gibt uns die Garantie, daß es heute anders sein sollte. Das sollte aber auch nicht dazu verleiten, diese gegenkulturelle Tradition zu verleugnen. Diese gegenkulturelle Tradition muß vielmehr als eine latente Grundlage moderner Sinnerfahrungen immer thematisiert werden, wollen wir die ambivalenten symbolischen Grundlagen des modernen Naturverhältnisses reflexiv einholen und praktisch zu beherrschen versuchen.

Ein neuer Naturzustand?

Die Entwicklung hin zur Moderne hat vor allem in Europa jene spezifische Widersprüchlichkeit und Ambivalenz erzeugt, die die politischen und sozialen Auseinandersetzungen um die Natur, den gesellschaftlichen Umgang mit der Naturfrage, bestimmt haben. Diese europäische kulturelle Tradition erhält eine zunehmende Brisanz in dem Maße, wie die moderne Gesellschaft die Natur braucht, um ihre materiellen Grundlagen zu reproduzieren. Damit stellt sich die Frage nach dem gesellschaftlichen Naturzustand, der sich in der Moderne abzeichnet. Und es stellt sich die Frage nach den Entwicklungspfaden, die sich ausgehend von diesem Naturzustand eröffnen.

Die Entwicklung des modernen Naturverhältnisses ist zunächst dadurch charakterisiert, daß die moderne Gesellschaft Natur in zunehmendem Maße verwerten muß, um selbst als moderne Gesellschaft überleben zu können. Sie kulminiert in dem, was Moscovici den »kybernetischen Naturzustand« genannt hat. Dieser Naturzustand erzeugt einen durch Wissenschaft und Technik geregelten Systemzusammenhang zwischen den Bedürfnissen der Menschen und den Möglichkeiten der Natur. Das ist eine positive Wendung des von Max Weber prognostizierten »ehernen Gehäuses«, in das sich die modernen Menschen verstricken werden. Doch diese Idee unterschätzt die Eigendynamik der modernen Kultur und ihrer symbolischen Gehalte.

Denn diese Entwicklung hat auch zu einer neuen Sensibilität gegenüber der Natur geführt. Ein »sentimentalisches« Verhältnis zur Natur ist gerade durch die größere Distanz zur Natur, die das moderne Wissen über die Natur ermöglicht hat, möglich geworden. In diesem sentimentalischen Verhältnis kommen die symbolischen Grundlagen der modernen Kultur in ihrer Ambivalenz und pathogenen Potentialität zum Vorschein und zum Ausdruck. Die implizite Rationalität dieser Potentialitäten herauszuarbeiten ist eines der Ziele dieser Überlegungen gewesen. Sie widerspricht der Rationalität des kybernetischen Naturzustandes. Sie ist praktische Vernunft jenseits der ökologischen Vernunft, die der Industrialismus selbst predigt. Sie sucht nicht nur einen verantworteten Umgang mit der Natur. Sie macht vielmehr auf die Logik der Empfindungen und Gefühle aufmerksam, die vor aller Verantwortungsethik unser Handeln und unseren Umgang mit der Natur bestimmen.

Wie die moderne Gesellschaft diesen Widerspruch auflösen wird, kann nicht vorhergesagt werden. Daß sie ihn auflösen muß, daran kann andererseits kein Zweifel bestehen. Ob das im Rahmen der Logik des kybernetischen Naturzustandes oder im Rahmen eines »romantischen« oder »wilden« Naturverhältnisses geschehen wird, ist eine Frage nach Bedingungen sozialer und politischer Kämpfe in fortgeschrittenen Industriegesellschaften. Über einen neuen Naturzustand kann jenseits dieser konkreten Bedingungen also nur spekuliert werden.[44]

44 Um diese Frage anzugehen, wäre es nötig, die objektiven Bedingungen der Evolution der Sinneswahrnehmungen zu berücksichtigen, also den Effekt elektronischer Medien auf die kollektive Wahrnehmung der Welt. Einen Versuch in dieser Richtung bietet Lowe (1982). Man könnte daraus pessimistische Schlußfolgerungen für die Einübung einer Sensibilität gegenüber der Natur ziehen. Als eine optimistische Variante der Behauptung eines neuen Naturverhältnisses in der späten Moderne vgl. Dreitzel (1981), S. 221ff.

Moderne Gegenkulturen. Einübung in eine neue Sensibilität gegenüber der Natur?*

Die Gesellschaft und ihr Spiegel

Jede Gesellschaft erzeugt aus sich heraus ihre Gegengesellschaft.[1] Das, was eine Gesellschaft als das ihr Eigentümliche, was sie als ihre Errungenschaft und als ihren Fortschritt definiert, das wird in derselben Gesellschaft zugleich in Frage gestellt. Dieses Phänomen reproduziert sich auf der Ebene der theoretischen Beschreibung der Gesellschaft. Die Theorie der Evolution der Gesellschaft zu höheren Stufen der Entwicklung entsteht immer zusammen mit ihrer Gegentheorie: daß sich die Entwicklung im Kreise dreht, daß die Entwicklung rückwärts geht usw. Sobald dieser Zusammenhang thematisiert wird, komplizieren sich die Probleme einer Theorie sozialer Evolution. Sie muß diesen Widerspruch in sich selbst einbauen.

Diese »Reflexivität« erfordert eine Dynamisierung der Theorie. Sie muß in der Lage sein, den gesellschaftlichen Konstruktionsprozeß, dessen Teil sie ist, zu thematisieren. Das bedeutet, daß die Theorie der Gesellschaft nicht von der Fiktion der sozial wohlgeordneten und kognitiv sauber klassifizierten Gesellschaft, in einem Wort: nicht vom Problem der sozialen Ordnung ausgehen kann. Sie kann sich nicht auf das geschichtliche Ergebnis, das »opus operatum«, beschränken. Sie muß sich auf den oft chaotischen, in sich widersprüchlichen und ambivalenten Prozeß der Erzeugung von gesellschaftlicher Ordnung (und Unordnung), auf den »modus operandi«, einlassen. Der Begriff der *Vergesellschaftung* deutet bereits eine solche Dynamisierung an. Doch die

1 Dieser Abschnitt basiert auf einem Vortrag, den ich auf dem Bamberger Soziologentag gehalten habe (Eder 1983). Er ist hier vollständig überarbeitet und in einen weiterführenden theoretischen Zusammenhang gestellt worden.
Daß Gesellschaft und Gegengesellschaft nicht nur Negationen des jeweils anderen sind, sondern beide in der Konstitution der Gesellschaft miteinander interagieren, zeigen besonders aufschlußreich die Analysen von Turner (1969), der an rituellen Praktiken den Zusammenhang von Struktur und Antistruktur und die Funktion der Umkehrung gezeigt hat.

soziologische Theoriebildung hat diese »konstruktivistische« Perspektive zunehmend in die Mikrosoziologie verbannt und dort als Handlungstheorie formuliert. Doch wie kommt die Theoriebildung wieder auf die Makroebene zurück?
Die Antwort wurde bereits angedeutet: auf dem Weg einer konstruktivistischen Reformulierung einer Theorie sozialer Evolution. Diese Reformulierung wäre der Weg, die in der Mikrosoziologie entwickelten Theorieansätze aufzunehmen und in makrosoziologische Fragestellungen zurückzuführen.
Das geht über den Versuch hinaus, die »Akteure« wieder in die soziologische Theorie einzuführen, die Systemtheorie in einer Handlungstheorie zu fundieren. Das macht vielmehr den Begriff der *Praxis* zum Komplementärbegriff des Begriffs *System*. Von zentraler Bedeutung ist dabei der Begriff der »historischen Akteure«. Unter historischen Akteuren verstehe ich – und hier schließe ich terminologisch an Touraine an – soziale Gruppen, die auf die Richtung des gesellschaftlichen Entwicklungsprozesses Einfluß zu nehmen versuchen. Der historisch etablierte Begriff für solche historischen Akteure ist der Begriff der *sozialen Bewegung*. Der Begriff der sozialen Bewegung ist ein politischer Kampfbegriff gewesen, was ihn theoretisch bislang nur schwer handhabbar gemacht hat.[2] Doch im Rahmen einer konstruktivistischen Perspektive wird der genuin theoretische Gehalt dieses Begriffs zentral gestellt: nämlich Gesellschaft nicht aus der Perspektive der *sozialen Ordnung*, sondern aus der Perspektive der *sozialen Bewegung* zu sehen.
Die Perspektive der sozialen Bewegung macht soziale Ordnung zum abgeleiteten Fall. Nicht *institutionelle Ordnungen*, sondern *soziale Bewegungen* werden zum Ausgangspunkt soziologischer Analyse. Die Fruchtbarkeit dieses makrosoziologischen Perspektivenwechsels läßt sich in besonders aufschlußreicher Weise am Beispiel der sozialen Evolution der modernen Gesellschaft erläutern.
Die soziale Evolution der modernen Gesellschaft ist das Ergebnis sozialer Bewegungen, die sich in den letzten 200 Jahren an der Idee orientiert haben, eine *bürgerliche Gesellschaft* zu konstruieren. Bürgerliche Gesellschaft, verstanden nicht nur als die

2 Wie eklektizistisch eine systematische Theorie sozialer Bewegungen gerät, zeigt sich am gleichnamigen Versuch von Raschke (1985). Zur Kritik vgl. Eder (1986b).

Durchsetzung des bürgerlichen Gesetzbuches, sondern als eine Form der *Demokratisierung* des öffentlichen Lebens, ist zunächst das Ergebnis einer sozialen Bewegung: der *bürgerlichen Aufklärungsbewegung* (Eder 1985a, 1986c). Diese Bewegung läßt sich – kurz gesagt – dahingehend kennzeichnen, daß sich an verschiedenen Orten Aufklärungsgesellschaften (Freimaurerbünde, ökonomische Sozietäten, Leseclubs oder Debattierclubs) bilden, deren Organisationsform der bestehenden absolutistischen Gesellschaft widerspricht. Das Wachsen dieser sozialen Bewegung besteht aus zwei parallelen Prozessen: der quantitativen Ausweitung und der Koordination dieser verschiedenen Gesellschaften zu einem öffentlichen Kommunikationszusammenhang, zu einer »politischen Öffentlichkeit«. In dieser bürgerlichen Aufklärungsbewegung entsteht die Idee einer *egalitär* und *diskursiv* organisierten Gesellschaft. Das ist dem bestehenden absolutistischen Gesellschaftsmodell, selbst wo es seinem Idealverständnis als »aufgeklärtem« Absolutismus nahekommt, entgegengesetzt gewesen.[3]
Das historisch Neue dieser Bewegungen ist ein neuer Begriff von Freiheit, eine neue politische Moral. Die alten Freiheiten, die der Souverän gewährt hat (etwa um einen politischen Club zu gründen), werden umdefiniert. Sie werden zu Rechten, die allen gleichermaßen zustehen. Eigentum, traditionellerweise in ein hochkomplexes System von Rechtsformen eingebunden, wird zu einem subjektiven Recht, das jeder hat. Das sind nur zwei Gesichtspunkte, die das »Neue« auszeichnen. Das Neue besteht – generell geprochen – in einem auf universalistischen Prinzipien aufgebauten Wertsystem. Damit ist ein evolutionärer »Wertwandel« im 18. Jahrhundert beschrieben. Doch kein evolutionärer Wandel ist jemals der letzte und endgültige.[4] Die von der bürger-

3 Die Explikation des (für die Moderne konstitutiven) Modells eines egalitär und diskursiv organisierten Kommunikationszusammenhangs findet sich in Eder (1985a). Das ist allerdings nur die eine Seite der Moderne. Die folgenden Überlegungen sind ein Versuch, die andere Seite (die »Rückseite«) der Moderne systematisch zu erfassen. Wie diese andere Moderne in das egalitär-diskursive Modell eingebaut werden kann, kann im folgenden nur programmatisch angedeutet werden.

4 Das schließt auch jene Bewegungen ein, die diese Idee in selbstdestruktiver Weise benutzt haben, also auch die faschistischen Bewegungen. Sie lassen sich in dem Maße als pathogene Formen moderner sozialer Bewegungen begreifen, wie sie die Bedingungen und den Sinn kollektiven Handelns umkehren bzw. in ihr Gegenteil verkehren. Am greifbarsten wird dies an der hierarchischen Organisationsform und an der Führungsideologie dieser Bewegungen.

lichen Aufklärungsbewegung ausgelöste soziale Evolution der Moderne wird vielmehr in der diese Bewegung transzendierenden Geschichte der modernen sozialen Bewegungen weitergetrieben.

So sind die sozialen Implikationen dieses Wertwandels im Laufe des 19. und frühen 20. Jahrhunderts zunächst von der *Arbeiterbewegung* eingeklagt worden. Sie hat dem Begriff der Freiheit und der diskursiven Verständigung eine Bedeutung gegeben, die die Schranken der bürgerlichen Lebenswelt durchbrochen hat. Und heute stellt sich die Frage, ob es eine neue soziale Bewegung gibt, die auf die bürgerliche Aufklärungsbewegung des 18. Jahrhunderts und die Arbeiterbewegung des 19. Jahrhunderts folgt. Anhaltspunkte dafür, daß sich eine neue soziale Bewegung bildet, liefern die *neuen sozialen Bewegungen* (oft auch »Neue soziale Bewegungen« genannt und mit dem Kürzel »NsB« bezeichnet) wie die Ökologie-, die Friedens- und die Frauenbewegung.[5] Sie radikalisieren das Projekt einer bürgerlichen Gesellschaft: die Abschaffung heteronomer Bindungen (von politischen Systemzwängen bis in die Zwänge psychischer Strukturen hinein) mit dem Ziel einer wirklichen »Autonomie« der Menschen.

Doch wie jede Gesellschaft ihre *Gegengesellschaft* in sich enthält, so gibt es auch keine soziale Bewegung ohne *Gegenbewegung*. Wir wissen – soweit die historische Erinnerung daran gepflegt worden ist – von religiös motivierten Gegenbewegungen gegen die bürgerliche Aufklärung. Wir wissen von solchen Gegenbewegungen aus der Geschichte der Arbeiterbewegung. Das irritierende Bild der vielen Bewegungen in der Gegenwart ergibt sich aus dem fast unauflösbaren Knäuel von Bewegung und Gegenbewegung, aus der Gleichzeitigkeit von neuer sozialer Bewegung und neuer sozialer Gegenbewegung. Man kann von einer parallel zur Geschichte sozialer Bewegungen verlaufenden Geschichte sozialer Gegenbewegungen sprechen, die – grob gesprochen – von der religiösen Kommune über die sozialreformerische bis hin zur psychosozialen Kommune führt (Linse 1983, S. 14ff.).

Die Dialektik von Bewegung und Gegenbewegung, die sich sowohl in der bürgerlichen Aufklärungs- wie in der Arbeiterbewe-

5 Der Gebrauch von Großbuchstaben und die Verwendung des Kürzels NsB (oder nsB) weisen bereits darauf hin, daß es offizielle neue soziale Bewegungen gibt. Zur Literatur zu den offiziellen neuen sozialen Bewegungen siehe besonders Brand (1982), Brand/Büsser/Rucht (1983).

gung zeigen läßt, legt zumindest die Annahme nahe, daß wir heute nicht nur an der Geburt einer neuen sozialen Bewegung, sondern auch an einer Fortsetzung der Geschichte der modernen Gegenbewegungen teilnehmen. Auch die Geschichte der sozialen Bewegungen in der Moderne hat ihre »unvertraute« Seite.

Was aber liegt dieser »unvertrauten« Seite der modernen sozialen Bewegungen zugrunde? Was ist ihr spezifischer Problembezug? Er muß – ansonsten wäre die Unvertrautheit selbst nicht erklärbar – mit einem Problem zu tun haben, das in der Entwicklung der Moderne systematisch ausgeblendet worden ist. Die These lautet: Im Zuge der Modernisierung und der mit ihr einhergehenden systematischen und kontinuierlichen Unterwerfung der Natur unter die Gesellschaft wird der spezifisch moderne Naturbezug zu einer Selbstverständlichkeit, die nicht mehr thematisch gemacht werden muß. Damit sind aber soziale Gruppen und soziale Bewegungen, die diese Selbstverständlichkeit in Frage stellen, per definitionem für den Prozeß der kollektiven Verdrängung prädestiniert.

Damit ist ein Kriterium benannt, das soziale Bewegung und soziale Gegenbewegung in der Moderne trennt: nämlich ihr *Naturbezug*.[6] Die modernen Gegenbewegungen gründen auf Vorstellungen, in denen die Natur eine alternative Deutung erhält: Natur nicht als ein »Gegenstand«, den man sich unterwirft, sondern als ein »Gegenüber«, mit dem man umgeht, das man fürchtet oder liebt. Dazu gehört der romantische Naturbezug der bürgerlichen Gegenbewegungen; dazu gehört der Naturbezug der sozialistischen Utopisten; und dazu gehört auch der Naturbezug der zugleich in und quer zu den neuen sozialen Bewegungen liegenden »Alternativbewegung«. Die neuen sozialen Gegenbewegungen finden sich in jenen kleinen Gegengesellschaften, die eine neue auf Expressivität und auf die »Lust an der Natur« (Böhme/Meschkowski 1986) gegründete Gesellschaft verkünden.[7] Die »Alternativbewegung« wird damit zu einem Schlüssel für eine auch die unvertrauten Seiten der Moderne thematisierende Theo-

6 Zum Naturbezug in den neuen sozialen Bewegungen vgl. Eder (1986c). In diesem Aufsatz habe ich den Doppelcharakter der neuen sozialen Bewegungen, Bewegung und Gegenbewegung zu sein, als »Ambivalenz« dieser Bewegungen gekennzeichnet. Vgl. auch Légér/Hervieu (1979).

7 Einen Überblick geben Hollstein/Penth (1980). Die neue »Öffentlichkeit«, die darauf gegründet ist, beschreibt sich als »Szene«.

rie der Moderne. Die Soziologie ist jedoch theoretisch wie methodisch kaum auf das Phänomen »soziale Bewegung«[8], geschweige denn auf das Phänomen der »Gegenbewegung« gegen die sozialen Bewegungen vorbereitet.
Diese Theoriesituation erfordert – vor der eigentlichen Analyse – zunächst einige methodologische Vorklärungen einer Analyse sozialer Bewegungen. Im Anschluß daran soll anhand von Material aus einer Feldforschung in Landkommunen das Phänomen der *neuen Gegenbewegungen* analysiert werden. Daran schließen sich dann Überlegungen an, ob und inwieweit in der Praxis der neuen Gegenbewegungen ein neues Naturverhältnis eingeübt wird. In einem abschließenden Abschnitt wird schließlich der Versuch gemacht, aus dieser Diskussion Folgerungen für eine reflexive Form soziologischer Theoriebildung und Analyse zu ziehen.

Zur Methodologie der Analyse sozialer Bewegungen

Theoretische Grundlagen

Die Gründe für die methodologische Problematik der Analyse sozialer Bewegungen sind zunächst in spezifischen *theoretischen* Schwierigkeiten einer Analyse kollektiver Phänomene zu suchen. Denn man kann kollektive Phänomene nur über individuelle Merkmale identifizieren. Zugleich ist man aber dazu gezwungen, Aussagen über etwas, was sich *hinter* diesen Merkmalen befindet, über eine Realität *hinter* den »Erscheinungen«, zu machen. Man kann also keine soziale Bewegung »sehen«. Man sieht nur Akteure, die sich zusammenrotten, und man sieht, daß andere über diese Akteure als Teil einer sozialen Bewegung reden oder daß diejenigen, die zusammen handeln, sich selbst als soziale Bewegung beschreiben (Eder 1986b, 1986c).

8 Die Ausnahme von der Regel ist die Soziologie von Touraine, die sich jedoch eher am Rande der akademischen Soziologie bewegt. Siehe dazu die von Touraine und seinen Mitarbeitern herausgegebene Reihe »sociologie permanente« (Touraine et al. 1979, 1981, 1982). Die in diesen Analysen vorgenommene Konzentration auf Bewegungen als Träger der Historizität der Gesellschaft rückt jedoch die »unvertrauten« neuen sozialen Bewegungen aus dem theoretischen Blickfeld.

Was man sieht, ist also eine Addition von Individuen, eine Addition von Handlungen, sowie eine Selbst- und Fremdbeschreibung der emergenten Qualität dieser Addition von Handlungen. Diese emergente Qualität, das in der Addition von Handlungen sich konstituierende »Objektive«, ist der Gegenstand einer Theorie sozialer Bewegungen. Soziale Bewegung ist also mehr als die Addition subjektiver Orientierungen. Eine soziale Bewegung besteht zwar aus Individuen. Doch sie ist ein über diese Individuen hinausreichendes Kollektivphänomen. Sie ist Ausdruck einer gemeinsam geteilten *Kultur*. Das Kollektive besteht in *kulturell* geteilten Vorstellungen, die das Handeln der Akteure jenseits ihrer individuellen Motive »objektiv« bestimmen. Das setzt die – für soziologische Fragestellungen konstitutive – Unterscheidung zwischen *individuellen* Präferenzskalen und *kollektiven* Deutungsmustern voraus. Die in sozialen Bewegungen immer wieder diskutierten, in Frage gestellten und wieder neu konsentierten individuellen Wertvorstellungen erzeugen und reproduzieren kollektiv geteilte Deutungsmuster der Realität.[9]

Diese überindividuelle Eigenschaft des Phänomens »soziale Bewegung« macht per definitionem alle diejenigen Methoden, die nur individuelle Orientierungen erfassen, unangemessen oder zumindest unzureichend. Daraus ergeben sich zwei Prinzipien für eine makrosoziologische Analyse:

- Man muß, wenn man kulturelle Phänomene auf der analytischen Ebene des Gesellschaftssystems beschreiben will, den Aggregierungsprozeß von individuellen Orientierungen zu einem Kollektivbewußtsein zum Gegenstand der Analyse machen.
- Die Analyse eines kollektiven Orientierungsmusters setzt als Analyseeinheit nicht Individuen, sondern Gruppen von Individuen voraus.

Diese beiden Prinzipien erzwingen den Übergang von einer Theorie individueller Einstellungen zu einer Theorie kollektiver Deutungsmuster. Die Grundlagen zu einer Theorie kollektiver Deutungsmuster sind in der Kulturanthropologie, insbesondere

9 Die Problematik von Kollektivbegriffen ist seit Durkheim ein schwelendes und ungelöstes Problem. Über das, was Durkheim programmatisch 1898 formuliert hat (Durkheim 1966, S.45ff.), versuchen jetzt die empirisch begründeten theoretischen Arbeiten von Miller (1986) hinauszuführen.

in der »symbolischen Anthropologie«, entwickelt worden.[10] Das Verfahren der Strukturanalyse von Äußerungen und Texten ist, vor allem unter dem Einfluß linguistischer und semantischer Theorieansätze, für die »strukturale« Wende in der Kulturanthropologie konstitutiv gewesen.

Für die soziologische Theorie fruchtbare Weiterentwicklungen finden sich in den kultursoziologischen Arbeiten von Bourdieu, der versucht, Deutungsmuster auf eine *Praxis* zu beziehen, die diese Deutungsmuster produziert und reproduziert.[11] Das geht über die strukturale Analyse hinaus. Gegen die Annahme, daß die Regeln, die die strukturale Analyse identifizieren kann, letztlich die Regeln des menschlichen Geistes seien, betont er, daß diese Regeln soziale Produkte und als solche immer zugleich Gegenstand von Praxis sind. Damit wird eine Ebene *praktischer Regeln* thematisch, die den Umgang mit den Regeln der Kultur bestimmen. Praktische Regeln sind nicht wie Rechtsregeln zu verstehen; sie sind vielmehr Regeln, die die praktische Handhabung von Rechtsregeln regulieren. Der Regelbegriff bezieht sich hier also nicht auf die »Grammatik« einer Lebenswelt.[12] Er bezieht sich vielmehr auf grundlegende Formen der Strukturierung sozialer Beziehungen, auf eine »Pragmatik« einer Lebenswelt.

Der Übergang von der »reinen« Strukturanalyse kollektiv geteilter Deutungsmuster zum Entstehungs- und Verwendungszusammenhang von Deutungsmustern macht die Praxis des Umgangs mit Deutungsmustern zum Schlüsselproblem soziologischer Analyse. Dann geht es nicht mehr um das *opus operatum*, die je

10 Zur symbolischen Anthropologie vgl. neben dem klassischen Reader von Tyler (1969) besonders Douglas (1966), Geertz (1971), Turner (1973), Leach (1978) und Hensch (1981, 1982). Kritisch dazu Jarvie (1976). Einen neueren Überblick bietet Koepping (1984).

11 Bourdieu hat vor allem darauf hingewiesen, daß die kulturellen Repräsentationen nicht den Machtverhältnissen, in die eine gesellschaftliche Praxis eingebunden ist, entkommen (Bourdieu 1980b; 1984). Sie sind selbst ein Teil des Reproduktionszusammenhanges dieser Machtverhältnisse. Diesen soziologischen Aspekt kultureller Systeme übersehen besonders die Wertwandeltheoretiker. Sie produzieren statt dessen eine »Wertwandelillusion«, während sie tatsächlich Verschiebungen in der kulturellen Machtstruktur beschreiben.

12 Bourdieu behandelt diese Grundformen eher deskriptiv, etwa als Regeln einer Heiratspraxis, die die Anwendung (und eventuelle Veränderung) der in den offiziellen Verwandschaftsklassifikationen enthaltenen Heiratsregeln steuern. Die Praxisregeln des Heiratens definieren die Grammatik, nach der ein System offizieller Heiratsregeln (das niemand wirklich befolgt, das jeder aber mehr oder weniger kennt) erzeugt werden kann.

spezifische Struktur von Deutungsmustern, sondern um den *modus operandi*, um die Praxis der Produktion und Reproduktion von Deutungsmustern. Das erweitert die strukturale Analyse um eine weitere soziologische Perspektive. Es erweitert die *strukturale Analyse* von Deutungsmustern hin zu einer *historischen Analyse* von Deutungsmustern.

Historische Analyse

Kollektive Deutungsmuster, die in sozialen Bewegungen erzeugt und reproduziert werden, sind das Ergebnis eines historisch zu rekonstruierenden Produktionsprozesses. Mit der Vorstellung von in sozialen Gruppen verankerten kollektiven Deutungsmustern wird Geschichte als eine Geschichte der kollektiven Produktion von Ideen erfaßt. In dem Maße, wie Akteure durch ihr kollektives Handeln in den geschichtlichen Prozeß intervenieren und die »Historizität« der Gesellschaft herstellen, werden soziale Bewegungen zu *historischen Akteuren*.

Die Verortung sozialer Bewegungen in der Geschichte führt in das Problem, wie man alte und neue soziale Bewegungen unterscheiden kann. Hier bietet sich zunächst die einfache Möglichkeit an, die historische Abfolge von historischen sozialen Bewegungen zum Bezugspunkt zu nehmen und bürgerliche Bewegung, Arbeiterbewegung und neue soziale Bewegungen in einen historischen Zusammenhang zu bringen. Eine solche zeitliche Differenzierung liefert zumindest Anhaltspunkte, jenseits der »Wellenbewegungen« der Geschichte Entwicklungsschritte in der Geschichte der sozialen Bewegungen zu benennen. Doch solche Kriterien für die Unterscheidung von »alten« und »neuen« sozialen Bewegungen entgehen nicht der Kritik, nur das Ergebnis eines historistischen Fehlschlusses zu sein. Denn was in der zeitlichen Abfolge später kommt, muß nicht unbedingt neu sein.

Eine andere Möglichkeit, das »Alte« vom »Neuen« zu unterscheiden, besteht darin, unterschiedliche Zielvorstellungen auszuzeichnen. *Alt* wären dann diejenigen sozialen Bewegungen, deren Ziele auf das politische System, auf das in der modernen Gesellschaft politisch Thematisierbare und Legitimierbare gerichtet sind. *Neu* wären diejenigen sozialen Bewegungen, die Ziele jenseits des Politischen anvisiert haben und deshalb im Verlauf der Moderne aus der Gesellschaft ausgegrenzt und unterdrückt worden sind.[13] Diese Unterscheidung liefert ein inhaltliches Kriterium jenseits des bloßen historischen Nacheinander. Sie erlaubt eine evolutionäre und nicht nur historische Unterscheidung von modernen sozialen Bewegungen.

Evolutionär neu sind soziale Bewegungen, die über die kulturellen Inhalte hinausgehen, deren institutionelle Verkörperung in der herrschenden Logik der Modernisierung vorgesehen ist. Evolutionär neu sind Praktiken, die eine Gegengesellschaft konstituieren. Evolutionär neu sind Praktiken, die sich sozial und kulturell nur um den Preis eines evolutionären Wandels der Gesellschaft integrieren lassen. Deshalb kann das, was evolutionär neu ist, historisch bereits alt sein. Die alternativen Ideen wiederholen sich in der Geschichte. Sind nicht die frühromantischen Revolutionäre nur eine historisch frühere Variante der aktuellen Versuche, eine »authentische« Lebensform zu finden? Ein Blick auf die »alternativen« Vergemeinschaftungsformen und Ideensystemen in den letzten 300 bis 500 Jahren okzidentaler Geschichte zeigt nur, wie lange das evolutionär Neue braucht, um sich durchsetzen zu können. Die Empirie dieser Geschichte reicht von den alternativen Gemeinschaftsformen der Taboriten und Ranters im 15. und 16. Jahrhundert, also radikalen religiösen Sekten, bis hin zu den bürgerlichen Fluchtbewegungen und sozialistischen Utopias des 18. und 19. Jahrhunderts.

Die Aporien des historistischen Verständnisses von sozialen Bewegungen zwingen also zu einem *evolutionstheoretischen Blick*. Ins Blickfeld gerückt wird eine neue Frage: die Naturfrage. Nicht die politische Frage nach Freiheit und Gerechtigkeit, die eine evolutionär bereits durchgesetzte und damit alte Frage geworden ist, sondern die Frage nach dem Naturverhältnis wird zur evolutionär neuen Frage. Diese Frage trennt alte und neue soziale Bewegungen.

Diese Überlegungen erlauben es, die Forschungsfrage zu spezifizieren: Inwieweit sind die neuen sozialen Bewegungen auch Träger einer neuen Sensibilität gegenüber der Natur? Sind sie mehr als nur Varianten der bürgerlichen Selbstorganisation der Gesellschaft? Wenn dies der Fall ist, dann zwingt das dazu, die Theorie der Moderne zumindest zu ergänzen. Die Moderne produziert

13 Dazu Eder (1982a). Hier bin ich noch dem »alten« Blick verhaftet.

zugleich ihre Gegenmoderne, die sich immer zugleich als bessere Moderne versteht. Erst die theoretische Verarbeitung dieses eigentümlichen Verhältnisses der Moderne zu ihrem Gegenteil erlaubt es, eine angemessene Theorie der Entwicklung der Moderne zu formulieren.

Methodenprobleme

Die historische Produktion von Deutungsmustern, seien es die Deutungsmuster der historischen Bewegungen oder die der verschiedenen Gegenbewegungen, zu analysieren, zwingt dazu, den »modus operandi«, den Produktionsprozeß von Texten, zum Gegenstand der Analyse zu machen. Man muß die »Verständigungsverhältnisse« (McCarthy 1980) erforschen, in denen kollektive Deutungen erzeugt werden und uno actu eine kulturell geregelte Praxis konstituiert wird. Wie aber kann dieser »modus operandi« empirisch erfaßt werden? Die Schwierigkeiten der Soziologie mit dem Gegenstand »soziale Bewegung« setzen sich somit – wenn man diese Frage ernst nimmt – auch auf methodischer Ebene fort.

Um soziale Bewegungen zu untersuchen, muß man eine spezifische *methodische* Einstellung einnehmen. Das methodische Stichwort dazu heißt »kommunikative Sozialforschung«. Um die Ebene der »Verständigungsverhältnisse« empirisch zu fassen, muß man Individuen in Relation zueinander betrachten. Diesem Gegenstandsbereich ist eine die individuellen Handlungen und Motive untersuchende Methode unangemessen. Was zu untersuchen ist, das sind Gruppen von Individuen und die in diesen Gruppen erzeugten kollektiven Deutungsmuster. Um diesen Konstruktionsprozeß zu untersuchen, ist damit sowohl das Verfahren des Interviews als auch das Verfahren der Textanalyse unzureichend.

Eine – in anderen sozialwissenschaftlichen Traditionen bereits seit langem erprobte – Alternative ist das *ethnographische Verfahren*. Die Rolle des Sozialforschers ist die eines Ethnologen, der die fremde Gesellschaft in der eigenen Gesellschaft aufsucht und zu verstehen versucht. Insofern ist das Wort »ethnologisch« nicht ganz unpassend. Denn auch die eigene Gesellschaft ist immer (in einem unterschiedlichen Ausmaß) eine fremde Gesellschaft. Die

Überlegung, auf der ein »ethnologischer« Zugang beruht, ist relativ einfach. Um das Deutungsmuster einer realen sozialen Gruppe zu erfassen, genügt es in der Regel, Informanten zu haben. Das können direkte Gespräche mit Gruppenmitgliedern sein. Das können Broschüren sein, die von Gruppenmitgliedern entweder selbst geschrieben oder von ihnen als für ihre kollektive Identität typisch bezeichnet werden. Das führt zunächst nur zu einer möglichst umfassenden Dokumentation der Elemente des in einer sozialen Gruppe sich konstituierenden Deutungsmusters. Der ethnologische Zugang kann jedoch noch mehr leisten. Denn man kann das, was als kollektiv geteiltes Deutungsmuster bezeichnet wird, in der Gruppe zum Thema machen. Man kann durch entsprechende Interventionen des Forschers in der Gruppe den Einigungsprozeß, in dem das kollektiv geltende Deutungsmuster erzeugt worden ist, von neuem provozieren. Dieses Interventionsverfahren setzt die – auf Alltagserfahrungen gegründete – Annahme voraus, daß in einer Gruppe dann, wenn sie sich bedroht fühlt, der Einigungsprozeß auf eine gemeinsam geteilte Kultur wiederholt wird, um sich des gemeinsam Geltenden zu versichern. Damit läßt sich in einem quasiexperimentellen Setting ein Zusammenhang zwischen (sozialen) Kommunikationsformen und kollektiv geteilten Deutungsmustern herstellen.

Das methodische Verfahren besteht somit darin, Ethnologe von realen Gruppen in der eigenen Gesellschaft zu sein. Man muß ihnen gegenüber die ethnographische Perspektive wie gegenüber einem fremden Stamm einnehmen und das »Andere«, das diese Gruppen erzeugen, aus der Differenz zur eigenen Kultur verstehen.

Bürgerliche Gegenkultur als Forschungsgegenstand

Das Setting: zwei Landkommunen

Die Beobachtungen, auf denen die folgenden Überlegungen beruhen, wurden auf »ethnologischen Exkursionen« in zwei Landkommunen gemacht: in einer Landkommune in Frankreich, die an *alternativen Technologien* arbeitet, und in einer Landkommune in Deutschland bzw. Italien, die mit *alternativen Formen*

landwirtschaftlicher Produktion experimentiert. In beiden Gruppen habe ich mich – zusammen mit anderen Sozialwissenschaftlern – etwa 10 Tage aufgehalten.
Der Eintritt in dieses soziokulturelle Feld ist für Besucher immer schwer. Man wird nur zu leicht zum ausgeschlossenen Beobachter und bleibt dies während eines Aufenthaltes. Dies hätten weitergehende wissenschaftliche Objektivierungsversuche der Situation als das »ethnographische Notizbuch« wohl nur noch verschärft. Es hätte den Versuch, einen Zugang zu dieser anderen Lebenswelt zu gewinnen, bereits im Ansatz scheitern lassen. Der Feldeintritt war in diesem Fall dadurch vermittelt, daß in und mit diesen Landkommunen eine Diskussionsgruppe zur Frage nach den »neuen politischen Identitäten im ausgehenden 20. Jahrhundert« organisiert wurde.[14] Die jeweiligen Landkommunen waren also zugleich Gastgeber *und* Gegenstand dieser Diskussionsgruppen.
Eine solche Situation ist für eine reale Gruppe nicht unproblematisch. Denn sie gerät zwangsläufig unter einen besonderen Druck der Explikation dessen, was sie will. Sie wird gezwungen, sich der Geschichte ihrer Konflikte, sich der Selbstverständigung über eine kollektive Identität wieder zu vergewissern. Eine solche »Intervention« in eine Gruppe zwingt zur Definition dessen, was als das Gemeinsame der realen Gruppe gelten soll. Es zwingt zur Explikation der eigenen kollektiven Identität.[15]

Die Explikation einer kollektiven Identität

Ansätze zur Explikation einer *alternativen Identität* haben sich an Vorstellungen einer »neuen« Politik kristallisiert. Die Politik in der »3. Person« wird der Politik in der »1. Person« entgegengesetzt. Politik in der 1. Person heißt, daß man nicht für andere redet, sondern die anderen reden läßt. Sie richtet sich gegen den modernen Sachzwang, Politik stellvertretend für die anderen zu

14 Die folgende Analyse basiert auf einem Forschungsprojekt über »Neue politische Identitäten im ausgehenden 20. Jahrhundert«, an dem neben dem Autor S. Benhabib, E. M. Lipiansky, C. Turgis und W. Schäfer beteiligt gewesen sind. Es wurde vom Referat IV (Forschung und Ausbildung) des Deutsch-Französischen Jugendwerks finanziert.

15 Zu einem soziologisch handhabbaren Identitätsbegriff vgl. die Beiträge in Benedetti/Wiesmann (1986).

machen. Sie fordert eine wahrhaftige, die eigene Person »implizierende« Identifikation mit einem politischen Willen. Ein zweiter Gesichtspunkt alternativer Identität ist das Verhältnis zur Natur. Das Verhältnis zur Natur soll ökologisch sein, nicht ökonomisch, soll durch Koexistenz mit der Natur, nicht durch Ausbeutung der Natur gekennzeichnet sein. Von diesen Vorstellungen ist es dann nur mehr ein kleiner Schritt zu der dritten, letztlich entscheidenden Frage: Wie kann man all diese Vorstellungen so realisieren, daß man sich als Gruppe materiell reproduzieren kann? Das ist die Frage nach der gemeinsamen Organisation der Arbeit, nach einer Arbeitsform, die kollektiv, nicht individuell, die selbstbestimmt und begrenzt, nicht zwanghaft geregelt und ohne Ende sein soll.

Eine solche kollektive Identität ist der bürgerlichen Kultur, aus der sich die Mitglieder der Landkommunen hauptsächlich rekrutieren, nicht fremd. Sie ist nämlich nichts anderes als die Umkehrung dieser bürgerlichen Kultur. Sie ist bürgerliche Gegenkultur. Es lassen sich drei Bereiche (Politik, Natur, Arbeit) unterscheiden, in denen die Parameter bürgerlicher Kultur »umgekehrt« werden. Es sind dies einmal die Parameter *öffentlich/privat*, dann die Parameter *fortschrittlich/rückschrittlich* und schließlich die Parameter *abhängig/unabhängig*. Das bedeutet für den Bereich der Politik: Das, was öffentlich war (die bürgerliche Öffentlichkeit), wird privat; das, was privat war (die Familie, interaktive Konflikte), wird öffentlich. Das bedeutet für den Bereich der Technik: Das, was fortschrittlich war (etwa Atomenergie vor 20 Jahren), wird rückschrittlich; was rückschrittlich war (etwa Stallmist, Schrott, Kompost), wird fortschrittlich. Und das bedeutet für den Bereich von Arbeit: Das, was einst Autonomie garantieren sollte (die Erwerbsarbeit), wird zu etwas, das abhängig macht; das, was einst abhängig machte (die Handarbeit), wird zu dem, was autonom macht.

In Schaubild 7 sind diese *Umkehrungen* der bürgerlichen Kultur zusammengefaßt.

In diesen Umkehrungen wird die bürgerliche Kultur nicht in Frage gestellt. Sie wird im Gegenteil bestätigt. Was die bürgerliche Kultur hoch bewertet, nämlich Autonomie, Fortschritt, diskursive Öffentlichkeit, bleibt auch hier Bezugspunkt der Bewertung. Umgekehrt wird nur die Art und Weise der Realisierung

Schaubild 7: Bewertungsmaßstäbe und Bewertungsobjekte in der alternativen Kultur

	gegenbürgerliche Wertmaßstäbe	bürgerliche Wertmaßstäbe	Parameter kultureller Bewertung
Arbeit	kollektive Arbeit	individuelle Arbeit	autonom/ abhängig
Technik	Basteltechnologie	Großtechnologie	fortschrittlich/ rückschrittlich
Politik	Politik in der 1. Person	Politik in der 3. Person	öffentlich/ privat

dieser Kultur. Es ändert sich nicht das taxonomische System[16] der bürgerlichen Kultur. Was sich ändert, ist der praktische Umgang mit den egalitären und diskursiven Prämissen bürgerlicher Vergesellschaftung. Die Suche nach der alternativen Identität bleibt auf eine Radikalisierung der Prämissen der bürgerlichen Gesellschaft beschränkt. Das reduziert die Alternativbewegung auf eine Bewegung, die das Programm der klassischen sozialen Bewegungen fortsetzt.

Doch diese Gegenkulturen beanspruchen, mehr als nur eine Radikalisierung der bürgerlichen Kultur zu sein. Sie verstehen sich als *Alternativen* zur bürgerlichen Kultur. Zu prüfen ist deshalb, ob in den Deutungsmustern dieser Gruppen über das Moment der Radikalisierung hinaus ein Element enthalten ist, das diese Gruppen zu Trägern einer »anderen« Moderne macht. Es soll an einigen zentralen Deutungselementen in der Gegenkultur gezeigt werden, daß die Naturfrage in den Bereichen Arbeit, Politik und Technik eine konstitutive Rolle spielt. Diese – zunächst deskriptiv ansetzende – Analyse hat zum Ziel, den zentralen Punkt dieser Umdeutungen zu benennen und damit den Ausgangspunkt für

16 Eine »kulturelle Taxonomie« legt fest, was in einer Gesellschaft hoch bzw. niedrig bewertet wird, was wertvoll bzw. wertlos ist, was Angst macht und was nicht. Es enthält die symbolische Klassifikation der Welt, das begriffliche Raster, in dem das Weltbild und das Ethos einer Gruppe formuliert werden. »Gegenkulturelle Taxonomien« lassen sich dann als Umkehrung eines taxonomischen Systems deuten. Als einen Versuch in diese Richtung vgl. Oldemeyer (1979), der die »heute dominierenden Wert- und Normenkomplexe« mit den »alternativen Wert- und Normenkomplexen« konfrontiert und daraus eine kulturelle Taxonomie von begrifflichen Gegensatzpaaren konstruiert.

die Rekonstruktion eines *gegenkulturellen Deutungsmusters* zu liefern, dessen Besonderheit in einem der dominanten Moderne entgegengesetzten Naturverhältnis besteht.

Drei Umdeutungsstrategien

Die in der Suche einer kollektiven Identität thematisierten Umdeutungsstrategien verändern *erstens* die Bedeutung des Parameters, mit dem die gesellschaftlichen Formen der Arbeit klassifiziert werden. Die klassische Bedeutung der Parameter autonom/abhängig greift nicht mehr. Diese Bedeutungszuschreibung verdankt sich noch dem Blick des 19. Jahrhunderts: dem Blick auf eine demokratische Organisation der Arbeit. In der neuen Sichtweise geht es nicht mehr nur um die demokratische Organisation der Arbeit, sondern um die (auch demokratische) Organisation einer *sinnvollen* Arbeit. Die Bestimmung sinnvoller Arbeit setzt jedoch voraus, daß man weiß und sich darüber einig ist, welches die »authentischen« (nicht die wahren oder richtigen!) Bedürfnisse sind. Erst mit diesem anderen Blick wird zum kollektiven Thema, warum wir bestimmte Tiere essen, warum wir bestimmte Kleider anziehen, warum wir bestimmte Zeitungen lesen, bestimmte Sportarten vorziehen usw. Wenn man dies alles weiß, dann kann man auch die Bedeutung der Arbeit sehen, die für die Befriedigung all dieser Bedürfnisse aufgewandt wird.[17]
Diese Umdeutungsstrategien verändern *zweitens* auch die Bedeutung der Parameter, mit denen die Welt der Politik klassifiziert wird. Auch die Dichotomie von privat/öffentlich entstammt dem Diskurs des 19. Jahrhunderts. Es geht nicht mehr um die Herstellung einer Gesellschaft von Gleichen. Es geht darum, was aus dieser Gesellschaft von formell oder materiell Gleichen herauskommt. Die öffentliche Gesellschaft, das Ziel der sozialen Bewegungen seit Beginn der Moderne, wird danach bewertet, wie sie mit den natürlichen Unterschieden umgehen kann. Die Gegengesellschaft gegen die öffentliche Gesellschaft der Staatsbürger und gegen die private Gesellschaft der Privateigentümer (ob Arbeiter oder Unternehmer) ist eine »natürliche Gesellschaft«. Man darf dies nicht naturalistisch mißverstehen, auch wenn einzelne Äuße-

17 Dazu vgl. besonders Sahlins (1981). Siehe auch das Kapitel über »Die gesellschaftliche Aneignung der Natur« in diesem Band.

rungen (etwa die, daß man lernen müsse, über das Medium Natur miteinander zu kommunizieren) dazu Anlaß geben.
Diese Umdeutungsstrategien verändern *drittens* die Bedeutung der Parameter, mit denen die Beziehungen zur Technik als objektivierter Natur klassifiziert werden. Die Dichotomie fortschrittlich/rückschrittlich erhält eine Bedeutung, die das Erbe des 19. Jahrhunderts hinter sich läßt. Es wird strittig, worin eine fortschrittliche Aneignung der Natur bestehen kann. Denn es geht nun darum, wie man sich Natur aneignet. Es geht um eine neue Form eines »fortschrittlichen« Naturverhältnisses. Das bislang Rückschrittliche wird dann zum Fortschrittlichen. Der Versuch, eine soziale Natur herzustellen und eine andere Form der Naturaneignung einzuüben, widerspricht grundsätzlich der Rationalität, die das Verhältnis der modernen Gesellschaft zur Natur bestimmt.[18] Dieses neue Naturverhältnis wurde ganz einfach und banal formuliert: Man redet mit den Tieren, bevor man sie schlachtet. Das ist eine Symbolisierung einer Haltung zur Natur, die sich auch gegenüber der unbelebten Natur auswirkt. So ist der Schrott eben nicht einfach Schrott, sondern ein zur praktischen Verwendung anregender Gegenstand. Die Natur erhält eine jenseits ihres Nutzens liegende Qualität zuerkannt.
Diese Umdeutungsstrategien deuten – das ist meine These – ein *gegenkulturelles Deutungsmuster* an. Sie geben der bürgerlichen Welt eine neue Bedeutung. Diese neue Bedeutung kristallisiert sich – und das trennt dieses gegenkulturelle Deutungsmuster von der modernen bürgerlichen Kultur – in der *Naturfrage*. Was an zentraler Stelle in allen diesen Umdeutungsstrategien thematisiert wird, ist die Frage nach dem Verhältnis zur Natur. Es liegt nahe beim Thema Technik. Es artikuliert sich aber in gleicher Weise, auch wenn es sich nicht so unmittelbar aufdrängt, beim Thema Arbeit und Politik. Die These eines gegenkulturellen Deutungsmusters soll im folgenden theoretisch expliziert und an Beispielen erläutert werden.

18 Eine parallele Intention auf der Ebene der Wissenschaft von der Natur verfolgt Schäfer (1982, 1985).

Zur Theorie gegenkultureller Deutungsmuster

Stukturen alternativer Praxis

Wenn man das Spezifikum der Praxis *alternativer Gruppen* charakterisieren will, dann fallen das Mißtrauen in den und der Zweifel am praktischen Diskurs auf. Das in den Diskussionen immer wieder variierte Zentralthema ist das »Verstehen-Können«. Es gehört zu den zentralen Deutungsmustern solcher Gruppen, davon auszugehen, daß die Egalität der an Kommunikation Beteiligten, also ein radikalisiertes Modell bürgerlich-liberaler Praxis, nicht die kommunikative Einigung über Strittiges sichern kann. Der Rekurs auf eine solche vorgegebene politisch/ideologische oder kulturelle Gemeinsamkeit kann keine zureichenden Grundlagen für die kommunikative Auflösung von Disputen liefern.
Anläufe zu kommunikativer Verständigung zerbrechen vor allem dann, wenn die Erfahrungsmodi der Frauen mit denen der Männer konfligieren. Diese Differenz der Erfahrungsweise artikuliert sich im dauernden Infragestellen von Äußerungen im Hinblick darauf, ob diese Äußerungen auch von den Betroffenen so »gelebt« werden, wie man sich »einbringt«. Es wird vor allem das erfahrungslose (erfahrungsfreie?) Theoretisieren in Frage gestellt. Ein Mann kann nicht – so ein typisches Argument – über die kommunikativen Beziehungen zur Natur theoretisieren, wenn er den Frauen das Melken der Kühe überläßt. Wer die Lust (in der Mühsal), Kühe zu melken, nicht aufbringt, darf nicht über die Lust an der Natur theoretisieren. Er kann – das ist die Folgerung aus diesem Argument – keine wahrhaftigen Äußerungen über »kommunikative« Beziehungen mit der Natur machen. Ein Diskurs, der Wahrhaftigkeitsbedingungen erfüllt, erfordert eine Selbstimplikation in den Diskurs, die über die Rolle des unparteilichen Disputanten hinausgeht. Parteilichkeit ist dafür eine ungenügende Lösung. Denn Parteilichkeit heißt, für andere zu reden, ist Kommunikation in der 3. Person. Diese Form des Diskurses wird von den Frauen angegriffen. Sie fordern eine andere Sprache, eine *neue Verständigungsform*.
In dieser Idee einer anderen Sprache spielt der Rückgriff auf symbolische Ausdrucksformen, auf das Sprechen in Bildern, auf die

metaphorische Rede eine große Rolle.[19] Diese metaphorische Rede benutzt Symbole, die eine zentrale Bedeutung für das Leben in einer Gruppe haben. Ein solches symbolisches Medium ist in der an alternativen Techniken orientierten Landkommune der *Schrott* gewesen: Schrott liefert nicht nur eine sinnliche Erfahrung der Ausbeutung der Natur, sondern ist auch eine Metapher für eine soziale Form des Umgangs mit der Natur, für ein kooperatives instrumentelles Handeln. In der eher an agrarischer Tätigkeit orientierten Landkommune erfüllt der *Kompost* eine analoge Rolle: Das Bild des Kompostierens von Gefühlen ist eine Metapher für eine kollektiv geregelte Auseinandersetzung, die den einzelnen auch affektiv in Streitregelungsprozesse einzubeziehen sucht.

Die Idee einer anderen Sprache hat zunächst den Anschein einer privatsprachlichen Verselbständigung, den Charakter eines Kommunikationsabbruchs. In den alternativen Vergemeinschaftungsformen wird dieses Problem dadurch zum Dauerproblem, daß es auf das Verhältnis der Männer zu den Frauen projiziert wird. Die Frauenbewegung als »Bewegung in der Bewegung« droht den Diskurs der sozialen Bewegung immer wieder zu zerbrechen. Die radikalste Konsequenz daraus zieht die Lesbenbewegung, die die Unmöglichkeit von Kommunikation behauptet, selbst um den Preis einer Ruptur der sozialen Bewegung selber. Doch wäre die Deutung dieser »neuen Sprache« als einer privatsprachlichen Verselbständigung mit der Folge der Ruptur ungenügend. Denn man redet trotz allem miteinander, wenn auch in einer anstrengenderen Form. In den Anläufen zu einer kommunikativen Verständigung wird ein Typus kommunikativen Handelns eingeübt, in dem vor allem das Wahrhaftigkeitskriterium eine Rolle spielt. Die »Prüfungsformel« lautet: Meint derjenige, der etwas sagt, wirklich das, was er sagt? Was hier problematisiert wird, das ist der Geltungsanspruch der Wahrhaftigkeit.

19 Zur Rolle metaphorischer Begriffe in der »expressiven« Kultur vgl. den programmatischen Aufsatz von Fernandez (1974). Metaphern werden als elementare Versuche verstanden, eine chaotische Welt zu ordnen. Metaphorisierung (Totemismus ist nur eine Form davon!) findet vor aller moralischen und kognitiven Durchdringung der Welt statt. Das macht die Zentralität des Metaphorischen (wie des Metonymen) in der Konstitution kultureller Phänomene aus. Metaphorische Kommunikation ist der Versuch, diese Ordnung herzustellen und zugleich diese elementare Funktion zu thematisieren, sie reflexiv verfügbar zu machen.

Diese theoretische Deutung der Forderung nach einer »neuen« Sprache gründet auf der Habermasschen Unterscheidung unterschiedlicher *Geltungsansprüche*, die im Prozeß kommunikativer Verständigung erhoben werden können. Neben den Geltungsansprüchen auf Wahrheit und Richtigkeit gehört der Geltungsanspruch auf Wahrhaftigkeit zu den Bedingungen der Möglichkeit kommunikativen Handelns. Erst in der Moderne sind diese drei Geltungsansprüche ausdifferenziert und institutionalisiert worden: der Wahrheitsanspruch im Wissenschaftssystem, der Richtigkeitsanspruch in der politischen Öffentlichkeit, der Wahrhaftigkeitsanspruch in der autonom gewordenen Kunst (Habermas 1981, S. 578ff).[20]

Die in der beschriebenen kommunikativen Praxis zum Ausdruck kommende Ausdifferenzierung des Wahrhaftigkeitsanspruchs erlaubt eine soziale Kritik des Selbstverständlichen, eine soziale Kritik der eingelebten symbolischen Grundlagen von Intersubjektivität. Es gibt kein Symbol, keine eingelebte kulturelle Gewohnheit mehr, die nicht prinzipiell vom Standpunkt eines auf Wahrhaftigkeit abstellenden Diskurses kritisiert werden könnte. Dieses Potential der Kritik ist in der Geschichte der Moderne bislang nicht praktisch geworden. Die moderne Gesellschaft hat zwar seit dem späten 18. Jahrhundert die praktischen Folgen der Ausdifferenzierung eines Wissenschaftssystems und einer politischen Öffentlichkeit für die »Rationalisierung« der Lebenswelt erfahren. Sie hat aber noch nicht die praktischen Folgen der Ausdifferenzierung einer expressiven Lebensform für die Rationalisierung der Lebenswelt erfahren.

Wenn diese Beschreibung richtig ist, dann hat die Problematisierung des Geltungsanspruchs der *Wahrhaftigkeit* eine weitreichende gesellschaftstheoretische Konsequenz: Die Gesellschaft kann nun als ein symbolischer Zusammenhang interpretiert wer-

20 Diese Ausdifferenzierung »kultureller Sphären« ist ein von verschiedenen konkurrierenden Theorien zitiertes Phänomen. Luhmann faßt dies unter funktionaler Differenzierung. Als eine Anwendung systemtheoretischer Begriffe auf die Ausdifferenzierung der Sphäre der Kunst vgl. Luhmann (1986a). Aber auch in anderen Theorien wird das gleiche Ergebnis diagnostiziert. Bereits Max Weber hat dies ja schon getan. Vgl. dazu etwa Schluchter (1979). Ob diese Ausdifferenzierung den einzelnen Wertsphären gut tut, ist eine strittige Frage. Die Antwort darauf ist von individuellen Dispositionen der Theoretiker abhängig, die man natürlich wiederum einer soziologischen Analyse unterziehen könnte. Ein Beispiel dafür ist Bourdieu (1984).

den, dessen Kritik die Rationalisierung der Gewohnheiten und Bedürfnisse erlaubt, die der Produktion und Konsumtion von Gütern zugrunde liegen. Die kulturellen Grundlagen der Arbeit werden zur Disposition gestellt, wenn die Selbstverständlichkeiten, gemäß denen wir produzieren und konsumieren, nicht mehr problemlos gelten. Das Ergebnis ist dann die Frage nach den *authentischen* Bedürfnissen, die weder durch Wissenschaft noch durch politische Öffentlichkeit beantwortet werden kann. Die Frage nach dem »ästhetischen Wohlgefallen« der Gegenstände, die produziert und konsumiert werden, macht die – durch die Ausdifferenzierung des Geltungsanspruchs der Wahrhaftigkeit konstituierte – Fähigkeit zu *ästhetischer Kritik* zu einem Schlüssel der sozialen Kritik der Kultur der Moderne.[21]

Ein neues Bild der Natur?

Für die These eines Zusammenhangs zwischen einer auf *Wahrhaftigkeit* setzenden Kommunikationsform und einer *ästhetischen Kritik* der Gesellschaft finden sich in der bürgerlichen Gegenkultur zahlreiche Anhaltspunkte. Zuvor bedarf es aber einer methodischen Warnung. Es geht bei der Charakterisierung entsprechender Äußerungen nicht um deren psychologische Qualität. Viele der Äußerungen mögen psychologisch gesehen eher ambivalenter Natur sein. Sie erscheinen oft gar als Regression auf einen primitiven oder metaphysischen Symbolismus.[22] Diese Äußerungen interessieren im folgenden als Beiträge zu einer Diskussion, in der die symbolischen Grundlagen der gemeinsam geteilten Welt thematisiert werden.

Diese Thematisierungsarbeit haben vor allem die Frauen geleistet.

21 Eine soziologische Fassung einer ästhetischen Kritik bietet Bourdieu (1982). Auch das ästhetische Wohlgefallen ist sozial unterschiedlich verteilt. Die Kompetenz zu ästhetischem Urteil ist dort gegeben, wo die Zwänge der sozialen Welt am geringsten ausgebildet sind: in der Kunst und bei denen, die diese Kunst beurteilen (und meist auch kaufen) können. Vgl. auch Barthes (1979).

22 Der Schluß von individuellen auf kollektive Pathologien ist beliebt. Er ist – und noch mehr der Umkehrschluß – falsch. Wie schwierig das Verhältnis von kollektiv geltenden Verhaltensstandards und Orientierungen einerseits und individuellen Pathologien andererseits ist, zeigen etwa Parins Analysen psychopathologischer Phänomene bei den Agni in Westafrika. Siehe Parin/Morgenthaler/Parin-Matthèy (1971), S. 341ff.

Dieser weibliche Diskurs läßt sich gerade nicht als Fortsetzung des Diskurses des 19. Jahrhunderts, der auf formale und materiale Gleichberechtigung zielte, verstehen.[23] Er ist nicht Fortsetzung der Kritik der »praktischen Vernunft« des 19. Jahrhunderts. Es ist nicht Kritik, eher eine Mischung aus »praktischer Vernunft« und »ästhetischer Urteilskraft«, also Reflexion der symbolischen Grundlagen der Gesellschaft. Diese intentional »unkritische« Reflexion zielt auf die Prämissen der Moral des bürgerlichen und sozialistischen Denkens über Gesellschaft, auf ihre Selbstbeschreibung als »Kritik«. Erst diese Reflexion macht es möglich, die Anwesenheit eines Esels auf dem alternativen Hof mit seiner Nutzlosigkeit zu begründen. Der Esel ist das Symbol dafür, daß nicht alles, was auf dem Hof lebt, einen Nutzen haben müsse. Der Esel steht vielmehr für das Gegenteil: weder für die Arbeit noch zum Essen tauglich zu sein. Hier liegt ein Schlüssel zu einer anderen Perspektive auf die Gesellschaft. Die Gesellschaft wird auf ein System von Bedeutungen gegründet, die jenseits von Utilität eine Lebenswelt strukturieren.

Diese Sichtweise auf die Gesellschaft hat zunächst eine decouvrierende Funktion. Denn sie zielt darauf ab, sichtbar zu machen, daß wir immer schon in einem symbolischen Universum leben, in dem wir produzieren und konsumieren. Die Distanzierung zu diesem System von Bedeutungen, das unsere Bedürfnisse bestimmt, wird als Motiv zum Rückzug auf das Land genannt. Auf dem Land – so das Argument – sind die Bedürfnisse wieder durchsichtiger geworden, und sie sind veränderbar geworden. Man versteht die Arbeit nicht nur als Produktion von Gütern, sondern auch als Produktion von Bedeutungen, als Herstellung eines symbolischen Universums. Diese Veränderung der Arbeit ist somit Veränderung der Lebensform, der symbolischen Grundlagen der Konsumtion. Die Arbeit zu ändern, bedeutet, die symbolischen Grundlagen der Gesellschaft zu verändern.

Diese – in der alternativen Praxis erzeugte – andere Sichtweise reorganisiert das System kultureller Umbewertungen, das oben in der Analyse der Neubesetzung der die bürgerliche Gesellschaft kennzeichnenden kulturellen Taxonomien formuliert worden ist. Es kommt zu einem *strukturellen* Wandel in der kollektiven

23 Die feministische Bewegung versteht sich gerade in ihren gegenkulturellen Varianten als Bruch mit den traditionellen Varianten der Frauenbewegung wie etwa der Suffragettenbewegung.

Wahrnehmung der Welt. Die Umbewertungen werden in eine spezifische (und für die jeweils anderen »neue«) Sicht der Realität integriert. Es entsteht ein *gegenkulturelles Deutungsmuster*. Dieses gegenkulturelle Deutungsmuster verändert den Zusammenhang, in dem die Parameter der Bewertung der Realität ihre Bedeutung erhalten. Ihr Bezugspunkt sind nicht mehr demokratische oder gerechte Verhältnisse, sondern subjektiv als sinnvoll erlebbare Verhältnisse. Die Natur wird zum Schlüssel der Gegenkultur. Das Verwertbare und das Unverwertbare, das Gesellschaftliche und das Gemeinschaftliche, das Produktive und das Unproduktive, das Politische und das Unpolitische verlieren ihre in der bürgerlichen Kultur eindeutige Bedeutung. An deren Stelle tritt eine andere Unterscheidung: das *Natürliche* wird dem *Unnatürlichen* gegenübergestellt. Man unterscheidet zwischen der reinen Natur, in der man sich lokalisiert, und der unreinen Natur, von der man sich abgrenzen muß. Dies ist ein *totemistischer Operator*[24], der es erlaubt, zwischen einer sozialen Welt, die Angst macht, und einer sozialen Welt, die Sicherheit gibt, zu trennen.[25] Dies ist keine kulturelle Regression auf stammesgeschichtlich gesehen archaische Deutungen des Sozialen. Dieser Blick auf die eigene Gesellschaft ist nicht der Blick der »Primitiven«. Der Blick ist ein reflexiver. Er ist nicht *archaisch*, sondern *archäologisch*.

Die ethnographische Methode endet hier mit einem ethnologischen Blick auf die Gegenkultur. Unsere Gesellschaft, die bislang ihren ethnologischen Blick auf die »anderen« Gesellschaften gerichtet hat, lernt in den Gegenkulturen, die sie hervorbringt, etwas über sich selbst. Der ethnologische Blick wird reflexiv. Wenn man den ethnologischen Blick auf die eigene Gesellschaft zurückrichtet, dann kann man mehr sehen, als der vorethnologische Blick es erlaubt. Man kann sehen, daß die Gesellschaft in ein Netz symbolischer Bedeutungen eingebunden ist, das aller Tätigkeit,

24 Vgl. dazu Douglas (1966); Douglas/Wildavsky (1981).

25 Die Umbauten reichen schon weit in die Gesellschaft und in die kollektive Problemwahrnehmung hinein. Heute rangiert an oberster Stelle dessen, was Angst macht, der Atomkrieg. Unter diesem zentralen Topos rangieren dann die Risiken Krebs und der GAU; darunter finden sich die Risiken der Umweltbedrohung: Flußsterben, saurer Regen, Strahlung, Chemie im Boden. Auf der untersten Ebene kommen dann die üblichen Alltagsrisiken, vom Rauchen über Schwangerschaft bis hin zum Bergsteigen, zum Zuge; vgl. dazu Hacking (1982), S. 30f. Zur Risikowahrnehmung in den neuen sozialen Bewegungen sowie in ihrem Umfeld vgl. jetzt Japp (1987).

produktiver wie politischer, immer schon vorausgesetzt ist. Die elementare symbolische Konstruktion der Welt, auf der eine soziale Ordnung gründet, ist die Grenze zwischen der Gesellschaft und der Nicht-Gesellschaft, ist die Grenze zwischen Natur und Kultur. Diese elementare symbolische Festlegung wird in den gegenkulturellen Deutungsmustern thematisiert. Damit wird ein Problem zu einem Gegenstand gesellschaftlicher Praxis, das in der Moderne bislang dem Sog der Entzauberung entzogen war. Die Folgen dieser Entzauberung der symbolischen Grundlagen der Moderne sind noch nicht abzuschätzen.[26] Nur ihre soziale Bedeutung ist offensichtlich: nämlich eine weitere Stufe in der Entfaltung einer anderen Kultur der Moderne zu sein.

Gegenkultur und soziale Bewegung

Mit dieser Deutung ist allerdings die Frage offen geblieben, ob und inwieweit diese gegenkulturellen Deutungsmuster zum Kristallisationspunkt einer *sozialen Bewegung* werden können. Meine These lautet: Die *Naturfrage* hat in den neuen Gegenbewegungen innerhalb der neuen sozialen Bewegungen zum ersten Male eine historische Chance, zum Orientierungspunkt gesellschaftlicher Entwicklungsprozesse gemacht zu werden. Sie trennt innerhalb der neuen sozialen Bewegungen jene, die das Projekt politischer und ökonomischer Emanzipation weitertreiben, von jenen, die ein neues Verhältnis zur Natur einüben. *Neu* sind die neuen sozialen Bewegungen also nur dort, wo sie die *Naturfrage* zentral stellen. *Alt* bleiben sie, wenn sie die alten Fragen, also *politische Freiheit* und *soziale Gerechtigkeit*, unter den Bedingungen einer steigenden Komplexität der Gesellschaft reformulieren.

26 Über den damit verbundenen Lernprozeß kann man unterschiedlicher Meinung sein. Man kann ihn als Fortsetzung des modernen Aufklärungsprozesses sehen (Habermas 1981) oder als das Gegenteil davon (Duerr 1981). Daß die moderne Aufklärung die Bedingung beider Möglichkeiten ist, darüber dürfte wohl kaum Dissens möglich sein. Die Frage, wie dieser Prozeß weitergeht, erscheint deshalb innerhalb der Theorie als ein (soziologisch zu erklärender) Kampf um kulturelle Definitionsmacht. Dieser Kampf wird allerdings nicht in der Theorie, sondern durch Praxis entschieden.

Diese weitergehende Fragestellung erfordert zu ihrer Beantwortung zunächst einige *methodische* Überlegungen, die die *ethnologische Analyse* weitertreiben. Ich habe die Gruppensituation als ein quasi-experimentelles Setting bezeichnet, in dem die Einigungsprozesse repliziert werden, die zu dem geführt haben, was als das kollektive Wissen und Bewußtsein einer Gruppe gelten soll. Diese Replikation bleibt jedoch nicht ohne Folgen für das, was repliziert wird. In der Replikation solcher Diskussionen können selbst wieder Veränderungen stattfinden, die einen Umbau der kollektiv geltenden Deutungen zur Folge haben. Die Daten verändern sich durch die Untersuchungssituation. Diese Reflexivität des Untersuchungsprozesses ist aber kein Mangel des Untersuchungssettings; sie gerät ihm vielmehr zum Vorteil. Denn sie erlaubt, kollektiv geltende Deutungsmuster in *statu nascendi* zu analysieren und damit die *Richtung* von Veränderungen im Kollektivbewußtsein einer Gruppe zu bestimmen.

Die diesem Untersuchungssetting eigentümliche Eigenschaft haben sich Touraine und seine Mitarbeiter[27] zunutze gemacht und als *Interventionsverfahren* kanonisiert. Dieses methodische Verfahren der Intervention erweitert das ethnologische Verfahren hin zu einer Analyse gesellschaftlicher Entwicklungsprozesse. Denn dieser Typus von Intervention zielt darauf ab, das »höchstmögliche Niveau des Bewußtseins« einer Gruppe über die objektive Bedeutung ihres Handelns herauszufinden. Es geht dann nicht mehr darum, die Identität einer Gruppe zu rekonstruieren, sondern das »Wesen« der Bewegung zu verstehen, an dem diese Gruppe partizipiert. Die objektive Möglichkeit einer sozialen Bewegung ist durch das in einer Gruppe erreichbare Reflexionsniveau ihrer eigenen Handlungen und Aktionen begrenzt. Wenn man dieses Reflexionsniveau kennt, dann weiß man etwas über

27 Touraine hat für seine empirischen Studien zu den neuen sozialen Bewegungen Gruppen von Aktivisten der neuen sozialen Bewegungen zusammengestellt und damit den Konflikt um die angemessene Deutung des militanten Protestes zum Ausgangspunkt soziologischer Analyse gemacht. Er hat zugleich den politischen Konflikt zwischen Technokraten und Betroffenen zum Zentralkonflikt erklärt. Im Hinblick auf diesen Konflikt haben dann die untersuchten Gruppen unterschiedlich »gelernt«. Dieser Zugang setzt allerdings von seiten des Theoretikers bereits eine weitgehende Sicherheit über die zentrale Frage und das zentrale Thema fortgeschrittener Industriegesellschaften voraus. Ich wage solche Annahmen nicht und beschränke mich darauf, verschiedene Fragen und damit zusammenhängende Konfliktebenen zu unterscheiden und ihre Relevanz wie Akzeptanz in Protestgruppen zu bestimmen.

die objektiven Möglichkeiten, die der Entwicklung der Gesellschaft offenstehen.[28]

Erst dann sind auch Antworten auf Fragen wie die folgenden möglich: Handelt es sich um mehr als um eine Fluchtbewegung, um ein Aussteigen? Handelt es sich um eine soziale Bewegung, die der gesellschaftlichen Entwicklung eine neue Orientierung gibt? Wie beziehen sich die realen Gruppen auf ihre institutionelle Umwelt, auf die Veränderungen im System demokratischer Spielregeln und Prozeduren? Und wie beziehen sie sich auf die Veränderungen des Systems der industriellkapitalistischen Arbeitsgesellschaft?

In diesem – über die ethnologische Analyse hinausführenden – Schritt soziologischer Analyse kommt dem intervenierenden Forscher eine zunehmend aktive Rolle zu. Denn die Intervention in eine Gruppe besteht nunmehr darin, einen argumentativen Zusammenhang zwischen den unterschiedlichen Fragen einer kulturellen Moderne (der politischen, der sozialen und der Naturfrage) und einer historisch neuen Praxis von sozialen Gruppen herzustellen. Man kann dabei unterschiedliche Zusammenhänge konstruieren. Ein Zusammenhang bestünde darin, das Projekt der neuen sozialen Bewegungen als Fortsetzung der sozialen Frage zu deuten. Ein Indikator dafür wäre die Forderung nach alternativen Beschäftigungsformen auf dem Arbeitsmarkt. Ein anderer Zusammenhang bestünde darin, das Projekt der neuen sozialen Bewegungen als Fortsetzung der politischen Frage zu deuten. Ein Indikator dafür wäre die Forderung nach regionaler Autonomie und politischer Dezentralisierung. Und man könnte Zusammenhänge konstruieren, die die Bedeutung alternativer Technologien und alternativer agrarischer Anbaumethoden auf soziale oder politische Gesichtspunkte zurückführen, etwa darauf, daß solche Techniken die Reproduktion peripherer Regionen relativer Armut ermöglichen und damit zur Reproduktion des »kapitalistischen Weltsystems« beitragen.

Die soziale Relevanz von solchen hypothetischen Zusammenhängen läßt sich nur überprüfen, wenn diese Zusammenhänge mit

28 Das setzt Annahmen über den Zusammenhang von Akteur und Gesellschaft voraus, die den Akteuren einen Primat vor der Gesellschaft einräumen. In dem Maße, wie diese Annahme strittig wird, werden die methodischen Analyseschritte unplausibel. Zu einem Versuch der theoretischen Begründung eines solchen Primats vgl. Touraine (1973).

den Deutungsmustern konfrontiert werden, die sich in realen sozialen Gruppen finden lassen. In den oben beschriebenen Landkommunen sind solche Interventionen nur vereinzelt versucht worden, etwa mit dem Deutungsangebot, daß sich die soziale Nutzung des Landes durch den alternativen Typus antagonistisch zur Nutzung durch technokratisch/bürokratische Eliten verhält, oder mit dem Deutungsangebot, daß die bedürfnisbezogene Nutzung der Technik der Nutzung durch Bürokraten und Technokraten entgegengesetzt ist. Diese Deutungsangebote sind charakteristisch für das, was oben die *politische Frage* genannt wurde. Doch diese Deutungsangebote haben keinen Widerhall gefunden. Diese Frage wurde entweder als »spekulativ« abgetan oder hedonistisch beantwortet (etwa nach dem alten Motto, jeder solle nach seiner Façon selig werden). Eine »Konversion«[29] dieser Gruppen hin zu solchen Deutungsangeboten hat nicht stattgefunden.

Kann man daraus schließen, daß in den analysierten gegenkulturellen Deutungsmustern die *politische Frage* obsolet geworden ist, daß sie von der Naturfrage bereits abgelöst worden ist? Man kann zumindest daraus schließen, daß sich diese alternativen Gruppen anders zu diesen Deutungsangeboten verhalten als jene Anti-AKW-Gruppen, an denen Touraine zeigt, daß sich ein Protestakteur konstituiert, der sich die oben genannten Deutungsangebote gerade zu eigen macht.[30] In der ökologischen Bewegung dominiert also die *politische Frage*. Wenn in den alternativen Gruppen auch noch die *soziale Frage* ohne Resonanz bleibt, dann spricht zumindest einiges dafür, daß in ihnen die *Naturfrage* zum Kristallisationspunkt einer wirklich *neuen sozialen Bewegung* werden kann. Dann hätte auch die Rede von einer »alternativen« Bewegung einen realen Sinn.

29 Der Begriff der »Konversion« legt Assoziationen zur religiösen Erfahrung der »Bekehrung« nahe. Man könnte diese moderne Konversion als eine rationalisierte Version des alten Topos der Bekehrung fassen. In beiden Fällen handelt es sich um Lernprozesse, die zwar im einzelnen Individuum stattfinden, die aber zugleich eine kollektive Erfahrung konstituieren.

30 Das schließen Touraine et al. (1980, 1982) aus ihren Analysen. Zur eher negativen Einschätzung der Studentenbewegung siehe Touraine et al. (1979).

Teil IV
Soziale Evolution und praktische Vernunft

Praxis und Geschichte. Die Theorie der sozialen Evolution revisited

Warum überhaupt Evolutionstheorie?

Der Begriff der Evolution hat – seit er im 19. Jahrhundert eingeführt worden ist und das Bild von der Natur als einer Schöpfung Gottes zerstört hat – seine Faszination nicht eingebüßt. Er hat gleichermaßen aufklärerischen wie antiaufklärerischen Interessen gedient. Die evolutionstheoretische Sicht auf die Natur hat die Sonderstellung des Menschen im Kosmos relativiert und die damit verbundenen Glaubensvorstellungen untergraben. Die Übertragung evolutionstheoretischer Argumentationen auf die Gesellschaft im Sozialdarwinismus der Jahrhundertwende hat eher das Gegenteil von solcher Aufklärung bewirkt. Sie hat dazu gedient, die Überlegenheit von Völkern und Rassen über andere »wissenschaftlich« zu rechtfertigen.

Die Faszination, die heute das evolutionstheoretische Denken ausübt, liegt weniger in der Erklärung dessen, was geschehen ist, sondern vielmehr darin, das Wissen, das wir über das Vergangene haben, als Teil einer Evolution des menschlichen Geistes zu betrachten. Die »evolutionäre Erkenntnistheorie« erklärt das Denken als Ergebnis des evolutionären Prozesses, den sie selbst beschreibt. Eine soziologische Evolutionstheorie hat gegenüber dieser erkenntnistheoretischen Reflexivität einen schweren Stand. Sie ist naiv, wenn sie nur die historische Vergangenheit der Gesellschaft thematisiert. Und sie wird illusionär, wenn sie zu zeigen versucht, daß gesellschaftliche Entwicklung die Verkörperung des »objektiven Geistes« ist. Eine soziologische Evolutionstheorie kann erst dann wieder faszinieren, wenn sie zeigen kann, daß das Wissen, das in evolutionären Prozessen sich entfaltet und in der evolutionären Erkenntnistheorie kulminiert, Ausdruck eines *gesellschaftlichen* Prozesses ist.

Eine soziologische Evlutionstheorie wird erst wieder interessant als Kritik der evolutionären Erkenntnistheorie. Diese Kritik behauptet, daß die evolutionäre Erkenntnistheorie das Vermittelnde zwischen Erkenntnis und Evolution »naturalisiert«. Sie macht die

»Gesellschaft« zu einer quantité négligeable. Sie provoziert einen neuen – antiaufklärerischen – Glauben: daß unsere Erkenntnis jenseits der Gesellschaft in der Natur begründet liegt. Diese evolutionstheoretische Perspektive setzt – so die Kritik – bisweilen gegen ihre Intention die antiaufklärerische Funktion des Sozialdarwinismus fort.

Eine Theorie der sozialen Evolution der praktischen Vernunft ist das Gegenteil einer naturalistischen Evolutionstheorie: Sie ist *kulturalistische Evolutionstheorie*. Die evolutionäre Erkenntnistheorie erzeugt die (naturalistische) Illusion der Versicherung der Grundlagen des eigenen Denkens. Die evolutionäre Gesellschaftstheorie desillusioniert über die Eigenlogik des menschlichen Geistes. Sie zerstört kognitive Sicherheiten.

Die Differenz einer evolutionären Erkenntnistheorie und einer evolutionären Gesellschaftstheorie zwingt zu mehreren, weitreichenden theoretischen Festlegungen. Suchen wir soziale Evolution aus den Strukturen des *Gehirns* oder aus den Strukturen der *Gesellschaft* zu erklären? Sollen wir auf einen *naturwissenschaftlichen* oder auf einen *sozialwissenschaftlichen* Begriff von Evolution setzen? Sollen wir auf die *ökologische* oder auf die *praktische* Rationalität evolutionärer Prozesse setzen? Diese Optionen machen die Alternative deutlich, vor der wir stehen: Gesellschaft zur (mehr oder weniger kontingenten) Umwelt des Geistes oder zum konstitutiven Element des menschlichen Geistes zu machen.

Doch die soziologischen Evolutionstheorien sind bislang zu sehr mit sich selbst beschäftigt, um ernsthafte Konkurrenten der naturwissenschaftlich begründeten Evolutionstheorie zu sein. Sie bieten kaum Ansatzpunkte für solche Fragen. Das motiviert dazu, das Programm einer Theorie sozialer Evolution zu formulieren, die die Frage nach der Vernunft evolutionärer Prozesse als eine gesellschaftstheoretische Frage behandelt. Ausgangspunkt einer solchen »evolutionären Gesellschaftstheorie« wäre der Begriff der *praktischen* Vernunft. Eine solche Theorie wäre ein Versuch, den *Maßstab der praktischen Vernunft* an gesellschaftliche Entwicklungsprozesse, die durch *Praxis* in Gang gesetzt und in Gang gehalten werden, anzulegen. Eine evolutionäre Gesellschaftstheorie wäre also als eine *Theorie der sozialen Evolution der praktischen Vernunft* zu konzipieren.

Das läuft daraus hinaus, über *ökologische Rationalität* hinaus eine der gesellschaftlichen Praxis eigene Rationalität, eben *praktische*

Rationalität, auszuzeichnen. Erst eine solche Theorie kann uns in die Lage setzen, auf der Ebene sozialer Evolution einen *Primat* der praktischen vor der ökologischen Vernunft zu behaupten. Das bedeutet nicht, daß ökologische Rationalität auf gesellschaftlicher Ebene irrelevant wäre. Ökologische Rationalität wird vielmehr zu einem Sonderfall praktischer Rationalität. Ökologische Rationalität verhält sich zu praktischer Rationalität wie *Poiesis* zu *Praxis*. Poiesis ist eine Form sozialen Handelns, die die Gesellschaft als Objekt begreift. Ihre Rationalität kann deshalb nur ökologische Rationalität sein, weil Rationalität als Angemessenheit einer Handlung in einer Umwelt bestimmt ist. Praktische Rationalität unterstellt dagegen eine Form sozialen Handelns, in der sich gesellschaftliche Praxis konstituiert und reproduziert. Die mit Poiesis verbundene Rationalität erscheint somit als Schwundform einer mit Praxis einhergehenden Rationalität.

Vor diesen Optionen, entweder auf Poiesis oder auf Praxis zu setzen, steht die Theorie sozialer Evolution. Die vorliegenden Theorien sozialer Evolution lassen sich entlang dieser Differenz scheiden. Im folgenden wird zunächst eine systematische Auseinandersetzung mit den beiden grundlegenden evolutionstheoretischen Ansätzen in der Soziologie vorgenommen. Daran schließt der Versuch an, über die diesen evolutionstheoretischen Ansätzen zugrundeliegende Dichotomie von Praxis und Poiesis hinauszugehen und beide Gesichtspunkte in einer evolutionären Gesellschaftstheorie zu integrieren.

Jenseits der soziologischen Evolutionstheorie?

Zum Stand der soziologischen Evolutionstheorie

Die vorliegenden Theorien sozialer Evolution lassen sich auf zwei Grundtypen reduzieren. Der Begriff einer »sozialen Evolution« kann einmal eine prinzipielle Kontinuität mit der Evolution tierischer Sozialität signalisieren. Die Evolution der Gesellschaft erscheint dann als eine (oder die) Fortsetzung der Evolution der Natur. Sie wird von den für die natürliche Evolution spezifischen Mechanismen der Variation, Selektion und Stabilisierung angetrieben (Mayr 1963). Der Begriff der »sozialen Evolution« kann aber auch – und sein lockerer Gebrauch macht dies möglich – von der Annahme eines anthropologischen Bruchs ausgehen. Die Evolution der Gesellschaft erscheint dann als eine Entwicklung, die jenseits der Logik natürlicher Evolution einer kulturellen Eigenlogik folgt. Sie wird durch humanspezifische Lernprozesse angetrieben.

Diese Differenz trennt die beiden dominierenden Theorien sozialer Evolution. Sie trennt die *funktionalistischen Evolutionstheorien*, die neodarwinistische Theorieansätze mit Annahmen über soziale und kulturelle Strukturbildung verbinden[1], von den *rationalistischen Evolutionstheorien*, die die Eigenlogik kultureller Weltbilder und Weltbildentwicklungen behaupten und soziale Strukturbildung als Verkörperung von Weltbildern erklären.[2]

Der Streit zwischen den funktionalistischen und rationalistischen Positionen, der in der Habermas-Luhmann-Kontroverse vor über einem Jahrzehnt geführt und in neuen Varianten immer wieder aufgelegt worden ist, hat – wenn man das Ergebnis betrachtet – nur eine eigentümliche Komplementarität der Theoriebildung bewirkt. Das Ergebnis ist eine perspektivische Verschränkung, in der nur mehr offen (und letztlich nur mehr politisch entscheidbar) ist, welcher Perspektive der Primat gebührt. Luhmann versucht zu zeigen, daß Kultur aus Selbstbeschreibungen der Gesellschaft besteht, die mit der Evolution der Gesellschaft kovariieren.[3] Diese Kovariation wird in der Theorie sozialer Systeme als ein Mechanismus der »Autopoiesis« der Gesellschaft gedeutet. Gesellschaft wird als ein System beschrieben, das für seine Selbstherstellung auch seine Selbstbeschreibungen, die Semantiken, die es produziert, benutzt. Diese – spezifisch moderne – Entmystifizierung der Kultur steigert die Fähigkeit der Gesellschaft zur

1 Zum Ansatz einer funktionalistischen Evolutionstheorie vgl. vor allem Parsons (1971) und Luhmann (1978). Als Kontrast zu der eher metaphorischen Verwendung neodarwinistischer Begrifflichkeiten bei Luhmann vgl. den Versuch einer streng neodarwinistischen Konzeption einer soziologischen Evolutionstheorie bei Giesen (1980).

2 Diese Theorie ist entwickelt bei Habermas (1976) und Eder (1976). Ähnlich, wenn auch aus phänomenologischer Perspektive formuliert, Dux (1981).

3 Luhmanns wissenssoziologische Überlegungen (Luhmann 1980, 1981) reduzieren sich letztlich auf den Nachweis des Zusammenhangs von zunehmender funktionaler Differenzierung und den semantischen Repräsentationen, die mit diesem Prozeß verbunden sind. Ob sich aus den grundbegrifflichen Änderungen des Jahres 1984 (Luhmann 1984) weitreichende Veränderungen für die Theorie der sozialen Evolution ergeben, ist bislang (d. h. am Ende des Jahres 1987) nicht absehbar.

»Autopoiesis«. Der Gegensatz von Kultur und Gesellschaft wird dabei zugunsten der Gesellschaft eingeebnet. Habermas betont auf der anderen Seite die in der fortschreitenden Systemrationalisierung nicht unterdrückbare eigensinnige Sperrigkeit kommunikativer Verständigung, also den Eigensinn der Kultur. Diese Annahme einer Eigensinnigkeit der Kultur teilt die Gesellschaft in zwei Teile: in den Bereich systemischer Reproduktion und in den Bereich der Lebenswelt. Die Theorie kommunikativen Handelns legt sich im Konfliktfall zwischen System und Lebenswelt dann auf die – kommunikativ strukturierte – Lebenswelt fest. In der Theorie ist deshalb nur eine Kolonisierung der Lebenswelt durch Systeme, aber keine Kolonisierung von Systemen durch die Lebenswelt vorgesehen. Der Gegensatz von Kultur und Gesellschaft wird zugunsten der Kultur eingeebnet.[4]

Damit sind zwei konkurrierende Entwicklungslogiken benannt, die in die soziale Evolution eingreifen können. Doch welche dieser Logiken zum Zuge kommt, wird durch diese Theorien normativ vorentschieden. Es scheint, als ob der Streit um den Primat der systemischen bzw. der kulturellen Perspektive ein zentrales Problem einer Theorie der gesellschaftlichen Entwicklung neutralisiert, nämlich das Problem der *Evolution*. In beiden Fällen wird das Problem teleologisch aufgelöst. Damit wird die Konstruktion einer angemessenen Theorie sozialer Evolution systematisch blockiert.

Die *systemtheoretische* Konzeptualisierung einer Theorie sozialer Evolution ist zunächst davon ausgegangen, Vergesellschaftung als funktionale Spezifizierung und strukturelle Ausdifferenzierung von analytischen Dimensionen des sozialen Handelns zu beschreiben. Damit ist eine teleologische Konzeption schon eingebaut: Entwicklung zielt auf strukturelle Differenzierung. In der »autopoietischen« Wende wird diese Teleologie weiter getrieben. Denn nun sucht die Theorie nach Systemen, die sich autopoietisch reproduzieren können. Offensichtlich ist das nicht so häufig der Fall und auch erst unter Bedingungen funktionaler Differenzierung möglich geworden. Die Problematik dieser Perspektive liegt weniger in der Annahme begründet, daß es Systeme »gibt«, sondern darin, daß nur Systeme (die erst dann wirklich Systeme

4 Die Gegenposition, die zugleich viele Komplementaritäten (jenseits begrifflicher Selbstfestlegungen) aufweist, ist Habermas' Theorie des kommunikativen Handelns (Habermas 1981).

sind, wenn sie autopoietisch geschlossen sind) zählen, die vorsystemische Welt aber, die Systeme »macht«, zu einer theoretisch sekundären Frage wird. Wenn aber das Erzeugungsproblem von Systemen einmal so herauskatapultiert worden ist, dann ist jede systemtheoretische Beschreibung nichts anderes als eine Teleologie, die dies mit begrifflichen Mitteln, die der Biologie entlehnt worden sind, unkenntlich zu machen sucht.

Die *kompetenztheoretische* Konzeptualisierung einer Theorie sozialer Evolution besteht darin, Vergesellschaftung als Verkörperung von Handlungskompetenzen zu begreifen. Das Problem des Übergangs vom Handlungsbegriff zum Gesellschaftsbegriff ist jedoch unzureichend gelöst worden. Alle Vorstellungen jenseits des Aggregierungsmodells sind in bloßer Spekulation steckengeblieben. Die Einführung des Gesellschaftsbegriffs hat sich deshalb mit einer biologisierenden Begrifflichkeit geholfen. Die Vorstellung der phänotypischen Manifestation genotypischer Eigenschaften (»Verkörperung«) führt zu einem Gesellschaftsbegriff, dessen emergente Eigenschaften dann auf das »Systemische« abgeschoben werden.[5] Doch der Mechanismus von Vergesellschaftung, die Produktions- und Reproduktionsbedingungen einer Vergesellschaftungsform, werden damit nicht greifbar. Die kompetenztheoretische Perspektive löst das Problem einer angemessenen theoretischen Fassung des Prozesses sozialer Evolution auch nicht.

Soziale Evolution wird im Falle der funktionalistischen Evolutionstheorien einem impliziten Zwang zur *Autopoiesis* der Gesellschaft zugeschrieben.[6] Soziale Evolution wird im Falle der rationalistischen Evolutionstheorien einem impliziten Zwang zum *Lernen* zugeschrieben. Ob es zu Autopoiesis oder Lernen kommt, ist dann eine Frage der spezifischen historischen Bedin-

5 Luhmann (1984) hat allerdings den Versuch unternommen, aus dieser Theorielage auszuscheren und ganz auf Systembildung, auf »Autopoiesis«, zu setzen, während Habermas noch die Kompromißstrategie verfolgt. Das Komplement zu Luhmann im Rahmen der klassischen Auseinandersetzungen wäre eine streng phänotypische Erklärungsstrategie. Sie ist aber nirgendwo ernsthaft versucht worden. Ich halte beide Strategien für Holzwege.

6 Der klassische Funktionalismus hat diese Umwelt noch konkretistisch als objektive Umwelt gefaßt, als Natur im Marxismus, als Ökologie in der Durkheimtradition. Doch der unmittelbare Rückgriff auf die »äußere« Natur ist unzureichend. Zwar ändert sich diese Natur (in Form von Erdbeben, ökologischen Katastrophen etc.). Doch mit dieser äußeren Natur gibt es nur kontingente Zusammenhänge.

gungen. Daß es überhaupt dazu kommen kann, bleibt jedoch ein Geheimnis. Was setzt Autopoiesis oder Lernen in Gang? Welches sind eigentlich die sozialen Voraussetzungen dieser Prozesse? Beide Theorien können sich diese Frage gar nicht stellen, weil sie nicht den *modus operandi*, sondern das *opus operatum* zum Ausgangspunkt der Theoriebildung machen. Die in ihrem Rahmen formulierten klassischen Evolutionstheorien benennen nur die Effekte evolutionärer Veränderungen, aber nicht deren Mechanismus. Weder hat Luhmann die der Autopoiesis vorgelagerten Prozesse der *Produktion von Gesellschaft* noch hat Habermas die gesellschaftlichen Lernprozessen zugrundeliegende *gesellschaftliche Praxis* analysiert. Was diesen Theorien verloren geht, ist eine substantielle Vorstellung der *Produktion der Gesellschaft*. Was ihnen fehlt, ist ein soziologisch gehaltvoller Begriff der *Praxis*.[7] Damit verbunden ist das Desiderat eines soziologisch gehaltvollen Begriffs von *Geschichte*.[8] Die klassischen Evolutionstheorien liefern nur mehr typologische Begrifflichkeiten, um das geschichtliche Material zu strukturieren.[9] Der Erkenntniswert solcher Typologien sinkt jedoch mit jeder Neukonstruktion von Typologien. Es verwundert nicht, daß soziologische Evolutions-

7 Eine Theorie der Praxis kann auf zwei Weisen ansetzen. Sie kann Praxis mit der Aneignung der Natur in Zusammenhang bringen. Dann wird Praxis zu dem, was unten »Poiesis« genannt wird. Oder sie kann Praxis mit der Erzeugung der gesellschaftlichen Form, in der diese Aneignung sich vollzieht, in Zusammenhang bringen. Dann handelt es sich um Praxis im Sinne einer »praktischen Vernunft«. Diese Varianten sind der Ausgangspunkt der klassischen materialistischen bzw. idealistischen Theorien gesellschaftlicher Entwicklung. Entweder bestimmen die Probleme der Naturaneignung (operationalisiert als Entwicklung der Produktivkräfte) die Vergesellschaftung. Oder die Vergesellschaftungsform (operationalisiert etwa als moralische Entwicklung) bestimmt die Naturaneignung. Beide Varianten vereinfachen das Verhältnis zwischen Gesellschaftsentwicklung und Naturaneignung. Sie berücksichtigen nicht systematisch den Rückkopplungszusammenhang, der zwischen diesen Entwicklungen besteht. Zum Praxisbegriff vgl. die klassische, an Aristoteles und/oder Marx anknüpfende Literatur. Eine eigenständige soziologische Diskussion bietet jetzt Bourdieu (1976a, 1976b, 1980).

8 Zum Umgang mit dem Geschichtsbegriff siehe Habermas (1976), S. 200ff. sowie Luhmann (1978). Einen theoretisch befriedigenderen Zugang zur Geschichte bietet der strukturtheoretische Zugang von Sahlins (1986). Hier werden die symbolische Aneignung der Geschichte und die strukturelle Wirkung dieser Symbolisierungen auf die Geschichte untersucht.

9 Die für evolutionstheoretische Überlegungen vorgenommene Zurückführung des Geschichtsbegriffs auf Universalgeschichte bleibt unbefriedigend. Denn sie endet nur zu leicht in Schematismen oder unhaltbaren Kausalannahmen.

theorien (gerade bei Historikern) zunehmend in Mißkredit gekommen sind.
Diese Kritik motiviert zu einem erneuten Versuch, die Theorie der sozialen Evolution zu reformulieren und die Vorstellung einer *sozialen Evolution* zu rehabilitieren. Dieser Versuch beginnt mit einer Kritik *konfigurationistischer* und *lerntheoretischer* Ansätze, die einen soziologischen Evolutionsbegriff aufgeben. Diese Kritiken enthalten einen wichtigen Punkt: Sie versuchen, Geschichte soziologisch als Ergebnis kollektiver Praxis und kollektiver Lernprozesse zu bestimmen.[10] Für die Kritik und Revision einer Theorie sozialer Evolution bedeutet das, die Vorstellung einer (historischen) *Ontogenese* von Gesellschaften ernst zu nehmen. Diese Vorstellung ermöglicht es, die Frage einer sozialen Evolution von Fragen einer historischen Ontogenese abzukoppeln und Evolution als einen Prozeß zu verstehen, in dem historische Ontogenesen miteinander in Raum und Zeit interagieren und damit jeweils typische und historisch folgenreiche Pfade der Evolution von Sozialität eröffnen.

Die konfigurationistische Kritik am Evolutionismus

Die am »Ungeschichtlichkeitsvorwurf« ansetzende Kritik an soziologischen Evolutionstheorien findet sich in Einwänden, wie sie Giddens (1979, 1982, 1986) und Touraine (1973, 1978) besonders in Absetzung von funktionalistischen Theorietraditionen in der Soziologie formuliert haben. Diese Kritik läuft auf eine Konzeption gesellschaftlicher Entwicklung hinaus, die den Begriff der Evolution aufzulösen sucht und statt dessen die »Historizität« gesellschaftlicher Prozesse zum Ausgangspunkt soziologischer Theoriebildung und Analyse macht.
Giddens' Kritik versucht zu zeigen, daß die evolutionstheoretische Annahme von »Stufen« gesellschaftlicher Entwicklung nichts anderes enthält als »episodic characterizations of what I shall label time-space-edges« (Giddens 1982, S. 93f.). Daraus

10 Eine Theorie der Praxis sollte nicht als Handlungstheorie mißverstanden werden. Sie ist das Gegenteil davon. Sie ist eine Theorie der kollektiven Produktion und Reproduktion der sozialen Strukturen, die soziales Handeln steuern. Der Begriff der Praxis zielt auf eine soziale Realität jenseits der einzelnen Individuen.

folgt, daß es keine gesellschaftliche Entwicklung im Sinne einer stufenweisen Evolution gibt. Es gibt nur räumlich zu lokalisierende Episoden im Fluß der Geschichte. Mit der Kritik an der Ungeschichtlichkeit funktionalistischer und rationalistischer Evolutionstheorien werden dann Evolutionstheorien in toto vom Tisch gefegt. Statt dessen werden Anknüpfungen an Ansätzen wie der »Figurationssoziologie« versucht.[11]

Giddens schlägt vor, die Evolutionstheorie durch eine Theorie der *praktischen Strukturierung* sozialer Beziehungen in Raum und Zeit zu ersetzen.[12] In dieser Formulierung werden zwei Gesichtspunkte einer Theorie der gesellschaftlichen Entwicklung genannt, die in der Theorie sozialer Evolution zunehmend zu bloßen Randbedingungen gesellschaftlicher Entwicklung geworden sind. Daß Praxis im *Raum* zu situieren sei, bedeutet, das Verhältnis zur ökologischen Umwelt, der natürlichen wie der sozialen, wieder in die Theorie gesellschaftlicher Entwicklung zurückzuführen.[13] Der Vorschlag, daß Praxis in der *Zeit* zu situieren sei, sucht gegen die Vorstellung der Zeit als einer universalgeschichtlichen Abfolge (Schulin 1974) eine geschichtliche und kulturell spezifische Zeit zu rehabilitieren. Das zwingt einmal dazu zu untersuchen, wie eine Gesellschaft objektiv in der geschichtlichen

11 Kulturmaterialistische und entwicklungspsychologische Erklärungsstrategien sind Strategien, die die Funktion der Praxis, nämlich Erzeugungs- und Reproduktionsbedingung von Vergesellschaftung zu sein, nicht erfassen. Das Spezifische einer gesellschaftlichen Praxis besteht gerade darin, objektive Umweltbedingungen und subjektive Handlungsfähigkeiten zu erzeugen und zu reproduzieren, um sich als Praxis reproduzieren zu können. Die zentrale These ist also, daß die Struktureigenschaften einer gesellschaftlichen Praxis unabhängig von objektiven Umweltbedingungen und subjektiven Handlungsfähigkeiten bestimmt werden müssen. Erst aus einer praxistheoretischen Perspektive lassen sich kulturmaterialistische und entwicklungspsychologische Erklärungsstrategien neu verorten, also nicht-reduktionistisch einführen. Doch das hat keine Folgen für evolutionstheoretische Überlegungen. Giddens' theoretischer Ansatz verbietet nur eine Reduktion der Praxis auf eine Umwelt, die sie hervorbringt. Das macht seinen antievolutionistischen Affekt immanent nicht verständlich. Vgl. vor allem Giddens (1979, 1986).

12 Damit erübrigt sich auch die Diskussion um die Differenz von Arbeit und Interaktion als Grundbegriffen der Gesellschaftstheorie (Habermas 1968). Beide können Formen der Praxis sein. Beide können aber auch bloße Formen von Poiesis sein. Das läßt sich nicht mehr apriori entscheiden.

13 Das bedeutet aber nicht, daß Praxis nun zum bloßen Spielball der »ökologischen« Umwelt der Gesellschaft wird, wie dies dem kulturellen Materialismus von Harris (1979) eigentümlich ist. Strukturbildung auf der Ebene der Gesellschaft ist vielmehr Medium und Ergebnis von gesellschaftlicher Praxis.

Zeit verortet wird. Und das zwingt dazu zu untersuchen, wie sich eine Gesellschaft in der Zeit verortet, wie sie ein historisches Bewußtsein ihrer selbst erzeugt.[14] Die Schlußfolgerung aus dieser Kritik lautet: Man muß die Geschichtlichkeit gesellschaftlicher Prozesse ins Zentrum des theoretischen Blicks rücken.

In ähnlicher Weise argumentiert letztlich auch Touraine für eine konfigurationistische Deutung gesellschaftlicher Entwicklung. Er deutet Geschichte als das Resultat gesellschaftlicher Praxis, deren Strukturmerkmale in einem dieser Praxis zugrundeliegenden *historischen Handlungssystem*[15] gesucht werden. Die Theorie historischer Handlungssysteme stellt *Relationen* zwischen Akteuren ins Zentrum der theoretischen Konstruktion. Individuelle Akteure interessieren nur unter dem Gesichtspunkt, inwieweit in ihren subjektiven Vorstellungen die objektiven Relationen zwischen den Akteuren repräsentiert werden. Sie interessieren als empirische Träger und damit als empirischer Indikator für ein »Kollektivbewußtsein«. In dem Maße – so Touraine –, wie die Akteure in der Lage sind, ein Bewußtsein dieser objektiven Relationen zu entwickeln, wird die *Historizität* einer Gesellschaft, ihre Geschichtlichkeit, hergestellt. Diese *Historizität* wird zum zentralen Erklärungsproblem einer soziologischen Theorie der gesellschaftlichen Entwicklung.

Touraine verbindet mit der Betonung des Gesichtspunktes der Historizität – ähnlich wie Giddens – eine explizit *antievolutionistische* Konzeption. Historizität – deren konstitutive Bedingungen als Struktureigenschaften historischer Handlungssysteme analytisch konstruiert werden – wird im Rahmen einer gegebenen »Konfiguration« von Produktion, Organisation, Verteilung und Konsumtion durch gesellschaftliche Praxis erzeugt. Es gibt keine Evolution jenseits dieser Historizität. Solche Vorstellungen sind – so Touraine – nur Versuche, an die Stelle gesellschaftlicher Praxis und an die Stelle historischer Akteure historische Gesetze zu set-

14 Der Umgang mit Geschichte gehört zu den problematischsten Aspekten einer Evolutionstheorie. Denn hier werden Probleme der Selbstdefinition thematisch, die sich mit den Begriffen vernünftiger bzw. unvernünftiger Identität nur schwer fassen lassen.

15 Der Terminus historische Handlungssysteme' ist nur auf dem Hintergrund der Absetzung vom Parsons-schen Begriff eines Handlungssystems zu verstehen. Vgl. die Explikation dieses Begriffs in Touraine (1973).

zen.[16] Es gibt nur Formen gesellschaftlicher Praxis im Kontext historisch spezifizierter Konfigurationen in Raum und Zeit.
Beide Kritiker richten ihr Augenmerk weg von Fragen nach der Erklärung evolutionärer Prozesse hin zu dem Problem, die Mannigfaltigkeit historischer Erscheinungen zu reduzieren. Sie produzieren dabei *Typologisierungen* gesellschaftlicher Praxis. Solche Typologien müssen eine begrenzte Anzahl von Realisierungsformen historischer Praxis behaupten. Das Problem, nach welchen Gesichtspunkten die empirische Mannigfaltigkeit reduziert und typologisiert wird, wirft dann Fragen einer *Logik der Typologisierung* auf. Man kann räumlich typologisieren. Dann beschreibt man ökologisch bedingte Entwicklungspfade. Oder man typologisiert in zeitlicher Hinsicht. Dann unterscheidet man danach, welche Typen die notwendige Voraussetzung für die Entstehung und Entwicklung anderer Typen sind.
Der theoretische Ertrag dieser Kritiken ist ambivalent. Diese Kritiken betonen einerseits den realgeschichtlichen Prozeß der Entstehung und Reproduktion konkreter Gesellschaftsformen. Sie zielen auf eine Theorie der »Strukturierung« sozialer Beziehungen im Medium einer historischen Praxis. Das kann als ein Plädoyer für eine Theorie der *Ontogenese* gesellschaftlicher Formen gelesen werden. Andererseits beraubt diese Kritik die soziologische Theorie ihres sie letztlich rechtfertigenden Anspruchs: nämlich jenseits des – wie auch immer strukturell verstandenen – historischen Wandels den Prozeß der *Evolution* zu verstehen, der in diesen verschiedenen historischen Entwicklungen stattfindet. Das zeigt sich bereits in Touraines Versuch, die sozialen Strukturformen, die im Zuge gesellschaftlicher Praxis erzeugt werden, nach Maßgabe ökonomischer Kriterien zu klassifizieren. Das Problem, einen evolutionären Vergleichsgesichtspunkt auszuzeichnen, der die spezifischen Differenzen zwischen den Gesellschaftsgeschichten vergleichbar macht, entsteht auch in diesen antievolutionistischen Ansätzen. Damit kehrt das Evolutionsproblem als ungelöstes Problem in die Theoriebildung zurück.

16 Touraine formuliert als Kriterium für eine wohlgeformte Struktur historischer Handlungssysteme das der Sicherung der »Historizität« einer Gesellschaft. Historizität läßt sich dann als die Aufrechterhaltung einer Handlungskompetenz der Gesellschaft, als Charakteristikum einer die Zukunft immer offen haltenden Praxis verstehen.

Eine zweite Kritik an soziologischen Evolutionstheorien findet sich in *lerntheoretischen* Ansätzen, die das Modell individueller Lernprozesse auf Gesellschaften zu übertragen suchen. Diese Versuche reichen von historischen und komparativen Analysen der Vernunftentwicklung (Schöfthaler/Goldschmidt 1984) bis hin zu Theorien kollektiven Lernens (Miller 1986). Sie knüpfen an die kompetenztheoretischen Fassungen der Evolutionstheorie an und versuchen, die lerntheoretischen Implikationen dieses Ansatzes jenseits eines *ontogenetischen Fehlschlusses* zu einer Theorie gesellschaftlichen Wandels auszubauen. In den Theorien kollektiven Lernens ergeben sich auch noch Berührungspunkte mit der Touraineschen Konzeption sozialer Bewegungen als den Trägern gesellschaftlicher Entwicklung (Eder 1982b, 1985a).

Der Ausweg aus dem ontogenetischen Fehlschluß besteht darin, die Vorstellung von Akteuren als lernfähigen *psychischen Systemen* mit Hilfe systemtheoretischer Überlegungen in eine Theorie gesellschaftlicher Entwicklung einzubauen. Der Theorievorschlag lautet: Akteure als *Umwelt* des Gesellschaftssystems[17] zu sehen. Das psychische System wird als diejenige Umwelt des Gesellschaftssystems betrachtet, die eine spezifische Fähigkeit zu lernen besitzt. Psychische Systeme besitzen diese Fähigkeit auf unterschiedlichen Stufen. Die höchste Stufe dieser Fähigkeit nennen wir *Vernunft*.[18]

17 Der »ontogenetische Schluß« gehört zu einem alten Modell evolutionstheoretischer Theoriebildung. Eine der besten Anwendungen findet sich in Piaget (1975b). Problematisch bleibt der Schluß vom Individuellen auf das Kollektive. In einer früheren Fassung dieses Aufsatzes wurde deshalb die Ebene des Kollektiven historisch eingeführt und systemtheoretisch expliziert. Damit aber verschenkt man sich die Möglichkeiten, die der theoretische Begriff einer kollektiv konstituierten sozialen Realität bietet. Das Kollektive waren in der früheren Konzeption historische Rahmenbedingungen, die als Lernverbote fungierten und so die selbsttätig laufenden individuellen Lernprozesse mehr oder weniger behindern konnten. In der Diskussion mit Max Miller ist mir die theoretische Bedeutung eines kollektiv konstituierten Kontextes auch für gesellschaftliche Lernprozesse systematisch klargeworden. Argumente zum Zusammenhang von Evolution und Kommunikation, die eine solche Revision empirisch stützen, finden sich bei Goody (1977), S. 1ff., 146ff. Eine fruchtbare Anregung findet sich in Toulmins Begriff einer »Ökologie des Geistes«; vgl. Toulmin (1978), S. 366ff. Siehe auch Bateson (1985).

18 Zur Theorie des psychischen Bewußtseins als Umwelt siehe Luhmann (1985a). Damit läßt sich auch die Diskussion um das Verhältnis von Sozialstruktur und

Diese Deutung von Akteuren als der Umwelt der Gesellschaft »soziologisiert« die kompetenztheoretische Konstruktion einer Theorie sozialer Evolution. Ontogenetische Lernprozesse produzieren und reproduzieren die *kulturelle Umwelt* der Gesellschaft. An diesen Zusammenhang von *individuellen Lernprozessen* und *Kultur* schließt sich die Frage nach der Veränderung der kulturellen Umwelt der Gesellschaft an. Sobald man von der Frage nach der *Reproduktion* der kulturellen Umwelt der Gesellschaft zur Frage nach der *Veränderung* der kulturellen Umwelt der Gesellschaft übergeht, stellt sich – über den Problemkreis von Sozialisation und Enkulturation hinaus – die theoretisch zentrale Frage nach den *gesellschaftlichen Lernprozessen*, die den Wandel der kulturellen Umwelt menschlicher Gesellschaften erklären können. Diese Differenz soll kurz erläutert werden.
Die Produktion und Reproduktion der kulturellen Umwelt der Gesellschaft verdankt sich zunächst einmal individuellen Lernprozessen, in denen auf der den Akteuren verfügbaren ontogenetischen Stufe das Wissen und die Moral der Gesellschaft eingeübt wird. Die *Kultur* einer Gesellschaft wird von den Gesellschaftsmitgliedern in Sozialisations- und Enkulturationsprozessen erworben, um als Mitglieder einer Gesellschaft erkannt und anerkannt zu werden. Das Haben einer Kultur ist die fundamentale Voraussetzung für die Zugehörigkeit zu einem Kollektiv. Damit Kultur reproduziert werden kann, wird die Fähigkeit des Erkennens der Kultur im Prozeß der Internalisierung der Kultur hergestellt. Diese Fähigkeit entwickelt sich nicht nur »naturwüchsig« mit dem Alter, sondern auch in Abhängigkeit von den Anforderungen, die eine Gesellschaft an den kognitiven Erkenntnisapparat des Kindes stellt. Die (vermutlich universalen) Anforderungen, die familiale Beziehungen, insbesondere die ödipale Situation, für den Heranwachsenden bedeuten, sind ein solcher Mechanismus der Enkulturation. Das Bildungssystem und das System der Arbeit sind weitere Instanzen, die diese Fähigkeit

Vernunft zusammenbringen. Vgl. Scribner (1984), Greenfield (1984). Zur theoretischen Verortung dieser Diskussion siehe Harten (1977). Allerdings ist dabei nicht klar, ob die kulturrelativistischen Argumente eher die Stufentheorie oder die unangemessene Berücksichtigung des sozialen Kontextes betreffen. Gerade das ist aber die spannende Frage (und weniger die prinzipielle Frage, ob Piaget den empirischen Beweis für den Universalismus als der höchsten Stufe der Moral geliefert hat). Zu einigen neuen Argumenten in dieser alten Diskussion vgl. Wolfram (1984).

einüben. Sie alle garantieren die Reproduktion der in einer Gesellschaft herrschenden Moralvorstellungen und des in einer Gesellschaft vorhandenen Wissens.[19]

Die Reproduktion kultureller Umwelten durch soziale Akteure ist aber niemals vollständig. Denn soziale Akteure erzeugen auch Überschußwissen und abweichende Moralvorstellungen, die in Subkulturen und Gegenkulturen eingeübt werden und damit die Umwelt der Gesellschaft verändern. Solche minoritären Gruppen reklamieren für sich eine höhere Moral und ein besseres Wissen als jenes Wissen und jene Moral, die in der Kultur als legitim gelten. Damit sind die Grenzen einer auf Individuen bezogenen Betrachtungsweise erreicht. Damit solche »Überschüsse« zum Zuge kommen können, müssen sie kollektiv eingeübt und sozial legitimiert werden. Es müssen also – über individuelle Lernprozesse hinaus – *gesellschaftliche Lernprozesse* stattfinden.

Für die Beschreibung gesellschaftlicher Lernprozesse hat in der jüngeren Diskussion der Begriff *kollektive Lernprozesse* eine zunehmende Bedeutung gespielt (Miller 1986; Eder 1985a). Kollektive Lernprozesse sind dadurch definiert, daß die Beiträge der einzelnen Akteure zu einem kulturellen Interpretations- und Wissenszusammenhang die Struktur dieses Zusammenhangs aus dem »Gleichgewicht« bringen und zu Restrukturierungen der Kultur zwingen. Dieser Prozeß der Restrukturierung läßt die soziale Struktur des Kommunikationszusammenhanges, in dem diese Reequilibrierung vorgenommen wird, nicht unberührt. Es findet ein *kollektiver Lernprozeß* statt.

Doch alle diese soziologischen Implikationen einer Theorie gesellschaftlicher Lernprozesse führen nicht mehr zu einer soziologischen Evolutionstheorie zurück. Sie führen von ihr weg. Die Richtung dieses Theoretisierens ist Kultur. Die genuin soziologi-

19 Man kann die kulturvergleichende Forschung zum Erwerb kognitiver Fähigkeiten auch unter diesem funktionalen Gesichtspunkt der Reproduktion von kognitiven Fähigkeiten lesen. Denn man kann die kulturspezifischen Besonderheiten kognitiver Entwicklungen als Effekte unterschiedlicher Lernkontexte interpretieren, als Effekt einer differentiellen Reproduktion kognitiver Fähigkeiten. Das muß nicht der Universalitätsthese widersprechen. Es ist allerdings kein Argument für sie. Vermutlich lassen sich Universalitätsthesen besser »testen«, wenn man die kognitiven und ethischen Spezialisten in den verschiedenen Kulturen vergleicht. Vgl. zu diesem Problembereich den Überblick von Schöfthaler (1984) sowie die in dem von ihm herausgegebenen Band versammelte Literatur zur kulturvergleichenden Kognitionsforschung.

sche Problematik, nämlich die Bedeutung der *Gesellschaft* für die Reproduktion und den Wandel der Kultur, gerät aus dem Blick. Die Theorie gesellschaftlicher Lernprozesse wird nicht mehr in eine Theorie sozialer Evolution eingebaut. Statt dessen tritt ein anderer Begriff ins Zentrum evolutionstheoretischer Überlegungen: der Begriff der *Aggregierung*. An die Stelle des *Evolutionsproblems* tritt das *Aggregierungsproblem* (was gleichbedeutend mit dem »Mikro-Makro-Problem« ist). Das Aggregierungsproblem besteht darin, einen Zusammenhang zwischen den individuell oder kollektiv eingeübten Fähigkeiten und dem Wandel gesellschaftlicher Strukturen herzustellen. Systemtheoretisch gesprochen heißt das: das Ergebnis individueller und gesellschaftlicher Lernprozesse (wie immer diese strukturtheoretisch beschrieben werden) als »Informationen« oder »Kommunikationen« zu betrachten, die Gegenstand der evolutionären Mechanismen der Variation, Selektion und Stabilisierung sind.
Hier kommen wieder klassische evolutionstheoretische Überlegungen in den Blick. Der informationstheoretisch gedeutete Kommunikationsbegriff ermöglicht den Rückgriff auf das Selektionsmodell, das individuelle und gesellschaftliche Lernprozesse nach dem Muster der biologischen Evolutionstheorie als Informationen eines Systems betrachtet. Wenn es jedoch bei dieser Renaissance evolutionstheoretischen Denkens in der Gesellschaftstheorie bliebe, wäre das das Ende einer *evolutionären Gesellschaftstheorie*, deren Programm sich in Abhebung vom naturalistischen Programm einer *evolutionären Erkenntnistheorie* folgendermaßen charakterisieren ließe: die spezifische *Rationalität* dessen, was an Kommunikation in kommunikative Prozesse eingeht, zu identifizieren und die Evolution dieser kommunikativen Strukturen am Maßstab der in diesen Kommunikationen verkörperten Rationalität[20] zu messen.
Die beiden Kritiken der soziologischen Evolutionstheorie, die konfigurationistische wie die lerntheoretische, laufen darauf hinaus, eine Realitätsebene sozialer Evolution zu bestreiten. Der gemeinsame Nenner dieser Kritiken besteht darin, keine Einheit des

20 Die Einführung des Rationalitätsbegriffs ist der Schlüssel zur Kritik naturalistischer Evolutionstheorien. Das bedeutet nicht, eine ein für allemal gültige Rationalität zu unterstellen. Eine Theorie sozialer Evolution zeigt im Gegenteil, welche Rationalität und in welcher Weise Rationalität zum Zuge kommt, welche Voraussetzungen notwendig und welche Folgen damit verbunden sind.

Sozialen jenseits raum-zeitlich spezifizierter sozialer Strukturbildungen und jenseits kollektiver Lernprozesse von Gruppen zu unterstellen. Gegen diese Annahme suchen die folgenden Überlegungen zu argumentieren. Diese Überlegungen wollen sich nicht damit bescheiden, historische Strukturkonfigurationen zu beschreiben oder Lernprozesse von Gruppen oder Individuen zu rekonstruieren. Sie unternehmen vielmehr den Versuch, aus dem Zusammenhang von kultureller Umwelt und sozialstrukturellen Konfigurationen eine *evolutionäre Gesellschaftstheorie* zu begründen. Der Schlüsselbegriff dieser Theorie heißt weder System noch Lebenswelt. Der Schlüsselbegriff dieser Theorie heißt *Praxis*.

Umrisse einer evolutionären Gesellschaftstheorie

Eine synthetische Formel

Das Ziel der folgenden Überlegungen ist eine Verknüpfung *konfigurationistischer* und *lerntheoretischer* Gesichtspunkte in einer Theorie der Praxis. Es soll die Behauptung verteidigt werden, daß es eine *Evolution der Praxis* gibt. Und es soll argumentiert werden, daß keine *Evolution* der Praxis der *Praxis* der Evolution entgeht. Damit wird ein erneutes Arbeiten an einer Theorie der sozialen Evolution, die vor allem Giddens und Touraine schon für erledigt hielten, erforderlich.

Der Begriff der Praxis ist zunächst der Ausgangspunkt für eine Theorie der Produktion von Geschichte (was noch parallel zu den Intentionen von Touraine und Giddens läuft!). Die Produktion von Geschichte findet auf unterschiedlichen Ebenen sozialer Realität statt. Die *Alltagspraxis* produziert eine von Repression mehr oder weniger bestimmte Alltagsgeschichte. Die *Herrschaftspraxis* produziert eine oft selbstzerstörerische Geschichte des Krieges und der Unterdrückung. Die *theoretische Praxis* schließlich formuliert unter bestimmten Bedingungen das Modell der Praxis um. Geschichte kann als Ergebnis gesellschaftlicher Praxis auf diesen drei Ebenen gesehen werden.

Die Einbettung einer Theorie der Praxis in eine Theorie *sozialer Evolution* zwingt zu einer objektivierenden Position gegenüber solchen Formen gesellschaftlicher Praxis. Die evolutionstheoretische Perspektive objektiviert in folgenden Hinsichten:

- Sie fragt nach der relativen Bedeutung dieser Ebenen gesellschaftlicher Praxis für die Produktion und Reproduktion einer historisch je konkreten Gesellschaftsgeschichte.
- Sie versucht, diese relative Bedeutung aus dem raum-zeitlich bestimmten Interaktionszusammenhang verschiedener Gesellschaftsgeschichten heraus zu erklären.
- Sie fragt dann nach der Rolle individueller und gesellschaftlicher Lernprozesse für die Rationalitätsstrukturen, die diese Formen von Praxis auszeichnen.
- Sie fragt schließlich danach, welche praktische Rationalität in diesen Gesellschaftsgeschichten evolutionär verkörpert wird.

Diese Vorstellung einer sozialen Evolution sprengt die Vorstellung räumlich und zeitlich bestimmter Gesellschaftsgeschichten. Sie zwingt dazu, soziale »Konfigurationen« nicht nur räumlich und zeitlich, sondern auch *sozial* zu typologisieren. Damit stellt sich die Frage nach einer Theorie der *sozialen Strukturierung* von Praxis jenseits räumlich und zeitlich bestimmter »Konfigurationen«. Die Aufgabe einer Theorie sozialer Evolution ist es dann, *Strukturen gesellschaftlicher Praxis* zu identifizieren und ein ihnen angemessenes Klassifikationsprinzip zu finden.

In diesen sozialen Strukturen gesellschaftlicher Praxis wird eine spezifische *Rationalität* festgeschrieben. Praxisformen legen fest, gemäß welchen Rationalitätskriterien mit dem, was einer Gesellschaft dank der in ihr ablaufenden individuellen und gesellschaftlichen Lernprozesse zur Verfügung steht, umgegangen wird. Nicht die Ontogenese individueller und/oder gesellschaftlicher Lernprozesse, sondern die Strukturmerkmale gesellschaftlicher Praxis entscheiden über das Ausmaß praktischer Rationalität, das evolutionär festgeschrieben werden kann.[21] Eine Theorie sozialer Evolution hat zu klären, wo und wie *praktische Vernunft* sozial verkörpert wird.[22] Eine Theorie sozialer Evolution sucht zu er-

21 An die Stelle psychologistischer Annahmen, die Gesellschaft als Ergebnis der Anpassung an die Entwicklungsdynamik und Entwicklungslogik psychischer Systeme zu erklären suchen, treten dann Vorstellungen, die auf die Idee der Selbsterzeugung der Gesellschaft jenseits der Intentionen der beteiligten und implizierten Akteure rekurrieren. Zur Idee der Selbsterzeugung der Gesellschaft vgl. Touraine (1973, 1978).

22 Der Zusammenhang von sozialen Strukturen und Vernunftbegriff gehört zu

klären, wie praktische Vernunft bei steigender Komplexität von Gesellschaft und Umwelt aufrechterhalten und sozial verkörpert werden kann.[23] Das trennt eine evolutionäre Gesellschaftstheorie gleichermaßen von teleologischen wie von darwinistischen Konzeptionen einer Theorie sozialer Evolution.[24] Praktische Vernunft ist nicht Maßstab und Ziel sozialer Evolution. Sie ist auch nicht bloßes Nebenprodukt von Komplexitätssteigerung. Sie ist Medium und Ergebnis sozialer Evolution.[25]

Wenn wir von sozialer Evolution sprechen, dann versuchen wir also, jenseits der »phänotypischen« Beschreibung individueller und gesellschaftlicher Lernprozesse *soziale Strukturen* zu identifizieren, die die differentielle *Verwendung* des Gelernten bestimmen. Diese Definition der Kategorie »soziale Evolution« weist darauf hin, daß Evolutionstheorien nicht als Strukturtheorien des Gelernten, sondern als Strukturtheorien der praktischen *Verwendung* des Gelernten formuliert werden müssen. Solche Strukturtheorien sind »genotypische« Beschreibungen von Formen gesell-

den strittigsten und unklarsten Problemen der Kognitionsforschung. Vgl. als soziologische Lösungsversuche dieses Problems allgemein Thorlindsson (1984) und Axelrod (1984) sowie speziell für die Ontogenese Selman (1984) und Miller (1984). Eine makrosoziologische Explikation dieses Zusammenhangs stellt auf die in Kollektiven eingeübten kollektiven Verhaltensstandards und Orientierungsmuster ab. Das impliziert Thesen, die soziologisch entzaubern. Die Profession führt zur Wahrheit, nicht die Wahrheit zu Profession. Die Assoziation führt zur Richtigkeit moralischer Normen, nicht die Richtigkeit von Normen zu Assoziation. Siehe für solche Zusammenhänge in einfachen Gesellschaften Bradfield (1973), in traditionalen Gesellschaften Goody (1977, S. 19ff.), in der entstehenden Moderne Böhme/Daele/Krohn (1977) und Eder (1985a). Methodologische Folgerungen für die theoretische Beschreibung und Rekonstruktion der Vernunft zieht Toulmin (1983). Siehe auch MacFarlane (1977).

23 Einen Überblick über die Diskussion des Sozialstrukturbegriffs bietet Blau (1975).

24 Einen antiempiristischen und antifunktionalistischen Ansatz formuliert Lévi-Strauss, wenn er »Strukturen« als arithmetische oder statistische Modelle der Realität betrachtet. Vgl. Lévi-Strauss (1967), S. 299-346.

25 Dies ist, wie Giddens (1982) sagt, der Fall einer »duality of structure«: »By the duality of structure, I mean that the structural properties of social systems are simultaneously the medium and outcome of social acts.« (Giddens 1982, S. 92) Mit dem Begriff der Doppelstruktur kann man sich vor allem von der Parsonsschen Handlungstheorie absetzen, die das Problem der Koordination von Akteuren bereits gelöst hat, bevor die Akteure zu handeln angefangen haben. Diese verhalten sich dann gegenüber den Regeln der Koordination letztlich wie gegenüber Rechtsregeln: Sie befolgen sie oder sie verhalten sich abweichend. Man »gehorcht« den Regeln der Koordination nicht wie einer Rechtsregel. Man »gehorcht« ihnen eher wie einer grammatischen Regel.

schaftlicher Praxis. Soziologische Evolutionstheorien sind Erklärungen der Reproduktion und des Wandels historisch jeweils gültiger Strukturmodelle gesellschaftlicher Praxis.
Eine Theorie sozialer Evolution untersucht also nicht die Entwicklung von Gesellschaften, sei es auf dem Niveau ihrer Ideen, sei es auf dem Niveau ihrer institutionellen Verkörperungen. Eine solche Theorie sucht vielmehr den Strukturwandel von Praxisformen zu erklären. Sie sucht jenseits der Rekonstruktion von je einzigartigen Gesellschaftsgeschichten die soziale Evolution von Strukturen gesellschaftlicher Praxis unter der Bedingung der durch Praxis selbst erzeugten Komplexitätssteigerung der Welt zu fassen und zu klären.

Strukturmodelle gesellschaftlicher Praxis

In der soziologischen und sozialanthropologischen Literatur finden wir kaum Strukturmodelle gesellschaftlicher Praxis. Was wir dort finden, sind Strukturmodelle von Gesellschaftsformationen. Lévi-Strauss etwa behauptet, daß das Modell des *generalisierten und restringierten Tausches* das Modell für die Herstellung von Reziprozitätsbeziehungen in einfachen Gesellschaften liefert.[26] Dumont hat als Strukturmodell der traditionalen Gesellschaft Indiens das Prinzip der *Hierarchie* identifiziert, das Reziprozitätsbeziehungen nicht nur in der Horizontalen, sondern auch in der Vertikalen regelt.[27] Moderne Gesellschaften relativieren dieses hierarchische Strukturmodell dadurch, daß sie nur mehr gleiche subjektive Rechte anerkennen und die Gesellschaft einem Prozeß der Selbstregulation überlassen. Damit wird der *Vertrag* zum Strukturmodell der Gesellschaft.[28] Gemeinsam ist diesen Strukturmodellen das elementare Prinzip der *Reziprozität*, das in unterschiedlichen Formen realisiert wird: im Frauentausch, in der Hierarchie oder im Gesellschaftsvertrag.

26 Zur Diskussion binärer Strukturen vgl. Lévi-Strauss (1967), S. 135-147.
27 Diese Modellannahmen sind besonders klar diskutiert in Louis Dumonts Analysen des indischen Kastensystems (Dumont 1969, 1970).
28 Diese Modell-These ist in der modernen Gesellschaftstheorie strittig. Utilitaristen würden wohl eher den Markt als das Modell, das dieser Selbstregulation zugrunde liegt, bezeichnen. Moralische Prinzipalisten betonen eher das Modell konsensueller Einigung. Auf diese Kontroverse soll im folgenden nicht eingegangen werden.

Diese Strukturmodelle sind *keine* Strukturmodelle gesellschaftlicher Praxis. Sie sind Modellkonstruktionen, die den *Kontext* gesellschaftlicher Praxis erfassen, die aber die Struktur gesellschaftlicher Praxis im Dunkeln lassen. Das Spezifikum des evolutionstheoretischen Blicks besteht gerade darin, Praxis nicht als *Resultat* von Strukturmodellen, sondern als *Erzeugungs- und Reproduktionsmechanismus* solcher Strukturmodelle zu sehen. Soziale Evolution läßt sich deshalb nicht als eine Aneinanderreihung und historische Verkettung von kristallisierten Formen sozialer Ordnung fassen. Soziale Evolution muß vielmehr als – ihrerseits strukturierte – Entfaltung von Entstehungs- und Verwendungszusammenhängen historisch gegebener sozialer Ordnungen gefaßt werden. Evolution findet statt, wenn die Reproduktion einer sozialen Ordnung durch gesellschaftliche Praxis »gestört« wird.[29]

Man kann das als eine Fortsetzung der Kritik an strukturalistischen Gesellschaftsmodellen lesen, wie sie Bourdieu formuliert hat (Bourdieu 1976a, 1980a). Es handelt sich dabei nicht um einen Anti-Strukturalismus, sondern um den Versuch, Strukturtheorien auf der Ebene der Produktion von Gesellschaft zu formulieren. Es handelt sich also um einen Strukturalismus auf einem Niveau sozialer Realität jenseits historisch bereits kristallisierter Formen von Sozialität. Es handelt sich um einen Strukturalismus jenseits des Problems der sozialen Ordnung.

Ein besonders eindrucksvolles Beispiel für einen praktischen Umgang mit der historisch gegebenen sozialen Ordnung ist das Phänomen der *rituellen Umkehrung* einer sozialen Ordnung. In

29 Die Reproduktion sozialer Ordnungen dauert eine bestimmte *Zeit* und findet in einem spezifischen *räumlichen Kontext* statt. So ist die *zeitliche* Dimension in den einfachen Gesellschaften unmittelbar an den Jahreszyklus gebunden und wird mit zunehmender Komplexität auf generationenübergreifende Jahreszyklen ausgeweitet. Der Reproduktionszyklus einer Struktur wird an eine ausgedehntere Zeit gebunden, die etwa durch königliche Ahnentafeln symbolisiert wird. Auch die *räumliche* Ausdehnung und Konzentration verändert sich. In einfachen Gesellschaften definieren wandernde Gruppen oder Dörfer und ihre territoriale Situierung den räumlichen Kontext. In traditionalen Gesellschaften werden solche Dörfer mit Hilfe städtischer Formen zu einer neuen Einheit verbunden, die dann als Herrschaftsbereich eines in den Städten wohnenden Königs (oder einer aristokratischen Elite) definiert wird. Diese räumlichen und zeitlichen Verortungen einer Praxis bestimmen das evolutionäre Tempo der Produktion von Geschichte. Doch sie sagen noch nichts über die Möglichkeiten und die Richtung der dabei ausgelösten evolutionären Prozesse.

solchen Ritualen[30] wird die herrschende Praxis umgekehrt und eine Anti-Struktur etabliert. Anstatt des Inzesttabus gilt der Inzest. Der Häuptling übernimmt die niedrigste Statusposition. Die Männer erfüllen Frauenfunktionen und umgekehrt. Normalerweise ist diese Umkehrung zeitlich begrenzt. Rituale bändigen zugleich diese Infragestellung der herrschenden Praxis, indem sie die Umkehrung der Praxis wieder umkehren.[31]

Ein anderes Beispiel ist das Phänomen einer kontradiktorischen Ausdeutung der einer sozialen Ordnung zugrundeliegenden normativen Regeln. Dies kennzeichnet »Klassengesellschaften«. In Klassengesellschaften wird die Struktur sozialer Ordnung – wie Marx es formuliert hat – zum Gegenstand von *Klassenkämpfen*. Es sind unterschiedliche Interessen, die unterschiedliche Ausdeutungen des Strukturmodells sozialer Ordnung bedingen. In der modernen Gesellschaft ist dies das Strukturmodell der Gleichheit, in dem individuelle Freiheit und diskursive Einigung die zentralen Parameter definieren. In den modernen Klassenkämpfen wird dieses Modell den unterschiedlichen Interessen entsprechend reproduziert. Die Protestkämpfe in den modernen Gesellschaften lassen sich als Versuche deuten, die formalistische Verkehrung des Modells der Gleichheit durch die Bourgeoisie aufzuheben.[32] In traditionalen Klassengesellschaften ist es das Modell der Hierarchie, das von den Herrschenden und den Beherrschten entsprechend ihrer Interessenlage ausgedeutet und für das entsprechend ihrer Interessenlage gekämpft wird. In diesem Sinne lassen sich die Bauernkämpfe des Mittelalters als Versuche deuten, eine gerechte hierarchische Ordnung, die durch schlechte Herrschaft zerstört worden ist, wiederherzustellen. Es geht um eine gesellschaftliche Praxis, die ihrerseits an struktuell begrenzte Freiheitsgrade im Hinblick auf das herrschende Strukturmodell sozialer Ordnung gebunden ist.

30 Ein klassisches Beispiel für diese Umkehrungsrituale liefert Gluckman (1963). Vgl. auch Crumrine (1970).

31 Ähnlich Turner (1977). Unter bestimmten Bedingungen wird diese Umkehrung der Umkehrung nicht mehr vollzogen. Rituelle Gruppierungen und Assoziationen werden dann zum Nukleus einer der bestehenden Praxis entgegengesetzten Praxis.

32 Dazu Eder (1985a, 1987a). Die praxislogische Deutung von Klassenkämpfen entzieht dieses Phänomen dem theoretischen Begriff der Interaktion, der in diesem Zusammenhang eher irreführend und seltsam ist. Vgl. zu einem solchen Versuch Habermas (1976).

Eine Theorie sozialer Evolution ist also keine Theorie der Evolution eines Gesellschaftssystems. Eine solche Theorie ist in einem strengen Sinne gar nicht möglich. Denn Gesellschaftsgeschichten lassen sich aufgrund der Tatsache, daß das zur Diskussion stehende System in dieser Entwicklung identisch bleibt, nur als *ontogenetische* Prozesse beschreiben. Wenn man *evolutionäre* Prozesse beschreiben will, dann muß man »quer« zur Vorstellung sich entwickelnder Gesellschaftssysteme denken. Man muß die Strukturmerkmale von Praxisformen in den verschiedenen Gesellschaften identifizieren und dann sehen, ob und welche Evolution an ihnen abgelesen werden kann. Von *sozialer* Evolution soll dann gesprochen werden, wenn die konstitutive Bedingung gesellschaftlicher Praxis, nämlich eine regulative Idee praktischer Vernunft, unter zunehmend komplexeren Umweltbedingungen reproduziert werden kann.

Das Rationalitätsproblem revisited

Zur Unterscheidung von Praxis und Poiesis

Die Programmatik einer Theorie sozialer Evolution geht davon aus, daß das Potential, das durch individuelle und gesellschaftliche Lernprozesse gegeben ist, entweder im Rahmen von *Poiesis* oder im Rahmen von *Praxis* realisiert werden kann. Poiesis und Praxis konstituieren somit zwei unterschiedliche und häufig konkurrierende Pfade sozialer Evolution. Vom Verhältnis von Praxis und Poiesis wird die Entwicklungsdynamik und die Richtung sozialer Evolution entscheidend bestimmt.

Poiesis ist vom Zweck bestimmt, die verfügbaren kognitiven Fähigkeiten zum Zweck der Anpassung an die Natur auszudehnen. Das Prinzip dieser Evolution ist die Steigerung von Wissen und Macht über die Umwelt der Gesellschaft. Praxis ist dagegen vom Zweck bestimmt, die Zwecke der Poiesis zu definieren, der sozialen Evolution eine kulturelle Orientierung zu geben. Das Prinzip dieser Evolution ist die Steigerung von Formen kommunikativer Verständigung.[33] Soziale Evolution im Medium von *Poiesis* ist untrennbar mit der Festlegung von Standards verbunden, die auf

33 Ohne einen Begriff von Praxis wird die soziologische Evolutionstheorie natura-

Herrschaft und Kontrolle ausgerichtet sind. Poiesis löst evolutive Prozesse aus, deren Logik in der Ausweitung von Herrschafts- und Kontrollfunktionen liegt. Diese Funktionen werden gegenüber der Natur ebenso wie gegenüber der Gesellschaft ausgeübt. Soziale Evolution im Medium von *Praxis* folgt anderen Rationalitätsstandards. Praxis löst evolutive Prozesse aus, deren Logik nicht mit *Herrschaft* und *Kontrolle*, sondern mit *Kooperation* und *Verständigung* zu tun hat. Kooperation und Verständigung regeln nicht nur den Umgang mit der Gesellschaft, sondern auch den Umgang mit der Natur. Der praktische Umgang mit der Natur ist allerdings im Zuge der evolutionären Durchsetzung von Poiesis als der dominanten Form des Umgangs mit der Natur zunehmend verdrängt worden.

Die systemtheoretischen und die kompetenztheoretischen Ansätze einer Theorie sozialer Evolution lassen sich diesen konkurrierenden Rationalitätsstandards zuordnen:

– Die funktionalistischen Theorieansätze heben die Rationalität von Einzelhandlungen (die moralisch oder technisch, gut oder böse motiviert sein mögen) in einer emergenten Rationalität auf, die in strategischen Anpassungsleistungen von Systemen besteht. Sie reduzieren dabei *Praxis* auf *Poiesis* (oder sogar Autopoiesis!).
– Die kompetenztheoretischen Ansätze heben die Rationalität von Einzelhandlungen in einer emergenten Rationalität auf, die in sich das Ideal einer Einzelhandlung enthält: das Ideal einer höchsten Stufe der kognitiven und moralischen Entwicklung des Menschen. Sie trennen dabei in normativer Absicht *Praxis* und *Poiesis*. Poiesis erscheint als eine amputierte Form der Praxis (das liegt vor allem der Unterscheidung von System und Lebenswelt zugrunde!).

Diese Theorien können nur Spezialfälle sozialer Evolution beschreiben. In dem Maße, wie Poiesis gesellschaftliche Lernprozesse dominiert, läßt sich soziale Evolution nur mehr als Theorie der *natürlichen Evolution* gesellschaftlicher Praxis fassen. Diese Form der Evolution, in der Herrschaft und Kontrolle die regulativen Prinzipien der Vergesellschaftung der Natur und der Herstellung einer sozialen Ordnung sind, hat vor allem die Entwicklung der modernen Gesellschaft bestimmt.

listisch. Der naturalistische Fehlschluß liegt dann nahe, wenn mit solchen Theorien normative und moralische Fragen behandelt werden.

Eine *kulturelle Evolution* gesellschaftlicher Praxis, in der Kooperation und Verständigung die Vergesellschaftung der Natur und die Herstellung einer sozialen Ordnung regeln, hat sich in diesem evolutionären Entwicklungspfad nur als ein »Nebenprodukt« ergeben. Das macht die kompetenztheoretischen Ansätze einer Evolutionstheorie zu utopischen Gegenmodellen der Realität moderngesellschaftlicher Entwicklung. Diese Theorien sind keine Theorien über historische Evolutionsprozesse, sondern normativ ausgezeichnete Theorien über kontrafaktisch konzipierte mögliche Evolutionsprozesse.
Beide Theorieansätze können – aus ihrer je spezifischen Perspektive – Geltung beanspuchen, ohne sich je in ihren Erklärungsansprüchen und -leistungen in die Quere kommen zu müssen. Was beide Ansätze eint, ist das ausgeschlossene Dritte: nämlich eine soziale Realität gesellschaftlicher Praxis, die mit dem, was ist, und dem, was sein könnte, zugleich konfrontiert ist und zwischen diesen Anforderungen sich entscheiden muß. Wie solche evolutionär folgenreichen Entscheidungen getroffen werden, dazu müssen diese Theorien notwendig schweigen. Sie transformieren das *Entscheidungsproblem*, vor dem jede gesellschaftliche Praxis steht, entweder in ein *Anpassungsproblem* oder in ein *Rechtfertigungsproblem*. Ihnen entgeht damit systematisch die Spannung, die zwischen Entscheidung und Anpassung wie zwischen Entscheidung und Rechtfertigung notwendig besteht.
Eine Theorie der sozialen Evolution der praktischen Vernunft stellt genau dieses Entscheidungsproblem, vor dem jede gesellschaftliche Praxis steht, in den Vordergrund. Das erst setzt sie in die Lage, die gesellschaftliche Entwicklung der Moderne angemessen zu fassen und zu erklären. Sie kann zeigen, daß die Entwicklung der Moderne bislang vom Zwang bestimmt worden ist, das Moment der Praxis dem Moment der Poiesis unterzuordnen. Erst wenn man diesen Zwang sehen kann, dann werden die unterschiedlichen historischen Entwicklungspfade und damit auch die Sackgassen erklärbar, die gesellschaftliche Entwicklungsprozesse gekennzeichnet haben. Dann wird Geschichte nicht der Inbegriff dafür, daß eine Utopie verpaßt bzw. noch nicht erreicht worden ist (nämlich die Utopie der Praxis). Sie wird auch nicht der Inbegriff für einen gesetzmäßig ablaufenden Prozeß, der nur mehr Poiesis ist. Es wird vielmehr sichtbar, daß es unterschiedliche Möglichkeiten von Geschichte gibt. Und daß Rationalität und

Irrationalität in der Geschichte der Effekt des Verhältnisses von Poiesis und Praxis zueinander sind, das seinerseits in der konkreten gesellschaftlichen Praxis einreguliert wird. Die Rationalität einer gesellschaftlichen Praxis ist somit durch das Verhältnis von Praxis und Poiesis in einer gesellschaftlichen Praxis bestimmt.

Die Rationalität gesellschaftlicher Lernprozesse

Diese Fassung des Rationalitätsproblems erlaubt es, das *Richtungsproblem*, eine zentrale Frage jeder Evolutionstheorie, zu reformulieren. Die klassische Antwort auf diese Frage lautet: Das Wissen wird wahrer, die Moral richtiger. Diese Antwort ist solange *affirmativ*, als das Ziel der sozialen Evolution in der Moderne lokalisiert wird, die Richtung also teleologisch bestimmt wird. Die Einwände dagegen, daß die Evolution der Gesellschaft auf Wahrheit und Richtigkeit hinausläuft, sind bekannt: Ethnozentrismus der modernen Welt gegenüber der nichtmodernen Welt, Fortschrittsgläubigkeit ohne empirische Basis und nichtüberwundene Metaphysik des Denkens. Um diesen Einwänden Rechnung zu tragen, muß man nicht die Konsequenzen ziehen, die der kulturelle Relativismus zieht. Dieser behauptet einfach das Gegenteil: Entwicklung sei nicht gerichtet, sondern nur ein muddling through; es gäbe kein überlegenes Wissen; es gäbe nur zuwenig Wissen über das Wissen des anderen, den man als unwissend sieht.[34] Die vorgeschlagene Reformulierung des Rationalitätsproblems erlaubt demgegenüber eine *kritische* Wendung der Annahme einer Richtung sozialer Evolution.

Man kann die Einwände gegen einen Rationalitätsfortschritt als Kritik an einem *affirmativen Evolutionsbegriff* begreifen. Es ist offensichtlich, daß soziale Evolution nicht Kriege und Zerstörung verhindert, sondern eher das Zerstörungspotential vergrößert hat. Und es ist genügend oft gezeigt worden, daß die Behauptung der Überlegenheit der eigenen Moral und des eigenen Wissens die

34 Die Soziologisierung des ontogenetischen Schlusses erlaubt es, die sozialen Voraussetzungen des ontogenetischen Schlusses zu bestimmen und eine soziale Kritik des ontogenetischen Fehlschlusses zu formulieren. Zur Möglichkeit der reflexiven Einordnung dieses Fehlschlusses vgl. die Piagetsche Entwicklungsgeschichte des evolutionstheoretischen Denkens (Piaget 1975b, Band III, S. 77-122).

Unterdrückung anderer Kulturen gerechtfertigt hat. Dies macht es in der Tat schwierig, von Fortschritt oder Höherentwicklung zu reden. Ein solcher affirmativer Evolutionsbegriff kennzeichnet gleichermaßen die rationalistischen wie die funktionalistischen Evolutionstheorien. Weder ein starker Internalismus (die sich selbst vorantreibenden moralischen oder kognitiven Lernprozesse) noch ein starker Externalismus (die durch diese Lernprozesse vorangetriebene Differenzierung der sozialen Umwelt) lassen angemessene Antworten auf diese Frage zu. Das Richtungsproblem ist weder durch den Rekurs auf die »Entwicklungslogik« individueller oder gesellschaftlicher Lernprozesse noch durch den Rekurs auf eine »gesetzmäßige« Komplexitätssteigerung lösbar. Das *Richtungsproblem*, das sich in jeder Evolutionstheorie stellt, kann deshalb nur unter Vermeidung des für die rationalistischen Theorien charakteristischen »ontogenetischen Fehlschlusses«[35] wie unter Vermeidung des für die funktionalistischen Theorien charakteristischen »universalhistorischen Fehlschlusses« angegangen werden.

Um zwischen möglichen Richtungen zu unterscheiden, muß man auf die Differenz von Poiesis und Praxis rekurrieren. Sowohl die Vergesellschaftung der Natur wie die Vergesellschaftung von Sozialität lassen sich danach unterscheiden, welche kulturellen Codes dieser Vergesellschaftung zugrunde liegen. Die Selbstbeschreibung der modernen Gesellschaft, Ergebnis eines »moralischen Lernprozesses« zu sein[36], ist Ausdruck eines spezifischen kulturellen Codes: der Moral der Poiesis. Die *Moderne* hat – und das unterscheidet sie evolutionär von anderen Gesellschaften – die Evolution der Poiesis auf ihre bislang höchste Stufe vorangebracht. Sie hat das evolutionäre Tempo gesellschaftlicher Entwicklung in bislang nicht möglicher Weise steigern können, wie die Erfahrung mit der autonomisierten Vernunft seit dem 19. Jahrhundert zeigt. Sie hat schließlich auch eine *ökologische Vernunft* ausdifferenziert. Das hat die ökologische Vernunft in die Lage gesetzt, sich die praktische Vernunft anzueignen und sich moralisch zu geben. Die Moderne hat diese kulturelle Evolution bis zu dem Punkt getrieben, an dem sie ihr evolutionäres Weltbild evolutionstheoretisch zu explizieren beginnt.

35 Der Vorwurf der blauäugigen Fortschrittsgläubigkeit ist wiederholt erhoben worden. Vgl. dazu Kramer (1977); Bosse (1984).

36 Zu diesen Trendhypothesen vgl. besonders Ginsberg (1956).

Die *praktische Vernunft* hat mit dieser Evolution nicht Schritt gehalten. Sie hat aber in Reaktion auf den Siegeszug der ökologischen Vernunft die moralische Kritik dieser ökologischen Vernunft verstärkt. Diese Möglichkeiten der Kritik wachsen in dem Maße, wie die praktische Vernunft in kommunikativen Formen organisiert werden kann. Damit wachsen auch die Möglichkeiten, praktisch vernünftige Verwendungszusammenhänge der ökologischen Vernunft zu finden. Die Moderne ist nicht das Ende oder Ziel einer moralischen Evolution in der Geschichte. Sie bringt aber eine Gesellschaft hervor, die mit der Herausbildung einer ökologischen Vernunft im Umgang mit der Natur einen erneuten Anlauf zu einer *sozialen Evolution der praktischen Vernunft* auslösen kann.

Praktische Rationalität. Eine Theorie der sozialen Evolution der praktischen Vernunft

Eine Evolution der Vernunft?

Zur Idee gesellschaftlicher Lernprozesse

Die Vorstellung, daß Gesellschaften lernen können, zieht – nicht ohne Grund – sofort den Verdacht der Reifizierung des Lernbegriffs nach sich. Wird nicht einfach die Gesellschaft zu einem Makrosubjekt hochstilisiert, wenn man die Entwicklung von Gesellschaftssystemen als Resultat gesellschaftlicher Lernprozesse zu analysieren versucht? Tritt hier nicht einfach die Gesellschaft an die Stelle des Subjekts? Handelt es sich nicht um eine bloße Wiederauflage der (metaphysischen) Idee eines Kollektivsubjekts?

Daß »hinter« solchen gesellschaftlichen Lernprozessen auch noch eine *soziale Evolution der praktischen Vernunft* stattfindet, ist eine noch provozierendere Annahme. Der Verdacht, daß es sich nur um eine Wiederauflage alter Hegelscher Denkfiguren handelt, ist nicht unbegründet.[1] Doch daran allein ist nichts Verwerfliches. Alle Theorieansätze, die das soziologische Denken heute bestimmen, finden Vorläufer im philosophischen Denken der frühen europäischen Moderne. So hat die ökonomische Verhaltenstheorie ihre Stammväter in den schottischen Philosophen, die soziologische Systemtheorie in den französischen Enzyklopädisten.[2] So kommt man auch, wenn man die Frage nach dem Zusammenhang von gesellschaftlichen Lernprozessen und sozialer Evolution stellt, an Hegel nicht vorbei.

1 Diese Hegelschen Denkfiguren konkurrieren vor allem mit den evolutionistischen Vorstellungen, die aus den Naturwissenschaften, insbesondere der Biologie, genommen werden. Einen methodologischen Einwand gegen solche Denkfiguren formuliert das individualistische Verdikt eines Kollektivsubjekts »Gesellschaft«.

2 Zu diesen philosophischen Vorläufern vgl. die Rückgriffe der Neuen Politischen Ökonomie und des soziologischen Utilitarismus auf Adam Smith, besonders bei Lindenberg (1983, 1986), und die Rückgriffe Luhmanns auf Denkformen der französischen Enzyklopädisten, besonders in Luhmann (1980, 1981).

Annahmen über gesellschaftliche Lernprozesse müssen besonders dann irritieren, wenn der Zweifel an der Vernunft bessere Argumente als je zuvor für sich verbuchen kann. Der Zweifel am moralischen Fortschritt der Menschheit hat schon immer gute Gründe für sich gehabt. Hinzu kommt heute, daß die stärkste Bastion des Fortschrittsglaubens, nämlich die Überlegenheit des Menschen über die Natur, ihre zunehmende Beherrschung und Kontrolle, ins Wanken geraten ist. Die aktuelle ökologische Krise ist nicht nur ein kontingentes Ereignis, das von Zeit zu Zeit die Welt ereilt. Sie ist nicht mehr nur Unglück. Die moderne ökologische Krise stellt vielmehr das Überlegenheitsmodell selbst in Frage. Das weitet die ökologische Krise zu einer kulturellen Krise der modernen Gesellschaft aus.[3] Aus diesen Gründen wird es zu einer theoretischen Herausforderung, *gesellschaftliche Lernprozesse* zu rekonstruieren. Die genannten Gründe provozieren dazu zu erkunden, wieweit ein solches Konzept angesichts alter und neuer Erfahrungen von Irrationalität noch trägt.

Das Theorieprogramm, einen Zusammenhang zwischen gesellschaftlichen Lernprozessen und Prozessen sozialer Evolution herzustellen, läßt sich als Versuch verstehen, zwei ideengeschichtlich bedeutsame Traditionen, die Herders und die Hegels, zu verknüpfen und mit soziologischen Mitteln zu reformulieren.[4] Das führt zu einer soziologischen Neufassung der Idee eines »universalen Bildungsprozesses des Menschengeschlechts«, in die auch die Negativerfahrungen mit der Moderne eingehen können. Es werden also aufklärerische Vorstellungen als Probleme einer soziologischen Theorie behandelt.

Wie aber kann man den »Bildungsprozeß der menschlichen Gattung« theoretisch angemessen konzipieren? Es liegt nahe, diesen Bildungsprozeß analog zum Bildungsprozeß des Individuums zu konzipieren. Diese theoretische Vorstellung ist jedoch mit einigen gravierenden systematischen Problemen verbunden. Der Schluß von der *Ontogenese* auf die *Evolution* ist ein Fehlschluß. Um diesen Fehlschluß zu vermeiden, wird im folgenden zunächst die Differenz von *sozialer Evolution* und *gesellschaftlichen Lernprozessen* eingeführt.

3 Zu einer theoretisch anspruchsvollen soziologischen Analyse der ökologischen Krise vgl. Luhmann (1986b).

4 So beginnt Habermas seine Replik auf Kritiken der Theorie kommunikativen Handelns mit einer Anknüpfung an Herder. Siehe Habermas (1986a), S. 332ff.

Diese Differenz erlaubt es, den *ontogenetischen* Charakter individueller und gesellschaftlicher Lernprozesse herauszuarbeiten. Sie macht zugleich deutlich, daß die *Ontogenese* psychischer und sozialer Systeme nicht zu einer Theorie *sozialer Evolution* führt. Eine Theorie sozialer Evolution setzt Lernprozesse von psychischen oder sozialen Systemen voraus. Sie fragt dann nach den »Mechanismen«, unter denen solche Lernprozesse produziert und reproduziert werden. Und das führt über eine Lerntheorie hinaus.

Von der Ontogenese zur Evolution der Vernunft

Die Vorstellung eines *Bildungsprozesses des Menschengeschlechts* provoziert zunächst die Frage nach dem, was Gesellschaften lernen können.[5] Nachdem Gesellschaften nicht einfach das, was sie lernen, von anderen Gesellschaften lernen können, muß dieses Lernen als ein sich selbst erzeugender Prozeß gedacht werden. Es handelt sich bei diesem Lernen nicht um eine Erziehung des Menschengeschlechts, sondern um eine *Selbsterziehung* des Menschengeschlechts. Das ontogenetische Modell der kognitiven Entwicklung bietet dafür zunächst einen möglichen Ausgangspunkt. Denn hier wird Lernen aus der konstruktiven Tätigkeit des menschlichen Geistes, die im Umgang mit der Umwelt angeregt wird, erklärt. Diese Annahme führt zur Hypothese einer »psychic unity of mankind«, einer universalen Disposition des Menschengeschlechts, lernen zu können. Doch offensichtlich kommt diese universale Disposition nur differentiell und verzerrt zum Zuge.

Das Lernen von Gesellschaften ist durch die Möglichkeiten der Mitglieder der Gesellschaft, lernen zu können, begrenzt. Andererseits reicht das Lernen dieser Mitglieder nicht aus, damit Gesellschaften lernen. Das, was die Mitglieder der Gesellschaft tun und sagen, und das, was daraus wird, hat oft wenig miteinander zu tun. Es bedarf zusätzlicher Bedingungen, damit nicht nur *indi-*

5 Zu einem Versuch einer Antwort auf die Frage, in welchem Sinne Gesellschaften lernen können, vgl. Eder (1987a, 1987b). Zum Verhältnis von Evolution und Lernen allgemein siehe Ho/Saunders (1982) sowie die Beiträge in Plotkin (1982).

viduelle Lernprozesse, sondern auch *gesellschaftliche Lernprozesse* stattfinden.[6]

Wenn wir dieses Problem aus dem Blickwinkel psychischer Systeme angehen, dann sehen wir einerseits, daß das, was wir wollen, behindert wird, daß diesem individuellen Wollen eine Gewalt entgegensteht, die wir Gesellschaft nennen. Zugleich aber gehört es zu unserer Erfahrung, daß das, was wir wollen, nur zusammen mit anderen möglich ist, daß wir auf Gesellschaft also angewiesen sind. Diese Erfahrung zwingt dazu, nicht nur im Individuum, sondern auch in der Gesellschaft jene Strukturbedingungen zu suchen, die den Bildungsprozeß des Menschengeschlechts, das »Zu-Sich-Kommen des objektiven Geistes« ermöglichen bzw. behindern. Auch die sozialen Bedingungen individueller Lernprozesse ändern sich; es findet jenseits der *Ontogenese psychischer Systeme* auch eine *Ontogenese der Gesellschaft* statt. Dem Prozeß einer gesellschaftlichen Ontogenese liegen »gesellschaftliche Lernprozesse« zugrunde. Gesellschaftliche Lernprozesse setzen zwar individuelle Lernprozesse voraus; sie finden aber aufgrund individueller Lernprozesse noch lange nicht statt. Gesellschaftliche Lernprozesse lassen sich also nicht vollständig auf individuelle Lernprozesse reduzieren.

Die Vorstellung einer *Analogie* zwischen individuellen und gesellschaftlichen Lernprozessen läßt das Problem ihres Verhältnisses noch im unklaren. Eine solche Analogie kann nur heuristische Funktionen erfüllen. Was darüber hinausgeht, lädt nur zu leicht zu Mißdeutungen ein. Deshalb soll im folgenden – dabei systemtheoretische Anregungen aufnehmend – von der Vorstellung ausgegangen werden, daß das Individuum als Subjekt von Lernprozessen nur *Umwelt* der Gesellschaft ist. Es liefert die notwendigen Bedingungen für gesellschaftliche Lernprozesse, ohne den

6 Diese gesellschaftlichen Bedingungen sind auch nicht bloß Kontextbedingungen, sondern konstitutive Merkmale für die Evolution der Vernunft. Das bedeutet, gesellschaftliche Lernprozesse nicht als Lernprozesse einsamer Individuen in einer gesellschaftlichen Umwelt zu deuten, sondern als kollektive Lernprozesse, die sich der Gesellschaft als Medium bedienen. Dazu Miller (1986). Damit ist auch eine Möglichkeit gegeben, das Problem der »Selbsterziehung« des Menschengeschlechts zu lösen. Dennoch bleibt weiterhin ein gesellschaftlicher »Rest«, der auch in kollektiven Lernprozessen nicht aufgeht. Und darum bemüht sich eine Theorie der sozialen Evolution.

Verlauf dieser Lernprozesse kontrollieren zu können. Das bedeutet nicht, daß psychische Systeme für gesellschaftliche Lernprozesse irrelevant wären. Das bedeutet nur, die Funktion der Lernfähigkeit psychischer Systeme für die Lernfähigkeit von Gesellschaften angemessener zu bestimmen.

Die Lernfähigkeiten psychischer Systeme sind vor allem ein »Störfaktor« in gesellschaftlichen Lernprozessen. Sie lösen gesellschaftliche Lernprozesse aus. Diese sind wiederum Bedingung für individuelle Lernprozesse. Damit ergibt sich ein Interaktionsmodell von individuellen und gesellschaftlichen Lernprozessen. Gemeinsam ist beiden Prozessen, daß sie die Ontogenese von Wissen und Moral auf immer höheren kognitiven Niveaus ermöglichen. Es handelt sich hier also um *ontogenetische Prozesse*.

Der Versuch, den Zusammenhang individueller und gesellschaftlicher Lernprozesse zu klären, wird in der Theorie *kollektiver Lernprozesse* (Miller 1986) unternommen. Diese Vorstellung bleibt damit im Rahmen des *ontogenetischen Paradigmas*. Sie zielt auf die Klärung der sozialen Bedingung der Möglichkeit der Ontogenese von psychischen Systemen. Das Konzept kollektiver Lernprozesse überschreitet damit die Grenzen der Ontogenese psychischer Systeme und thematisiert die konstitutive Bedeutung von *Kommunikation* zwischen psychischen Systemen für die Ontogenese von Wissen und Moral. Diese »Soziologisierung« ontogenetischer Entwicklungen führt dazu, im kollektiven Produkt der Kommunikation das wiederzufinden, was bereits im Individuum angelegt war. Damit ist ein Zusammenhang zwischen gesellschaftlichen und individuellen Lernprozessen hergestellt, der über eine bloße Analogie hinausgeht.

Die Ontogenese von psychischen oder sozialen Systemen löst aber keine *evolutionären* Prozesse aus. Es muß etwas Zusätzliches hinzukommen, damit man von *Evolution* sprechen kann: nämlich eine sequentielle Reproduktion der Struktureigenschaften psychischer oder sozialer Systembildung. Der Begriff der *Ontogenese* beschreibt Lernprozesse als Entwicklungsprozesse einer Einheit, eines Systems. Das System bleibt im Verlauf dieser Ontogenese identisch. Doch es wäre nicht richtig, im Falle des Wandels eines oder mehrerer psychischer oder sozialer Systeme von *Evolution* zu sprechen. Einheiten kennen nur ontogenetische Entwicklungen. Die Einwände gegen die Übertragung des ontogenetischen Modells auf die Ebene der Evolution hat jüngst auch

Maturana (1982, S. 208f.) wiederholt. *Evolution* findet dann statt, wenn in der sequentiellen Reproduktion von systemkonstitutiven Strukturen Veränderungen stattfinden, die die Identität des Systems sprengen. Individuelle und gesellschaftliche Lernprozesse erfüllen solche Bedingungen nicht. Sie lassen sich nur als »Input« in evolutionäre Prozesse der Systemtransformation verstehen.

Ontogenetische Prozesse laufen über die Entwicklung von Wissenssystemen und Moralvorstellungen. Soziale Evolution läuft über die sequentielle Reproduktion von Struktureigenschaften solcher Wissenssysteme und Moralvorstellungen. Der Mechanismus dieser Evolution heißt gesellschaftliche *Praxis*.

Mit dem Begriff der Praxis läßt sich eine Annahme über deren implizite Rationalität verbinden: Was in die sequentielle Reproduktion von Wissens- und Moralsystemen eingeht, ist eine *praktische Vernunft*. In individuellen und gesellschaftlichen Lernprozessen entsteht eine *praktische Vernunft*. Die Lernprozesse von Individuen und Gesellschaften erweisen sich dann als Bedingung der Möglichkeit der sozialen Evolution der praktischen Vernunft.

Man könnte nun diese Bedingung der Möglichkeit selbst wieder als das Ergebnis einer Evolution sehen. Die Evolution, die hier zur Diskussion stünde, wäre die Evolution der Erkenntnis. Es ginge um die »reine Vernunft«. Dieser Zusammenhang ist das Thema zahlreicher wissenschaftstheoretischer und biologischer Überlegungen von Piaget bis Maturana und Prigogine. Die Evolution der reinen Vernunft ist ein Problem der Biologie (und spezieller der Kognitionspsychologie). Sie ist nicht mehr (und nicht weniger) als eine conditio sine qua non sozialer Evolution. Sie reicht aber als Konstitutionsbedingung sozialer Evolution nicht aus. Prozesse sozialer Evolution müssen jenseits dieser Theorien angegangen werden. Das organisierende Prinzip sozialer Evolution ergibt sich aus dem Problem, wie man mit dem, was die reine Vernunft möglich macht, praktisch umgehen soll. Das aber ist eine Frage der *praktischen Vernunft*. Erst damit erhält der Begriff der sozialen Evolution einen distinktiven Gehalt.

Soziale Evolution ist andererseits niemals nur eine Rekapitulation des ontogenetischen Erwerbs kognitiver Kompetenzen; sie ist niemals nur Rekapitulation der Ontogenese psychischer und sozialer Systeme. Gegen diese durch die Rede von einer ontogenetischen Heuristik oder einer Isomorphie von Ontogenese und Evolution nahegelegte Deutung bleibt das Argument von der *Ebenenverwechslung* pertinent. Aus der ontogenetisch ansetzenden Argumentation ergibt sich eine Theorie individueller und gesellschaftlicher Lernprozesse, aber keine Theorie sozialer Evolution. Die individuelle und gesellschaftliche Entwicklung von Wissen und Moral reicht deshalb nicht aus, soziale Evolution zu erklären.[7] Die Ausgangsfrage einer Theorie der sozialen Evolution lautet vielmehr: Welche Rolle spielt die praktische Vernunft in der Evolution der Gesellschaft? Welche gesellschaftlichen Lernprozesse werden in dieser Entwicklung mobilisiert? Und wie kommt in diesen Evolutionsprozessen die praktische Vernunft zum Tragen?

Die Soziologie, die sich auf eine solche Theorie der sozialen Evolution der praktischen Vernunft einläßt, beerbt – ideengeschichtlich gesehen – den Apriorismus des 19. Jahrhunderts, der noch glaubte, ein Objektives außerhalb der Gesellschaft zur Grundlage der praktischen Vernunft machen zu können. Eine solche Soziologie stellt gegen diese Sicherheit (die noch einmal in der Idee einer parallel zum ontogenetischen Modell formulierten und kognitiv begründeten Entwicklungslogik eine anspruchsvolle Variante gefunden hat) die These, daß es kein Objektives außerhalb der Gesellschaft gibt, das die soziale Evolution der praktischen Vernunft trägt.[8] Die Theorie der sozialen Evolution der praktischen Vernunft (und nicht mehr die Ontogenese der praktischen oder gar der reinen Vernunft!) wird zum Schlüssel einer evolutionären Gesellschaftstheorie. Ob man diese evolutive Struktur selbst noch als ein konstitutives Merkmal eines »autopoietischen Systems« höherer Ordnung (Maturana 1982; Luhmann 1984) beschreiben kann, erscheint allerdings in einem doppelten Sinne problematisch. Erstens verliert hier der Systembegriff seine Konturen. Er wird identisch mit »Welt«. Zweitens erscheint der Begriff der »Autopoiesis« als unangemessen. Denn der Begriff der

7 Damit werden individualistische Konzeptionen von vorneherein aus der folgenden Diskussion ausgeschlossen. Das bedeutet nicht, daß solche Konzeptionen nicht für andere Fragen Bedeutung haben können. Soziologisch gesehen sind sie ein Teil jener Beschreibungen, die die Gesellschaft für sich und ihre Reproduktion hervorbringt.

8 Das ist eine Radikalisierung der Durkheimschen These von der Gesellschaft als dem Gott, in dem sie sich selbst anbetet (Durkheim 1981).

»Poiesis« mag für die theoretische Beschreibung lebender Systeme passen (und für eine Theorie der Evolution der reinen Vernunft eine zentrale Bedeutung besitzen). Für soziale Systeme ist Poiesis nur mehr ein Unterfall eines allgemeineren Phänomens: des Phänomens der *Praxis*. Es handelte sich hier – um einen wenig schönen Neologismus zu prägen – um ein »autopraktisches System« höherer Ordnung.

Eine Theorie der sozialen Evolution der praktischen Vernunft verändert auch die Bedingungen einer Kritik der praktischen Vernunft. Denn sie unterminiert die Vorstellung von »apriorischen Bedingungen« der praktischen Vernunft, die das Kennzeichen der sich selbst als vernünftig rechtfertigenden Vernunftkritik des 18. Jahrhunderts gewesen ist. Sie gründet die Kritik der praktischen Vernunft auf die sozialen Gebrauchsweisen der praktischen Vernunft. Eine solche Kritik der praktischen Vernunft desillusioniert über das, was sich als praktisch vernünftig gibt. Die praktische Vernunft wird zum Gegenstand soziologischer »Desillusionierung«.[9] »Soziologische Entzauberung« heißt zu zeigen, daß die praktische Vernunft nicht schon deshalb vernünftig ist, weil sie die höchste Stufe menschlicher kognitiver Entwicklung zu sein behauptet. Praktische Vernunft ist immer in den Verwendungszusammhang sozialer Machtverhältnisse eingebunden.

Eine soziologische Desillusionierung über die Verwendungszusammenhänge der praktischen Vernunft erlaubt es nicht mehr, weiter in apriorischer Manier auf die praktische Vernunft zu setzen und naiv die Kraft des vernünftigen Wortes zu reklamieren.[10] Eine Theorie der sozialen Evolution der praktischen Vernunft zwingt vielmehr dazu, eine objektivierende Beobachterposition gegenüber der praktischen Vernunft einzunehmen. Damit werden die Fundamente des auf eine apriorische praktische Vernünf-

9 Zu diesem Programm vgl. besonders Bourdieu, der bislang zwei soziologische Kritiken der Vernunft vorgelegt hat: eine soziologische Kritik der Urteilskraft und eine soziologische Kritik der theoretischen Vernunft (Bourdieu 1982, 1984). Er thematisiert dabei zugleich die soziale Position des theoretischen Beobachters, der dem Gegenstand nicht entkommt, den er beschreibt. Das ist die theoretisch produktive Antwort auf die Verlegenheit der Heurismus-Formel. Daraus ergibt sich die spezifische Reflexivität der soziologisch aufgeklärten theoretischen Vernunft.

10 Soziologische Entzauberung ist die Fortsetzung jenes Entzauberungsprozesses, der die Entwicklung der modernen Gesellschaft seit ihrem Beginn begleitet hat. Sie ist soziologische Aufklärung über die Aufklärung.

tigkeit gegründeten Selbstverständnisses der Moderne untergraben. Soziologische Entzauberung entzieht dem aufklärerischen Glauben an eine apriorische praktische Vernunft den Boden. Sie zeigt, daß auch die praktische Vernunft nicht dagegen gefeit ist, sich die Autorität zu verleihen, die sie braucht, um die soziale Macht der Vernünftigkeit reproduzieren zu können. Eine soziologische Theorie, die auch die sozialen Produktionsbedingungen der praktischen Vernunft zu bestimmen weiß, entzaubert deren Ansprüche auf apriorische Geltung.

Diese Soziologisierung der Kantschen Vernunftkritik erlaubt es, jenseits der Konstruktion idealer Stufen sozialer Evolution, jenseits des bloßen Postulierens von Potentialitäten sozialer Evolution, reale Prozesse sozialer Evolution zu identifizieren und die für diese Prozesse charakteristischen Strukturelemente herauszuarbeiten. Eine soziologische Vernunftkritik kann zeigen, daß die »praktische Vernunft« in jeweils unterschiedlicher Weise von der »reinen Vernunft« Gebrauch macht[11] und daß dies mit unterschiedlichen Folgen für die soziale Evolution der praktischen Vernunft verbunden ist. Damit wird es möglich, *evolutive Entwicklungspfade* praktischer Vernunft zu unterscheiden. Daß es verschiedene Möglichkeiten des Umgangs mit der »reinen Vernunft« geben kann, das macht eine Theorie der sozialen Evolution der praktischen Vernunft zu einem Instrument einer sozialen Kritik der praktischen Vernunft. Diese soziale Kritik impliziert nicht, daß es keine praktische Vernunft gäbe. Sie führt nur dazu, der aprioristischen Kritik der praktischen Vernunft die Vernünftigkeit abzuerkennen, die sie sich – in Verkennung der sozialen Gebrauchsweisen der praktischen Vernunft – zugeschrieben hat.

Eine solche soziale Kritik der praktischen Vernunft wird in den vorliegenden Theorien sozialer Evolution, sowohl in der Vorstellung einer Entwicklungslogik wie in der Vorstellung einer Autopoiesis, systematisch blockiert. Sie setzen entweder weiterhin den Apriorismus des 19. Jahrhunderts fort, oder sie wähnen sich bereits jenseits der praktischen Vernunft. Beides verkennt die Rolle

11 Die Unterscheidung von »reiner« und »praktischer« Vernunft läßt sich soziologisch als Unterscheidung einer Kompetenz zu einem kognitiv-reflexiven Umgang mit der Erfahrung der Umwelt von der Fähigkeit zu einem praktischen Umgang mit dem in dieser kognitiv strukturierten Erfahrung hergestellten Wissen und Bewußtsein deuten.

praktischer Vernunft. Soziale Evolution ist weder deren Realisierung, noch ist sie deren beliebige Selbstbeschreibung. Praktische Vernunft ist weniger und mehr. Soziale Evolution ist der Prozeß, die gesellschaftlichen Bedingungen gelingender individueller und gesellschaftlicher Lernprozesse in einer zunehmend komplexer werdenden Welt herzustellen.
Diese theoretische Perspektive motiviert dazu, sich wieder dem von Marx initiierten und von Durkheim weitergeführten Versuch einer gesellschaftstheoretischen Begründung und Kritik der praktischen Vernunft zuzuwenden und daran anknüpfend das Programm einer *Theorie der sozialen Evolution der Vernunft* zu explizieren.

Die soziale Konstitution der praktischen Vernunft

Das Apriori der praktischen Vernunft nicht mehr im menschlichen Geist, sondern in der Gesellschaft zu lokalisieren, ist der Ausgangspunkt der Marxschen Kritik an Hegel gewesen. Marx hat das soziale Apriori der praktischen Vernunft in zwei unterschiedlichen geschichtlichen Prozessen gesucht: in der *Geschichte der Naturbeherrschung* und in der *Geschichte der sozialen und politischen Kämpfe*. Er hat diese beiden geschichtlichen Prozesse als komplementäre Formen der Realisierung einer praktischen Vernunft in der Geschichte gesehen.
Diese Unterscheidung liegt dem Grundproblem der Evolutionstheorie von Marx, der Fesselung der Produktivkräfte durch die Produktionsverhältnisse, zugrunde.[12] Dieses Grundproblem kann zunächst abstrakter reformuliert werden. In der Geschichte der Naturbeherrschung evolviert eine praktische Vernunft, die in der Geschichte der sozialen und politischen Kämpfe kein Pendant findet. Die praktische Vernunft, die sich in der gesellschaftlichen Arbeit verkörpert, wird durch die sozialen Verhältnisse behindert und blockiert. Gesellschaftliche Entwicklung wird zu einem naturwüchsigen Prozeß, in dem praktische Vernunft latent bleibt. Das Potential der in der Geschichte der Auseinandersetzung mit der Natur sich verkörpernden praktischen Vernunft bleibt unaus-

12 Dieser Widerspruch gehört zu den klassischen Annahmen des Historischen Materialismus. Dazu siehe das Kapitel über »Die gesellschaftliche Aneignung der Natur« in diesem Band.

geschöpft. Erst soziale und politische Kämpfe, also eine gesellschaftliche Praxis, können dieses praktische Rationalitätspotential entbinden und der sozialen Evolution der praktischen Vernunft eine andere Richtung geben.

Diese theoretische Idee vermeidet zwar die (romantische) Implikation, in der Befreiung der Natur bereits die Realisierung der praktischen Vernunft zu sehen. Sie vermeidet auch eine Variante dieser Vorstellung, nämlich die Natur als unterdrücktes Subjekt zu denken, das durch ihre Stellvertreter, also Menschen, wieder zu sich selbst gebracht werden könne.[13] Sie läßt aber die Idee einer praktischen Vernunft im gesellschaftlichen Naturverhältnis ungeklärt. Denn ein angemessener Begriff von praktischer Vernunft im Umgang mit der Natur läßt sich weder aus der Idee eines Kampfes mit der Natur (der mit der Natur kämpfenden Gesellschaft) noch aus der Idee einer Identifikation mit der Natur (der sich an die Natur anschmiegenden Gesellschaft) gewinnen. Diese Marxsche Konzeption liefert keinen theoretisch überzeugenden Punkt, an dem die Annahme einer praktischen Vernunft im Naturverhältnis der Gesellschaft ansetzen könnte. Wir müssen deshalb die Rolle, die die praktische Vernunft im gesellschaftlichen Naturverhältnis spielt, mit soziologischen Mitteln neu denken und neu bestimmen. Der – in die obige Reformulierung bereits eingegangene – Vorschlag lautet, im Umgang mit der Natur die objektiven Voraussetzungen einer gesellschaftlichen Praxis zu lokalisieren, die den spezifischen Pfad der sozialen Evolution der praktischen Vernunft festlegt. Die Geschichte sozialer Auseinandersetzungen kann dann als Versuch gelesen werden, diese objektiven Voraussetzungen zu korrigieren bzw. zu reproduzieren.

Diese Reformulierung macht es möglich, die praktische Vernunft, die Marx im gesellschaftlichen Naturverhältnis verkörpert sieht, zum Ausgangspunkt einer Kritik an der Marxschen Vorstellung sozialer Evolution zu machen. Die Kritik lautet, daß Marx die im gesellschaftlichen Naturverhältnis verkörperte praktische Vernunft auf eine *utilitarische Vernunft* reduziert. Bei Marx führt die »befreiende« Wirkung sozialer Kämpfe nur zur Befreiung der utilitarischen Vernunft, die es den Menschen erlaubt, die Herrschaft über die Natur anzutreten. Daß dies die Menschen nicht

13 Zu dieser Kritik an der Romantisierung der Natur vgl. Marquard (1986). Marquard plädiert aber für nichts anderes als für die Fortführung der Trennung von theoretischer und praktischer Vernunft, ohne die Implikationen zu diskutieren.

befreit, sondern sie in neue Herrschaftsverhältnisse einbindet, gehört inzwischen zu den negativen historischen Erfahrungen, die wir mit dieser Vernunft gemacht haben.
Bei der im modernen Umgang mit der Natur sich herstellenden utilitarischen Vernunft handelt es sich um eine eingeschränkte Form praktischer Vernunft. Wenn man – und das ist eine Frage der theoretischen Distanz zu diesem Umgang mit der Natur und damit eine Frage *theoretischer Vernunft* – zeigen kann, daß es sich in der Marxschen Beschreibung der sozialen Evolution der praktischen Vernunft um einen evolutionär spezifischen Fall handelt, dann werden die Probleme mit der Marxschen Theorie leichter verständlich. Sie liegen darin begründet, daß Marx die moderne Gesellschaft und die in ihr evolvierende praktische Vernunft zur (vor)letzten Stufe einer universalen gesellschaftlichen Entwicklung gemacht und damit verabsolutiert hat.
Um die Idee einer sozialen Evolution der praktischen Vernunft theoretisch zu fassen, müssen wir also über Marx hinausgehen. Die Hypostasierung der in der Moderne realisierten praktischen Vernunft muß korrigiert werden. Diese Korrektur darf sich nicht nur auf den Umgang der Menschen miteinander, auf die Geschichte der sozialen und politischen Kämpfe beschränken. Sie muß bereits am Umgang mit der Natur ansetzen. Es muß sichtbar werden, daß die utilitarische Vernunft, die in der Moderne eine historisch bislang unerreichte Entwicklungsstufe erreicht hat, in einer *praktischen Unvernunft* im Umgang mit der Natur endet. Erst in der Vergewisserung einer praktischen Vernunft im Umgang mit der Natur lassen sich die Voraussetzungen einer die praktische Vernunft »befreienden« gesellschaftlichen Praxis bestimmen.
Der an Marx anschließende und über ihn zugleich hinausgehende Vorschlag lautet, die utilitarische Vernunft als eine systematisch beschränkte Form *kommunikativer Vernunft* zu sehen und die soziale Evolution der praktischen Vernunft an der Vorstellung einer kommunikativen Vernunft auszurichten. Der Schlüssel zu einer anderen sozialen Evolution der praktischen Vernunft ist deshalb die Idee eines kommunikativen Umgangs mit der Natur[14], in dem sich ein Potential praktischer Vernunft ansammelt,

14 Diese romantische Tradition des Naturverständnisses findet sich in der marxistischen Tradition bei Bloch (1959) und bei Marcuse (1964) wieder. Vgl. zu Bloch auch Schmidt (1981).

dessen »Entbindung« praktische Unvernunft nicht notwendig zur Folge hat.

Das führt zu einem weiteren und weitergehenden Vorschlag, nämlich zwei Wege der sozialen Evolution der praktischen Vernunft zu unterscheiden: eine *kulturelle Evolution*, in der die kommunikative Vernunft den Primat über die utilitarische Vernunft behält, und eine *natürliche Evolution*, in der die utilitarische Vernunft den Primat über die kommunikative Vernunft erhält.[15] Die soziale Evolution der praktischen Vernunft kennt also (mindestens oder idealtypisch gesehen) zwei Entwicklungspfade, die darüber entscheiden, welche praktische Vernunft, die utilitarische oder die kommunikative, zum regulativen Prinzip sozialer Evolution wird.

Ein evolutionärer Entwicklungspfad, der eine *kommunikative* Vergesellschaftung (der Natur wie der sozialen Verhältnisse!) ermöglichen würde, hat sich in der Geschichte bislang nicht durchgesetzt. Zumindest sind die Gesellschaften, die dies versucht haben, entweder selbst der Logik »utilitarischer« Vergesellschaftung erlegen oder von anderen Gesellschaften, die diese utilitarische Vergesellschaftung zu ihrem Entwicklungsprinzip gemacht haben, assimiliert worden. Die erfolgreichste Gesellschaft ist in dieser Hinsicht die moderne Gesellschaft geworden. In ihr haben sich die Probleme dieser spezifischen Evolution kumuliert. Je mehr diese utilitarische Vernunft »entbunden« wird, umso mehr trägt sie zur Geschichte praktischer Unvernunft bei. Sie wird zu einer *pathogenen* Form praktischer Vernunft.[16] Die soziale Evolution praktischer Vernunft gerät in einen evolutionären Engpaß, in dem sie sich zunehmend zu verfangen scheint.

Die in der Moderne sich durchsetzende utilitarische Vernunft hat der Evolution der praktischen Vernunft eine bestimmte Richtung aufgezwungen. Diese spezielle Evolution verweist die kommunikative Vernunft auf den zweiten Platz. Die kommunikative Vernunft wird zum bloßen ideologischen Beiwerk oder Überbau der utilitarischen Vernunft. Marx hat das noch ideologiekritisch be-

15 Der ökologische Umgang mit der Natur bleibt dem Primat der theoretischen Vernunft über die praktische Vernunft verhaftet. Sie setzt nur die natürliche Evolution in rationalerer Weise, d.h. weniger selbstdestruktiv, fort.

16 Der systemtheoretische Funktionalismus bleibt indifferent. Er läßt sich u.U. auch kritisch wenden. Das relativiert den Stellenwert einer Kritik der funktionalistischen Vernunft. Sie trifft nicht die Gesellschaft. Deshalb ist das implizite Ziel dieser Überlegungen eine Kritik der utilitarischen Vernunft.

griffen. Die moderne Systemtheorie hat dies zur Normalität erklärt. Sie hat keine Probleme mit dieser speziellen Evolution. Sie hat höchstens Probleme mit der Kritik dieser speziellen Evolution und der Kommunikation, die aufgrund dieser Kritik in der Gesellschaft stattfindet (Luhmann 1986b). Die soziale Evolution der praktischen Vernunft reduziert sich in diesem Verständnis letztlich auf die Funktion, die zunehmende Macht und Herrschaft über Natur und Menschen zu rationalisieren.

Wenn man den Prozeß sozialer Evolution in der Moderne als Ausdruck einer spezifischen sozialen Evolution der praktischen Vernunft begreift, dann kann man ihm auch die Illusion des Fortschritts nehmen. Das kann man in Form einer Kritik der herrschenden Theorien sozialer Evolution ausführen. So ließen sich Theorien, die die Dominanz der utilitarischen Vernunft in der sozialen Evolution der praktischen Vernunft in der modernen Gesellschaft als Prämisse in die Theorie einbauen, als Theorien *natürlicher* Evolution kennzeichnen. So ließen sich Theorien, die die Utopie einer kommunikativen Vernunft in der sozialen Evolution der praktischen Vernunft in der modernen Gesellschaft als Prämisse in die Theorie einbauen, als Theorien *kultureller* Evolution kennzeichnen.

Doch im folgenden interessiert weniger diese Kritik theoretischer Beschreibungen. Diese Theorien interessieren vielmehr unter dem Gesichtspunkt ihrer sozialen Durchsetzung. Welche dieser Theorien zum Zuge kommt, ob das Bild einer kulturellen Evolution das Bild einer natürlichen Evolution in Frage zu stellen in der Lage ist oder nicht, ist nicht nur eine theoretische Frage. Sie ist angesichts der aktuellen ökologischen Krise fortgeschrittener Industriegesellschaften auch eine praktisch relevante Frage geworden. Diese spezielle Evolution hat Folgeprobleme produziert, die die praktische Vernunft zu permanenter Trauerarbeit gezwungen haben und immer noch zwingen.[17] In dem Maße, wie diese Evolution sich selbst blockiert, kommt allerdings die Partikularität dieses evolutionären Prozesses wieder zu Bewußtsein. Es kommt in den Sinn, daß soziale Evolution auch anders möglich wäre.

17 Diese Trauerarbeit bezieht sich besonders auf den Krieg, der als Scheitern praktischer Vernunft und als Sieg einer reinen theoretischen Vernunft gesehen werden kann. Die Moralisierung des Krieges ist die Apotheose dieses Sieges. Vgl. dazu Grawert-May (1987).

Damit ist – jenseits ihrer Funktion einer Kritik herrschender Theorien sozialer Evolution – die praktische Relevanz einer Theorie der sozialen Evolution der praktischen Vernunft thematisiert. Denn eine solche Theorie zeigt, daß auch die heute gerne reklamierte *ökologische Vernunft* nicht der systematisch eingeschränkten Form praktischer Vernunft entkommt, die die moderne Gesellschaft bislang kennzeichnet. Auch sie ist bestimmt von der utilitarischen Vernunft, die das moderne Naturverhältnis dominiert.

Angesichts dieser Dominanz utilitarischer Vernunft stellt sich die Frage, welche Funktion *moralische Lernprozesse* in der modernen Gesellschaft haben können. Was können moralische Lernprozesse ausrichten, wenn die in den gesellschaftlichen Naturzustand eingelassene praktische Vernunft, die in moralischen Lernprozessen »befreit« wird, die utilitarische Vernunft ist?

Diese Frage läßt sich nicht einfach mit dem Hinweis auf die normative Kraft eines individuellen oder kollektiven moralischen Willens beiseite schieben. Sie erfordert eine systematische Rekonstruktion moralischer Lernprozesse unter dem Gesichtspunkt, inwieweit sie die in das moderne gesellschaftliche Naturverhältnis eingelassene praktische Vernunft reproduzieren oder korrigieren können. Moralische Lernprozesse in der modernen Gesellschaft zu rekonstruieren bedeutet, Alternativen der sozialen Evolution der praktischen Vernunft in einer Welt, die den historisch bislang prekärsten gesellschaftlichen Naturzustand hergestellt hat, zu identifizieren.

Die moderne Gesellschaft ist jene, die über den weiteren Entwicklungspfad der sozialen Evolution der praktischen Vernunft entscheiden wird. Welche der modernen Gesellschaften diese Rolle spielen wird, ist damit nicht gesagt. Doch man kann die begründete Vermutung haben, daß jene modernen Gesellschaften, die auf die utilitarische Vernunft setzen, sich in ihr verfangen und die soziale Evolution der praktischen Vernunft blockieren werden. Damit würden jene modernen Gesellschaften eine evolutionäre Bedeutung erhalten, die jenseits der utilitarischen Vernunft eine praktische Vernunft zu entwickeln suchen. Das gäbe religiösen Bewegungen in modernisierenden Ländern eine herausragende Bedeutung für die soziale Evolution der praktischen Vernunft. Das gäbe auch gegenkulturellen Bewegungen in den »führenden« modernen Gesellschaften eine evolutionäre Bedeutung, die über das hinausgeht, was die traditionellen Evolutionstheorien ihnen zugeschrieben haben: nämlich nichts als regressive Phänomene, nichts als Relikte einer längst überholten Welt zu sein.

Gesellschaftliche Lernprozesse und soziale Evolution

Ausgangspunkt der folgenden Analysen ist eine systematische Rekonstruktion gesellschaftlicher Lernprozesse in einfachen, traditionalen und modernen Gesellschaften. Es geht also zunächst um eine Rekonstruktion der *Ontogenese* einfacher, traditionaler und moderner Gesellschaften. Alle Gesellschaften kennen eine Ontogenese ihrer Wissensformen und ihrer Moralvorstellungen. Diese Lernprozesse durchlaufen die Stufen der alltäglichen, der institutionellen und der intellektuellen Organisation von Wissensformen und Moralvorstellungen.

Solche gesellschaftlichen Lernprozesse machen die Welt für historisch spätere gesellschaftliche Lernprozesse komplexer. Das macht Lernprozesse der »late-comer« prekärer. Sie können zwar (in Grenzen, wie die Forschungen zur kulturellen Assimilation gezeigt haben!) Elemente der Vorgänger übernehmen, müssen ihre Lernprozesse jedoch in einer evolutionär komplexer gewordenen Welt organisieren. Um gesellschaftliche Lernprozesse in Gang zu setzen, müssen immer komplexere Erfahrungszusammenhänge verarbeitet werden. Diese Behauptung soll im folgenden an Rekonstruktionsversuchen kognitiver und moralischer Lernprozesse von Gesellschaften gezeigt werden. Die Ausgangsannahme lautet, daß gesellschaftliche Lernprozesse (rekonstruiert anhand der in verschiedenen Gesellschaften vorfindbaren Wissensformen und Moralvorstellungen) eine gesellschaftliche »Umwelt« erzeugen, in der gesellschaftliche Praxis zu lokalisieren ist.

Die wachsende Komplexität, die die Ausgangsbedingungen gesellschaftlicher Lernprozesse bei fortschreitender sozialer Evolution kennzeichnet, ist aber nur ein erster Anhaltspunkt für eine Theorie sozialer Evolution. Diese Komplexität ist das Ergebnis gesellschaftlicher Lernprozesse, die sich historisch früher ereignet haben und die Bedingungen für die historisch jeweils nachfolgenden Gesellschaften gesetzt haben. Das läßt sich nicht nur an der

Verdrängung einfacher Gesellschaften durch komplexere Gesellschaften zeigen (Sahlins 1972). Das kennzeichnet auch die modernen Gesellschaften, in denen das »Spätkommen« systematisch veränderte Bedingungen für Modernisierungsprozesse, also für gesellschaftliche Lernprozesse in der Moderne, bedeutet.
In der Kumulation von Erfahrungszusammenhängen, in der wachsenden »Komplexität« der Welt werden also nur die Bedingungen *sozialer Evolution* lokalisiert. Das spezifisch *Soziale* dieser Evolution liegt darin begründet, daß es Strukturen gesellschaftlicher Praxis sind, die sich in dieser komplexer werdenden Welt verändern. Im Rücken dieser Komplexitätssteigerung verändert sich immer zugleich der praktische Umgang mit dieser Komplexität: Komplexitätssteigerung läßt sich nicht von der Evolution gesellschaftlicher Praxis trennen. Komplexitätssteigerung ist immer auch ein Prozeß der sozialen Evolution der Vernunft.
Eine Theorie der sozialen Evolution der praktischen Vernunft wird im folgenden in drei Schritten entwickelt. In einem *ersten* Schritt wird anhand der in einer Gesellschaft vorfindbaren Wissensformen eine Rekonstruktion kognitiver Lernprozesse von Gesellschaften durchgeführt. Dann wird gezeigt, wie diese Lernprozesse in unterschiedlichen gesellschaftlichen Naturzuständen in Gang gesetzt und reproduziert werden. Die praktische Rationalität, die sich auf dem evolutionären Niveau moderner Vergesellschaftung der Natur, im »kybernetischen Naturzustand«, einspielt, wird schließlich auf den Begriff der *ökologischen Vernunft* gebracht. In einem *zweiten* Schritt wird die Frage nach den moralischen Lernprozessen gestellt, die über die normativen Orientierungen praktischer Rationalität im Umgang mit der Natur entscheiden. Die Rekonstruktion der Vergesellschaftung der Natur wird damit durch einen Aspekt ergänzt, der die soziale Evolution gesellschaftlicher Naturverhältnisse in den Kontext einer sozialen Evolution der praktischen Vernunft stellt. Moralische Lernprozesse entscheiden über die praktische Verwendung dessen, was kognitive Lernprozesse möglich machen. Sie steuern die Orientierung der in einem gesellschaftlichen Naturverhältnis sich realisierenden praktischen Vernunft. Diese Überlegungen zielen darauf ab, Alternativen der moralischen Orientierung des »kybernetischen Naturzustandes« der modernen Gesellschaft zu analysieren. Damit wird das Problem einer *ökologischen Moral* jenseits der ökologischen Vernunft thematisch.

Der Zusammenhang von ökologischer Vernunft und ökologischer Moral wird schließlich in einem *dritten* Schritt als das zentrale Evolutionsproblem der praktischen Vernunft in der modernen Gesellschaft behandelt. Die »idealtypisierende« Unterscheidung zweier konkurrierender Pfade der sozialen Evolution der praktischen Vernunft dient schließlich dazu, die Konturen einer sozialen *Kritik der ökologischen Vernunft* zu skizzieren.

Praktische Rationalität und Natur

Formen des Wissens und kognitives Lernen

Der Schlüssel zu den Formen, in denen eine Gesellschaft ihr Verhältnis zur natürlichen Umwelt einreguliert, sind kognitive Lernprozesse. In diesen gesellschaftlichen Lernprozessen entstehen Formen des *Wissens* über Natur[18], die jeweils unterschiedliche Niveaus oder Stufen in diesen kognitiven Lernprozessen anzeigen. Jede Gesellschaft kennt ein *Alltagswissen*, das zu den alltäglichen Tätigkeiten im Umgang mit der Natur gehört: vom Kochen über das Basteln bis hin zu Regeln des direkten Umgangs mit der umgebenden Natur. Über dieses Alltagswissen hinaus geht ein Wissen, das eine Sozialisation in spezialisierte Fertigkeiten verlangt. Es ist institutionell reproduziertes Wissen, das sich als *professionelles Wissen* bezeichnen läßt. Jede Gesellschaft kennt schließlich ein *theoretisches Wissen*, das in der Alltagspraxis oft als »unnütz« oder »praxisfern« bezeichnet wird.[19]

18 Dieses Modell ist in seinen Grundzügen von Moscovici übernommen und entsprechend adaptiert worden. Siehe Moscovici (1982).

19 Die Unterscheidung von Wissensformen hat hier zunächst nur klassifikatorische Funktion. Sie ordnet das Wissen nach Maßgabe der Fähigkeiten, die Individuen besitzen müssen, um sie reproduzieren zu können. Diese Ebenen lassen sich systematisch danach unterscheiden, auf welcher der in der Ontogenese psychischer Systeme unterscheidbaren Stufen dieses Wissen einsozialisiert und reproduziert wird. Diese Annahme läßt sich folgendermaßen in einem Schema zusammenfassen:

Typen des Wissens	ontogenetische Stufen
praktisches Alltagswissen	konkret-operational
professionelles Regelwissen	formal-operational
theoretisches Wissen	true formal thought

Diese drei Formen des Wissens lassen sich den ontogenetischen Stufen der

Der Typus des *Alltagswissens* befähigt dazu, Alltagsroutinen zu beherrschen. Es ist ein Wissen, das sich aus der konkreten Erfahrung im Alltag von selbst ergibt. Dieses Alltagswissen wird in der modernen Gesellschaft auf den (pseudo-professionellen) Tätigkeitsbereich des do-it-yourself ausgedehnt. Ob es sich um Kochen oder Beerensammeln handelt, die Anforderungen an den Menschen erfordern nicht mehr als jene Fähigkeiten, die Menschen besitzen, sobald sie in ihrer psychischen Ontogenese den spielerischen Umgang mit der Objektwelt zugunsten eines zielorientierten Umgangs aufgegeben haben.[20] Dieses Alltagswissen gehört zu den Selbstverständlichkeiten, die in jedem Sozialisationsprozeß »naturwüchsig« vermittelt werden.

Neben diesem praktischen Alltagswissen findet sich in jeder Gesellschaft der Typus des *professionellen Wissens*, das sich vom Alltagswissen in einer zentralen Hinsicht unterscheidet. Dieses Wissen muß in speziellen Lernprozessen angeeignet werden, die mehr oder weniger rituell geregelt sind (ein Beispiel wären die professionellen Regeln der Zünfte in der mittelalterlichen Gesellschaft). Das vermittelte Wissen ist – das unterscheidet es vom Alltagswissen – oft Geheimwissen. Die Konstruktion von Pfeil und Bogen[21] gehört ebenso zu diesem professionellen Wissen wie die Metallbearbeitung und die Konstruktion von Maschinen. Dieses Wissen setzt einerseits mehr voraus als das Alltagswissen, ist aber andererseits auf die Klärung der theoretischen Grundlagen der durch Erfahrung oder Probieren erkannten Zusammenhänge nicht angewiesen.

Vom professionellen Wissen unterscheidet sich schließlich das *theoretische Wissen*. Dieses Wissen ist nicht auf moderne Gesellschaften beschränkt. Es findet sich, wie Horton gezeigt hat, auch in traditionalen afrikanischen Denksystemen, ist also nicht auf die

kognitiven Entwicklung zuordnen. Diese Zuordnung darf nicht konstitutionstheoretisch gedeutet werden. Die Ebenen des Wissens werden durch individuelle kognitive Fähigkeiten nicht »konstituiert«. Sie erfordern für ihre Reproduktion nur individuelle kognitive Fähigkeiten auf unterschiedlichen Stufen ihrer Entwicklung.

20 Zum Alltagswissen und seinen Selbstverständlichkeiten vgl. neben der ethnomethodologischen Literatur insbesondere Douglas (1975).

21 Das handwerkliche Können der Steinzeitmenschen erfordert ein kognitives Wissen, das sich nicht allein aus der bloßen Erfahrung erklären läßt. Es setzt Wissen über physikalische Zusammenhänge voraus, die in die Form von zu erlernenden Techniken gebracht werden. Dazu Rust (o.J.).

westliche Wissenschaft beschränkt.[22] Die Differenz, die das traditionale vom modernen theoretischen Denken trennt, ist nicht eine Differenz kognitiver Fähigkeiten, sondern die zwischen einem »closed universe« und einem »open universe«, ist eine Differenz zwischen Theorien, die an den sozialen Kontext gebunden sind, und Theorien, die kontextfrei konstruiert sind. Der Unterschied betrifft also den Grad der sozialen Ausdifferenzierung, aber nicht die logische Struktur des theoretischen Denkens.

Das spezifische Kennzeichen des modernen theoretischen Denkens ist die *wissenschaftliche* Überprüfung von Erfahrungen. Diese Wissenschaft hat in der frühen Neuzeit eine spezielle Ausprägung erhalten. Die mechanische Philosophie, die atomistischen Spekulationen, die konstruktiven Entwürfe der »theoretischen« Ingenieure sind Beispiele für die ersten Formen modernen theoretischen Wissens. In vormodernen Gesellschaften spricht dieses theoretische Denken nicht die Sprache der Wissenschaft. Es spricht eine Sprache, die einem anderen Weltbild entstammt. Dazu gehört das Wissen, das seit der Loslösung des Menschen von der Natur bis in die Neuzeit akkumuliert worden ist und die »Wissenschaft« des Alchimisten, Medizinmannes, des Baumeisters, des Astronomen und Geometers ausmacht.[23] Man hat dieses theoretische Denken – leicht mißverständlich – traditionelles Denken genannt. Es ist jedoch nicht traditionelles Denken, sondern theoretisches Denken in einer traditionellen Sprache.[24] In vormodernen Gesellschaften ist alle Mathematik, Physik in tradi-

22 Argumente für die Universalität theoretischen Wissens finden sich bei Lévi-Strauss (1968) und auch in Hortons Vergleich traditionaler afrikanischer und moderner Denksysteme (Horton 1967). Zu einer systematischen Fallanalyse »primitiver« Wissenschaft vgl. Ortiz (1971), der die Raum- und Zeitvorstellungen der Pueblos analysiert hat. In diesem Zusammenhang auch wichtig Needhams Analyse der Rationalstruktur der chinesischen Wissenschaft (Needham 1977).

23 Zu dieser traditionalen Wissenschaft allgemein Mason (1962). Zum speziellen und interessanten Fall der chinesischen Wissenschaft Needham (1977). Die Innovationen, die die traditionale Wissenschaft für die Evolution der Wissenschaft geliefert hat, sind, wie Goody zeigt, die Schrift (Mesopotamien), das Alphabet (Griechenland) und die Druckkunst (europäisches Mittelalter). Vgl. Goody (1977), S. 36ff., 74ff., 112ff.

24 Zu einem systematischen Vergleich zwischen traditioneller und moderner Wissenschaft vgl. vor allem Horton (1967). Die Abhängigkeit dieser Differenz von Kontextbedingungen (vor allem von der Existenz der Schrift) betont Goody (1977), S. 46f. Siehe auch die Beiträge in Kippenberg/Luchesi (1978). Der Klassiker zu diesem Problembereich ist Evans-Pritchard (1978).

tionellen Begrifflichkeiten (Zahlenmagie, Kosmologie, Naturphilosophie) verankert.

Gemeinsam ist dem modernen und dem traditionellen Denken, daß beide hypothetisch vorgehen. In beiden Fällen werden Theorien auf ihre empirische Stimmigkeit getestet. Beide Denkweisen erzeugen ein Wissen, das nicht einfach »gebraucht« werden kann, sondern ein Wissen, das vorhersagen kann, wie die Natur sich verhält. Gerade jenes Denken, das man zum Charakteristikum des modernen Denkens gemacht hat, findet sich in auch in traditionalen Gesellschaften. Es findet sich in *kosmogonischen* und *kosmologischen* Konzeptionen der Entstehung und der Ordnung der Natur. Ihnen korrespondieren Formen der Berechenbarkeit von natürlichen Phänomenen mit Hilfe der Operationen des Zählens und Messens. Es findet sich auch in jenem »wilden Denken«, dessen »wissenschaftliche Denkweise« Lévi-Strauss analysiert hat. Dieses Denken in einer »mythologischen Sprache« erlaubt – wie jedes andere theoretische Denken – die Konstruktion kategorialer Klassen und die Konstruktion quantitativer und numerischer Invarianzbeziehungen. Ein Beispiel sind die paläolithischen Steingravierungen, die Marshack als archaische Wissenschaft gedeutet hat.[25]

In der »Menschengeschichte der Natur« finden wir somit vielfältige Ansätze, kognitive Lernprozesse in Gang zu setzen und voranzutreiben. Um die Praktiken, die diese kognitiven Lernprozesse vorantreiben, theoretisch zu fassen, ist der Begriff der *Arbeit* nicht ausreichend. Moscovici hat darauf hingewiesen, daß der Begriff der Arbeit[26] dazu führt, die Differenz von *produktiver*

25 Zum letzteren Marshack (1972), der die Notations- und Zählsysteme mesolithischer Kulturen analysiert hat, die zwei bis drei Jahrtausende vor den hieroglyphischen Notationssystemen entstanden sind. Vgl. auch König (1973) sowie Goody (1977), S. 74ff.

26 Der Arbeitsbegriff ist besonders in der sich auf Marx beziehenden Diskussion kontrovers bewertet worden. Vgl. als Kritik Marcuse (1965) und dann besonders Habermas (1968), der diesen Begriff gegen Interaktion ausspielt (siehe dazu auch unten Anmerkung 55). Als Rehabilitationsversuch siehe Offe (1983). Für die Rekonstruktion des Verhältnisses von Natur und Gesellschaft ist dieser Begriff unzureichend. Zu Weiterungen und zur Konzeption einer soziologischen Naturgeschichte vgl. Moscovici (1982). Für eine Anwendung einer solchen Perspektive auf den Fall der Entstehung der modernen Wissenschaft siehe Böhme/Daele/Krohn (1977). Entscheidend für die Behauptung einer sozialen Konstruktionslogik ist der Zusammenhang von Strukturen des theoretischen Denkens und inventiven Tätigkeiten. Dazu programmatisch Moscovici (1982),

Tätigkeit, die Güter und Objekte produziert, und *schöpferischer (inventiver) Tätigkeit*, die Wissen produziert, zu verwischen. Produktive Tätigkeiten bestimmen den Reichtum (oder die Armut) einer Gesellschaft. Inventive Tätigkeiten bestimmen das Wissen (oder Nichtwissen) einer Gesellschaft.

In der Geschichte des tätigen Umgangs der Menschen mit der Natur sind also die *inventiven Tätigkeiten* der Schlüssel zu den kognitiven Lernprozessen, die in einer Gesellschaft stattfinden. Eine Rekonstruktion solcher kognitiver Lernprozesse steht vor einer Schwierigkeit, die mit der Abgrenzung des Gegenstandsbereichs der inventiven Tätigkeiten zu tun hat. Wir dürfen diese Geschichte nicht auf eine »Wissenschaftsgeschichte« reduzieren. Denn die Geschichte der inventiven Tätigkeiten ist immer auch Teil einer Geschichte des Alltagswissens. Sie ist ebenso Teil einer Geschichte des spezialisierten Wissens von »Berufen«. Sie ist schließlich auch Teil einer Geschichte des in religiöse Weltbilder eingelassenen theoretischen Wissens über die Natur. Wir können deshalb die Geschichte inventiver Tätigkeiten nicht in einer universellen und isolierten Geschichte der Wissenschaft suchen. Die Kategorie der Wissenschaft setzt Einteilungsschemata voraus, die wir heute verwenden, um die moderne Form inventiver Tätigkeiten (und das auch zunehmend unzureichend!) zu beschreiben. Wenn es in einfachen Gesellschaften keine ausdifferenzierte Wissenschaft gibt, folgt daraus nicht, daß es dort keine inventive Tätigkeit gegeben hätte, die – und das ist die höchste Stufe kognitiver Lernprozesse – zu *theoretischem Wissen* geführt hätte.

Inventive Tätigkeiten führen nur »idealiter« zu theoretischem Wissen. Inventive Fähigkeiten führen »realiter« zunächst einmal zu Alltagswissen und professionellem Wissen.[27] Kognitive Lernprozesse finden sich also in allen Gesellschaften, in einfachen wie in komplexen Gesellschaften. Wieweit theoretisches Wissen eine Rolle spielt, variiert zwischen den Gesellschaften. Das ist nicht der Schlüssel zur evolutionären Bedeutung kognitiver Lernprozesse von gesellschaftlichen Systemen. Die evolutionäre Funktion kognitiver Lernprozesse besteht (unabhängig davon, ob sie nun zu elaborierten theoretischen Wissenssystemen führen oder

S. 62ff. Ein Fallbeispiel für die These der sozialen Produktion kognitiver Erkenntnis bei Knorr-Cetina (1984).

27 Dies ist im Anschluß an Moscovicis zentrale These der natürlichen Teilung formuliert. Siehe Moscovici (1982), S. 128ff.

nicht) darin, zunehmend komplexere Erfahrungszusammenhänge für die gesellschaftliche Praxis hervorzubringen. Dieser praxisvermittelte Zusammenhang von gesellschaftlichen Lernprozessen und sozialer Evolution soll im folgenden in systematischer Absicht expliziert werden. Im Anschluß daran läßt sich dann die Bedeutung moderner kognitiver Lernprozesse für die soziale Evolution der praktischen Vernunft genauer erläutern.

Kognitive Lernprozesse und soziale Evolution

Die evolutionären Ausgangsbedingungen kognitiver Lernprozesse lassen sich systematisch nach Maßgabe der funktionalen Differenzierung unterschiedlicher Wissensformen unterscheiden. Je komplexer eine Gesellschaft ist, umso mehr werden die Wissensformen ausdifferenziert. Die inventiven Tätigkeiten auf der Ebene des Alltagswissens, des professionellen Wissens und des theoretischen Wissens werden mit steigender Komplexität der Gesellschaft zunehmend voneinander getrennt. Diese Ausdifferenzierung hat Moscovici *natürliche Teilung* genannt und als Kriterium für die Unterscheidung von gesellschaftlichen Naturzuständen in der Menschengeschichte der Natur herangezogen.[28] Das Ausmaß der natürlichen Teilung legt fest, wie sich die inventiven Tätigkeiten entwickeln, welches Wissen erzeugt wird.
Die natürliche Teilung trennt, was in den Tätigkeiten des Sammelns und Jagens noch verbunden war. Für diese gilt in Abwandlung der berühmten Formulierung von Marx, der in die Zukunft verlegt, was den vergangenen Umgang mit der Natur gekennzeichnet hat: am Morgen konsumieren, am Nachmittag fischen

28 Die Unterscheidung von reproduktiven, produktiven und inventiven Tätigkeiten erlaubt es, die Diskussion des Naturverhältnisses über die Beschränkungen des Arbeitsbegriffs hinauszutreiben. So sind die Aufsätze zu den Eßtabus und Opferritualen in diesem Band Beispiele für einen Umgang mit der Natur, der bereits vor aller Arbeit kulturell bestimmt ist. Der Arbeitsbegriff auf der anderen Seite erreicht nicht die Ebene der theoretischen Vernunft. Arbeit ist nur eine »Verlängerung« der theoretischen Vernunft, setzt diese also voraus. Die Ausdifferenzierung dieser Ebenen bedeutet die Trennung von reproduktiver, produktiver und theoretischer Tätigkeit. Diese Trennung entläßt die theoretische Vernunft aus ihren alltäglichen und produktiven Zusammenhängen. Dies ist oft als problematisch empfunden worden. Die aktuelle Klage über den Verlust an Lebenswelt in der Wissenschaft und über das Fehlen des Praxisbezugs der Theorie ist also ein Ruf nach Dedifferenzierung.

und handwerkern, am Abend kritisieren. Die Tätigkeit der Sammler und Jäger drückt ein Verhältnis zwischen Mensch und Natur aus, das als »synthetisch« bezeichnet werden kann. Diese Tätigkeit ist noch Praxis im umfassenden Sinne des Wortes. Die Tätigkeit des Bauern und Handwerkers zeichnet sich demgegenüber dadurch aus, daß sie von der des Sammlers und Jägers getrennt wird. Die Tätigkeit dieser neuen Gruppen wird auf die Nutzung nichthandgebundener Energie spezialisiert, sei es im Falle des Bauern auf die Nutzung von Tieren (Haustieren), sei es im Falle des Handwerkers auf die Nutzung von Technik. Der Ingenieur und der Wissenschaftler setzen wiederum die Trennung ihrer Tätigkeit von der Tätigkeit des Handwerkers voraus. Die Tätigkeit des Ingenieurs wird darauf spezifiziert, die Zusammenhänge zwischen den Effekten von Eingriffen in die Natur zu berechnen und die produktiven Tätigkeiten zu rationalisieren. Seine Tätigkeit wird auf inventive Tätigkeiten spezifiziert. Diese Ausdifferenzierung inventiver Tätigkeiten ist die bislang weitestgehende natürliche Teilung. Sie erscheint als die komplexeste Form, die die »Menschengeschichte der Natur« kennt.[29]
Am Beginn der Menschengeschichte der Natur sind die inventiven Tätigkeiten in die alltäglichen Tätigkeiten des Sammelns und Jagens eingebunden. Die inventiven Tätigkeiten, die diesen elementaren Naturzustand kennzeichnen, orientieren sich am Zweck, die motorischen Eigenschaften der Hand, der Beine, der Finger optimal einzusetzen und durch Werkzeuge zu verstärken. Werkzeuge werden als Verlängerungen der Hand gedacht.[30] Diese »primitive« Technologie findet sich in jeder Gesellschaft. Doch nur in einfachen Gesellschaften hat sie die gesellschaftliche

29 Vgl. dazu die Differenz zwischen »prattein«, dem griechischen Wort für die bäuerliche Tätigkeit, und »poiein«, dem griechischen Wort für die handwerkliche Tätigkeit. Dazu Vernant (1973). Beide Begriffe symbolisieren unterschiedliche Tätigkeiten, nämlich »praxis« und »techne«. Sie wurden mit der Ausdehnung der Polis zum Schlüssel der hierarchischen Ordnung der griechischen Gesellschaft. Egalität (relativ zur Aristokratie!) war auf die in der Stadt lebenden Bürger, also auf Handwerker beschränkt. Die Tätigkeit des Ingenieurs ist demgegenüber operative Tätigkeit, die nicht nur über »praxis«, sondern auch über »techne« hinausgeht. Vgl. dazu Moscovici (1982), S. 177ff.

30 Das gehört zu den klassischen Deutungen »ursprünglicher« Technik. Vgl. Gehlen (1960). Lévi-Strauss spricht in diesem Zusammenhang von »bricolage«, ein Begriff, der auf die Eingebundenheit in reproduktive Alltagszusammenhänge verweist. Das Basteln macht man zu Hause. Dazu vor allem Lévi-Strauss (1968).

Organisation bestimmen können. Das hat auch damit zu tun, daß einfache Gesellschaften, bevor sie von komplexeren Gesellschaften verdrängt wurden, keine Knappheit kannten (Sahlins 1972). Die Gesellschaften der Steinzeit haben viel Zeit für Tätigkeiten außerhalb der Arbeit gehabt. Sie wurden nicht durch Arbeit determiniert. Sie waren nicht gezwungen, inventive Tätigkeiten über ein bestimmtes Maß hinaus zu entfalten. Daß kognitive Lernprozesse jenseits der Bedingung der »Knappheit der Zeit« stattfinden, erklärt das geringe Tempo kognitiver Lernprozesse in diesen Gesellschaften.

Das bedeutet aber nicht, daß es keine kognitiven Lernprozesse gegeben hätte. An der Vielfältigkeit theoretischen Wissens über Natur zeigt sich im Gegenteil der inventive Geist dieser Gesellschaften. Das »primitive« Naturverhältnis kennt formal systematisierte Wissensformen. Es entwickelt sich auch in diesen Gesellschaften ein theoretisches Wissen, das über das Erfahrungswissen reflektiert und das Lévi-Strauss als »wildes« Denken bezeichnet hat. Dieses systematische Denken ist kein kognitiv niedriger Denkmodus. Auch der/die Jäger(in) oder der/die Sammler(in) kann Philosoph(in) sein. Das wilde Denken ist Ausdruck eines *gesellschaftlichen Lernprozesses*, in dem der objektive (oder ökologische) Zwang zu lernen nur schwach ausgeprägt gewesen ist.

Zwei Erfindungen haben die erste natürliche Teilung vorangetrieben: die *Töpferei* und die *Landwirtschaft*. Töpferei ist ein komplexer Handlungsvorgang, der verschiedene Handlungen miteinander kombiniert und chemische Veränderungen, die in diesen kombinierten Handlungen ausgelöst werden, zusätzlich nutzt. Es handelt sich um eine Tätigkeit, die dazu tendiert, jenseits von alltäglichen Routinen reproduziert werden zu können. Sie prämiiert eine professionelle Organisation dieser Tätigkeiten. Der Handwerker trennt sich vom Jäger, der seine Geräte selbst macht. Dieser handwerklichen Tätigkeit entspricht eine partielle Ausdifferenzierung inventiven Wissens, die nicht ohne Folgen für das theoretische Denken und für die Konstruktion theoretischer Wissenssysteme gewesen ist. Die agrarische Tätigkeit hat parallele Effekte gehabt. Sie beruht nicht mehr auf beobachtenden, anschauenden Handlungen (wie bei den Jägern und Sammlern), sondern auf spezialisierten Kenntnissen der gezielten Veränderung der natürlichen Umwelt. Der Bauer greift, indem er domestiziert, in den Kreislauf der Natur aktiv ein. Der Handwerker transformiert mit Hilfe der Natur die Natur, wenn er die Transformation von Erde in Ton mit Hilfe von Feuer vornimmt. Er gibt ihr dank seiner handwerklichen Fähigkeiten eine »künstliche« Form.[31]

Diese Form der Machbarkeit und Berechenbarkeit der Natur, die der Bauer und der Handwerker in den Erfolgen der Domestikation von Tieren und Pflanzen wie in der Töpferkunst erfahren, löst eine Erweiterung und Ausdehnung theoretischen Wissens aus. Diese Tätigkeiten führen zu einer empirischen Wissenschaft der Bewegung, der Geschwindigkeit und der Zeit. Die Optimierung der Geschicklichkeit der Hand durch handwerkliches Wissen erfordert die genaue Bestimmung der Bewegung, Geschwindigkeit und der Dauer, die die Aktivitäten der Hand kontrollieren können. Damit werden die Voraussetzungen für die Vorstellung eines objektiv geregelten Universums hergestellt. So finden sich bereits in nichtstaatlich organisierten agrikulturellen Gesellschaften systematische Erkenntnisse und Berechnungen des Kreislaufs der Gestirne. Dieses astronomische Wissen ist in den frühen Hochkulturen (am bekanntesten ist die babylonische Astronomie geworden) systematisiert und elaboriert worden.[32] Es kulminiert in den mathematischen Künsten (Arithmetik, Geometrie).

Die Bauern machen parallele Erfahrungen. Auch ihre Tätigkeit löst sich aus der reproduktiven Tätigkeit des Alltags heraus. Sie müssen die Bedingungen kontrollieren, unter denen Pflanzen ausgesät und geerntet werden; sie müssen die Zeitpunkte der Aussaat und Ernte festlegen und korrigierende Maßnahmen, etwa Bewässerungsmaßnahmen, ergreifen. Sie sind dazu gezwungen, den Einsatz ihrer Tätigkeit durch Wissen über Bedingungen und Folgen zu optimieren, da sie nicht – wie die Nomaden – ihr Land

31 Gouldner/Peterson (1962); weiterführend zu diesem Thema Heise/Levsky/Wardwell (1976).

32 Folgendes Zitat macht dies deutlich: »The development of pottery, it may be conjectured, also facilitated the occurrence of vital changes in man's conception of both external nature and himself. For it provided a dramatically evident exercise of man's control over nature and was a symbolically suitable expression of a culminating growth of man's powers. This is all the more likely because pots emerged in association with the cultivation of plants and cereals, and were used to store, transport, and cook them. Strange as it may sound, then, pot-making may have contributed importantly to the slow growth of human beings' conception of themselves as artifactors, by making them increasingly aware of and confident in their own instrumental powers.« Siehe Gouldner/Peterson (1962), S. 326

einfach verlassen können, wenn es sich erschöpft hat. Die räumliche Festlegung und die damit verbundene Seßhaftigkeit haben die objektiven Bedingungen für die Vorstellung eines Zentrums im Universum hergestellt.

Die Ausdifferenzierung des Bauern und Handwerkers beschleunigt also kognitive Lernprozesse. Wissensformen werden an die ausdifferenzierte bäuerliche und handwerkliche Tätigkeit gebunden und dabei aus dem Reproduktionszusammenhang des Alltags gelöst. Dieses komplexere Naturverhältnis ist mit einem neuen Reflexionswissen verbunden. Mit der Ausdifferenzierung des Bauern und Handwerkers entsteht der Naturphilosoph. Der *Naturphilosoph* sucht die elementaren Substanzen zu identifizieren, die die Natur und ihre Eigenschaften konstituieren. Diese relative Ausdifferenzierung der inventiven Tätigkeiten des Handwerkers ist die objektive Voraussetzung für die Entstehung *ontologischer Wissenssysteme*, die von spezialisierten theoretischen Denkern gedacht und entwickelt werden.

Eine evolutionär folgenreiche Form hat dieser Zusammenhang im antiken Griechenland gefunden. Das Denken des *Handwerkers* und des *Naturphilosophen* sind isomorph. Die Isomorphie der Suche nach den Eigenschaften und Substanzen der Materie läuft beim Handwerker über die technische Nachbildung der Geschicklichkeit der Hand, beim Naturphilosophen über die logische Abstraktion. Daß kognitive Lernprozesse auf dem Niveau der *ersten natürlichen Teilung* soweit vorangetrieben worden sind, das unterscheidet das antike Griechenland von anderen Kulturen auf dieser Ebene der natürlichen Teilung der Gesellschaft (Burford 1976). Vermutlich ist die Einbindung der Handwerkerkultur in eine Sklavenhalterökonomie dann der Grund für das vorzeitige Ende dieser kognitiven Lernprozesse gewesen. Denn diese Ökonomie hat die klassische soziale Differenz von Bauernkultur und Handwerkerkultur eingeebnet. Die sozialen Voraussetzungen dieses Naturzustandes, die darin bestanden, daß guter Bürger nur der Handwerker, aber nicht der Bauer war, wurden zerstört. Die Handwerkerkultur fiel als innovative Kultur mit der Etablierung der Sklavenhalterökonomie aus.

Der Handwerker wird im Rahmen anderer gesellschaftlicher Lernprozesse zum Ausgangspunkt einer *zweiten natürlichen Teilung*: der Ausdifferenzierung des *Ingenieurs* aus dem Handwerk. Bereits angedeutet in der antiken Gesellschaft, wird diese Ausdifferenzierung zum Kennzeichen der Renaissance. Die Technik, die der Ingenieur erfindet, macht andere Eigenschaften der Natur verfügbar. Nicht mehr Substanzen, sondern Kräfte, nicht facultates, sondern Kräfterelationen und -umwandlungen werden in der Natur gesucht. Der Ingenieur lernt, sich diese Kräfte nutzbar zu machen.

Der *Ingenieur* hat gegenüber dem Objektgegenstand keine absolute, sondern nur mehr eine relative Position. Der Bewegungsbegriff, der die Handlungen eines Ingenieurs beschreibt, ist Resultat einer operativen Zusammensetzung, die neue sprachliche Freiheitsräume in Anspruch nehmen kann. Die Übersetzung von Kraft in Geschwindigkeit und umgekehrt von Geschwindigkeit in Kraft, die statische Berechnung von Größen, die notwendig ist, um eine Form (etwa eine architektonische) zusammensetzen zu können, das Prinzip des Rückstoßes usw. sind physikalische Handlungen, die mit voll reversiblen Operationen im Rahmen einer kontextfreien Sprache arbeiten.

Das Wissen des Ingenieurs ist *mathematisierbares Wissen*, was zweierlei voraussetzt: einmal die analytische Trennung von Größen (Variablen), deren Zusammensetzung die gewünschte Wirkung (Arbeit) ergibt, und dann die Zusammensetzung dieser Größen im Rahmen mathematischer Kalküle. Das macht die inventiven Tätigkeiten des Ingenieurs zur objektiven Voraussetzung eines veränderten »philosophischen« Umgangs mit der Natur: der *mechanischen Philosophie*. Die Folgen dieser Entwicklung zeigen sich seit dem 16. Jahrhundert in Europa. So geht das wissenschaftliche Denken weg von einer finalen zu einer kausalen Erklärung, weg vom kosmologischen zum objektrationalen Prinzip.[33]

Diese Veränderungen haben die Entwicklung der Naturphilosophie hin zu einer mechanischen Philosophie vorangetrieben. Die Vorläufer dieser neuen Philosophie finden sich bereits seit dem 15./16. Jahrhundert. Die Analogisierung von allem Aufrechten, allem Leidenschaftlichen etc. sprengt tendenziell das Prinzip der metaphysischen/kosmologischen Ordnung der Erfahrung. Die Einführung des dreidimensionalen Raums verändert den fronta-

33 Zur Astronomie in traditionalen Gesellschaften vgl. Mason (1962), S. 15ff. Die Bedeutung natürlicher Regelmäßigkeiten gehört zu den Grundlagen traditioneller Systeme der Welterklärung. Beispiele dafür finden sich in Forde (1970) und Kirk (1970).

len Blick auf die Welt. Das wird mit der Beobachtung geometrischer Figuren vorbereitet. Beispiele wären die Reduktion von Bewegungen auf Kreise oder Kugeln oder die Reduktion von Planetenbahnen auf eine himmlische Harmonie.

Der »neue Philosoph«, der den Naturphilosophen ablöst, sucht die Kräfte der Natur meßbar und berechenbar zu machen. In den theoretischen Konstruktionen der Natur wird diese Relativierung der natürlichen Größen und damit die Rolle des Handelnden thematisiert. Zunächst geschieht das in der Astronomie, die aus wechselnden Beobachtungsperspektiven die objektive Gesetzmäßigkeit von Bewegungen erschlossen und die wahrgenommenen Phänomene als zusammengesetzte Phänomene beschrieben hat. Ins Zentrum der Philosophie rückt die *Mechanik*. Der mechanische Philosoph entdeckt hinter der Kraft, die eine Bewegung im Raum erzeugt, das Prinzip der Energie. Er konstruiert die Kraft, die hinter den Erscheinungsformen im Ablauf der Zeit steht, begrifflich als die in den Kräften verborgene Energie. Diese Revolution des 17. Jahrhunderts ist keine wissenschaftliche, sondern eine philosophische.[34] Sie markiert die Durchsetzung der mechanischen Philosophie und des damit verbundenen Weltverständnisses. Die inventiven Tätigkeiten des Ingenieurs haben so in der Neuzeit das Tempo kognitiver Lernprozesse exponential beschleunigt.

Der *mechanische Philosoph* repräsentiert eine dezentrierte Einstellung zur Welt, die in der inventiven Tätigkeit des Ingenieurs ihre strukturelle Grundlage hat. Doch schon mit dem Beginn des 19. Jahrhunderts wird diese inventive Tätigkeit weiter spezialisiert. Denn nun stellt sich das Problem der Anwendung der mechanischen Philosophie auf die Welt der Gegenstände. Den Beginn dieser Entwicklung markiert die *wissenschaftliche Revolution* des 19. Jahrhunderts. Der *Wissenschaftler* wird zum Konkurrenten des Ingenieurs. Der Ingenieur hat die physischen und

34 Eine Diskussion der Veränderungen der Naturerkenntnis in den Dimensionen Objektbegriff/Bewegungsbegriff/Raumbegriff findet sich bei Nitschke (1967), S. 34-136. Zu den Theoriekonflikten dieser Zeit siehe vor allem Maier (1955), S. 273ff., die den Streit zwischen Finalerklärung und Kausalerklärung im einzelnen rekonstruiert hat. Zur Entstehung der neuen mechanischen Philosophie vgl. Moscovici (1982), S. 272ff. Die Entstehung der modernen Wissenschaft aus dem Geist der Mechanisierung analysieren Maier (1938) und Djiksterhuis (1956). Siehe auch Giedion (1987). Zu neueren soziologisch orientierten Ansätzen vgl. Lepenies (1978) sowie Böhme et al. (1977, 1978).

mathematischen Aspekte der Arbeit durch Maschinen substituiert. Der Wissenschaftler verstärkt nun die Maschine durch die Anpassung der Natur an den Maschineneinsatz: durch chemische Erfindungen (Materialwissenschaft), durch physikalische Erfindungen (Elektrizität, Kernspaltung), durch biologische Erfindungen (genetische Manipulation etc.).

Der Umbruch von der Philosophie zur Wissenschaft vollzieht sich in Etappen: von der scientia der Renaissance über die »sciences« bei Descartes zu den Wissenschaften des 19. Jahrhunderts.[35] Die philosophische Revolution im 17. Jahrhundert war durch die Mathematisierung der Erfahrung und die damit unterstellte Meßbarkeit der natürlichen Phänomene möglich geworden. Newtons Absicht war, mathematische Prinzipien an die Naturphilosophie heranzutragen. Descartes hat dann dank Geometrie und Mathematik eine neue Philosophie entwickelt. Der entscheidende Bruch mit der mechanischen Philosophie besteht schließlich darin, mathematische Prinzipien nicht auf die Philosophie, sondern auf die Welt zurückzuspiegeln. Dalton hat seine Wissenschaft zwar noch eine »chemische Philosophie«, Lamarck eine »zoologische Philosophie« genannt. Doch diese »Philosophen« ersetzen die logische Übung durch die Mathematik; sie ersetzen die sensorische Beobachtung durch experimentelle Methoden, durch die Messung von Wirkungen mit Hilfe von Instrumenten.

Das Wissen des Ingenieurs wird in diesem Prozeß reorganisiert. Im 17. Jahrhundert ist nur noch ähnlich, was derselben Klassifikation unterliegt, während vorher Ähnlichkeiten über Analogien hergestellt wurden (etwa zwischen aufrechten Pflanzen und dem aufrechten Gang des Menschen). Im 19. Jahrhundert setzt die systematische Einteilung der Wissenschaften ein, also eine wissenschaftliche Klassifikation der Objektwelt (mit ihr eine Aussonderung der Humanwissenschaften aus der Natur), und ermöglicht den Begriff der universellen »Wissenschaft«. In der modernen Gesellschaft bestimmt damit ein neuartiger Erfahrungsmodus Tempo und Ausmaß kognitiver Lernprozesse.

35 Zur Logik der Reklassifikation des modernen Wissens im 19. Jahrhundert vgl. Foucault (1966), S. 229ff., und zur Ausdifferenzierung der Naturgeschichte aus der Geschichte Lepenies (1977, 1978). Der neu entstehende Typus des Grundlagenwissenschaftlers entkommt dieser Klassifikation des Wissens. Er steht jenseits, ist oft interdisziplinär orientiert und deswegen für theoretische Innovation prädestiniert.

Seit dem 19. Jahrhundert ist dieser Übergang in einen neuen Naturzustand in vollem Gang. Das theoretische Wissen wird nicht nur dekontextualisiert (wie in der mechanischen Philosophie), sondern auch relativiert. Die Rolle des »mechanischen« Philosophen übernimmt ein neuer Typus des Beobachters, der *Erkenntnistheoretiker*. Der Kraftbegriff, der bei Newton noch die beobachteten Gesetze verursacht, nämlich die Anziehungskraft, wird relativiert; die Kraft wird zum Raum und zur Zeit in Beziehung gesetzt. Die Vorstellung von Raum und Zeit als »Behälter« der Kraft (und der Bewegung) wird aufgelöst und in einer Konzeption reorganisiert, die die letzten Absolutheiten auflöst. Die Natur wird als ein System von Transformationen begriffen, in die Handlungen als physikalische Ereignisse integriert werden. Der Wissenschaftler unterscheidet sich vom mechanischen Philosophen dadurch, daß er den Konstruktivismus der theoretischen Sprache und damit die Kontextunabhängigkeit der Beschreibung natürlicher Phänomene radikalisiert.[36]

An der *Atomtheorie* lassen sich die philosophischen Folgen dieses neuen Naturzustandes gut erläutern.[37] Seit den alten Griechen

36 Diese Prozesse beschreibt Piaget folgendermaßen: »Im Universum von Aristoteles betrachtet der Mensch eine unbewegliche Welt von außen, und die ganze Anstrengung der Dezentrierung, die von ihm verlangt wird, besteht darin, sich räumlich als Teil im Ganzen zu sehen: die anderen Teile des Ganzen sind dann ohne weiteres durch eine direkte Anschauung gegeben. Im Universum von Kopernikus, von Galilei und von Newton ist der Beobachter in Bewegung und seine Handlungen sind integrierte Bestandteile des kinematischen und mechanischen Systems, das er somit nur durch eine operative Dezentrierung übersehen kann, die darin besteht, die Bewegungen in reziproke Beziehung miteinander zu setzen. Von diesem Gesichtspunkt gibt es nicht mehr eine unmittelbare Anschauung der Bewegung. Der Beobachter begreift sich durch die Deduktion und den Kalkül, somit durch eine operative Konstruktion. Da er außerdem im Besitz eines absoluten Raums und einer absoluten Zeit ist, glaubt er, einen weiten Bereich der Realität, der nicht mehr relativ ist, direkt zu erreichen. In der relativistischen Mechanik hingegen sind selbst seine räumlichen und zeitlichen Schätzungen relativ, mit allem, was daraus folgt, d. h. es sind dies integrierende Bestandteile eines Systems von objektiven Transformationen, mit dem sie verbunden bleiben. Die vom Subjekt konstruierten Meter und Uhren sind nicht mehr außerhalb der Längen oder der zu messenden Zeiten, sondern sie verändern sich durch die Transformationen, so daß man sie nicht mehr einfach feststellen kann, sondern auf deduktive Weise rekonstruieren muß. Das Gemessene und der Messende sind voneinander abhängig geworden, wie es L. Brunschvicg sehr einsichtig formulierte, und aus ihrer Reziprozität kann man die Invarianz der zu erarbeitenden Gesetze entnehmen.« (Piaget 1975b, Band II, S. 97f.)

37 Zur Atomtheorie zusammenfassend Wild (1983). Siehe auch Weizsäcker (1971).

(und vermutlich früher) hat man den Versuch gemacht, die letzten Bausteine der Materie zu ergründen. Der Durchbruch zur modernen Atomtheorie bestand darin, daß man meßbaren Relationen bei chemischen Reaktionen Bedeutung zuerkannte. John Dalton hat im Jahre 1808 eine Deutung der empirisch vorfindbaren Regelmäßigkeiten bei chemischen Reaktionen gefunden, die den Durchbruch zur modernen Naturtheorie ermöglicht hat. Er postulierte, daß alle Materie aus Atomen bestünde, daß alle Atome eines chemischen Elements gleich seien (dieselbe Masse haben) und daß sich chemische Elemente folglich durch die Masse ihrer Atome unterschieden. Er postulierte darüber hinaus, daß Atome unzerstörbar sind. Chemische Reaktionen sind dann als Umlagerungen von Atomen zu erklären; chemische Verbindungen ergeben sich daraus, daß sich eine wohlbestimmte Anzahl von Atomen zu einem Komplex, zu einem Molekül, zusammenfinden würden.

Das führt zur Aufgabe des strengen Determinismus der klassischen Mechanik, wie die Versuche, die Thermodynamik auf sie zurückzuführen, zeigen. An deren Stelle treten wahrscheinlichkeitstheoretische Überlegungen. Zufallsereignisse produzieren Gleichgewichte. Dieses der klassischen Mechanik entgegengesetzte Verständnis des Naturgeschehens begründet das moderne Wissen über die Natur. Es gibt Gesetzmäßigkeiten der Selbstorganisation. Die frühmoderne ingenieurabhängige Atomtheorie wird aufgelöst: Wissen über Natur wird zur theoretischen Konstruktion der Natur aus dem evolutionären Zusammenspiel von Zufall und Gesetzmäßigkeiten der Selbstorganisation sich beliebig verhaltender Elemente. Es gibt keine objektive Natur mehr, auf die man Erkenntnisse beziehen kann. Die Objektivität der Natur wird nur mehr theoretisch hergestellt. Wir sehen nur mehr an unseren Wirkungen, inwieweit diese kognitiven Konstruktionen sinnvoll sind oder nicht.

Das theoretische Wissen gewinnt mit dieser bislang weitestgehenden natürlichen Teilung eine neuartige selbstreflexive Struktur. Die Natur wird als ein mit der theoretischen Erkenntnis rückgekoppelter Zusammenhang gedacht. Der Mensch ist nicht mehr Herr, sondern nur mehr Teil der Natur. Die theoretische Erkenntnis wird zu dem »Geist«, der sich in einer Umwelt entwikkelt hat und zugleich auf diese Umwelt zurückwirkt. Sie beschreibt sich selbst als »Ökologie des Geistes« (Bateson 1985).

Moscovici hat den auf diese Struktur gegründeten Naturzustand den *kybernetischen Naturzustand* genannt.
In diesem Naturzustand gegenwärtiger Gesellschaften stellt sich die Frage der Vernunft in einer verschärften Weise. Denn im Gegensatz zu den evolutionär früheren Gesellschaften sind die modernen Gesellschaften noch mehr von der Natur abhängig geworden. Sie haben ihr Überleben als Gesellschaft (und nicht nur das Überleben von Menschen oder Gruppen von Menschen) an die Natur gebunden. In diesen Gesellschaften stellt sich zum ersten Male das Problem einer *ökologischen Vernunft*. Und es stellt sich die Frage, welches die gesellschaftlichen Praxis ist, die mit dieser evolutionär neuartigen Erfahrung umgehen kann.

Praktische Rationalität und ökologische Vernunft

Die Menschengeschichte der Natur läßt sich nicht – wie das die klassischen Technikgeschichten, Geschichten des Naturdenkens usw. tun – auf eine Theorie der Eigenlogik einer »reinen Vernunft« gründen. Sie ist jenseits der »reinen Vernunft« vielmehr eine Geschichte von Versuchen, kognitive Lernprozesse in Gang zu setzen. Die Menschengeschichte der Natur umfaßt das Inventar kognitiver Lernprozesse, die immer wieder versucht worden und mehr oder weniger gelungen sind. Alle diese Lernprozesse haben durch ihre zeitliche Abfolge und räumliche Interaktion evolutionäre Effekte gehabt. Sie haben die Komplexität der Erfahrung der Welt so sehr erhöht, daß es eine evolutionäre Prämie auf natürliche Teilung gegeben hat. In Abhängigkeit vom Grad der Ausdifferenzierung inventiver Tätigkeiten verändert sich also nicht die Logik, aber das Tempo kognitiver Lernprozesse sowie das Ausmaß des Wissens, das in diesen Lernprozessen erzeugt wird.
Das folgende Schema versucht, den doppelten Bezug einer Theorie der Menschengeschichte der Natur, nämlich den Bezug zu einer wachsenden Komplexität in der Vertikalen und den Bezug zu kognitiven Lernprozessen in der Horizontalen, darzustellen. Dabei werden Grade der Komplexität als Stufen der natürlichen Teilung und Stufen kognitiver Lernprozesse als Transformation von Alltagsregeln in systematisierte Regeln und schließlich in theoretische Regeln konzeptualisiert. Dieses Verhältnis von Pro-

zessen sozialer Evolution und gesellschaftlichen Lernprozessen läßt sich folgendermaßen schematisieren:

Schaubild 8: Ein Schema natürlicher Teilungen

	Alltagsregeln	Systematisierte Regeln	Theoretische Regeln
Elementare natürliche Teilung	Routinen des Umgangs mit der natürlichen Umwelt	Techniken der Steinbearbeitung und der Bearbeitung organischer Natur	Intuitive Formen theoretischer Erkenntnis
Erste natürliche Teilung	Haushaltsarbeit	Systematische Pflege von handwerklichen Kompetenzen	Dogmatische Formen theoretischer Erkenntnis
Zweite natürliche Teilung	Lohnarbeit	Ingenieurskünste als Schlüssel zu den inventiven Kompetenzen	Philosophische Formen theoretischer Erkenntnis
Dritte natürliche Teilung	do-it-yourself	Wissenschaftliche Kompetenzen	Dezentrierte Formen theoretischer Erkenntnis

Wir sind mit dieser Theorie in der Lage, Naturzustände zu unterscheiden, die evolutionär sich wandelnde Ausgangsbedingungen für kognitive Lernprozesse festlegen. Doch ein Problem bleibt ungelöst: das Problem, ob es in dieser *Evolution* in der Menschengeschichte der Natur ein Unterscheidungskriterium für evolutive Schritte gibt, das – jenseits des Kriteriums der Komplexität des Naturzustandes, das am Grad der natürlichen Teilung menschlicher Tätigkeiten im Umgang mit der Natur festgemacht ist – eine Entwicklung praktischer Vernunft in der Menschengeschichte der Natur indiziert. Die Frage lautet: Evolviert in der Menschengeschichte der Natur eine praktische Rationalität, die es erlaubt, Gesellschaften nach Maßgabe ihrer praktischen Vernunft im Umgang mit der Natur zu unterscheiden?

Diese Frage geht über die Frage nach den kognitiven Lernprozessen hinaus. Sie fragt nach dem, was kognitive Lernprozesse von Gesellschaften antreibt. Sie fragt nach den Formen gesellschaftlicher Praxis, die kognitive Lernprozesse in Gang setzen, ihnen eine bestimmte Richtung geben, sie begrenzen oder gar blockieren. Man könnte die Geschichte des Umgangs mit der Natur auf eine Eigendynamik *theoretischer Neugierde* zurückführen. Man könnte sie auch auf einen Zwang zur *Vermehrung des Reichtums* der Gesellschaft zurückführen. Beide Faktoren spielen in kognitiven Lernprozessen immer eine Rolle. Sie stellen die beiden Pole praktischer Gesichtspunkte dar, die die Verwendungszusammenhänge des Wissens über die Natur bestimmen.

Welcher dieser Mechanismen auf den verschiedenen Niveaus natürlicher Teilung dominiert, bleibt im Rahmen einer Theorie der Menschengeschichte der Natur kontingent. Die Unterscheidung von Naturzuständen am Maßstab natürlicher Teilung läßt offen, welcher dieser beiden Mechanismen gesellschaftlicher Lernprozesse das Verhältnis der Gesellschaft zur Natur regelt. Man muß also nach weiteren theoretischen Gesichtspunkten suchen, die die Erklärungskraft einer Theorie der Menschengeschichte der Natur erhöhen.

Das Ergebnis dieser an Moscovici (1982) anknüpfenden Überlegungen deutet daraufhin, daß diese Geschichte nicht als ein unilinearer, universaler kognitiver Lernprozeß gesehen werden darf, daß diese Geschichte vielmehr als die Gesamtheit raum/zeitlich zu verortender kognitiver Lernprozesse gesehen werden muß. Die funktionale Differenzierung inventiver Tätigkeiten (die »natürliche Teilung«) ist jedoch die einzige in dieser Theorie vorgesehene Möglichkeit, die Einheit dieser Menschengeschichte zu benennen. Diese Theorie beschreibt die Menschengeschichte der Natur als eine Abfolge von Naturzuständen, die ihre sequentielle Reproduktion der selektiven Stabilisierung von natürlichen Kategorien, der selektiven Stabilisierung von funktional differenzierten inventiven Tätigkeiten verdanken. Der Menschengeschichte der Natur wird damit ein evolutiver Prozeß unterstellt, der seine Einheit dem Wachstum und dem Ausmaß von Wissen über die Natur verdankt.

Die Unterscheidung eines *elementaren*, *organischen*, *mechanischen* und *kybernetischen* Naturzustandes ist mit den Kriterien »Grad der natürlichen Teilung« und »Komplexität des Naturzustandes« zureichend begriffen. Doch diese Unterscheidung gibt kein Kriterium für die praktische Rationalität her, die in diesen Naturzuständen möglich gemacht wird. Diese Abfolge zeigt nur, daß mit zunehmender natürlicher Teilung die Frage einer praktischen Vernunft bzw. Unvernunft im Umgang mit der Natur sich

in zunehmend verschärfter Weise stellt. Je mehr wir über Natur wissen, umso relevanter wird die praktische Vernunft, die festlegt, wie wir mit diesem Wissen umgehen sollen.
Folgende drei Annahmen über eine in dieser Geschichte stattfindende Entwicklung weisen in diese Richtung:

– Das Verhältnis des Menschen zur Natur wird entzaubert. Nicht mehr die Natur als solche, sondern die von den Menschen gemachte Natur erscheint als die bedrohliche Welt, die den Alltag der Menschen bestimmt.
– Der Bereich der Natur, der dem menschlichen Handeln zugänglich wird, wird ausgedehnt. Es entsteht eine zunehmende gegenseitige Abhängigkeit von Mensch und Natur.
– Die Erkenntnis der Natur wird im Wissenschaftssystem monopolisiert. Es entsteht eine zunehmende Abhängigkeit der Menschen von den Spezialisten, die das gesellschaftliche Wissen über Natur reproduzieren.

Die klassischen evolutionstheoretischen Trendannahmen[38] verlieren in dieser Deutung der Menschengeschichte der Natur ihren »progressistischen« Gehalt. Diese Trendannahmen halten die Frage offen, ob es sich bei der in der Theorie einer Menschengeschichte der Natur unterstellten Abfolge von Naturzuständen um einen »Fortschritt« handelt oder nicht. »Fortschritt« ist ein Begriff, der sich auf das Fortschreiten von Lernprozessen bezieht. Doch der Grad dieses Fortschreitens ist relativ unerheblich für den evolutionären Gang der Menschengeschichte der Natur. Sie ist indifferent im Hinblick auf die kognitiven Fähigkeiten, die sich in Gesellschaften ansammeln. Eine Theorie sozialer Evolution nimmt Lernprozesse als bloßes Faktum, das sich ereignet.
Damit ist eine eigentümliche Ambivalenz in Moscovicis Theorie eingebaut. Sie trennt sich einerseits von der produktivistischen Betrachtungsweise von Marx und bleibt ihr doch zugleich noch verhaftet. Das motiviert zu einem radikaleren Bruch mit Marx (bzw. mit den an ihn anschließenden Theoretikern). In der Differenzierung inventiver Tätigkeiten findet – das ist die Kernannahme der folgenden Überlegungen – über die funktionale Differenzierung inventiver Tätigkeiten hinaus eine *soziale Evolution der praktischen Vernunft* statt. Die Theorie der funktionalen Dif-

38 Zu den klassischen Beschreibungen von evolutionären Trends in der Evolution des Wissens siehe Piaget (1975b). Zu früheren Adaptationen, die hier korrigiert werden, vgl. Eder (1976).

ferenzierung von Tätigkeiten läßt sich als eine Sonderform einer Theorie der sozialen Evolution der praktischen Vernunft begreifen: als eine Theorie, die die *Praxis* des Umgangs mit der Natur auf *Poiesis* reduziert.

Poiesis hat mit dem zu tun, was in einer Gesellschaft als für das Überleben notwendig, als »nützlich« gesehen wird. Poiesis beinhaltet ein Modell von menschlicher Tätigkeit, das der utilitarischen Vernunft verpflichtet ist. *Praxis* dagegen unterstellt inventive Tätigkeiten, die ein Wissen implizieren, das nicht unbedingt »nützlich« sein muß. Der Begriff praktischer Vernunft ergibt sich daraus, daß die inventiven Tätigkeiten, die einen Naturzustand konstituieren und reproduzieren, immer zugleich kommunikative Prozesse sind, daß sie Ausdruck einer »kollektiven Vernunft« sind.[39] Eine Theorie praktischer Vernunft im Umgang mit der Natur muß in der historischen Empirie unterscheiden können zwischen evolutiven Prozessen, in denen diese praktische Vernunft zum Zuge gekommen ist, und solchen evolutiven Prozessen, in denen versucht wird, das »poietische« (oder »produktivistische«) Modell[40] einer utilitarischen Kultur an die Stelle des praktischen Modells einer kommunikativen Kultur zu setzen.

Der praktische Verwendungszusammenhang kognitiven Wissens muß eine *theoretische Vernunft* irritieren, die sich – wie in den klassischen Evolutionstheorien – selbst als Ergebnis eines Fortschritts zu begründen sucht.[41] Dieser Irritation entkommt die theoretische Vernunft erst, wenn sie sich selbst als Teil dieses Verwendungszusammenhanges begreift. Eine solche Einstellung

39 Das Konzept einer Evolution der kollektiven Vernunft hat Toulmin (1983) entwickelt. Er macht den systematischen Versuch, den theoretischen Wandel mit den Veränderungen in den intellektuellen Disziplinen und Professionen zusammenzubringen. Das ist einer der interessantesten Versuche, Ideenevolution soziologisch zu interpretieren. Mit anderen Intentionen, aber in der Form ähnlich, Bachelard (1978).

40 Zu solchen Zusammenhängen zwischen Denken/Wissensformen und Differenzierung unbefriedigend Luhmann (1981).

41 Die Kritik der theoretischen Vernunft beschreibt nicht mehr nur ein theoretisches, sondern ein methodologisches Bewußtsein. Dieses Bewußtsein setzt die Evolution des Wissens unter restriktivere Rahmenbedingungen. Jedes Wissen muß sich nicht mehr nur in Relation zur Erfahrung, sondern auch im Hinblick auf seine Erzeugungsbedingungen begründen lassen. Dies ist der Beginn einer neuartigen sozialen Geschichte der Natur. Kant ist also nicht das Ende der Evolution des theoretischen Geistes, sondern der Anfang einer neuartigen Evolution, in die sich die soziologische Analyse selbst als ein Teil einreihen läßt. Als ein Beispiel für die Radikalisierung dieser Intention siehe Toulmin (1983).

transformiert sie in eine *desillusionierende Vernunft*[42]. Eine an diesem Interesse orientierte Deutung evolutionärer Prozesse sucht nicht das Ziel evolutionärer Prozesse zu identifizieren, sondern zu zeigen, in welchem Maße in diesen Prozessen die Möglichkeit von Rationalität und Irrationalität eröffnet wird. Diese Einstellung bietet sich gerade bei der modernen Gesellschaft an, die das theoretische Wissen selbst zu einer Ideologie (Habermas 1968), das theoretische Wissen zu einem Mechanismus der ideologischen Reproduktion der Gesellschaft gemacht hat. Eine kritische theoretische Vernunft muß sich dieser sozialen Funktion immer vergewissern, und das heißt, eine soziologisch aufgeklärte Reflexivität in die theoretische Vernunft einbauen.

Diese Desillusionierung kann gerade an der Vernunft ansetzen, die der moderne kybernetische Naturzustand für sich reklamiert. Diese Vernunft läßt sich auf den Begriff einer *ökologischen Vernunft* bringen. Die moderne Gesellschaft hat ihre kognitiven Lernprozesse auf der Grundlage der dritten natürlichen Teilung soweit vorangetrieben, daß sie das historisch bislang komplexeste Naturverhältnis hat herstellen können. Sie hat damit zugleich den Anspruch einer Herrschaft über die Natur reklamiert. Das hat dazu verführt, das moderne gesellschaftliche Naturverhältnis als Ergebnis einer *natürlichen Evolution* zu deuten. Die Geschichte des gesellschaftlichen Naturverhältnisses konnte auf etwas, das der Natur nahesteht, nämlich Anpassung, Kampf ums Überleben, Selektion usw., reduziert werden. Praktische Vernunft im Umgang mit der Natur ist diesem theoretischen Blick als eine dem modernen Wissensstand nicht mehr adäquate, als eine längst überholte Sichtweise erschienen.

Doch diese Beschreibung der Menschengeschichte der Natur in der modernen Gesellschaft unterschlägt – und das ist der Ansatzpunkt einer desillusionierenden Analyse des modernen gesellschaftlichen Naturverhältnisses – die Möglichkeit *praktischer Un-*

42 Die Radikalisierung der Kantschen Kritik ist, wie oben bereits angedeutet, die soziologische Kritik der theoretischen Erkenntnis. Dazu jetzt Bourdieu (1984), der den Homo Academicus einer solchen erkenntniskritischen Analyse mit soziologische Mitteln unterzieht. Das Programm dieses Buches nennt sich auch explizit eine soziale Kritik der theoretischen Vernunft. Implizit wird hier natürlich eine soziale Konstitutionstheorie der theoretischen Vernunft unterstellt. Die Probleme eines Primats der praktischen über die theoretische Vernunft sollen hier allerdings nicht explizit angesprochen werden. Dieser Primat ergibt sich hier aus der Argumentation selbst.

vernunft im Umgang mit der Natur. In dem Maße, wie das gesellschaftliche Naturverhältnis als jenseits der praktischen Vernunft gesehen wird, gerät auch die mögliche praktische Unvernunft aus dem Blick. Und das entzieht ein historisch je spezifisches Naturverhältnis der Kritik der praktischen Vernunft. Das Ergebnis ist der Triumph der utilitarischen Vernunft in der europäischen Moderne, die die praktische Vernunft gegenüber irrationalen Verwendungszusammenhängen der praktischen Vernunft machtlos gemacht hat.

Die Ursachen dieser speziellen sozialen Evolution der praktischen Vernunft hängen mit einer besonderen gesellschaftlichen Verwendungsweise des inventiven Wissens zusammen, die das Ende der zweiten natürlichen Teilung gekennzeichnet hat und zur Hypothek für die praktische Rationalität eines Naturzustandes auf dem Niveau der dritten natürlichen Teilung geworden ist. Die Ausdifferenzierung der Tätigkeiten des Ingenieurs aus den handwerklichen Tätigkeiten hat zu einer Entwertung der handwerklichen Tätigkeiten geführt, die im 19. Jahrhundert dann real greifbar geworden sind. Es entsteht der »Arbeiter«.[43] Die Tätigkeit des Handwerkers wird mechanisiert. Er verliert seine ihn auszeichnenden Fähigkeiten zunehmend an die von den Ingenieuren erfundenen Maschinen. Die Geschichte der Proletarisierung ist – was den Wandel der Tätigkeit anbelangt – die Geschichte der industriellen Transformation und Entwertung der Handwerkertätigkeit. Arbeit wird zu ponos, zur Last, die getragen werden muß. Die Natur wird zum feindlichen Gegenüber, dem diese Last zugeschrieben wird. Die Konturen der spezifischen praktischen Vernunft, die das moderne Verhältnis zur Natur bestimmt, zeichnen sich hier ab.[44] Die praktische Vernunft im Umgang mit der Natur erfährt eine folgenreiche Reduktion auf eine produktivistische Vernunft. Sie wird zur utilitarischen Ver-

43 Dieser Prozeß der Herauslösung des kleinen Handwerks und seiner Proletarisierung sind bereits von Marx am Beispiel des Verlagswesens diskutiert worden. Der »Arbeiter« ist eine Kategorie, die erst in diesem Prozeß der Auflösung des Handwerks entsteht. Vgl. zu diesem Themenbereich Stürmer (1979). Zu neueren Forschungen zur Protoindustrialisierung siehe Medick (1977).

44 Das hat Folgen für die Diskussion des Arbeitsbegriffs. So ist zweifelhaft, ob der Arbeitsbegriff wirklich eine Schlüsselkategorie der Gesellschaftsanalyse ist, wie Offe (1983) meint. Denn er unterschlägt mit der Reduktion auf Lohnarbeit gerade die über die Vergesellschaftung der Natur entstandenen Anteile an der »Arbeit«. Der Facharbeiter ist die späte Wiederaufwertung dieser Rolle.

nunft, die den praktischen Umgang mit der Natur auf den bloßen Nutzen, den sie hat, gründet.

Wir sehen inzwischen, daß die utilitarische Vernunft, die mit dem kybernetischen Naturzustand der modernen Gesellschaft einhergeht, mit der Entstehung einer *praktischen Unvernunft* im Umgang mit der Natur verbunden ist. Und es hat den Anschein, als ob der – aktuell sich ausbreitende – Diskurs über *ökologische Vernunft* diese Unvernunft nicht korrigiert, sondern ihr nur eine euphemistische Ausdrucksform hinzufügt. Die Menschengeschichte der Natur kann zwar mit dem Übergang vom mechanischen zum kybernetischen Naturzustand der modernen Gesellschaft auf eine eindrucksvolle Geschichte kognitiver *Dezentrierung* verweisen, die unser Wissen über die Objektwelt vorangebracht hat. Auf der anderen Seite wird die Kontrolle der Menschengeschichte der Natur zunehmend ein Problem. Die Folgen des mechanischen und des sich abzeichnenden kybernetischen Naturzustandes sind offensichtlich immer schwerer kontrollierbar.

Die Theorie einer Menschengeschichte der Natur zwingt also dazu, den Blick zurück auf die Gesellschaft und die sozialen Bedingungen praktischer Vernunft im Umgang mit der Natur zu richten.[45] Doch sie kann sich nicht einfach affirmativ auf diese Gesellschaft beziehen. Das versperrte nur den Blick auf die in der Gesellschaft verkörperte Unvernunft. Sie kann nicht einfach die in den Umgang mit der Natur eingegangene praktische Rationalität zum Kriterium einer sozialen Evolution der praktischen Vernunft erheben.

Welches praktische Rationalitätspotential in einem gesellschaftlichen Naturzustand freigesetzt wird, hängt mit den *moralischen Lernprozessen* zusammen, die parallel zu den *kognitiven Lern-*

45 Dieser Blick zurück hat weitreichende methodologische Konsequenzen. Er zwingt zu einer neuen Variante *theoretischer Vernunft*. In der alten Variante besteht diese theoretische Vernunft in der *apriorischen* Kritik der praktischen Vernunft. In der neuen Variante besteht die theoretische Vernunft in der *sozialen* Kritik der praktischen Vernunft. Die apriorische Vernunft zerreißt den Zusammenhang zwischen Natur und Gesellschaft. Sie sucht die Grundlagen der praktischen Vernunft in einer transzendentalen Natur. Die soziale Kritik der praktischen Vernunft macht diesen Zusammenhang wieder sichtbar. Sie zeigt, daß die Gesellschaft im Umgang mit der Natur dazu gezwungen wird, die Verwendungsbedingungen ihres Wissens zu thematisieren – und damit die Frage nach der praktischen Rationalität der ihr zugrundeliegenden Gesellschaft zu stellen.

prozessen in einer Gesellschaft ablaufen. Moralische Lernprozesse sind ein Mechanismus der Korrektur jener praktischen Vernunft, die in einem gesellschaftlichen Naturverhältnis ausgebildet worden ist. In der sozialen Evolution der praktischen Vernunft evolvieren also nicht nur die *objektiven Bedingungen* praktischer Rationalität, sondern auch die *moralischen Ansprüche* an praktische Rationalität.[46] Erst wenn wir diese Doppelstruktur einer Theorie der sozialen Evolution der praktischen Vernunft theoretisch fassen können, wird es möglich, den Widerspruch zwischen der in einem gesellschaftlichen Naturzustand hergestellten praktischen Rationalität und dem moralischen Anspruch einer Gesellschaft an sich selbst zu identifizieren. Und erst dann sind wir in der Lage, eine *soziale Kritik* der praktischen Rationalität eines gesellschaftlichen Naturverhältnisses durchzuführen.

Praktische Rationalität und Gesellschaft

Formen der Moral und moralisches Lernen

So wenig wie irgendeine Gesellschaft ein Privileg auf praktische Vernunft im Umgang mit der Natur hat, so wenig besitzt irgendeine Gesellschaft auch ein Privileg auf praktische Vernunft in der Gestaltung der gesellschaftlichen Verhältnisse. Zwar hat die moderne Gesellschaft den Anspruch erhoben, eine Verkörperung der praktischen Vernunft zu sein. Doch bereits die Ideologiekritik des 19. Jahrhunderts hat diesen Anspruch in Frage gestellt. Und die aktuelle Kritik an der praktischen Vernunft, daß sie vor der Unvernunft kapituliert, hat diesen Anspruch noch weiter ins Wanken gebracht. Wir sind uns zunehmend weniger sicher, daß die moderne Gesellschaft eine *praktische Rationalität* verkörpert. Eine Theorie der sozialen Evolution der praktischen Vernunft kann deshalb nicht auf eine Theorie aufgebaut werden, die in der modernen Gesellschaft die Verkörperung einer höchsten Form der praktischen Vernunft sieht. Sie kann die moderne Gesell-

46 Die Menschengeschichte der Gesellschaft, im Unterschied zur Menschengeschichte der Natur, eine Unterscheidung, die Moscovici (1982), S. 447ff., getroffen hat, betrifft nicht die Teilung von Fähigkeiten, sondern die Verteilung von Chancen kommunikativer Teilhabe.

schaft nur an den *moralischen* Maßstäben messen, die sie selbst hervorgebracht hat.

Die gesellschaftliche Produktion solcher moralischer Maßstäbe setzt die Analyse und Rekonstruktion moralischer Lernprozesse in Gesellschaften voraus, die sich hinsichtlich ihres »Naturzustandes« unterscheiden. Eine solche Analyse und Rekonstruktion moralischer Lernprozesse setzt an den sozialen Erzeugungs- und Verwendungszusammenhängen moralischer Gesichtspunkte an. Jede Gesellschaft kennt unterschiedliche Formen und Ebenen der Produktion und Reproduktion einer moralischen Ordnung. Jede Gesellschaft kennt eine selbstverständliche *Alltagsmoral* (den common sense). Jede Gesellschaft kennt darüber hinaus eine *institutionelle Moral* (das Recht). Und jede Gesellschaft kennt eine *intellektuelle Moral* (eine Ethik). Diese Formen der Produktion und Reproduktion einer moralischen Ordnung lassen sich systematisch danach unterscheiden, auf welcher Stufe der *Ontogenese* der Moral sie einsozialisiert und reproduziert werden.[47]

Präkonventionell geregelte soziale Ordnungen sind dadurch gekennzeichnet, daß sich die Geltung von Normen aus der Logik der Situation ergibt. Jedes »falsche« Handeln wird als Bruch einer natürlichen Ordnung betrachtet. Sie wird durch Ausgrenzung und Stigmatisierung des Täters wiederhergestellt. *Konventionell* geregelte soziale Ordnungen sind dadurch gekennzeichnet, daß die Geltung einer Norm in einer gesellschaftlichen Macht gesucht wird. Dieser moralische Code impliziert einen moralischen Dualismus. Es gilt, diejenigen, die sich »richtig« verhalten, von solchen, die durch Sünde, Verbrechen und Schuld gekennzeichnet sind, zu unterscheiden. *Postkonventionell* geregelte soziale Ordnungen liefern Begründungen für die Geltung einer Moral, die aus dem Konsens oder der Übereinstimmung der Beteiligten abgeleitet wird. Die postkonventionell geregelte soziale Ordnung unterscheidet sich von konventionell geregelten sozialen Ordnungen dadurch, daß der Geltungsgrund von Normen in Prinzipien, nicht im status quo verankert wird. Ein allgemeines Gesetz, ein »Prinzip«, begründet die normative Kraft moralischer Regeln.

Dieser Zusammenhang erlaubt es, analytisch drei Typen der Pro-

47 Die Unterscheidung von moralischen Ansprüchen und institutionalisierten moralischen Ordnungen ist zentral für die Überlegungen zum Verhältnis von moralischen Lernprozessen und sozialer Evolution der praktischen Vernunft.

duktion und Reproduktion einer moralischen Ordnung zu konstruieren: eine praktische *Alltagsmoral*, in der konkrete Gegenseitigkeit gefordert ist, eine *Gesetzesmoral*, die Gehorsam gegenüber Gesetzen fordert, und eine *Ethik*, die moralisches Verhalten unter einen kollektiven (also diskursiv einzulösenden) Begründungszwang setzt.

Der Typus der *praktischen Alltagsmoral* befähigt dazu, eine vorgegebene Ordnung zu reproduzieren. Er setzt Selbstverständlichkeiten voraus, eine quasi-natürliche Geltung von normativen Regeln. Solche moralischen Anschauungen hat Thompson am Beispiel der plebejischen Schichten im vorindustriellen England beschrieben und in einer geglückten Formulierung »moral economy«[48] genannt. Diese »moral economy« beruht letztlich auf der Regel der Gegenseitigkeit. Gegenseitige Hilfe verpflichtet. Die Formel des »wie du mir, so ich dir« ist charakteristisch für diese Auffassung. Diese Moral bleibt an konkrete Interaktion gebunden. Das ist wohl auch der Grund, warum diese Moralvorstellung einfachen Gesellschaften zugeschrieben worden ist. Die Dominanz konkreter Interaktion, die dem Ethnographen einfacher Gesellschaften auffällt, hat dann zur Behauptung eines spezifisch »primitiven« Moralbewußtseins geführt. Diese Behauptung ist jedoch nur solange aufrechtzuerhalten, wie man rechtlich geregelte Verpflichtungsverhältnisse und die ethischen Spezialisten dieser Gesellschaften systematisch aus der Analyse ausblendet.

Die *Gesetzesmoral* befähigt eine Gesellschaft dazu, Normen kraft der ihnen zugeordneten Autorität durchzusetzen. Es gibt keine Differenz zwischen rechtlichen und moralischen Normen. Diese Moral dient vor allem der normativen Integration der Gesellschaft.[49] Die Formel »gebt dem Kaiser, was des Kaisers ist« kenn-

48 In der Geschichtswissenschaft sind dazu Ansätze vorhanden, insbesondere die in Frankreich entwickelten Versuche zu einer historischen Psychologie oder »histoire des mentalités collectives«. Vgl. u. a. Mandrou (1975) oder Sprandel (1972), die diese Alltagsmoral zum Gegenstand historischer Rekonstruktion gemacht haben. Dieser Gegenstand kann mit dem Begriff des »common sense« umgangssprachlich umschrieben werden. Moral economy ist der Begriff, mit dem Thompson (1971) die Alltagskultur der in den Modernisierungsprozeß hineingezogenen englischen plebejischen Schichten charakterisiert hat. An dem von Leach (1984) geprägten Begriff einer »practical religion«, der die praktische Religion von der ethischen Religion unterscheidet, wird dieses Phänomen ebenfalls deutlich. Zur Psychologie dieses moralischen Denkens vgl. Shewder (1984).

49 Die Differenzierung von Recht und Moral ist in traditionalen Gesellschaften

zeichnet die traditionalistische Variante dieser Grundeinstellung. In einfachen Gesellschaften ist diese Funktion in die Verpflichtungen, die sich aus dem Tausch und der Heirat ergeben, eingebaut. In modernen Gesellschaften wird diese Funktion der normativen Integration durch die bloße Existenz des Gesetzes hergestellt. Das Gesetz wird zum Mechanismus der Selbsterhaltung des Rechtssystems.[50]

Der Typus der Moral, der auf postkonventionellem Niveau einsozialisiert und reproduziert wird, sprengt tendenziell den Rahmen einer sozialen Ordnung. Ihre Träger sind, wie Max Weber das genannt hat, »ethische Spezialisten«.[51] Der »Ethiker« hat in allen Gesellschaften einen prekären Status: Er erhält einen Freiraum und ist doch zugleich in einem besonderen Maße für die Gesellschaft verantwortlich. Als ethischer Spezialist, als Ritualist, als Heiliger oder als Philosoph existiert er in allen Gesellschaften. Die Konzeptionen der großen Propheten (Buddha, Jesajah, Jesus, Zoroaster, Lao-Tse) und die Konzeptionen philosophierender Schamanen sind gleichermaßen Konzeptionen einer postkonventionellen Moral.[52]

Ethische Spezialisten konstruieren Systeme allgemeiner moralischer Vorstellungen, also *Ethiken*, jenseits konventioneller moralischer Regeln. Dieses ethische Spezialistentum wird erst in kom-

noch nicht möglich. Die einer sozialen Ordnung zugeschriebene Heiligkeit ist unumgänglich, solange die Mitgliedschaft autoritativ zugeschrieben wird. Vgl. Eder (1973, 1976).

50 Die dem Recht eigentümliche praktische Rationalität ist die Sicherstellung des Gehorsams, also ein Legalitätsglaube. Dieser Legalitätsglaube ist typisch für traditionale Gesellschaften, gemäß der Regel: was gilt, das gilt. Es gibt ihn auch in modernen Gesellschaften, mit dem Unterschied, daß der Legalitätsglaube und der Legitimitätsglaube differenziert worden sind. Die soziale Welt der Moderne läßt sich nicht mehr auf rechtliche Regelungen reduzieren. Diesen Funktionswandel des Rechts muß man in strukturellen Rekonstruktionen der Rechtsentwicklung berücksichtigen, will man nicht positive oder negative Hypostasierungen von Rechtsregeln und Rechtssystemen produzieren.

51 Zu Webers Theorie des ethischen Spezialistentums vgl. Schluchter (1980). Zum Spezialfall der chinesischen Literaten vgl. Weber-Schäfer (1984). Zur Prophetie im Frühbuddhismus Obeyesekere (1984), in der antiken Gnosis Kippenberg (1981), im paulinischen Christentum Meeks (1985).

52 Zu den hochreligiösen Traditionen zusammenfassend Smart (1971). Eine interessante Deutung der neokonfuzianischen Ontologie findet sich bei Wei-ming (1983). Zimmer (1973) gibt eine rationale Deutung der indischen Philosophie. Vgl. besonders Zimmer (1977), S. 19. Zu einer an Weber anschließenden soziologischen Analyse und Deutung dieser Traditionen vgl. Schluchter (1981, 1983, 1984, 1985).

plexeren Gesellschaften ausdifferenziert. Der Individualismus der Florentiner Humanisten, der Stoiker in der römischen Antike, der Neokonfuzianisten in China und der bhakti-Bewegung in Indien sind Ansätze zu einer Ethik, die sich aus der religiösen Tradition herauszulösen sucht (diejenigen, die solche Ethiken verfochten haben, sind nicht grundlos des Atheismus beschuldigt worden!). Im Nominalismus wird diese Konsequenz am radikalsten gezogen. Mit der Zerstörung des aristotelisch-thomistischen Weltbildes ist die Einheit von Gott und Welt, von übernatürlicher und natürlicher Ordnung aufgebrochen worden. Damit ist der Weg zu einer ethischen Konzeption freigeworden, in der die Begründung einer moralischen Ordnung im Willen des Menschen lokalisiert wird. Eine moralische Einstellung dieses Typus erfordert, daß das Befolgen positiver Normen oder das kontextgebundene Verhalten einer »rationalen« Begründung bedarf. Situationsadäquates Handeln ist nicht mehr konventionell abgesichert. Es folgt allgemeinen »Prinzipien«.[53]

Der Typus prinzipienorientierter Moralsysteme ist die höchste Stufe der Moral, die in gesellschaftlichen Lernprozessen erreicht werden kann. Die Träger dieser Moralstufe sind individualisierte, autonom handelnde Subjekte.[54] Dieses Individuum findet sich nicht nur in der Moderne. Der hochreligiöse Asket, der Schamane oder der Medizinmann sind gleichermaßen in der Lage, eine solche Moral zu reproduzieren.

Die Alltagsmoral ist dadurch gekennzeichnet, daß die Grenzen der sozialen Welt mit den Grenzen eines Interaktionszusammenhanges zusammenfallen.[55] Die Gesetzesmoral repräsentiert eine moralische Ordnung, deren Grenzen durch sprachliche Zugehörigkeit oder andere rechtlich definierte Kriterien bestimmt sind. Der Begriff der moralischen Ordnung wird mit dem Begriff des

53 Die autonome Moral der Moderne findet sich vor allem in Kants Kritik der praktischen Vernunft expliziert. Auch hier zählt nicht Verständlichkeit, sondern die Kommunikation von Verständlichkeit.

54 Kritik als Form der praktischen Vernunft setzt die Evolution der praktischen Vernunft, aber auch die Evolution des common sense unter neuartige Anforderungen.

55 Der Interaktionsbegriff ist deshalb ebenso unzureichend wie der Arbeitsbegriff (Habermas 1968). Der Grund dafür ist ganz einfach: Diese Begriffe können nicht die Gesellschaft als ein »phénomène social total« fassen. Sie wurden nicht zufällig durch die Begriffe »System« und »Lebenswelt« verdrängt.

Rechtsverbandes koextensiv.[56] Die ethisierte Moral identifiziert die Grenzen der moralischen Ordnung mit dem Menschsein als solchem. Der Grenzfall dieser ethisierten Moral wird der Umgang mit den Tieren. Diese Formen der Moralisierung sozialer Beziehungen lassen sich als Stufen moralischer Lernprozesse verstehen.[57] Sie kennzeichnen »Stufen« einer *Ontogenese* von Gesellschaftssystemen in der Dimension der Moral.

Moralische Lernprozesse gründen auf Typen kultureller Praktiken, auf Typen der kollektiven Moralisierung einer sozialen Ordnung. Diese *konstruktive Tätigkeit* der Produktion und Reproduktion von sozialer Ordnung kennzeichnet gleichermaßen die alltägliche, die institutionalisierte und die ethische Praxis des Umgangs mit sozialen Normen.[58] Ausgangspunkt einer Rekonstruktion moralischer Lernprozesse von Gesellschaften sind also *konstruktive Tätigkeiten* der Erzeugung kollektiv geteilter moralischer Vorstellungen. Diese Betonung des konstruktiven Aspekts gegenüber dem normativen Aspekt in der sozialen Reproduktion von sozialer Ordnung impliziert, daß es sich bei moralischen Lernprozessen von Gesellschaften nicht um die Entwicklung so-

56 Das bedeutet auch, daß rechtssoziologisch ansetzende Gesellschaftstheorien nicht allgemeine Theorien gesellschaftlicher Entwicklung begründen können. Sie sind andererseits aber eine konstitutive Ebene in Prozessen gesellschaftlicher Entwicklung.

57 Das folgende Schema moralischer Ordnungen hat ebenso wie das Schema unterschiedlicher Wissensformen nur klassifikatorische Funktion. Es ordnet nach Maßgabe ihrer individuellen Reproduzierbarkeit:

Moralische Welten	Ontogenetische Stufen
Alltagsmoral (konkrete Reziprozität)	präkonventionell
Rechtsmoral (Gesetzesgehorsam)	konventionell
Universale Moral (ethisches Bewußtsein)	postkonventionell

Diese Klassifikation darf nicht auf die Unterscheidung von primitiven, traditionalen und modernen Gesellschaften projiziert werden. Daß primitive Gesellschaften sich auf interaktionsnahe Kommunikation reduzieren lassen, ist ebenso eine problematische Annahme wie die Annahme, daß moderne Gesellschaften durch eine universalistische Moral gekennzeichnet seien.

58 Zur Unterscheidung von »konstruktiver« Tätigkeit und »institutioneller« Praxis in der Produktion und Reproduktion der Gesellschaft vgl. Eder (1985a). Zur theoretischen Begründung, auf die ich mich besonders stütze, vgl. Touraine (1973).

zialer Ordnungen, sondern um die Entwicklung von moralischen Vorstellungen über eine soziale Ordnung handelt. Moralisches Lernen heißt nichts anderes, als mit moralischen Vorstellungen über eine soziale Ordnung in einer zunehmend reflexiven Weise umgehen zu können.

Um moralische Lernprozesse von Gesellschaften zu rekonstruieren, muß man sich gleichermaßen auf die Geschichte der *praktischen Moral*, also die Geschichte von Sitte und Brauchtum wie auf die Geschichte des *Rechts* wie auf die Geschichte von philosophischen und religiösen *Ethiken* einlassen. Diese unterschiedlichen »Geschichten« bilden das Material einer systematischen Rekonstruktion moralischer Lernprozesse. Die Geschichte der praktischen Alltagsmoral zeigt, auf welche impliziten moralischen Regeln eine Gesellschaft angewiesen ist, um sich reproduzieren zu können. Die Geschichte des Rechts ist eine Art Vermittlungsmoral zwischen dem, was gewohnheitsmäßig als Recht empfunden, und dem, was abstrakt als das Gute und Richtige definiert wird. Das, was als das Richtige und Gute definiert wird, ist der Gegenstand der Geschichte ethischer Vorstellungen über die soziale Welt. Ethische Vorstellungen gibt es in einfachen wie in traditionalen und modernen Gesellschaften. Sie unterscheiden sich in den inhaltlichen Ausdrucksformen, die die jeweilige – durch den je spezifischen gesellschaftlichen Naturzustand bestimmte – Erfahrung der Welt nahelegt.

Moralische Lernprozesse und soziale Evolution

Was moralische Lernprozesse in den verschiedenen Gesellschaften unterscheidet, ist die Komplexität sozialer Beziehungen, die diese Gesellschaften normativ zu regeln haben. Diese Komplexität läßt sich am Grad der Ausdifferenzierung einer ethischen Konzeption von Moral aus der Alltagsmoral und der durch Recht institutionalisierten Moral bemessen. Was diese Ausdifferenzierung vorantreibt, ist die *soziale Teilung* der Menschen in »Klassen«. Diese soziale Teilung trennt zunächst Männer und Frauen. Sie trennt – das charakterisiert eine zweite soziale Teilung – eine politischreligiöse Klasse vom Rest der Gesellschaft. Sie trennt schließlich – und das verweist auf die für moderne Gesellschaften konstitutive dritte soziale Teilung – eine Klasse von ethisch engagierten Bürgern, von »Aufklärern«, von der politisch-religiösen Klasse.[59] Diese dritte soziale Teilung differenziert Kommunikationszusammenhänge aus, die das Tempo und das Ausmaß moralischer Lernprozesse – im universalhistorischen Vergleich gesehen – gewaltig gesteigert haben. Der Gesichtspunkt einer durch soziale Teilungen erzeugten Komplexität gesellschaftlicher Kommunikationszusammenhänge wird deshalb als die evolutionär variierende Kontextbedingung für moralische Lernprozesse von Gesellschaften gesehen.

Die Moral *einfacher Gesellschaften* ist eng an die alltägliche, interaktionsnahe Moralisierung sozialer Beziehungen gebunden. Das hat vor allem damit zu tun, daß die Komplexität dieser Gesellschaften durch das Fehlen von Schrift und damit durch eine begrenzte Informations- und Kommunikationskapazität bestimmt ist. Es sind Gesellschaften, die keine »Ökonomie« besitzen. Denn produktive Tätigkeit hat nur das Ziel, den Eigenbedarf zu decken. Der »primitive« Mensch produziert für sich allein. Solche Gesellschaften sind auch Gesellschaften ohne Staat. Politische Macht wird an einen Häuptling nur dann gegeben, wenn es dem Stamm nützt. Das Wort des Häuptlings hat keine Gesetzeskraft. Die Gesellschaft nutzt nur die technischen und organisatorischen Fähigkeiten des Häuptlings, sein Rednergeschick, seinen Mut, für ihre Zwecke aus. Die Beziehung zum Häuptling ist utilitarischer Natur.[60] Die moralische Regel, die diese soziale Ordnung dominiert, ist die des »you scratch my back – I'll scratch your

59 Der Begriff der sozialen Teilung meint die Differenzierung nach Ständen und Klassen. Er ist analog zum Begriff der natürlichen Teilung konzipiert, die die Teilung nach Fähigkeiten und Fertigkeiten meint. Der Klassenbegriff kann mit diesem theoretischen Konzept verallgemeinert werden und aus der spezifischen Verankerung in die europäische Moderne herausgelöst werden. Die Teilung des Kommunikationssystems Gesellschaft in Klassen meint die Aufteilung von kommunikativen Kontexten, die untereinander durch (positive oder negative) Ausschließungsregeln verbunden sind. Bourdieu spricht deshalb auch von Klassifikation als dem zentralen strukturbildenden Mechanismus der Gesellschaft (Bourdieu 1982, 1985). Klassifikation ist Medium und Ergebnis sozialer Teilung.

60 Zu dieser Charakterisierung einfacher Gesellschaften vgl. Sahlins (1972) und Clastres (1976). Zu den methodologischen Problemen des Umgangs mit ethnographischen Daten als Indikatoren für prähistorische Rekonstruktionen vgl. Longacre (1970), S. 20ff. Ein Rekonstruktionsversuch findet sich bei Manduit (1972). Es stellt sich allerdings die Frage, ob für eine Evolutionstheorie dieses Problem überhaupt von Bedeutung ist. Denn eine Evolutionstheorie erklärt nicht, wie es gewesen ist, sondern wie es zu dem kommt, was ist.

back«. Die Ebenen des Rechts und einer legitimierenden Moral bleiben miteinander verbunden. Sie sind für den Prozeß gesellschaftlicher Reproduktion von sekundärer Bedeutung.

Daß einfache Gesellschaften ein *Recht* besitzen, ist oft – besonders wegen der fehlenden politischen Autorität eines Häuptlings – bestritten worden. Dennoch wird diese Gesellschaft – wie jede andere Gesellschaft – auch über rechtlich verbindliche Normen zusammengehalten.[61] Die Prinzipien, die das Recht kennzeichnen, sind Filiation und Heirat. Alle sozialen Beziehungen werden über diese beiden Rechtsprinzipien geregelt. Das Recht dieser einfachen Gesellschaften beruht auf der (konventionellen) Regel konkreter Reziprozität. Sie ergibt sich aus dem Nebeneinander segmentärer Einheiten und der durch Tausch erzwungenen gegenseitigen Verpflichtungen. Die Moral des Rechts trennt dann zwischen denen, denen man positiv verpflichtet ist, und denen, die man bekriegt. Zwischen diesen Polen kann sich dann eine Zone neutraler Reziprozität entwickeln.[62]

Das für diese Moral charakteristische Prinzip der konkreten Reziprozität stabilisiert sich selbst im zeitlichen Ablauf von Geben und Nehmen (etwa im Frauentausch, also in der Zirkulation von heiratsfähigen Frauen zwischen segmentären Gruppen). Diese Reziprozität ist prekär. Ein positiver Zyklus von reziprok aufeinander bezogenen Handlungen kann leicht zusammenbrechen und einen negativen Zyklus in Gang setzen, der oft gewalttätige Formen annimmt.[63] Die Rache, die dann ihren Lauf nimmt, ist nichts anderes als eine pathologische Form der Verrechtlichung einfacher Gesellschaften.

Das hat auch damit zu tun, daß die *praktische Vernunft* nur wenig sozialen Raum für ihre soziale Reproduktion besitzt. Sie ist immer zugleich an die Dominanz alltagspraktischer Probleme und Konflikte gebunden. Ein Beispiel dafür ist das moralische Bewußtsein der Navajo-Indianer. Die praktisch gültigen Navajo-

61 Zur Kritik an dieser Ausblendung vgl. Pospisil (1980). Als konkurrierende rechtstheoretische Analyse einfacher Gesellschaften vgl. Carlston (1968) und Posner (1980).

62 Eine systematische Diskussion der Tauschlogik in einfachen Gesellschaften bietet Sahlins (1963). Eine ausgezeichnete Fallanalyse von Tauschbeziehungen findet sich bei Schwimmer (1973), S. 191ff. Die klassische Analyse ist die des Kula-Ring-Tausches bei den Trobriandern (Malinowski 1978).

63 Dazu Rehfeldt (1954), S. 16ff. Das impliziert auch eine Korrektur früherer Vorstellungen. Siehe Eder (1976), S. 119ff.

Codes sind einerseits individualistisch und egalitär; andererseits sind sie explizit egoistisch und Ausdruck eines utilitarischen Denkens.[64] Gerade an solchen Inkonsistenzen zeigt sich die »Einfachheit« dieser Gesellschaften. Sie müssen ihre Prinzipien moralisch geregelter Kommunikation eng an die Regeln der Alltagsmoral anbinden. Nur dieser Zwang läßt die Moral dieser Gesellschaften dann für den unvorsichtigen Beobachter als »präkonventionell« erscheinen.

In den Mythen dieser einfachen Gesellschaften wird – soweit moralische Fragen thematisiert werden – das Moment der individuellen Machtlosigkeit rationalisiert und durch individuelle Nutzenorientierungen kompensiert, die – innerhalb rituell definierter Grenzen – das Zusammenhandeln auf der Basis der Maximierung des Eigennutzens lösen.[65] Eine Ethik artikuliert sich aber auch in den Begründungen solcher ritueller Regelungen. Im Ritual ist die ethisierte Moral einfacher Gesellschaften jenseits des egoistischen Alltagshandelns und jenseits des Befolgens gesetzter und sanktionierter Regeln verkörpert. Es symbolisiert den Zusammenhang der Menschen mit den anderen Lebewesen. Es signalisiert utopische Lebensformen, Vorstellungen eines guten Lebens.[66]

Diese rituellen Praktiken sind eine bereits gesellschaftlich geprägte und damit historisch deformierte Ausdrucksform der in einer Gesellschaft vorhandenen Moralvorstellungen. Auch in einfachen Gesellschaften findet sich die Differenz von institutionel-

64 Die Prinzipien dieser Moral hat Ladd (1957) folgendermaßen zusammengefaßt:
- The basic prescription is extrinsically teleological in that it enjoins and forbids action in terms of their promoting or averting an end-state of affairs.
- The end in terms of which actions are prescribed is egoistic... the goal of moral action is the personal welfare of the agent (atomic egoism).

Diese Grundprinzipien der gesellschaftlich dominanten Moral fügen sich in eine konsistente ethische Konstruktion des moralischen Weltbildes ein: »The ethics is individualistic and egalitarian, in the sense, that it can be understood and learned by almost everyone; thinking and doing are inextricably interwoven, and there is no conception of an intervening ›will‹, a person's character is determined by a supernatural dispatcher of ›winds‹; persuasion is the accepted means of influencing others, and coercion is neither necessary (when he is not incompetent) nor is it sufficient if he is incorrigible; finally there is a strong ›fatalistic‹ element in the theory of human behavior, which is reflected in the practical attitude toward others.« (Ladd 1957) Diese Ethik ist somit eine auf utilitarischen Prinzipien aufbauende Ethik.

65 Dazu Schneider (1964), S. 180-181; Fortes (1972).

66 Vgl. dazu die Analyse der Eßtabus und ihrer moralischen Implikationen in diesem Band.

ler Form und ethischer Vorstellung. Sie verkörpert sich in der Differenz von Ritual und Mythos. Am Mythos lassen sich jenseits der rituellen »Verzerrungen« eines Modells der ethischen Ordnung der Welt die Grundprinzipien einer Ethik einfacher Gesellschaften ableiten. So hat Henderson[67] an der Geschichte eines afrikanischen Stammes gezeigt, daß dessen religiöse Symbole, soziale Identitäten und Abstammungsklassifikationen »distortions of the model« sind. Er kann hinter diesen verzerrten Ausdrucksformen eine ethische Konzeption rekonstruieren, die sich dem oberflächlichen und verständnislosen ethnologischen Blick entzieht.

Es gibt also keinen Zusammenhang von niedriger Moralstufe und niedriger Komplexität. Niedrige Komplexität der Gesellschaft heißt nur, daß die Kommunikationsmöglichkeiten moralischer Vorstellungen in diesen Gesellschaften beschränkt sind.[68] Das kollektive Moralbewußtsein solcher Gesellschaften muß immer Anschluß an das Gewohnte und Gewußte suchen; und das bedeutet, daß der evolutionäre Druck, das Tempo moralischer Lernprozesse zu erhöhen, gering ist. Diese Bedingung ändert sich erst in den traditionalen Gesellschaften.

In *traditionalen Gesellschaften*, die eine höhere Komplexität aufweisen, werden alltägliche und rechtliche Normen schärfer voneinander getrennt. Das ist die evolutionäre Bedingung dafür, rechtliche Regelungen, also institutionelle Formen von Moral, ins Zentrum gesellschaftlicher Praxis zu stellen. Das Tempo moralischer Lernprozesse nimmt zu, was sich am Ausmaß rechtlicher Kodifizierarbeit ablesen läßt. Auf der Ebene praktisch relevanter Vorstellungen wird eine Orientierung entwickelt, die eine Prämie auf die Erhaltung des status quo setzt. Brauchtum und Sitte werden hierarchisiert; es entstehen konkurrierende Formen von Brauchtum und Sitte, die ihrerseits als Elemente einer umfassenderen sozialen Ordnung gedeutet werden. Im Modell der Hierarchie läßt sich die Einheit der Alltagswelt von Bauern, Kriegern

67 Siehe Henderson (1972), S. 505ff. Es handelt sich bei diesem Werk um eine geglückte Verbindung von genereller Theorie und ethnographisch/historischer Analyse.

68 Diese Behauptung hat weitreichende Umbauten an der Evolutionstheorie zur Folge. Denn sie impliziert, daß weder bloße differenzierungstheoretische Annahmen noch entwicklungslogische Annahmen angemessen sind, eine Theorie sozialer Evolution zu begründen. Siehe dazu auch das Kapitel über »Praxis und Geschichte« in diesem Band.

und Priestern herstellen. Die Erhaltung dieser hierarchischen Ordnung tritt an die Stelle der Reproduktion der weitgehend homogenen Alltagswelten einfacher Gesellschaften.[69]

Das Recht, das auf dieser Stufe der sozialen Evolution entsteht, ist *staatliches Recht*. Nicht mehr die Sippe, sondern der Staat ist die Institution, die rechtliche Normen festschreibt. Recht besteht aus staatlich gesetzten Normen, denen Sippenrecht untergeordnet werden muß. Dieses staatlich gesetzte Recht ist nicht nur Strafrecht, sondern auch Vermögens-, Familien- und Personenrecht. Die gewohnheitsrechtlichen Normen (etwa Blutrache, Gastrecht, Eherecht, Erbrecht) werden einer organisierten Rechtsprechung und Rechtsfindung untergeordnet. Hier dient das Opferorakel, das Befragen der Götter nach dem Recht, als Rechtsfindungsmechanismus. Ordalzeremonien in staatlich organisierten Gerichtsverfahren werden zu einem typischen Element solcher rechtlicher Verfahren. Der Eid vor dem Richter[70] (einem staatlich bestallten Priester oder Beamten) sichert die Wahrhaftigkeit der Aussagen (ein Verfahren, das etwa im frühgermanischen Recht zur Rechtsfindung nicht notwendig war[71]). Zu dieser Reorganisation des Rechtsfindungsprozesses, in dem die Lösung von Interaktionskonflikten an fixen, gesetzten Normen orientiert wird, tritt die Veränderung der Strafzumessung und des Strafvollzugs.[72] Die kriminalisierten Abweichungen nehmen an Zahl zu. Die rechtlich normierte Kriminalisierung sichert die Geltung der gesetzten Normen auch im Abweichungsfall. Beides, Kriminalisierung und herrschaftliche Setzung von Normen, sind interdependente Prozesse.[73]

69 Diese Umstellung ist nicht ohne Probleme gewesen. Vgl. dazu Clastres (1976), Eder (1982b, 1984).

70 Vgl. Schilling (1957), S. 22ff. Hier geht es um traditionale Formen prozeduraler Rationalität, die sich auch im modernen Recht weiter gehalten haben.

71 Dazu Rehfeldt (1954), S. 5f. Man darf dies aber nicht als Entwicklungsdifferenz mißverstehen. Es handelt sich um einen spezifischen Prozeß der Rechtsevolution, der Staatlichkeit gerade nicht voraussetzt.

72 Dieser Aspekt wird oft als Spezifikum hochkulturellen Rechts genannt. Doch wie die Analyse oben gezeigt hat, werden auch gewohnheitsrechtliche Regelungen, die justitia commutativa, in differenzierterer Form zur Lösung von Interessenkonflikten eingesetzt. Das Strafrecht als Wurzel des Rechts zu bezeichnen, setzt voraus, Recht nur unter dem Aspekt herrschaftlicher Sanktionierung zu sehen. Das aber würde ein evolutionär spezifisches Kennzeichen des Rechts zu dessen logischem und universellem Kennzeichen machen.

73 Diese Ambivalenz betont Diamond (1973), S. 188ff., 275ff.

Diamond unterscheidet zwei Perioden der Durchsetzung eines geordneten Verfahrens zur Lösung von Interessenkonflikten und der Durchsetzung eines geordneten Strafrechts: die Periode der »Central Codes« und der »Late Codes«. Central Codes finden sich in afrikanischen Königtümern und im frühen fränkischen und anglosächsischen Recht (dem einzig möglichen historischen Beispiel, da über die Frühgeschichte chinesischen, indischen oder babylonischen Rechts nur wenig bekannt ist). Die Central Codes stellen ein Amalgam archaischen und gesetzten Rechts dar. Die Solidarhaftung für strafrechtliche Tatbestände bleibt partiell weiter bestehen (so kann der Herr eines Sklaven, der Ehebruch begeht, bestraft werden). In der Regel ist jedoch Solidarhaftung auf »privatrechtliche« Tatbestände, etwa auf die Zurückzahlung von Schulden, eingeschränkt.[74]

Die »Late Codes« umfassen die klassischen hochkulturellen Rechtskreise und deren – meist kodifizierte – Rechtsordnung: also chinesische, indische, babylonische, mittelalterliche, römische und islamische Rechtssysteme. In ihnen wird ein law of contracts (noch nicht ein law of contract!) ausgebildet, das jeweils die für partikulare Fälle gültigen Rechtsregeln festlegt. Strafzumessung wird zunehmend nach dem Prinzip des Talion – Aug um Aug, Zahn um Zahn – systematisiert. Dieses »Prinzip« erweist sich jedoch als nur schwer durchführbar. Entscheidend wird der Sühnegedanke, der im Verhältnis zu der individuell zu verantwortenden Tat Strafen zurechnet. Das Prinzip des Talion besagt nur, daß der Tat eine durch das Maß der Schuld bestimmte Strafe entsprechen muß.

Diese Veränderungen haben einen gesteigerten Legitimationsbedarf des Rechts zur Folge. Die autoritative Setzung des Rechts, die sich aus den eingelebten Reziprozitätsbeziehungen herausgelöst und funktional ausdifferenziert hat, macht es notwendig, die Praxis der moralischen Legitimierung systematisch auszubauen. Es entstehen ethische Spezialisten, die in den »rituellen Komplex« die Vorstellung eines obersten Rechtsgebers (high god) oder eines Pantheons von Göttern, in dem Rechtsgötter eine prominente Rolle spielen, einbauen. Diese Rechtsgötter sind die Rechtsquel-

74 Diamond weist darauf hin, daß erst mit Hammurabi ein entfalteter Rechtscode entstanden ist. Der Rechtscode des Stadtstaates von Eshnunna (200 Jahre vor Hammurabi) ist noch nicht soweit systematisiert, daß Entscheidungsprinzipien für Strafverfolgung formuliert werden konnten.

len für autoritativ gesetztes Recht, das in Codeform fixiert wird. Die Personalisierung der Götter und die Sozialisierung der übernatürlichen Welt erzeugen eine Vorstellungswelt, in der die Geltung von moralisch adäquatem Verhalten aus dem alltäglichen Kontext herausgelöst werden kann.[75] Sie bleibt allerdings immer noch weitgehend in das Rechtssystem integriert. Diese Schranke der Ausdifferenzierung hat mit der spezifischen Form der stratifikatorischen Differenzierung traditionaler Gesellschaften zu tun. So erscheinen die Götter als Spender, Hüter und Wahrer des Rechts. Sie fordern Recht und Gerechtigkeit. Sie überwachen die rechte Anwendung des Rechts. Das Recht wird von den Göttern dem König geschenkt. Die Götter belehren den König darin, was Recht ist. Diese Vorstellung findet sich in der jüdischen Tradition, wo Moses die Gesetzestafeln von Jahwe selbst erhält, in Babylonien, wo Hammurabi vom Sonnengott den Befehl erhält, daß das von Samos gegebene Gesetz in seinem Land erstrahlen soll (so lautet eine Reliefinschrift in Susa). Die Griechen und die Römer führen ebenso das Recht auf göttliche Offenbarung zurück. In Indien wird Krishna als derjenige gedacht, der das Gute schützt und das Recht in jeweils zukünftigen Weltaltern wiederherstellt. Die *Autorität* der Rechtsgötter ist – so deuten diese ohne weiteres zu vermehrenden Beispiele an – die moralische Grundlage für die Geltung eines gesetzten und geschriebenen Rechts: für die Institution des *Gesetzes*. Der Leitsatz des Apollo[76] macht dies in exemplarischer Weise deutlich: »Du weißt, daß der Gott in Delphi, wenn man ihn fragt, wie man sich den Göttern gefällig machen könne, die Antwort gibt: Nach den Gesetzen des Staates.«

Der Zusammenhang von Autorität und Gesetz, der Schlüssel zur Begründung des Gesetzes aus herrschaftlicher Autorität, läßt sich

75 Vgl. dazu Ocholla-Ayayo (1976) sowie Henderson (1972). Siehe auch Diamond (1973), S. 154ff., der zeigt, daß das frühe fränkische und anglosächsische Recht durch ihre religiöse Fundierung evolutionsfähig geworden sind.

76 Siehe Schilling (1957), S. 44. Eine besonders enge Form von religiöser Lehre und Recht findet sich im indischen Recht. Dazu Derrett (1984). Die Entwicklung des Rechts in hochkulturellen Gesellschaften führt dazu, sich mit Hilfe religiöser Absicherungen zunehmend von den gewohnheitsrechtlichen Grundlagen zu lösen und eine autonome »legalistische« Form zu gewinnen. Ein historisch besonders markantes Ereignis ist die chinesische Rechtsentwicklung, die (ähnlich wie dann die europäische Entwicklung) legalistische Formen entwickelt hat. Vgl. dazu Bünger (1983).

gut an der Legitimation des Königtums und der Sklaverei in afrikanischen Königtümern zeigen.[77] Der Glaube an die Legitimität der herrschaftlichen Institutionen resultiert aus den Glaubensvorstellungen über den »locus of sovereignty«. Souveränität ist auf einen Gott und den lokalen starken Mann als dessen Favoriten gegründet. Das Rationale königlicher Legitimation ist: Der König ist symbolisch ausgezeichnet durch seine Königlichkeit; und er ist königlich, weil er symbolisch ausgezeichnet ist. Königliches Handeln ist also moralisch, weil es vom König kommt. Diese Logik der Begründung sichert den status quo durch den Rekurs auf eine im König repräsentierte ideale Ordnung.

Ebenso wie Überordnung bedarf Unterordnung der Begründung. Die Begründung, warum man Menschen versklaven darf (dies zeigt Strickland am Fehta Nagast, dem koptischen »Recht der Könige«), lautet, daß niemand freiwillig Sklaverei wählt, daß aber andererseits Sklaverei ein fact of life sei. Die Richtigkeit dieses fact of life liegt darin begründet, daß Menschen eben nicht gleich sind, daß sie entweder Ungläubige (wie in den semitischen Traditionen) oder Heiden (christliche Traditionen) sind. Diese Ethik ist somit durch eine in der Hierarchievorstellung implizierte Graduierung des Menschseins (denn vollgültiger Mensch ist erst derjenige, der Herr sein kann!) gekennzeichnet.

Allerdings hat diese Konzeption selbst ein desequilibrierendes Moment in sich, was ja bereits Hegel in seiner Analyse der Herr-Knecht-Beziehung gesehen hat. Diese Beziehung ist instabil, weil der Knecht frei sein will, und weil der Herr, der frei sein will, sich aus den symbiotischen Banden mit dem Knecht lösen muß. So hat auch Finley darauf hingewiesen, daß in dem Moment, als in Griechenland die Sklaven die wichtigste Arbeitskraft wurden, das Konzept der persönlichen Freiheit entstand.[78] Wenn Herrschaft Voraussetzung von Sklaverei ist, läßt sich Freiheit erst dann realisieren, wenn Autorität und Herrschaft beseitigt sind.

Die Entwicklung solcher Vorstellungen wird durch die Ausdifferenzierung ethischer Spezialisten aus dem Herrschaftszusammen-

77 Dazu Strickland (1976). Daß die Legitimationsfunktion von ethischen Vorstellungen in diesen Gesellschaften im Vordergrund gestanden hat, ist nicht einem moralischen Manko, sondern der geringen Differenzierung von intellektueller Kultur und Politik zuzuschreiben.

78 Siehe Finley (1969). Die Sklavenhalterökonomie hat aber andererseits auch das frühe Ende dieser Evolution zur Folge gehabt. Die kulturellen Folgewirkungen sind jedoch weitreichend gewesen. Dazu Meier (1981).

hang traditionaler Gesellschaften gefördert. Sie beginnt bereits in den religiösen Innovationen der Achsenzeit (also mit der Entstehung der sog. Weltreligionen).[79] Die gegebene Ordnung wird von den jüdischen Propheten (Jeremias, Isaiah), von konfuzianischen Erneuerern (Han Yu in der T'ang Periode als Symbol der Gegenbewegung gegen buddhistische Überlagerung), konfuzianistisch inspirierten Erneuerern in Japan (Shin-Sekte, Hotoku-Bewegung) und von islamischen Reformationsbewegungen unter dem Gesichtspunkt der Herstellung von sozialer Gerechtigkeit kritisiert. Diese Kritik bleibt allerdings historisch solange auf der Ebene religiöser Gegenbewegungen (und damit einer religiösen Gegenkultur), wie das gesellschaftliche Institutionensystem den Bereich kultureller Reflexion weiterhin eng an staatlich gesetztes Recht, an traditional gegebene Autorität bindet. Dieses Denken wird erst in den *religiösen Reformationen*, die in allen Hochreligionen versucht worden sind, ausdifferenziert.[80]

Die Institutionalisierung kultureller Gegenbewegungen ist in den traditionalen Gesellschaften unterschiedlich weit gegangen. Aber erst in modernen Gesellschaften finden wir eine weitergehende Ausdifferenzierung und – verbunden damit – eine Beschleunigung des Tempos sozialer Evolution.

Die *moderne Gesellschaft* beginnt nicht, wie es die klassische ideengeschichtliche Perspektive will, dort, wo das Denken einer universalistischen Moral das Rechtssystem ergreift und dieses unter Veränderungsdruck setzt. Das ist bereits ein Effekt moralischer Lernprozesse moderner Gesellschaften. Moralische Lernprozesse in der modernen Gesellschaft beginnen – wie jeder andere gesellschaftliche Lernprozeß – auf einer alltagspraktischen Ebene: in den bürgerlichen Vereinen und Assoziationen der frühen Moderne. Die Bewegung, die diesen Prozeß hat in Gang setzen können, ist die *Aufklärungsbewegung* gewesen. Die von ihr forcierte Destruktion hoheitlicher Autorität und Gewalt ist die Voraussetzung für die rechtliche Realisierung der in diesen

79 Dazu die umfangreichen Forschungen von Eisenstadt. Ein Überblick in Eisenstadt (1986). Für eine Analyse historisch folgenreicher konkurrierender Erneuerungsbewegungen, den christlichen und gnostischen Erneuerungsbewegungen gegen das Judentum, vgl. Stroumsa (1985). Eine klassische soziologische Analyse hat Martindale (1962) geliefert. Eine interessante historisch-soziologische Analyse findet sich in Kee (1982).

80 Die Bedeutung von Reformationen für die Evolution der Moral betont Shapiro (1976).

Alltagspraktiken bereits eingeübten allgemeinen Prinzipien der Freiheit von hoheitlicher Gewalt sowie des darin implizierten Prinzips der *Gleichheit* der Rechtsgenossen bei der Lösung ihrer Interessenkonflikte.

Damit wird eine Ebene gesellschaftlicher Kommunikation ausdifferenziert, die die sozialen Bedingungen der Möglichkeit der Reflexion auf die gesellschaftliche Moral herstellt. Die Institutionalisierung der Aufklärungsbewegung als *bürgerliche Gesellschaft* bedeutet die Ausdifferenzierung moralischer Reflexion aus Religion und ihre Emanzipation aus dem Kontext einer religiös legitimierten rechtlichen Vergesellschaftung. Nicht mehr der Herrschaftsverband, der »Staat«, ist der Ort, wo das »Ethische« verkörpert wird. Ein dem Staat vorausgehender und ihn begründender Vertrag, der »Gesellschaftsvertrag«, wird der Ort, wo sich der ethische Anspruch der modernen Gesellschaft verkörpert.[81]

Dieser Gesellschaftsvertrag ist in der Geschichte der Moderne so oft aufgekündigt worden, daß die moderne Gesellschaft sich zunehmend gezwungen sieht, ihre moralischen Lernprozesse wieder neu zu beginnen. Die Erfahrungen mit der modernen Alltagsmoral, mit dem modernen Recht wie mit dem modernen moralischen Denken, zwingen zu einem erneuten Anlauf moralischer Lernprozesse. Die objektiven Voraussetzungen dazu hat einmal die Transformation des gesellschaftlichen Naturzustandes geliefert. Sie sind noch verstärkt worden durch eine spezifische Form dieser Transformation: nämlich durch die mit dieser Transformation verbundene ökologische Krise der modernen Gesellschaft. Das führt dazu, daß ein evolutionär neuer Ausgangspunkt für moralische Lernprozesse entsteht: nämlich das Problem einer *ökologischen Moral*. Die Alltagsmoral einer in ökologischer Krise befindlichen Gesellschaft wird damit zum Schlüssel für mögliche weitere gesellschaftliche Lernprozesse.

81 Dazu ausführlich Eder (1985a). Zur sozialen Funktion des Gesellschaftsvertrags siehe auch in diesem Band S. 219ff.

Diese Rekonstruktion moralischer Lernprozesse in einfachen, traditionalen und modernen Gesellschaften unterscheidet diese Lernprozesse nach Maßgabe der Komplexität ihrer sozialen Umwelt, aber nicht nach Maßgabe ihrer Entwicklungsstufe. Sie zeigt unterschiedliche Wege moralischer Lernprozesse in Abhängigkeit vom Typus sozialer Teilung, der den Differenzierungsgrad der Ebenen der normativen Reproduktion einer sozialen Ordnung indiziert. Diese Differenzierungsgrade beeinflussen vor allem das *Tempo* moralischer Lernprozesse, was wiederum Rückwirkungen auf Ausmaß und Relevanz ethisierter Moralvorstellungen in einer Gesellschaft hat. Daraus folgt, daß eine Analyse gesellschaftlicher Lernprozesse in der Dimension der Moral zwar zu einer Theorie moralischer Lernprozesse, aber nicht zu einer Theorie moralischer Evolution führt. Eine solche Theorie würde den theoretischen Anspruch einer Rekonstruktion moralischer Lernprozesse überdehnen. Denn eine *praktische Vernunft* findet sich – mehr oder weniger – in jeder Gesellschaft. Eine Theorie der sozialen Evolution der praktischen Vernunft kann also gar nicht als eine Theorie moralischer Lernprozesse konzeptualisiert werden.

Das Schaubild 9 versucht, den doppelten Bezug einer Theorie der sozialen Evolution der praktischen Vernunft, nämlich den Bezug zu einer wachsenden Komplexität in der Vertikalen und den Bezug zu moralischen Lernprozessen in der Horizontalen, zu fassen. Die Niveaus evolutionärer Veränderungen werden als Niveaus sozialer Teilung, die Stufen gesellschaftlicher Lernprozesse als Transformation von Interaktionsregeln in institutionelle (rechtliche) Regeln und schließlich in ethische Prinzipien gefaßt. Das daraus resultierende Schema läßt sich folgendermaßen darstellen:

Die Abfolge von sozialen Teilungen (in der Vertikalen) läuft parallel mit einer Veränderung von Interaktionsnormen, Rechtsnormen und einer Veränderung von ethischen Konstruktionen.[82]

82 Das impliziert natürlich, daß die Evolution des Rechts und der Alltagsmoral gerade nicht auf eine »postkonventionelle Moral« hinausläuft. Evolutionstheoretische Überlegungen in diesen Dimensionen sind gerade dadurch interessant, daß sie die Bedingungen und Restriktionen für diese Formen moralisch geregelter Kommunikation thematisieren, und nicht, ob und wann sie je eine höchste

Schaubild 9: Ein Schema sozialer Teilungen

	Interaktions-regeln	Rechtliche Normen	Ethische Prinzipien
Elementare soziale Teilung	Verwandtschafts-beziehungen	Reziprozitäts-normen	Elementare Ethik
Erste soziale Teilung	Ständische Lebensformen (oikos)	Herrschaftlich gesetztes Recht	Religiöse Ethik
Zweite soziale Teilung	Private Sphäre	Positives Recht	Prinzipalistische Ethik
Dritte soziale Teilung	Lebenswelt	Prozedurales Recht	Diskursive Ethik

Doch keine dieser Dimensionen in der Vertikalen verkörpert moralische Lernprozesse. Die Ausdifferenzierung einer Lebenswelt in der historischen Entwicklung von *Interaktionsnormen* endete in kapitalistischen Produktionsverhältnissen. Die Ausdifferenzierung eines prozeduralen Rechts in der historischen Entwicklung des *Rechts* endete im »ehernen Gehäuse der Hörigkeit« (Max Weber), in einer bürokratisch verwalteten Welt. Und die Ausdifferenzierung einer diskursiven Ethik in der historischen Entwicklung der *praktischen Vernunft* endete in der Vorherrschaft einer Kommunikation optimierenden Leistungs- und Konkurrenzethik, in einer »entfremdeten« Welt.[83] Die moderne Kulturkritik macht den Zweifel an einer sozialen Evolution der praktischen Vernunft thematisch. Deshalb überrascht es auch nicht, wenn der moralische Blick hinüber zu anderen Gesellschaften geht und die Frage nach einer besseren moralischen Ordnung außerhalb der eigenen modernen Gesellschaft gesucht wird.[84]

Die vorschnelle Parallelisierung von moralischen Lernprozessen

moralische Stufe erreichen. Zu einem Versuch, die Evolution des Rechts institutionalistisch zu lesen, vgl. Wimberly (1973).

83 Das sind die klassischen Topoi der modernen Kulturkritik. Zur Kritik der Leistungsideologie vgl. Bonß/Dubiel (1987). Zur postmodernen Variante vgl. die Beiträge in Huyssen/Scherpe (1987).

84 Als ein Beispiel für einen solchen Blick auf andere Gesellschaften siehe Leiris (1977, 1978) und Wolf (1986).

und sozialer Evolution hat die Theorie sozialer Evolution dann dazu verführt, die Entstehung ethisierter Formen von Moral zum Kriterium evolutionärer Höherentwicklung zu machen. Diese Vorstellung einer sozialen Evolution praktischer Vernunft als eines Prozesses zunehmender Distanzierung der Moral von Problemen alltäglicher oder institutioneller Praxis generiert eine Vorstellung von praktischer Vernunft *jenseits* der Gesellschaft. Sie endet schließlich in einer vorsoziologischen und aprioristischen Unterstellung einer praktischen Vernunft.

Angesichts solcher Theorieprobleme reicht es nicht aus, an die Stelle apriorischer Bedingungen die quasi-soziologische Vorstellung zu setzen, daß praktische Vernunft das Ergebnis »handlungsentlasteter Kommunikation« sei – und die findet sich bekanntlich (d. h. soweit unsere historische Erinnerung reicht) vor allem in den bildungsbürgerlichen Schichten der Moderne (Eder 1985a). Diese Form handlungsentlasteter Kommunikation hat sich evolutionär nicht nur nicht halten können. Sie hat auch nicht die praktische Unvernunft, die sich in der modernen Gesellschaft manifestiert, korrigieren können. Offensichtlich sind die Bedingungen praktischer Rationalität weit schwieriger herzustellen, als dies die bürgerliche Aufklärung und die ihr Selbstverständnis rationalisierende Theorie sozialer Evolution bislang geglaubt haben.

Eine Theorie der sozialen Evolution der praktischen Vernunft läßt sich nicht *teleologisch* begründen. Das Telos moralischer Lernprozesse, nämlich ethisierte Moralvorstellungen, ist – neben alltäglichen und institutionalisierten Moralvorstellungen – nur ein *Mittel* oder *Medium* der sozialen Evolution der praktischen Vernunft. Je komplexer die moralisch zu ordnende Welt, umso höher das Tempo ihrer Evolution – das ist die theoretische Quintessenz der bisherigen Überlegungen. Doch das ist noch keine angemessene Theorie *sozialer Evolution*. Denn in dieser Formulierung geht es nur um eine Evolution der Komplexität sozialer Beziehungen, die durch Moralisierung geregelt werden muß. Es fehlt das Vermittlungsstück zwischen moralischen Lernprozessen und sozialer Evolution: eine *gesellschaftliche Praxis*, die selektiven Gebrauch von dem macht, was moralische Lernprozesse einer Gesellschaft zur Verfügung stellen. Das Fehlen dieses Aspekts einer durch Praxis erzeugten und reproduzierten Selektivität rächt sich dann, wenn die Implikationen einer Theorie sozialer

Evolution für die Erklärung moderner gesellschaftlicher Entwicklungen bestimmt werden sollen. Denn sie bietet kein analytisches Instrumentarium, das in die Lage versetzt, das Verhältnis von praktischer Vernunft und praktischer Unvernunft im Spannungsfeld von moralischen Lernprozessen und Komplexitätssteigerung der Gesellschaft durch soziale Teilungen zu erfassen.

In der sozialen Evolution der praktischen Vernunft in der modernen Gesellschaft kommen aber – wie gerade die moderne Ideologiekritik gezeigt hat – bislang moralische Lernprozesse nur selektiv zum Zuge. Das, was in diesen moralischen Lernprozessen *gedacht* wird, wird evolutionär nicht verkörpert. Es besteht keine Garantie auf praktische Vernunft. Es entsteht oft sogar der gegenteilige Eindruck, daß mit diesen moralischen Lernprozessen eine *praktische Unvernunft* verbunden ist. Die soziale Evolution der praktischen Vernunft wird also durch moralische Lernprozesse noch lange nicht garantiert. Eine Theorie der sozialen Evolution der praktischen Vernunft darf deshalb nicht von ethischen Systemen als den Indikatoren praktischer Vernunft in einer Gesellschaft ausgehen. Sie darf auch nicht von den anderen sozialen Verkörperungen praktischer Vernunft ausgehen: von Institutionen und den alltäglichen Lebenswelten, in denen wir Effekte von Moralisierungsarbeit in einer Gesellschaft beobachten können. Eine Theorie der sozialen Evolution muß auf jene gesellschaftliche Praxis Bezug nehmen, in der Moralisierung ein Thema ist, in der Moralisierungsarbeit geleistet wird. Das aber bedeutet, jenseits moralischer Lernprozesse die sozialen Träger von Moralisierungsarbeit zu identifizieren: nämlich soziale, politische und kulturelle Bewegungen.

Die soziale Evolution der praktischen Vernunft in der Moderne ist also bislang ein hochselektiver evolutiver Prozeß. Diese soziale Evolution der praktischen Vernunft erweist sich – entgegen dem optimistischen Bild klassischer Evolutionstheorien – als ein *Ausgrenzungsprozeß* moralischer Lernprozesse aus der Gesellschaft. Es handelt sich um einen Pfad der sozialen Evolution der praktischen Vernunft, der in fast zwanghafter Weise versucht hat, die Geltung moralischer Prinzipien durch partikulare Inhalte (etwa durch Vorstellungen vom auserwählten Volk, vom richtigen Pfade der Erlösung, von der allein heilig und selig machenden Kirche, von der Einzigartigkeit des eigenen Stammes usw.) einzuschränken. Diese selektive Partikularisierung der Moral ist mit der Setzung der Moderne als dem Telos moralischer Evolution auf die Spitze getrieben worden.

Die Behauptung, daß eine moralische Evolution des Menschengeschlechts stattfindet, die in der Moderne kulminiert, läßt sich somit als ein – historisch immer noch wirksamer – *evolutionstheoretischer Mythos* kennzeichnen.[85] In ihm wird eine Geschichte der praktischen Vernunft erzählt, die über die Stufen einer primitiven und einer traditionalen Vergesellschaftung die moderne Gesellschaft erreicht. Doch schon die Beschreibung dieser Stufen macht deutlich, daß dieses Modell einer gesellschaftlichen Entwicklung der Vorstellung einer zunehmenden Komplexitätssteigerung und der ihr zugrundeliegenden Logik der funktionalen Differenzierung der Gesellschaft geschuldet ist. Die empirische Unterstellung dieses Mythos lautet: Je komplexer die Gesellschaft, umso mehr praktische Rationalität.

Doch diese Unterstellung unterschlägt, daß Komplexität gerade nicht die soziale Evolution der praktischen Vernunft garantiert. Wir können nur *Pfade* der sozialen Evolution der praktischen Vernunft unterscheiden, die sich dadurch voneinander unterscheiden, daß sich gesellschaftliche Praxis der Moral einer Gesellschaft in differentieller Weise bedient. Wir können so auch Pfade auszeichnen, die gescheitert sind. Damit erhalten wir erste Anhaltspunkte, um Aussagen darüber machen zu können, welche Pfade die praktisch vernünftigeren sind. Daß die moderne Gesellschaft die praktische Vernunft freigesetzt hat, ist also eine *kontrafaktische* Behauptung. Das ist Teil der Ideologie der modernen Gesellschaft. Die historischen Erfahrungen mit der modernen Gesellschaft widersprechen dieser Behauptung.

Die moderne *Gesellschaftsgeschichte* ist durch *soziale Teilungen* charakterisiert, die das Tempo sozialer Evolution exponential gesteigert haben. Die »zweite soziale Teilung« hat die moderne Gesellschaft zu einer Klassengesellschaft gemacht. Dies hat den Pfad der Evolution der praktischen Vernunft *in* die Moderne bestimmt. Die »dritte soziale Teilung« ist die Voraussetzung für die soziale Evolution der praktischen Vernunft *aus* der Moderne. Doch das Tempo sozialer Evolution ist nur ein Aspekt jener gesellschaftlichen Praktiken, die die soziale Evolution der Mo-

85 Diese Kritik wendet sich zugleich gegen die modisch gewordene Modernitätskritik. Sie fordert eine selbstreflexive Modernität, keine »postmoderne« Kultur.

derne bestimmen. Es ist auch ein eher sekundärer Aspekt. Was für die weitere Evolution weit mehr zählt, ist die Rationalität der gesellschaftlichen Praktiken, die diese Evolution vorantreiben. Die sozialen Bedingungen dieser Rationalität hat der theoretische Diskurs über die soziale Evolution der Moderne allerdings verschwiegen. Er hat sie aprioristisch formuliert und damit verkannt. Eine theoretische Vernunft, die sich der praktischen Vernunft in der Geschichte zu vergewissern sucht, kann sich deshalb nicht mehr auf eine *aprioristische* Kritik der praktischen Vernunft (und damit auf eine immanente Kritik ihrer theoretischen Repräsentationen) beschränken. Wenn die soziale Evolution der Moderne mehr ist als Steigerung des evolutionären Tempos, dann kommen wir um eine *soziale* Kritik der praktischen Vernunft nicht herum. Der Kernsatz dieser sozialen Kritik lautet: Wenn eine Gesellschaft eine höhere Form der Moral für sich reklamiert, dann reklamiert sie zugleich einen Machtanspruch gegenüber anderen Gesellschaften. Wenn sie gar eine universale Moral für sich zu monopolisieren versucht, dann versucht sie, eine bessere Position im Vergleich zu anderen Gesellschaften zu behaupten.[86]

Eine soziale Kritik der praktischen Vernunft bedeutet zunächst nur ein Negatives: den Anspruch zu relativieren, in der Evolution der praktischen Vernunft hin zur Moderne einen universalen Evolutionsprozeß zu sehen. Sie zwingt dann dazu, die soziale Evolution der modernen Gesellschaft als Ausdruck einer *spezifischen* sozialen Evolution der praktischen Vernunft zu sehen. Das »progressistische« Element der Trendannahmen der klassischen Evolutionstheorie[87] findet in dieser Evolution nur eine ideologi-

86 Diese soziale Funktion der Moral wird in der soziologischen Moraldiskussion gerne übersehen. Das hat für die Analyse moderner Gesellschaften dann zur Folge, daß die »Dialektik der Aufklärung« in eine unilineare Fortschrittsgeschichte der Vernunft transformiert wird. Ein anderer Ausweg wäre der Verzicht auf ein hartes Universalismuspostulat. Zu einem solchen Versuch vgl. Nunner-Winkler (1986). Doch das bleibt dann für die soziologische Theorie folgenlos.

87 Ginsberg faßt diese Trends folgendermaßen zusammen: »In the first, morality is dominantly customary and there is little or no reflection on the grounds of action, though if challenged traditional explanations will be forthcoming. In the second, there is growing reflection by story tellers, poets and moralists and later by philosophers who seek to disentangle the rules of action and the ideals of conduct by the method of critical analysis. In the third phase dialectical analysis begins to be combined with empirical study of the conditions and consequences of action and the study of ideals is brought into connection with the study of

sche Verkörperung. Es handelt sich bei den klassischen Ansätzen um eine Theorie, die richtige Annahmen über moralische Lernprozesse macht, diese aber falsch appliziert. Es handelt sich um eine Theorie, die diese falsche Applikation der Selbstbeschreibung der modernen Gesellschaft entnimmt und sie theoretisch ernst nimmt. Sie sitzt dieser Selbstbeschreibung auf – und verliert damit das kritische Potential, das einer Theorie eignet, die die möglichen moralischen Lernprozesse einer Gesellschaft mit dem konfrontiert, was man ihre praktische Vernunft bezeichnen könnte. Die die klassische Theorie moralischer Evolution kennzeichnenden Trendannahmen beschreiben moralische Lernprozesse, die in jeder Gesellschaft stattfinden. Damit verfällt das Privileg auf einen moralischen Lernprozeß, das sich die moderne Gesellschaft zuerkannt hat: nämlich höhere moralische Standards als alle anderen Gesellschaften zu verkörpern.

Die klassischen Trendannahmen über soziale Evolution sind also nichts anderes als Annahmen über moralische Lernprozesse, die in jeder Gesellschaft möglich sind. Das läßt sich an folgenden drei klassischen Trendannahmen zeigen:

- Mit der objektiven Individualisierung der Menschen, d. h. ihrer Herauslösung aus konkreten Interaktionszusammenhängen, entsteht die Vorstellung, daß Richtigkeit des Verhaltens etwas ist, das unabhängig von extremen Sanktionen ist und das sich selbst trägt. Die damit erzwungene subjektive Individualisierung betont die inneren Motive gegenüber der äußeren Konformität.
- Mit der Ausweitung des Bereichs an Personen, auf die sich moralische Urteile beziehen, entsteht der Zwang zur Generalisierung moralischer Regeln. In einfachen Gesellschaften ist dafür Verwandtschaft das Definiens, für traditionale Gesellschaften der Herrschaftsverband, für moderne Gesellschaften die Zugehörigkeit zur »bürgerlichen« Gesellschaft.
- Mit der steigenden Komplexität gesellschaftlicher Verhältnisse werden moralische Urteile zunehmend abstrakter formuliert. Diese Abstraktion findet sich gleichermaßen in der Alltagswelt, im Rechtssystem und in den philosophischen Ethiken (etwa im stoischen Prinzip des »divus est mortali juvare mortalem«, im brahmanischen Prinzip, daß alle Menschen am ewigen

the conditions under which they can be brought to fruition.« (Ginsberg 1956, S. 311)

Bewußtsein teilnehmen, sowie im modernen Humanitarismus, der die Gleichheit und gleiche Freiheit der Menschen propagiert).

Individualisierung, Generalisierung und Rationalisierung sind das Ergebnis moralischer Lernprozesse, die sich in einfachen wie komplexen Gesellschaften finden lassen. Der enge Zusammenhang, der in den klassischen Theorien zwischen Theorien moralischer Lernprozesse und Theorien sozialer Evolution hergestellt worden ist, zerbricht deshalb in dem Maße, wie die praktischen Verwendungszusammenhänge moralischer Lernprozesse ins Blickfeld gerückt werden. Genau das tut eine Theorie der sozialen Evolution der praktischen Vernunft: Sie verweist auf die sozialen Entstehungs- und Verwendungszusammenhänge gesellschaftlicher Lernprozesse und ermöglicht eine soziale Kritik gesellschaftlicher Lernprozesse.

In moralischen Lernprozessen legen Gesellschaften den Standard fest, unter den sie sich selbst setzen. Unter diesem Gesichtspunkt gehört die moderne Gesellschaft zu jenen, die diese Maßstäbe hoch angesetzt haben. Sie ist aber nicht die einzige Gesellschaft, die dies getan hat. Das relativiert die evolutionäre Bedeutung der modernen Gesellschaft in einer Theorie der sozialen Evolution der praktischen Vernunft. Die wachsende Komplexität der Gesellschaft, die in der modernen Gesellschaft einen evolutionären Höhepunkt erreicht hat, verschärft jedoch den Widerspruch, der zwischen den moralischen Vorstellungen und dem, was eine gesellschaftliche Praxis realisiert, besteht. Eine Theorie der sozialen Evolution der praktischen Vernunft kann diesen Widerspruch freilegen und so das Rationalitätspotential einer spezifischen sozialen Evolution bestimmen.

Was wir am für die Moderne typischen Pfad der sozialen Evolution der praktischen Vernunft konstatieren, ist ein zunehmender Widerspruch zwischen dem, was moralische Lernprozesse an praktischer Rationalität bereithalten, und dem, was in der spezifischen Evolution der praktischen Vernunft davon festgehalten worden ist. Die Rekonstruktion moralischer Lernprozesse in der modernen Gesellschaft bietet uns einen *kritischen Maßstab*, an dem wir diese soziale Evolution messen können: Wir können die spezifische Form der sozialen Evolution der praktischen Vernunft als etwas bestimmen, das moralische Lernprozesse fördert bzw. behindert. Es wird – in einer zu klärenden Weise – die

Rationalität einer Moral als Mittel zum Zweck der sozialen Evolution der Vernunft benutzt. Ob in dieser sozialen Evolution der praktischen Vernunft die *Verwendung* der in einer Gesellschaft vorhandenen moralischen Gesichtspunkte auch eine Realisierung dieser moralischen Gesichtspunkte impliziert oder ob das Gegenteil davon stattfindet, das bleibt das Erklärungsproblem, das eine Theorie der sozialen Evolution der praktischen Vernunft vor sich herschiebt.

Wir können zunächst nur eines als ein Spezifikum der sozialen Evolution der praktischen Vernunft in der modernen Gesellschaft festhalten: Dieser Pfad sozialer Evolution hat der Moral nur mehr ideologische Funktionen überlassen und zugleich dort, wo diese ideologischen Funktionen durchschaut worden sind, zur Kritik an diesem Evolutionsprozeß geführt. Er hat zugleich moralische Lernprozesse in Gang gesetzt, nämlich als Protest gegen die gesellschaftliche Entwicklung in die und durch die Moderne. Er hat die bestehenden Verhältnisse, ökonomische, rechtliche, kulturelle, in Frage gestellt und alternative Prozesse einer sozialen Evolution der praktischen Vernunft in Gang gesetzt.[88] In der Moderne wird die Kritik an der Gesellschaft, d.h. ihre soziale Verwendung der praktischen Vernunft, zu einem Teil dieser sozialen Evolution. Der Zusammenhang von moralischen Lernprozessen und der sozialen Evolution der praktischen Vernunft kann so neu einreguliert werden.[89]

Das erhöht auch die Dynamik der modernen Gesellschaft. Diese erhöhte Dynamik macht die evolutionäre Differenz zu vormodernen Gesellschaften aus. Die soziale Evolution der praktischen Vernunft war in diesen Gesellschaften entweder von der Ökonomie sozialer Beziehungen oder von der Organisation bürokratischer Systeme bestimmt.[90] Mit der Durchsetzung der modernen

88 Zu solchen unwahrscheinlichen Lernprozessen gehören die prophetischen und protestantischen Gegenbewegungen gegen die dominierende religiöse Hochkultur, die Entwicklung einer wissenschaftlichen Kultur im antiken Griechenland und in der Renaissance. Vgl. dazu Vernant (1982), Burke (1974).

89 Dies läßt sich an der Form sozialer Bewegungen, die solche praktische Kritik verkörpern, zeigen. Vgl. dazu Eder (1985a).

90 Wir sprechen einmal von Gesellschaften, die auf Verwandtschaftsbeziehungen gegründet sind. Dies ist jedoch nicht unbedingt eine treffende Charakterisierung, weil Verwandtschaft auch in anderen Gesellschaften zählt. Entscheidend ist, daß Verwandtschaftsbezeichnungen nur das symbolische Medium für die Herstellung ökonomischer Beziehungen sind. Analoges gilt für den »Frauentausch« in einfachen Gesellschaften. Wir sprechen weiterhin von Gesellschaf-

Gesellschaft verlagert sich die Dynamik der Gesellschaft auf gesellschaftliche Auseinandersetzungen über die kulturelle Orientierung der gesellschaftlichen Entwicklung. Die moderne Gesellschaft ist diejenige, die ihre eigene Entwicklung zunehmend auf politische und soziale Auseinandersetzungen, also auf *gesellschaftliche Praxis*, gründet.[91] Damit wird praktische Rationalität zu einem – reflexiv eingesetzten – Mechanismus der Reproduktion der modernen Gesellschaft.

Die moderne Gesellschaft hat *Praxis* als den *Mechanismus* der sozialen Evolution praktischer Vernunft freigesetzt. Sie wird deshalb zunehmend dazu gezwungen, ihre naturwüchsige Evolution am Maßstab praktischer Rationalität zu korrigieren. Das hat nicht nur Folgen für die sozialen Auseinandersetzungen in einer Gesellschaft, für ihre politische und soziale Praxis. Das hat vor allem auch Folgen für ihre natürlichen Grundlagen. Sie macht die Natur, genauer: die in kognitiven Lernprozessen gesellschaftlich erzeugte und verfügbare gemachte Natur, zu einem Prüfstein praktischer Vernunft (Markl 1986). Gerade in der *Naturfrage* kollidiert die moderne Gesellschaft mit der praktischen Vernunft, die sie sich selbst zuschreibt. Die in der Moderne zum Zuge kommende unkontrollierbare Herrschaft über die Natur hat die Widersprüche zwischen der Verkörperung praktischer Rationalität und der in moralischen Lernprozessen erzeugten Idee praktischer Vernunft erhöht.

An der Naturfrage entscheidet es sich, ob in der modernen Gesellschaft ein Pfad der sozialen Evolution der praktischen Vernunft eingeschlagen werden kann, der die praktische Unvernunft im Umgang mit der Natur zu blockieren erlaubt. Die Naturfrage ist dazu prädestiniert, eine erneute Ideologisierung der modernen praktischen Vernunft in Gang zu setzen. Denn der gesellschaftliche Naturzustand, der in der Moderne erreicht worden ist, bietet einen Begriff praktischer Rationalität an, der auf die Moral verzichten kann. Der sich abzeichnende »kybernetische Naturzustand« gründet auf einem Begriff praktischer Rationalität, der das

ten, die staatlich organisiert sind. Hier sind Zugehörigkeitsregeln zum Staat nur das symbolische Medium der Herstellung einer institutionellen Ordnung (die in einfachen Gesellschaften eher kontingent gewesen ist). Zum üblichen Gebrauch vgl. Eder (1976).

91 Dazu vgl. die Arbeiten von Touraine (1973, 1978), der in diesem Zusammenhang von der Ebene der »Historizität« als einer Ebene jenseits der institutionellen Ordnung spricht.

Moralische auf die Reproduktionsfähigkeit dieses Naturzustandes reduziert. Die in der Moderne dominant gewordene Moral der *utilitarischen Vernunft* findet hier eine objektive, quasinatürliche Grundlage, die es erlaubt, die soziale Evolution der praktischen Vernunft als eine soziale Evolution der utilitarischen Vernunft weiterhin ungebrochen fortzusetzen. Dieser neue Naturzustand euphemisiert diese utilitarische Rationalität als *ökologische Vernunft*.

Die *ökologische Vernunft* wird damit zum kritischen Punkt der Auseinandersetzungen um die praktische Rationalität aktueller gesellschaftlicher Entwicklungen. Es geht darum, ob diese ökologische Vernunft ein Teil der *utilitarischen* Vernunft oder ob sie ein Teil einer *praktischen* Vernunft wird, die eine *kommunikative* Vernunft zum Maßstab praktischer Rationalität macht. Es geht darum, ob die *ökologische Vernunft* mit einer angemessenen *ökologischen Moral* verbunden werden kann. Wenn dies gelänge, dann könnte die ökologische Moral nicht mehr auf die ökologische Vernunft reduziert werden; die Verführbarkeit der Moral durch Wissen, jenes Charakteristikum der modernen utilitarischen Vernunft, würde als Kennzeichen der sozialen Evolution der praktischen Vernunft in der Moderne nicht mehr fortgeführt werden können. Die Frage, ob wir heute dank des uns zur Verfügung stehenden Wissens eine ökologische Vernunft erzeugen, der die ökologische Moral fehlt, zwingt deshalb zu einer erneuten Ideologiekritik: zu einer *Kritik der ökologischen Vernunft*.

Die moderne Gesellschaft, ausgelöst und vorangetrieben durch den Prozeß der »Ko-Evolution« von moralischer Vergesellschaftung und Naturaneignung[92], sichert der ökologischen Vernunft eine – evolutionär einzigartige – Funktion im Reproduktionsprozeß der Gesellschaft. Sie sichert der ökologischen Vernunft ein soziales Feld, in dem sie glaubt, autonom zu sein. Sie beginnt, an ihre eigene »Autopoiesis« zu glauben. Die apriorische Kritik der praktischen Vernunft[93] kann diesen Glauben an eine Autopoiesis der ökologischen Vernunft kaum erschüttern. Sie versteht sich selbst als »Erbe« der praktischen Vernunft.

Doch diese »Autopoiesis« der ökologischen Vernunft ist eine bloße Fiktion. Sie ist eine Ideologie der modernen Gesellschaft, die auf ihre ökologische Krise reagiert. Sie macht unkenntlich, daß auch die ökologische Vernunft Teil von Machtverhältnissen ist, daß sie Herrschaftsinstrumentarium ist. Die Kritik der ökologischen Vernunft erfordert deshalb eine über die aprioristische Kritik hinausgehende Kritik. Sie erfordert eine *soziale Kritik der ökologischen Vernunft*. Eine Theorie der sozialen Evolution der praktischen Vernunft, die die Ausdifferenzierung der Vernunft und ihre gleichzeitige Verankerung im sozialen Evolutionsprozeß, der sie erzeugt hat, thematisiert, bietet – zumindest wird hier dieser Anspruch erhoben – Anknüpfungspunkte für eine soziale Kritik der ökologischen Vernunft.

Praktische Rationalität im kybernetischen Naturzustand setzt voraus, den Primat der utilitarischen Vernunft in der sozialen

92 Man könnte in diese Ko-Evolution noch eine dritte Dimension einfügen, nämlich die Geschichte des ästhetischen Urteils, also Geschmacksgeschichte, Kunstgeschichte usw., und dann Kritik an den evolutionistischen Konzeptionen insbesondere der Kunstgeschichte üben. Als ein Beispiel vgl. Gablik (1976), S. 43. Sie unterscheidet drei Typen räumlicher Charakteristika, topologische Relationen, projektive und euklidische Relationen, und einen strukturell indeterminierten Raum, die jeweils mit den Stufen kognitiver Entwicklung korreliert werden. Daß es diese Differenzen gibt, ist kaum zu bezweifeln. Nur was sie repräsentieren, ist unklar. Die Zuordnung dieser Stufen zur antiken und mittelalterlichen Kunst, zur Renaissance und zur Moderne machen dieses Problem nur noch offensichtlicher. Zu einem soziologisch fruchtbareren Umgang mit dieser Problematik vgl. Bourdieu (1982).

93 Die Kantsche Kritik der praktischen Vernunft ist die exemplarische Form einer solchen Autopoiesis, die in der Moderne zum ersten Male möglich geworden ist. Diese Interpretation ist aber selbst bereits ein Teil der soziologischen Entzauberung dieser Kritik.

Evolution der praktischen Vernunft zu brechen.[94] Damit sich die praktische Vernunft von diesem Primat »emanzipieren« kann, muß sie die utilitarische Vernunft kritisieren können. Sie muß das, was die utilitarische theoretische Vernunft unterdrückt, unkenntlich macht, aus dem Blickfeld rückt, benennen. Sie kann dies aber nur, wenn sie diesen Primat als notwendig verbunden mit dem Scheitern der praktischen Vernunft thematisieren kann.

Ein Schritt in diese Richtung ist der *ökologische Diskurs*. Er versucht, die Formen des Umgangs mit der Natur an praktische Zwecke und Bedürfnisse anzubinden und Rechte der Natur anzuerkennen.[95] Die ökologische Vernunft muß diese praktische Vernunft in die eigene Reproduktion einbauen. Und davon, wieweit ihr dieser Einbau gelingt, hängt es ab, wie die Ambivalenz der ökologischen Vernunft aufgelöst wird.

In der Formel einer ökologischen Vernunft wird der Kampf um den Primat einer utilitarischen und einer kommunikativen Vernunft noch einmal verschärft. Ökologische Vernunft will als utilitarische Vernunft praktische Vernunft sein. Sie setzt dabei eine soziale Evolution der praktischen Vernunft fort, die als natürliche Evolution bezeichnet werden kann. Sie radikalisiert die Trennung von Natur und Gesellschaft, indem sie der Natur eine natürliche Ordnung gibt. Sie reduziert die praktische Vernunft auf die Anerkennung der sich selbst genügenden Natur. Sie blockiert eine soziale Evolution der praktischen Vernunft, die den kybernetischen Naturzustand der modernen Gesellschaft an Gesichtspunkte praktischer Vernunft anbinden könnte. Sie programmiert einen erneuten Sieg der utilitarischen über die praktische Vernunft.[96] Ökologische Vernunft heißt zunächst nichts anderes als die Gesellschaft zu renaturalisieren, sie wie eine zweite Natur zu

94 Sie haben sich zu Beginn der Moderne gemeinsam ausdifferenziert, wie sich besonders an der Doppelfunktion der frühen Aufklärungsgesellschaften zeigen läßt, die zugleich wissenschaftliche Gesellschaften waren. Vgl. dazu unter vielen anderen Dülmen (1986) sowie Eder (1985a).

95 Die Rede von der ökologischen Vernunft als einer dritten Vernunft versteht sich noch als etwas Neues jenseits der alten, verbrauchten Vernunft. Sie ist jedoch – wie zu zeigen sein wird – unzureichend. Ebensowenig trägt der Versuch, gegen die Vernunft das »Andere der Vernunft« (Böhme/Böhme 1983) auszuspielen. Denn dieses Andere wird ja durch seine Thematisierung auch noch in den Prozeß der Evolution der Vernunft hineingezogen.

96 Inwieweit dies auch die Umschreibung der Klassentheorie als der modernen Theorie gesellschaftlicher Widersprüche impliziert, soll hier offen bleiben.

behandeln und sie sich wie Natur anzueignen. Die natürliche Evolution der modernen Gesellschaft geht damit zwar voran; doch die kulturelle Evolution der modernen Gesellschaft bleibt blockiert.

In den jüngeren Ansätzen zu einer Theorie der sozialen Evolution ist dies bereits antizipiert worden. In diesen Ansätzen wird von vorneherein auf *Entmoralisierung*[97] und damit auf eine ökologische Vernunft ohne Moral gesetzt. Die praktische Vernunft wird zum Resonanzkörper, der die utilitarische Vernunft zwar zum Schwingen bringt, aber auch nicht mehr bewirkt. Die These, daß funktionale Differenzierung nicht mehr durch Moral reproduziert werden könne, sucht sich an die Stelle der These zu setzen, daß funktionale Differenzierung gerade das Problem einer ökologischen Moral neu gestellt hat. Das Plädoyer für amoralische Vernunft setzt darauf, daß sich die »Autopoiesis« der Gesellschaft – wie in der Idee eines kybernetischen Naturzustands vorgedacht – objektiv weiter vollzieht. Damit sind die Fronten evolutionstheoretischer Diskussion absteckt: Gegen das Plädoyer für die »natürliche« Autopoiesis der Gesellschaft steht das Plädoyer für praktische Vernunft, die darauf setzt, daß gesellschaftliche Praxis, organisiert als soziale Bewegung, die »Produktion der Gesellschaft« (Touraine 1973) übernimmt, daß jenseits der »Autopoiesis« gesellschaftlicher Naturzustände die soziale Evolution der praktischen Vernunft weitergehen kann.

Diese Auseinandersetzungen dürften die Entwicklung der modernen Gesellschaft zunehmend beherrschen.[98] Ihnen gegenüber erscheinen die klassischen Auseinandersetzungen um die Verteilung von Reichtum oder um Freiheitsrechte als sekundär. Die Kontrolle über die kulturelle Ressource »Wissen« wird zunehmend zum Schlüssel gesellschaftlicher Macht.[99] Die praktische

97 Als ein Plädoyer für Amoralität in der Analyse der modernen Gesellschaft vgl. Luhmann (1986b). Die Behauptung höherer Amoralität ist jedoch bloßes Postulat. Der Kampf gegen die Moral gehört in die symbolischen Kämpfe, die die moderne Gesellschaft begleiten. Sie ist insofern nichts Neues, vor allem aber keine sinnvolle theoretische Option.

98 Das zeigt sich auf theoretischer Ebene auch in den neueren Begründungsversuchen praktischer Rationalität. Zu diesen Diskussionen vgl. etwa die im Anschluß an Piaget geführten Debatten über die soziale Konstitution der Kognition. Siehe vor allem Miller (1986).

99 Mit dieser Formulierung wird zwar eine gewisse Nähe zu Theorien der postindustriellen Gesellschaft hergestellt. Dennoch gibt es hier einen wichtigen Unterschied. Im Gegensatz zu diesen Theorien wird hier nur angenommen, daß

Vernunft als jene Instanz, die die Verwendungszusammenhänge dieses Wissens rechtfertigt, gerät damit in den Sog einer zunehmenden Vergesellschaftung. Die praktische Vernunft muß sich auf ihre sozialen Verwendungszusammenhänge beziehen, um ihre Vernünftigkeit reproduzieren zu können. Und dazu muß sie auf moralische Lernprozesse Bezug nehmen, die in dieser Gesellschaft abgelaufen sind. Ob die ökologische Vernunft diese »moralische« Orientierung übernehmen kann, hängt davon ab, inwieweit sie ihren genuin sozialen Gehalt thematisieren kann. Das hängt vom Ausgang der sozialen Auseinandersetzungen ab, die den Widerspruch zwischen der entmoralisierten utilitarischen und der moralisierten praktischen Vernunft aufzulösen suchen.

Das Verhältnis von entmoralisierter oder moralisierter praktischer Vernunft rückt damit ins Zentrum der Diskussion um die soziale Evolution der praktischen Vernunft. Die moralisierte Vernunft war oft der entmoralisierten Vernunft im Wege (wie etwa die Religion der Wissenschaft[100]), und umgekehrt war die entmoralisierte Vernunft oft der moralisierten Vernunft im Wege (wie etwa kosmologische Weltbilder, die zu Pathologisierungen der praktischen Vernunft gezwungen haben[101]). In der Moderne klärt sich das Verhältnis von moralisierter und entmoralisierter Vernunft dadurch, daß praktische Vernunft selbst zum Gegenstand kultureller Auseinandersetzungen wird. Der moderne Klassenkonflikt erweitert sich zu einer kulturellen Auseinandersetzung um das Verhältnis von moralisierter und entmoralisierter Vernunft. Hierin liegen die Grenzen und zugleich neue Möglichkeiten der sozialen Evolution der praktischen Vernunft begründet. Der Kampf um die Vorherrschaft der entmoralisierten bzw. der moralisierten Vernunft ist allerdings gerade erst im Entstehen begriffen.[102] Er wird immer noch mit den Formeln alter sozialer

soziale Auseinandersetzungen sich auf Wissen beziehen; es wird aber nicht angenommen, daß dieses Wissen nun auch der Schlüssel zur Ökonomie sozialer Beziehungen und zur institutionellen Ordnung wäre.

100 Exemplarisch ist die Wirkung des theologischen Weltbildes des Mittelalters auf die Entwicklung der Naturerkenntnis. Diese Entwicklung endete häufig auf dem Scheiterhaufen. Vgl. neben den berühmten Opfern der Inquisition das Beispiel des unbekannten Müllers aus Norditalien, dessen Theorie über die Entstehung der Welt von der Inquisition als Irrlehre beurteilt wurde und der wegen dieser Theorie verbrannt wurde. Dazu Ginzburg (1979).

101 Vgl. dazu die Analysen zum aztekischen Menschenopfer im Kapitel »Die carnivore und die vegetarische Kultur« in diesem Bande.

102 Er ist zwar bereits in den klassischen sozialen Bewegungen der Moderne einge-

Kämpfe geführt. Das Feld, auf dem dieser Kampf geführt wird, verändert sich jedoch. Der Kampf verlagert sich auf das Feld der *Kultur*.

Dieses Feld der Kultur ist nicht nur eines von vielen Feldern sozialer Auseinandersetzungen. Es reicht vielmehr »tiefer« als die klassischen Felder der Ökonomie oder Politik. Denn *Kultur* steht für das Ziel des evolutionären Prozesses der Konstitution der Gesellschaft. Kultur ist das Ergebnis des Übergangs von der *Natur* zur *Kultur*. Die Form der *Vergesellschaftung der Natur* ist das Thema, auf dem das Verhältnis von entmoralisierter und moralisierter Vernunft neu einreguliert wird.

Die Parteien in diesen Auseinandersetzungen kämpfen heute in antagonistischer Weise um die Natur. Beide Parteien reklamieren *ökologische Vernunft*. Natur wird von der ersten Partei als unterdrücktes und ausgebeutetes Subjekt gedeutet, was mit einer Kampfansage an die herrschende Vernunft verbunden wird. Es geht um einen anderen, einen kommunikativen Umgang mit der Natur. Natur wird von der anderen Partei als Gegenstand gedeutet, dessen Beherrschung die Menschen in die Lage versetzt hat, sich den Zwängen der Natur zu entwinden und kulturell tätig zu sein. Das wird mit dem Plädoyer für eine praktische Vernunft verbunden, die diese evolutionäre Errungenschaft der Menschengeschichte der Natur nicht behindert, den Primat der Poiesis nicht in Frage stellt, sondern die Poiesis weiter befördert.

Die erste Partei kritisiert den Primat der Poiesis in der praktischen Vernunft in einer doppelten Weise:

- Die Unterordnung der praktischen Vernunft unter Imperative der Poiesis führe zur Kolonisierung der Lebenswelt; das nähre den Verdacht, daß diese Vernunft eher eine Form der praktischen Unvernunft sei.
- Dies führe zu einer Utopisierung diskursiver Verständigung; das Modell einer kommunikativen Vernunft gerate in den Verdacht, nichts als eine schöne Täuschung gewesen zu sein.

Damit wird die These von der Ausbeutung der Natur durch die utilitarische Vernunft verbunden. Der Primat der utilitarischen

leitet worden. Aber erst die »neuen sozialen Bewegungen« scheinen dies auf den Begriff gebracht zu haben. Die alten sozialen Bewegungen der Moderne haben sich oft noch – das macht ihre Nähe zur traditionalen Gesellschaft aus – institutionalistisch mißverstanden. Zur Diskussion dieses Phänomens vgl. Eder (1986c).

Vernunft zerstöre die praktische Vernunft. Diese Annahme wird auf folgende zwei Argumente gegründet:

- Die Steigerung des instrumentalistischen Verhältnisses zur Natur sei mit der Unterordnung der praktischen Vernunft unter die utilitarische Vernunft verbunden.
- Die Steigerung der Verwertung der Natur liege in der Logik der utilitarischen Vernunft; die utilitarische Vernunft kenne keine Grenzen und stelle die Voraussetzungen für die Vernichtung des Lebens selber her, hebe sich also selber auf.

Die andere Partei setzt demgegenüber auf die Positivität der utilitarischen Vernunft.[103] Sie kritisiert die moderne Negativierung der utilitarischen Vernunft und gründet diese Kritik auf folgende zwei Gegenargumente:

- Die Negativierung der utilitarischen Vernunft sei eine Negativierung der modernen Welt; die moderne Entlastung vom Negativen disponiere zur Negativierung des Entlastenden.
- Die Utopisierung der Natur bringe das moderne Naturverhältnis in den Verdacht, die »lebendige« Natur zu »töten«; solange die Natur nicht der Himmel auf Erden ist, werde das moderne Naturverhältnis zur Hölle auf Erden, Natur aber zur heilen Welt gemacht.

Und sie verbindet damit die These einer Ausbeutung der Natur durch die praktische Vernunft. Der Primat der praktischen Vernunft zerstöre die – nun positiv bewertete – utilitarische Vernunft. Diese Annahme wird auf folgende zwei Argumente gegründet:

- Die Steigerung des Anthropozentrismus sei mit der ideologischen Instrumentalisierung der Natur verbunden, mit der Unterordnung der Natur unter die Anforderungen der praktischen Vernunft.
- Die Verbürgerlichung der Natur (also die Unterordnung der Natur unter die praktische Vernunft) muß enttäuschen; diese Enttäuschung würde zwangsläufig der Natur zugerechnet, was nur in der Pessimisierung der Natur, im Zweifel an der utilitarischen Vernunft enden könne.

Solche Auseinandersetzungen um die Natur sind soziale Ausein-

103 Es geht – wie Marquard (1986) formuliert – nicht um die Natur, die zum Himmel auf Erden werden soll, und die, wenn sie nicht zum Himmel auf Erden wird, nur die Hölle auf Erden sein kann. Im folgenden paraphrasiere ich dieses Pamphlet eines Verteidigers der Moderne vor ihren »grünen« Feinden.

andersetzungen. Sie sind ein Kampf um den Modus der Vergesellschaftung der Natur. Das verändert auch die Vorstellungen über die *Gesellschaft*, die die praktische Vernunft für ihre eigene Reproduktion einsetzt. Die bürgerliche Gesellschaft erscheint beiden Seiten in diesen Auseinandersetzungen als überholt, jedoch aus unterschiedlichen Gründen. Für die einen ist die bürgerliche Gesellschaft die Komplizin des entmoralisierten Naturverhältnisses, für die Ausbeutung der Natur. Für die anderen ist die bürgerliche Gesellschaft der Inbegriff einer *Moralisierung* der Welt, die sich die moderne Welt nicht mehr leisten kann.

Wie aber soll eine *postbürgerliche* Vergesellschaftung der Natur aussehen? Der Ausstieg aus der modernen Gesellschaft ist eine Alternative. Gerechtfertigt wird dieser Ausstieg mit der kriegerischen Natur der bürgerlichen Gesellschaft. Denn die moderne Gesellschaft habe bislang die Natur benutzt, um den Krieg aller mit allen zu rationalisieren. Sie habe das Leben nicht besser gemacht, sondern zerstört. Der moderne Gesellschaftszustand unter der Bedingung der Dominanz der utilitarischen Vernunft habe das »eherne Gehäuse« nur weiter verhärtet. Die moderne Gesellschaft sei rational geworden bis zur Selbstzerstörung. Die Unterwerfung der Gesellschaft unter diese Vernunft habe nichts als Selbstzerstörung bedeutet. Alle diese Argumente motivieren dazu, in der Gegengesellschaft gegen diese Gesellschaft den Ort zu suchen, an dem praktische Vernunft noch oder wieder möglich sei.[104]

Die andere Alternative heißt »Weitermachen«. Sie lebt von der Kritik am Ausstieg aus der Gesellschaft. Sie deutet das alternative Leben als *Moratorium des Alltags*. Das alternative Leben unterbreche nur den Alltag. Es erlaube die Flucht vor der Realität. Es sei gar selber Krieg. Der Kampf gegen die utilitarische Vernunft sei eine Kriegserklärung an die moderne Gesellschaft.[105] Die alternative praktische Vernunft sei nichts anderes als der Steigbügelhalter einer neuen Form von Krieg. Diese Argumente motivierten eher dazu, im Stolz auf das Erreichte das »Vernünftige« zu suchen.

Diese Positionen sind kennzeichnend für die Auseinandersetzungen, in die sich die moderne Gesellschaft zunehmend verwickelt.

104 Die Differenz dieser Gesellschaftskritik zur älteren Gesellschaftskritik ist diskutiert in Eder (1986c).

105 Dieses polemische Argument benutzt Marquard (1986).

Die Logik dieser Auseinandersetzungen ist nicht »unübersichtlich«. Sie ist nur solange unübersichtlich, wie man in diesen Auseinandersetzungen die klassischen Themen von Freiheit und Gerechtigkeit zu entdecken sucht. Worum es geht, ist nicht Freiheit und Gerechtigkeit, sondern der praktische Gebrauch des vorhandenen Wissens, eine *praktische Rationalität* im Umgang mit der Natur. Diese Verschiebung verändert auch die Semantik dieser neuen sozialen Auseinandersetzungen um die Kultur. An die Stelle des Begriffs der Ausbeutung oder Unterdrückung tritt der Begriff der »Halbierung«. Von der »Halbierung der Vernunft« bis hin zur »Halbierung der Ökologie« reichen die Thematisierungen dieser gesellschaftlichen Auseinandersetzungen.

Diese Auseinandersetzungen machen zugleich deutlich, daß die soziale Evolution der praktischen Vernunft nicht einem immanenten Plan gehorcht, sondern ein Teil der Gesellschaft ist. Die praktische Vernunft – und das ist der Motor der sozialen Evolution der praktischen Vernunft – entkommt nicht dem eigenen Verwendungszusammenhang. Der Begriff der *ökologischen Vernunft* faßt dieses selbstreflexive Verhältnis nur unzureichend. Der Begriff der *praktischen Vernunft* ist eher geeignet, die kulturelle Hegemonie der utilitarischen Vernunft und die damit verbundene Umdeutung und Reduktion der praktischen Vernunft zu kritisieren. Erst ein am Stand moralischer Lernprozesse in einer Gesellschaft orientierter Begriff praktischer Rationalität kann verhindern, die praktische Vernunft zum Mittel einer »Tyrannei der Intimität« zu machen. Und er kann verhindern, praktische Vernunft zum Mittel einer »Tyrannei des technischen Fortschritts« zu machen.[106]

106 Zu diesen möglichen Folgen der illusionierten praktischen Vernunft vgl. Sennett (1983). Die möglichen Folgen der illusionierten theoretischen Vernunft werden in der alten und neuen Technikkritik beschrieben, ohne daß diese Kritik unbedingt die Prämisse der Illusionierung teilen würde.

[illegible] Akademiemitglieder [illegible]

[illegible] von Natur und [illegible] Wahrheit [illegible] Die Verwandlung [illegible] auch die Semantik [illegible] Traums [illegible] Die [illegible] das [illegible] Traum [illegible]

[illegible]

2 [illegible]

Literatur

Amira, K. von (1891), »Thierstrafen und Thierprocesse«, *Mitteilungen des Instituts für Österreichische Geschichtsforschung (Innsbruck)* 12, S. 545-601.

Andree, R. (1887), *Die Anthropophagie. Eine ethnographische Studie*, Leipzig: Von Veit & Company.

Arens, W. (1979), *The Man-Eating Myth. Anthropology & Anthropophagy*, Oxford: Oxford University Press.

Aron, J. P. (1973), *Le mangeur du XIXème siècle*, Paris: Denoël Gonthier.

Attali, J. (1981), *Die kannibalische Ordnung. Von der Magie zur Computermedizin*, Frankfurt: Campus.

Axelrod, R. (1984), *The Evolution of Cooperation*, New York: Basic Books.

Baal, J. van (1971), *Symbols for Communication. An Introduction to the Anthropological Study of Religion*, Assen: Van Gorcum & Comp. N.V.

Baal, J. van (1981), *Man's Quest for Partnership: The Anthropological Foundations of Ethics and Religion*, Assen: Van Gorcum.

Babut, D. (1974), *La religion des philosophes grecs. De Thalès aux Stoiciens*, Paris: Presses Universitaires de France.

Bachelard, G. (1984), *Die Bildung des wissenschaftlichen Geistes. Beitrag zu einer Psychoanalyse der objektiven Erkenntnis. Mit einer Einleitung von Wolf Lepenies* (3. Aufl.), Frankfurt: Suhrkamp.

Bächtold-Stäubli, H. (Hg.) (1986), *Handwörterbuch des Deutschen Aberglaubens. Nachdruck der 1927-1942 erschienenen Ausgabe mit einem Vorwort von Christoph Daxelmüller. 10 Bände*, Berlin: de Gruyter.

Bahr, H. E., Mahlke, H., Mahlke G., Sölle, D., & Steffensky, F. (1981), *Franziskus in Gorleben. Protest für die Schöpfung*, Frankfurt: Fischer.

Balandier, G. (1974), *Anthropo-logiques*, Paris: Presses Universitaires de France.

Barlösius, E. (1987), »Riechen und Schmecken - Riechendes und Schmekkendes. Ernährungssoziologische Anmerkungen zum Wandel der sinnlichen Wahrnehmung beim Essen«, *Kölner Zeitschrift für Soziologie und Sozialpsychologie* 39, S. 367-375.

Barthes, R. (1979), »Toward a Psychosociology of Contemporary Food Consumption«, in: R. Forster & O. Ranum (Hg.), *Food and Drink in History*, Baltimore: The Johns Hopkins University Press.

Basso, E. B. (1972), »The Kalapalo Dietary System«, *Atti del XL Congresso Internazionale Degli Americanisti. Roma-Genova, 3. - 10. September*, S. 629-637.

Basso, E. B. (1973), *The Kalapalo Indians of Central Brazil*, New York: Holt, Rinehart & Winston.

Bateson, G. (1984), *Geist und Natur. Eine notwendige Einheit* (4. Aufl.), Frankfurt: Suhrkamp.

Bateson, G. (1985), *Ökologie des Geistes, Anthropologische, psychologische, biologische und epistemologische Perspektiven*, Frankfurt: Suhrkamp.

Baumann, Z. (1973), *Culture as Praxis*, London: Routledge & Kegan Paul.

Baumann, Z. (1983), »The Structuralist Promise«, *The British Journal of Sociology* 24, S. 67-83.

Baumhauer, O. A. (1982), »Kulturwandel. Zur Entwicklung des Paradigmas von der Kultur als Kommunikationssystem. Forschungsbericht«, *Deutsche Vierteljahresschrift für Literaturwissenschaft und Geistesgeschichte* 56, S. 1-167.

Beck, U. (1986), *Risikogesellschaft. Auf dem Weg in eine andere Moderne*, Frankfurt: Suhrkamp.

Bellah, R. N. (1964), »Religious Evolution«, *American Sociological Review* 29, S. 358-374.

Bellah, R. N. (1970), *Beyond Belief: Essays on Religion in a Post Traditional World*, New York: Harper and Row.

Bellah, R. N. (1975), *The Broken Covenant: American Civil Religion in Time of Trial*, New York: Seabury Press.

Benedetti, G., & Wiesmann, L. (Hg.) (1986), *Ein Inuk sein. Interdisziplinäre Vorlesungen zum Problem der Identität*, Göttingen: Vandenhoeck & Ruprecht.

Bergmann, W. (1985), »Das frühe Mönchtum als soziale Bewegung«, *Kölner Zeitschrift für Soziologie und Sozialpsychologie* 37, S. 30-59.

Berman, M. (1983), *Die Wiederverzauberung der Welt. Am Ende des Newtonschen Zeitalters*, München: Beck.

Berman, M. (1984), *The Reenchantment of the World*, New York: Free Press.

Berndt, R. M. (1962), *Excess and Restraint. Social Control Among New Guinea Mountain People*, Chicago: Aldine.

Bérubé, C. (1964), *La connaissance de l'individuel au moyen age*, Paris: Presses Universitaires de France.

Biardeau, M., & Malamond, Ch. (1976), *Le sacrifice dans l'Inde*, Paris: Presses Universitaires de France.

Blacker, C., & Loewe, M. (Hg.) (1975), *Ancient Cosmologies*, London: Allen & Unwin.

Blau, P. (1977), *Inequality and Heterogeneity. A Primitive Theory of Social Structure*, New York: The Free Press.

Blau, P. M. (Hg.) (1975), *Approaches to the Study of Social Structure*, New York: Free Press.

Bloch, E. (1959), *Das Prinzip Hoffnung* (3 Bände), Frankfurt: Suhrkamp.

Bloch, M. (1974), »Symbols, Song, Dance and Features of Articulation: Is Religion an Extreme Form of Traditional Authority?«, *Archives Européennes de Sociologie* 15, S. 55-81.
Bloch, M. (1975), »Property and the End of Affinity«, in: ders., (Hg.), *Marxist Analyses and Social Anthropology* (S. 203-222), London: Malaby Press.
Bloch, M. (1977), »The Past and the Present in the Present«, *Man (N.S.)* 12, S. 278-292.
Blumenberg, H. (1973), *Der Prozeß der theoretischen Neugierde. Erweiterte und überarbeitete Neuausgabe von Die Legitimität der Neuzeit, dritter Teil*, Frankfurt: Suhrkamp.
Böhme, G., Daele, W. van den, Hohlfeld, R., Krohn, W., Schäfer, W., & Spengler, T. (1978), *Die gesellschaftliche Orientierung des wissenschaftlichen Fortschritts*, Frankfurt: Suhrkamp.
Böhme, G., Daele, W. van den, & Krohn, W. (1977), *Experimentelle Philosophie. Ursprünge autonomer Wissenschaftsentwicklung*, Frankfurt: Suhrkamp.
Böhme, H., & Böhme, G. (1983), *Das Andere der Vernunft. Zur Entwicklung von Rationalitätsstrukturen am Beispiel Kants*, Frankfurt: Suhrkamp.
Böhme, R., & Meschkowski, K. (Hg.) (1986), *Die Lust an der Natur. Ein Lesebuch aus Literatur und Wissenschaft*, München: Piper.
Bonß, W. (1982), *Die Einübung des Tatsachenblicks. Zur Struktur und Veränderung empirischer Sozialforschung*, Frankfurt: Suhrkamp.
Bonß, W., & Dubiel, H. (1987), »Metamorphosen der Leistungsgesellschaft«, *Freibeuter* 32, S. 45-56.
Boon, J. (1973), »Further operations of Culture in Anthropology: A Synthesis of and for Debate«, in: L. Schneider & Ch. Bonjean (Hg.), *The Idea of Culture in the Social Sciences* (S. 1-32), Cambridge: Harvard University Press.
Borneman, E. (1975), *Das Patriarchat. Ursprung und Zukunft unseres Gesellschaftssystems*, Frankfurt: Fischer.
Bosse, H. (1984), »Zur Ethno-Hermeneutik von Modernisierungskrisen und selbstbestimmten Bildungsprozessen«, in: T. Schöfthaler & W. Goldschmidt (Hg.), *Soziale Struktur und Vernunft. Jean Piagets Modell entwickelten Denkens in der Diskussion* (S. 379-402), Frankfurt: Suhrkamp.
Bosselmann, K. (1985), »Wendezeit im Umweltrecht. Von der Verrechtlichung der Ökologie zur Ökologisierung des Rechts«, *Kritische Justiz* 18, S. 345-361.
Bosselmann, K. (1986), »Eigene Rechte für die Natur? Ansätze einer ökologischen Rechtsauffassung«, *Kritische Justiz* 19, S. 1-22.
Bourdieu, P. (1976a), *Entwurf einer Theorie der Praxis*, Frankfurt: Suhrkamp.

Bourdieu, P. (1976b), »Le sens pratique«, *Actes de la Recherche en Sciences Sociales* 1, S. 43-86.
Bourdieu, P. (1980a), *Le sens pratique*, Paris: Minuit.
Bourdieu, P. (1980b), *Questions de sociologie*, Paris: Minuit.
Bourdieu, P. (1982), *Die feinen Unterschiede*, Frankfurt: Suhrkamp.
Bourdieu, P. (1983), »Ökonomisches Kapital, kulturelles Kapital, soziales Kapital«, in: R. Kreckel (Hg.), *Soziale Ungleichheiten. Soziale Welt: Sonderband 2* (S. 183-198), Göttingen: Schwartz.
Bourdieu, P. (1984), *Homo Academicus*, Paris: Minuit.
Bourdieu, P. (1985), *Sozialer Raum und Klassen. Leçon sur la leçon. Zwei Vorlesungen*, Frankfurt: Suhrkamp.
Bourdillon, M. F. C. (1980), »Introduction«, in: M. F. C. Bourdillon & M. Fortes (Hg.), *Sacrifice* (S. 1-27), London: Academic Press.
Bowker, J. (1970), *Problems of Suffering in Religions of the World*, Cambridge: Cambridge University Press.
Bradfield, R. M. (1973), *A Natural History of Associations. A Study in the Meaning of Community*, New York: Academic Press.
Brady, I. (1982), »The Myth-Eating Man. Review of W. Arens, The Man Eating Myth: Antropology and Anthropophagy«, *American Anthropologist* 84, S. 595-611.
Brand, K.-W. (1982), *Neue soziale Bewegungen. Entstehung, Funktion und Perspektive neuer Protestpotentiale*, Opladen: Westd. Verlag.
Brand, K.-W., Büsser, D., & Rucht, D. (1983), *Aufbruch in eine andere Gesellschaft. Neue soziale Bewegungen in der Bundesrepublik*, Frankfurt/New York: Campus.
Brandon, S. F. G. (1962), *Man and his Destiny in the Great Religions. A Historical and Comparative Study*, Manchester: Manchester University Press.
Brandon, S. F. G. (1965), *History, Time, and Deity. A Historical and Comparative Study of the Conception of Time in Religious Thought and Practice*, Manchester: Manchester University Press.
Bray, W. (1982), »Civilising the Aztecs«, in: J. Friedman & M. J. Rowlands (Hg.), *The Evolution of Social Systems* (S. 373-398) (2. Aufl.), Gloucester Crescent: Duckworth.
Brown, E. E. (1986), *Das Zen-Buch für vegetarische Feinschmecker*, Bern: Scherz.
Brüggemeier, F.-J., & Rommelspacher, Th. (1987), *Besiegte Natur. Geschichte der Umwelt im 19. und 20. Jahrhundert*, München: Beck.
Bünger, K. (1983), »Das chinesische Rechtssystem und das Prinzip der Rechtsstaatlichkeit«, in: W. Schluchter (Hg.), *Max Webers Studie über Konfuzianismus und Taoismus. Interpretation und Kritik* (S. 134-173), Frankfurt: Suhrkamp.
Burford, A. (1976), *Craftsmen in Greek and Roman Society*, London: Thames and Hudson.

Burke, P. (1974), *Tradition and Innovation in Renaissance Italy*, London: Fontana/Collins.
Burkert, W. (1972), *Homo Necans. Interpretationen altgriechischer Opferriten und Mythen*, Berlin: de Gruyter.
Capra, F. (1985), *Wendezeit - Bausteine für ein neues Weltbild* (2. Aufl.), Bern: Scherz.
Carlston, K. S. (1968), *Social Theory and African Tribal Organization. The Development of Socio-Legal Theory*, Urbana/Chicago/London: University of Illinois Press.
Carroll, M. P. (1977), »Leach, Genesis, and Structural Analysis«, *American Ethnologist* 4, S. 663-677.
Carroll, M. P. (1978), »One More Time: Leviticus Revisited«, *Archives Européennes de Sociologie* 19, S. 339-346.
Chagnon, N. (1968), *Yanomamö: The Fierce People*, New York: Holt, Rinehart & Winston.
Chagnon, N. (1974), *Studying the Yanomamö*, New York: Holt, Rinehart & Winston.
Chang, K. C. (Hg.) (1977), *Food in Chinese Culture. Anthropological and Historical Perspectives*, New Haven/London: Yale University Press.
Claessen, H. J. M., & Skalnik, P. (1978), »The Early State: Theories and Hypotheses«, in: H. J. M. Claessen & P. Skalnik (Hg.), *The Early State* (S. 3-29), The Hague/Paris/New York: Mouton.
Claessens, D., & Claessens, K. (1979), *Kapitalismus als Kultur. Entstehung und Grundlagen der bürgerlichen Gesellschaft*, Frankfurt: Suhrkamp.
Clark, P. P. (1975), »Thoughts for Food, I: French Cuisine and French Culture. II: Culinary Culture in Contemporary France«, *The French Review* 49, S. 32-41; S. 197-205.
Clark, St. L. R. (1977), *The Moral Status of Animals*, Oxford: Clarendon Press.
Clastres, P. (1972), *Chronique des Indiens Guayaki. Ce que savent les Aché, chasseurs nomades du Paraguay* (2. Aufl.), Paris: Plon.
Clastres, P. (1976), *Staatsfeinde. Studien zur politischen Anthropologie*, Frankfurt: Suhrkamp.
Cochetti, St. (1985), *Mythos und Dialektik der Aufklärung*, Königstein, Ts: Anton Hain.
Cohen, R., & Service, E. R. (Hg.) (1978), *Origins of the State. The Anthropology of Political Evolution*, Philadelphia: ISHI, Inc.
Coleman, J. A. (1970), »Civil Religion«, *Sociological Analysis* 31, S. 67-77.
Coleman, J. S. (1979), *Macht und Gesellschaftsstruktur*, Tübingen: Mohr.
Crawford, M. A., & Rivers, J. P. W. (1975), »The protein myth«, in: F. Steel & A. Bourne (Hg.), *The Man/Food Equation* (S. 238-258), New York: Academic Press.

Crüsemann, F. (1978), *Der Widerstand gegen das Königtum. Die antiköniglichen Texte des Alten Testaments und der Kampf um den frühen israelitischen Staat*, Neukirchen: Neukirchener Verlag.
Crumrine N. R. (1970), »Ritual Drama and Culture Change«, *Comparative Studies in Society and History* 12, S. 361-372.
Daele, W. van den (1977), »Die soziale Konstruktion der Wissenschaft - Institutionalisierung und Definition der positiven Wissenschaft in der zweiten Hälfte des 17. Jahrhunderts«, in: G. Böhme, & W. van den Daele & W. Krohn (Hg.), *Experimentelle Philosophie. Ursprünge autonomer Wissenschaftsentwicklung* (S. 129-182), Frankfurt: Suhrkamp.
Dahrendorf, R. (1959), *Class and Class Conflict in Industrial Society* (6. Aufl.), Stanford: Stanford University Press.
Davies, D. (1977), »An Interpretation of Sacrifice in Leviticus«, *Zeitschrift für alttestamentliche Wissenschaft* 89, S. 387-399.
Davies, N. (1981), *Human Sacrifice - in History and Today*, New York: William Morrow and Company.
Daxner, M., Bloch, J. R., & Schmidt, B. (Hg.) (1981), *Andere Ansichten der Natur*, Münster: SZD-Verlag.
Derrett, J. D. M. (1984), »Die Entwicklung des indischen Rechts«, in: W. Schluchter (Hg.), *Max Webers Studie über Hinduismus und Buddhismus. Interpretation und Kritik* (S. 178-201), Frankfurt: Suhrkamp.
Detienne, M. (1972), *Les jardins d'Adonis. La mythologie des aromates en Grèce*, Paris: Gallimard.
Detienne, M. (1979), »Pratique culinaires et esprit de sacrifice«, in: M. Detienne & J.-P. Vernant (Hg.), *La cuisine du sacrifice en pays grec* (S. 7-35), Paris: Gallimard.
Detienne, M., & Svenbro, J. (1979), »Les loups au festin ou la Cité impossible«, in: M. Detienne & J.-P. Vernant (Hg.), *La cuisine du sacrifice en pays grec* (S. 215-237), Paris: Gallimard.
Diamond, A. S. (1973), *The Evolution of Law and Order* (2. Aufl.), Westport: Greenwood Press.
Diamond, St. (1976), *Kritik der Zivilisation. Anthropologie und die Wiederentdeckung des Primitiven*, Frankfurt: Campus.
Diener, P., & Robkin, E. E. (1978), »Ecology, Evolution, and the Search for Cultural Origins: The Question of Islamic Pig Prohibition«, *Current Anthropology* 19, S. 493-540.
Djiksterhuis (1956), *Die Mechanisierung des Weltbildes*, Göttingen/Heidelberg: Springer.
Döbert, R. (1972), *Die methodologische Bedeutung von Evolutionstheorien für den sozialwissenschaftlichen Funktionalismus - zur Evolution von Religionssystemen*, Frankfurt: Suhrkamp.
Dole, G. (1961), »Endocannibalism Among the Amahuaca Indians«, *Transactions of the New York Academy of the Sciences* 24, S. 567-573.

Dornstreich, M. D., & Morren, G. E. B. (1974), »Does New Guinea Cannibalism Have a Nutritional Value«, *Human Ecology* 2, S. 1-12.
Douglas, D. (1977), »An Interpretation of Sacrifice in Leviticus«, *Zeitschrift für alttestamentliche Wissenschaft* 89, S. 387-398.
Douglas, M. (1966), *Purity and Danger*, London: Routledge & Kegan.
Douglas, M. (1974), *Ritual, Tabu und Körpersymbolik*, Frankfurt: Fischer.
Douglas, M. (1975), *Implicit Meanings*, London: Routledge & Kegan Paul.
Douglas, M., & Isherwood, B. (1980), *The World of Goods: Towards an Anthropology of Consumption*, Harmondsworth: Penguin.
Douglas, M., & Wildavsky, A. (1982), *Risk and Culture: An Essay on the Selection of Technical and Environmental Dangers*, Berkeley: University of California Press.
Drechsel, P. (1984), »Vorschläge zur Konstruktion einer Kulturtheorie, und was man unter einer Kulturinterpretation verstehen könnte,« in: E. W. Müller, R. König, K.-P. Koepping & P. Drechsel (Hg.), *Ethnologie als Sozialwissenschaft. Sonderheft 26 der KZfSS* (S. 44-84), Opladen: Westdeutscher Verlag.
Dreitzel, H. P. (1976), »Der politische Inhalt der Kultur«, in: A. Touraine, H. P. Dreitzel, S. Moscovici & R. Sennett (Hg.), *Jenseits der Krise. Wider das politische Defizit der Ökologie* (S. 50-93), Frankfurt: Syndikat.
Dreitzel, H. P. (1981), »The Socialization of Nature: Western Attitudes towards Body and Emotions«, in: P. Heelas & A. Lock (Hg.), *Indigenous Psychologies. The Anthropology of the Self* (S. 205-223), London: Academic Press.
Dülmen, R. van (1986), *Die Gesellschaft der Aufklärer. Zur bürgerlichen Emanzipation und aufklärerischen Kultur in Deutschland*, Frankfurt: Fischer.
Dülmen, R. van (1987), »Imaginationen des Teuflischen«, in: R. van Dülmen (Hg.), *Hexenwelten. Magie und Imagination* (S. 94-130), Frankfurt: Fischer.
Duerr, H.-P. (1978), *Traumzeit. Über die Grenze zwischen Wildnis und Zivilisation*, Frankfurt: Syndikat.
Duerr, H.-P. (Hg.) (1981), *Der Wissenschaftler und das Irrationale. 2 Bände*, Frankfurt: Syndikat.
Dumont, L. (1967), *Homo Hierarchicus*, Paris: Presses Universitaires de France.
Dumont, L. (1970), »Religion, Politics, and Society in the Individualistic Universe«, *Proceedings of the Royal Anthropological Institutions of Great Britain and Ireland* 1970, S. 31-41.
Dumont, L. (1977), *Homo Aequalis*, Paris: Presses Universitaires de France.

Durkheim, E. (1967), *Soziologie und Philosophie*, Frankfurt: Suhrkamp.
Durkheim, E. (1977), *Über die Teilung der sozialen Arbeit* (1. Auflage Paris 1893), Frankfurt: Suhrkamp.
Durkheim, E. (1981), *Die elementaren Formen des religiösen Lebens*, Frankfurt: Suhrkamp.
Dux, G. (1981), *Die Logik der Weltbilder. Sinnstrukturen im Wandel der Geschichte*, Frankfurt: Suhrkamp.
Edelmann, B. (1981), »Vers une approche juridique du vivant«, *Les Temps Modernes* 37, S. 1434-1445.
Edelstein, W., & Nunner-Winkler, G. (Hg.) (1986), *Zur Bestimmung der Moral. Philosophische und sozialwissenschaftliche Beiträge zur Moralforschung*, Frankfurt: Suhrkamp.
Eder, K. (1973), »Die Reorganisation der Legitimationsformen in Klassengesellschaften«, in: K. Eder (Hg.), *Seminar: Die Entstehung von Klassengesellschaften* (S. 288-300), Frankfurt: Suhrkamp.
Eder, K. (1976), *Die Entstehung staatlich organisierter Gesellschaften. Ein Beitrag zu einer Theorie sozialer Evolution*, Frankfurt: Suhrkamp.
Eder, K. (1979), »Essay über Elman R. Service. Die Ursprünge des Staates und der Zivilisation. Der Prozeß der kulturellen Evolution«, *Soziologische Revue* 2, S. 135-142.
Eder, K. (1982a), »A New Social Movement?«, *Telos* 52, S. 5-20.
Eder, K. (1982b), »Kollektive Lernprozesse und Geschichte. Zur Evolution der moralischen Grundlagen politischer Herrschaft«, *Saeculum* 33, S. 116-132.
Eder, K. (1984), »On the Cultural Origins and the Historical Formation of the Traditional State: Some Theoretical Considerations«, in: W. Dostal (Hg.), *On Social Evolution. Vienna Contributions to Ethnology and Anthropology* (Vol. 1, S. 110-140), Horn-Wien: Ferdinand Berger.
Eder, K. (1985a), *Geschichte als Lernprozeß? Zur Pathogenese politischer Modernität in Deutschland*, Frankfurt: Suhrkamp.
Eder, K. (1985b), »The New Social Movements: Moral Crusades, Political Pressure Groups, or Social Movements?«, *Social Research* 52, S. 869-890.
Eder, K. (1986a), »Der permanente Gesellschaftsvertrag. Zur kollektiven Konstruktion einer sozialen Ordnung«, in: L. Kern & H.-P. Müller (Hg.), *Gerechtigkeit, Diskurs oder Markt? Die neuen Ansätze in der Vertragstheorie* (S. 67-82), Opladen: Westdeutscher Verlag.
Eder, K. (1986b), »Die Soziologie sozialer Bewegungen auf der Suche nach einer Theorie«, *Soziologische Revue* 9, S. 355-360.
Eder, K. (1986c), »Soziale Bewegung und kulturelle Evolution. Überlegungen zur Rolle der neuen sozialen Bewegungen in der kulturellen Evolution der Moderne«, in: J. Berger (Hg.), *Die Moderne - Kontinuitäten und Zäsuren. Soziale Welt: Sonderband 4* (S. 335-357), Göttingen: Schwartz.

Eder, K. (1987a), »Learning and the Evolution of Social Systems. An epigenetic perspective«, in: M. Schmid & F. M. Wuketits (Hg.), *Evolutionary Theory in Social Science* (S. 101-125), Dordrecht/Boston: Reidel.

Eder, K. (1987b), »Wie können Gesellschaften lernen«, in: J. Friedrichs (Hg.), *23. Deutscher Soziologentag 1986 Technik und sozialer Wandel. Beiträge in den Sektionen* (S. 334-337), Opladen: Westdeutscher Verlag.

Eder, K. (1988), »Contradictions and Social Evolution. A Theory of the Social Evolution of Modernity«, in: H. Haferkamp & N. Smelser (Hg.), *Modernization and Social Change*, Berkeley: University of California Press.

Eisenstadt, S. N. (1975), »Die anthropologische Analyse komplexer Gesellschaften. Ein Vergleich des symbolisch-strukturellen mit dem institutionellen Ansatz«, *Schweizerische Zeitschrift für Soziologie* 1, S. 5-38.

Eisenstadt, S. N. (1982), »The Axial Age: The Emergence of Transcendental Visions and the Rise of Clerics«, *Archives Européennes de Sociologie* 23, S. 294-314.

Eisenstadt, S. N. (1986), *A Sociological Approach to Comparative Civilizations: The Development and Directions of a Research Program*, (The Hebrew University of Jerusalem. The Harry S. Truman Research Insitute).

Eisenstadt, S. N. (Hg.) (1987), *The Origins and Diversity of Axial Age Civilizations*, Albany, NY: Suny Press.

Eliade, M. (1973), *Australian Religions*, Ithaca/London: Cornell University Press.

Eliade, M. (1975), *Schamanismus und archaische Ekstasetechnik*, Frankfurt: Suhrkamp.

Eliade, M. (1984), *Das Heilige und das Profane. Vom Wesen des Religiösen*, Frankfurt: Insel.

Eliade, M. (1986a), *Die Religionen und das Heilige. Elemente der Religionsgeschichte*, Frankfurt: Suhrkamp.

Eliade, M. (1986b), *Ewige Bilder und Sinnbilder. Essays über die magisch-religiöse Symbolik*, Frankfurt: Insel.

Eliade, M. (1986c), *Kosmos und Geschichte. Der Mythos der ewigen Wiederkehr*, Frankfurt: Suhrkamp.

Elias, N. (1971), *Über den Prozeß der Zivilisation. Soziogenetische und psychogenetische Untersuchungen* (2. Aufl.), Frankfurt: Suhrkamp.

Engeln, H. (1987), »Das Menschen-Schwein, ges. gesch. Der neue Patentschutz für Tiere wird die Gentechnologie beflügeln«, *Die Zeit - Nr. 20 - 8. Mai* 1986, S. 83.

Engels, F. (1951), *Dialektik der Natur*, Berlin: Dietz Verlag.

Erdheim, M. (1973), *Prestige und Kulturwandel. Eine Studie zum Verhältnis subjektiver und objektiver Faktoren des kulturellen Wandels zur Klassengesellschaft bei den Azteken*, Frankfurt: Focus.

Erdheim, M. (1982), *Die gesellschaftliche Produktion von Unbewußtheit. Eine Einführung in den ethnopsychoanalytischen Prozeß*, Frankfurt: Suhrkamp.

Evans, E. P. (1906), *The Criminal Prosecution and Capital Punishment of Animals*, London: W. Heinemann.

Evans-Pritchard, E. E. (1968), *Theorien über primitive Religion*, Frankfurt: Suhrkamp.

Evans-Pritchard, E. E. (1978), *Hexerei, Orakel und Magie bei den Zande*, Frankfurt: Suhrkamp.

Ferber, Ch. von (1980), »Ernährungsgewohnheiten: Zur Soziologie der Ernährung«, *Zeitschrift für Soziologie* 9, S. 221-235.

Fernandez, J. (1974), »The Mission of Metaphor in Expressive Culture«, *Current Anthropology* 15, S. 119-145.

Finley, M. I. (1969), »Slavery«, *International Encyclopedia of Social Sciences* 14, S. 307-313.

Firth, R. (1967), *Tikopia Ritual and Belief*, London: Allen & Unwin.

Firth, R. (1973), »Food Symbolism in a Pre-industrial Society«, in: R. Firth (Hg.), *Symbols. Public and Private* (S. 243-261), London: Allen & Unwin.

Firth, R., et al. (1968), *Institutionen in primitiven Gesellschaften*, Frankfurt: Suhrkamp.

Forde, D. (Hg.) (1970), *African Worlds. Studies in the Cosmological Ideas and Social Values of African Peoples* (7. Aufl.), London: Oxford University Press.

Fortes, M. (1972), »Kinship and the Social Order. The Legacy of Lewis Henry Morgan«, *Current Anthropology* 13, S. 285-296.

Foucault, M. (1966), *Les mots et les choses*, Paris: Gallimard.

Frecot, J. (1976), »Die Lebensreformbewegung«, in: K. Vondung (Hg.), *Das wilhelminische Bildungsbürgertum* (S. 138-152), Göttingen: Vandenhoeck & Ruprecht.

Freedman, D. N., & Graf, D. F. (Hg.) (1983), *Palestine in Transition. The Emergence of Ancient Israel*, Sheffield: Almond Press.

Freeman, M. (1977), »Sung«, in: K. C. Chang (Hg.), *Food in Chinese Culture. Anthropological and Historical Perspectives* (pp. 141-192), New Haven/London: Yale University Press.

Fried, M. H. (1967), *The Evolution of Political Society. An Essay in Political Anthropology*, New York: Random House.

Fried, M. H. (1975), *The Notion of Tribe*, Menlo Park, Cal.: Cummings.

Gablik, S. (1976), *Progress in Art*, London: Thames & Hudson.

Geertz, C. (1966), »Religion as a Cultural System«, in: M. Banton (Hg.), *Anthropological Approaches to the Study of Religion*, London: Tavistock.

Geertz, C. (1973), *The Interpretation of Cultures*, New York: Basic Books.

Geertz, C. (1980), *Negara. The Theatre State in Nineteenth Century Bali*, Princeton: University Press.
Geertz, C. (1983), *Dichte Beschreibung. Beiträge zum Verstehen kultureller Systeme*, Frankfurt: Suhrkamp.
Gehlen, A. (1960), *Sozialpsychologie*, Reinbek: Rowohlt.
Georgescu-Roegen, N. (1971), *The Entropy Law and the Economic Progress*, Cambridge, Mass.: Harvard University Press.
Gephardt, W. (1985), *Die zwei Naturen. Zur Differenz im deutschen und französischen Naturverhältnis*, (Manuskript).
Giddens, A. (1979), *Central Problems in Social Theory. Action, Structure and Contradiction in Social Analysis*, Berkeley: University of California Press.
Giddens, A. (1982), »Time and Space in Social Theory«, in: J. Matthes (Hg.), *Lebenswelt und soziale Probleme* (S. 88-97), Frankfurt: Campus.
Giddens, A. (1988), *Die Konstitution der Gesellschaft. Grundzüge einer Theorie der Strukturierung. Mit einer Einführung von Hans Joas*, Frankfurt: Campus.
Giedion, S. (1987), *Die Herrschaft der Mechanisierung. Ein Beitrag zur anonymen Geschichte*, Frankfurt: Athenäum.
Giesen, B., & Lau, Ch. (1981), »Zur Anwendung darwinistischer Erklärungsstrategien in der Soziologie«, *Kölner Zeitschrift für Soziologie und Sozialpsychologie* 33, S. 229-256.
Ginsberg, M. (1956), *Essays in Sociology and Social Philosophy III*, Melbourne/London/Toronto: Heinemann.
Ginzburg, C. (1979), *Der Käse und die Würmer. Die Welt eines Müllers um 1600*, Frankfurt: Syndikat.
Girard, R. (1972), *La violence et le sacré*, Paris: Bernard Grasset.
Girard, R. (1978), *Des choses cachées depuis la fondation du monde*, Paris: Bernard Grasset.
Gluckman, M. (1963), *Order and Rebellion in Tribal Africa*, London: Cohen and West.
Gluckman, M. (1977), *Politics, Law, and Ritual in Tribal Society* (4. Aufl.), Oxford: Blackwell.
Godelier, M. (1973), »Anthropologie und Ökonomie«, in: M. Godelier (Hg.), *Ökonomische Anthropologie. Untersuchungen zum Begriff der sozialen Struktur primitiver Gesellschaften* (S. 23-91), Reinbek: Rowohlt.
Godelier, M. (1973), »Fetischismus, Religion und allgemeine Theorie der Ideologie bei Marx«, in: M. Godelier (Hg.), *Ökonomische Anthropologie. Untersuchungen zum Begriff der sozialen Struktur primitiver Gesellschaften* (S. 258-280), Reinbek: Rowohlt.
Godelier, M. (1973), »System, Struktur und Widerspruch im Kapital«, in: M. Godelier (Hg.), *Ökonomische Anthropologie. Untersuchungen zum Begriff der sozialen Struktur primitiver Gesellschaften* (S. 138-172), Reinbek: Rowohlt.

Goody, J. (1977), *The Domestication of the Savage Mind*, Cambridge: Cambridge University Press.
Goody, J. (1982), *Cooking, Cuisine and Class. A Study in Comparative Sociology*, Cambridge: Cambridge University Press.
Goody, J., & Watt, I. (1968), »The Consequences of Literacy«, in: J. Goody (Hg.), *Literacy in Traditional Societies* (S. 27-68), Cambridge: Cambridge University Press.
Goody, J., Watt, I., & Gough, K. (1986), *Entstehung und Folgen der Schriftkultur*, Frankfurt: Suhrkamp.
Gouldner, A. W., & Peterson, R. A. (1962), *Notes on Technology and the Moral Order*, Indianapolis/New York: Bobbs-Merrill.
Graf, V. (1986), »Die Vegetarier«, *Der Alltag. Sensationsblatt des Gewöhnlichen. Schwerpunkt: Tiere* 3/86, S. 46-51.
Grawert-May. E. (1987), *Das Drama Krieg. Zur Moralisierung des Politischen*, Tübingen: konkursbuch Verlag Gehrke.
Green, A. R. W. (1975), *The Role of Human Sacrifice in the Ancient Near East* (American Schools of Oriental Research Dissertation Series 1).
Greenfield, P. M. (1984), »Kulturvergleichende Forschung und Piagets Theorie: Paradox und Fortschritt«, in: T. Schöfthaler & W. Goldschmidt (Hg.), *Soziale Struktur und Vernunft. Jean Piagets Modell entwickelten Denkens in der Diskussion* (S. 96-111), Frankfurt: Suhrkamp.
Grefe, Ch., Heller, P., Herbst, M., & Pater, S. (1985), *Brot des Siegers - Das Hackfleisch-Imperium*, Frankfurt: Lamuv.
Grießhammer, R., & Witt, S. de (1986), *Der Öko-Koch*, Reinbek: Rowohlt.
Griffiths, J. (1982), »The General Theory of Litigation - a First Step«, *Zeitschrift für Rechtssoziologie* 3, S. 145-201.
Grignon, C., & Grignon, Ch. (1980), »Styles d'alimentation et gouts populaires«, *Revue française de sociologie* 21, S. 531-569.
Gunnell, J. G. (1968), *Political Philosophy and Time*, Middletown, Connecticut: Wesleyan University Press.
Gusfield, J. R. (1966), *Symbolic Crusade. Status Politics and the American Temperance Movement*, Urbana: University of Illinois Press.
Gusfield, J. R. (1981), »Social Movements and Social Change: Perspectives of Linearity and Fluidity«, in: L. Kriesberg (Hg.), *Research in Social Movements, Conflict and Change* (Vol. 4, S. 317-339), Greenwich: JAI Press Inc.
Gusfield, J. R. (1981), *The Culture of Public Problems: Drinking Driving and the Symbolic Order*, Chicago: University of Chicago Press.
Habermas, J. (1968), »Arbeit und Interaktion. Bemerkungen zu Hegels Jenenser Philosophie des Geistes«, in: J. Habermas, *Technik und Wissenschaft als Ideologie* (S. 9-48), Frankfurt: Suhrkamp.

Habermas, J. (1976), *Zur Rekonstruktion des Historischen Materialismus*, Frankfurt: Suhrkamp.
Habermas, J. (1981), *Theorie des kommunikativen Handelns. 2 Bände*, Frankfurt: Suhrkamp.
Habermas, J. (1986), »Entgegnung«, in: A. Honneth & H. Joas (Hg.), *Kommunikatives Handeln. Beiträge zu Jürgen Habermas' Theorie des kommunikativen Handelns* (S. 327-405), Frankfurt: Suhrkamp.
Hacking, I. (1982), »Why are you Scared?«, *New York Review of Books. Sept. 23*, 1982, S. 30-41.
Hardt, St. (1987), *Tod und Eros beim Essen. Mit einem Vorwort von Hartmut Böhme*, Frankfurt: Athenäum.
Harner, M. (1977a), »The Ecological Basis for Aztec Sacrifice«, *American Ethnologist* 4, S. 117-135.
Harner, M. (1977b), »The Enigma of Aztec Sacrifice«, *Natural History* 76, S. 47-51.
Harris, M. (1968), *The Rise of Anthropological Theory. A History of Culture*, New York: Crowell.
Harris, M. (1976), »History and Significance of the Emic/Ethic Distinction«, *Annual Review of Anthropology* 5, S. 329-350.
Harris, M. (1977), *Cows, Pigs, Wars, and Witches. The Riddles of Culture*, London: Fontana.
Harris, M. (1978), *Cannibals and Kings. The Origins of Cultures*, New York: Random House.
Harris, M. (1979), *Cultural Materialism: The Struggle for a Science of Culture*, New York: Random House.
Hart, H. L. A. (1980), »Death and Utility«, *New York Review of Books*. May 15 1980, S. 25-32.
Harten, H.-Ch. (1977), *Der vernünftige Organismus und die gesellschaftliche Evolution der Vernunft. Zur Gesellschaftstheorie des genetischen Strukturalismus von Piaget*, Frankfurt: Syndikat.
Harwood, D. (1928), *Love of Animals, and How it Developed in Great Britain*, New York: Columbia University Library.
Heinsohn, G. (1979), »Theorie des Tötungsverbotes und des Monotheismus bei den Israeliten sowie der Genese, Durchsetzung und Rolle der christlichen Familien- und Fortpflanzungsmoral«, in: *L'invitation au voyage - Festschrift für Alfred Sohn-Rethel zum 80. Geburtstag* (S. 1-34), Bremen.
Heinsohn, G. (1984), *Privateigentum, Patriarchat, Geldwirtschaft. Eine sozialtheoretische Rekonstruktion zur Antike*, Frankfurt: Suhrkamp.
Heinsohn, G., Knieper, R., & Steiger, O. (1979), *Menschenproduktion. Allgemeine Bevölkerungstheorie der Neuzeit*, Frankfurt: Suhrkamp.
Heinsohn, G., & Steiger, O. (1985), *Die Vernichtung der weisen Frauen. Beiträge zur Theorie und Geschichte von Bevölkerung und Kindheit* (3. Aufl.), Herbstein: März.

Heinsohn, G., & Steiger, O. (1987), »Warum mußte das Speculum zweimal erfunden werden? - Eine Replik«, *Kritische Justiz* 20, S. 200-207.
Heise, D., Levski, G., & Wardwell, J. (1976), »Further Notes on Technology and the Moral Order«, *Social Forces* 55, S. 316-337.
Held, V. (1977), »Rationality and Reasonable Cooperation«, *Social Research* 44, S. 708-744.
Henderson, R. N. (1972), *The King in Every Man. Evolutionary Trends in Onitsha Ibo Society and Culture*. New Haven/London: Yale University Press.
Hepp, C. (1987), *Avantgarde – Moderne Kunst, Kulturkritik und Reformbewegungen nach der Jahrhundertwende*, München: Deutscher Taschenbuch Verlag.
Herder, J. G. (1966), *Ideen zur Philosophie der Geschichte der Menschheit*, Darmstadt: Wissenschaftliche Buchgesellschaft.
Herpin, N. (1980), »Comportements alimentaires et contraintes sur les emplois du temps«, *Revue française de sociologie* 21, S. 599-628.
Hess, H. (1987), *Rauchen. Geschichte, Geschäfte, Gefahren*, Frankfurt: Campus.
Heusch, L. de (1981), *Why Marry Her? Society and Symbolic Structures*, Cambridge: Cambridge University Press.
Heusch, L. de (1982), *The Drunken King or the Origin of the State*, Bloomington: Indiana University Press.
Hill, J. N. (1977), »Systems Theory and the Explanation of Change«, in: J. N. Hill (Hg.), *Explanation of Prehistoric Change* (S. 59-104), Albuquerque: University of New Mexico Press.
Ho, M.-W., & Saunders, P. T. (1982), »The Epigenetic Approach to the Evolution of Organisms - with Notes on its Relevance to Social and Cultural Evolution«, in: H.C. Plotkin (Hg.), *Learning, Development, and Culture* (S. 343-361), Chichester/New York: Wiley & Sons.
Hobsbawm, E. H. (1952), »The Machine Breakers«, *Past and Present* 1, S. 57-70.
Hobsbawm, E. J. (1972), *Die Banditen*, Frankfurt: Suhrkamp.
Hobsbawm, E. J. (1977), *Revolution und Revolte. Aufsätze zum Kommunismus, Anarchismus und Umsturz im 20. Jahrhundert*, Frankfurt: Suhrkamp.
Hollstein, W. (1981), *Die Gegengesellschaft. Alternative Lebensformen* (4. Aufl.), Bonn: Verlag Neue Gesellschaft.
Hollstein, W., & Penth, W. (1980), *Alternativ-Projekte. Beispiele gegen die Resignation*, Reinbek: Rowohlt.
Honegger, C. (1978), »Die Hexen der Neuzeit. Analysen zur Anderen Seite der okzidentalen Rationalisierung«, in: C. Honegger (Hg.), *Die Hexen der Neuzeit. Studien zur Sozialgeschichte eines kulturellen Deutungsmusters* (S. 21-151), Frankfurt: Suhrkamp.
Honneth, A. (1980), »Arbeit und instrumentales Handeln«, in: A. Hon-

neth & U. Jaeggi (Hg.), *Arbeit, Handlung, Normativität. Theorien des Historischen Materialismus 2* (S. 185-216), Frankfurt: Suhrkamp.
Horton, R. (1967), »African Traditional Thought and Western Science«, *Africa* 37, S. 50-71, S. 155-187.
Hubert, H., & Mauss, M. (1968a), »Essai sur la nature et la fonction du sacrifice (1899)«, in: M. Mauss, *Œuvres. 1. Les fonctions sociales du sacré* (S. 193-354), Paris: Minuit.
Hubert, H., & Mauss, M. (1968b), »L'introduction - l'analyse de quelques phénomènes religieux (1906)«, in: M. Mauss, *Œuvres: 1. Les fonctions sociales du sacré* (S. 3-106), Paris: Minuit.
Humphreys, S. C. (1975), »Transcendence and Intellectual Roles: The Ancient Greek Case«, *Daedalus. Wisdom, Revelation, and Doubt: Perspectives on the First Millenium B. C.* 104, S. 91-118.
Hund, W. D., & Kramer, D. (Hg.) (1978), *Beiträge zur materialistischen Kulturtheorie*, Köln: Pahl-Rugenstein.
Huyssen, A., & Scherpe, K. R. (Hg.) (1986), *Postmoderne. Zeichen eines kulturellen Wandels*, Reinbek: Rowohlt.
Ishige, N. (1977), »Roasting Dog (or a Substitute) in an Earth Oven: an Unusual Method of Preparation from Ponape«, in: J. Kuper (Hg.), *The Anthropologists' Cookbook* (S. 203-205), London: Routledge & Kegan Paul.
Izutsu, T. (1966), *Ethico-Religious Concepts in the Qur'an*, Montreal: Mc Gill University Press.
Jacobs, L. (1975), »Jewish Cosmology«, in: C. Blacker & M. Loewe (Hg.), *Ancient cosmologies* (S. 66-86), London: Allen & Unwin.
James, E. O. (1962), *Sacrifice and Sacrament*, London: Thames & Hudson.
Japp, K. P. (1987), »Risiken der Technisierung und die neuen sozialen Bewegungen«, in: G. Bechmann (Hg.), *Risiko und Gesellschaft*, Opladen: Westdeutscher Verlag.
Jarvie, I. C. (1976), »On the Limits of Symbolic Interpretation in Anthropology«, *Current Anthropology* 17, S. 687-701.
Jerouschek, G. (1986), »Hexenprozesse als staatsterroristische Bevölkerungspolitik«, *Kritische Justiz* 19, S. 443-458.
Kamper, D., & Wulf, Ch. (Hg.) (1982), *Die Wiederkehr des Körpers*, Frankfurt: Suhrkamp.
Kamper, D., & Wulf, Ch. (Hg.) (1984), *Das Schwinden der Sinne*, Frankfurt: Suhrkamp.
Karsten, R. (1926), *The Civilization of the South American Indians*, London: Kegan Paul.
Katalyse e.V. (1986), *Das Ernährungsbuch*, Köln: Kiepenheuer & Witsch.
Katz, F. (1975), *Vorkolumbische Kulturen. Die großen Reiche des alten Amerika*, Essen: Magnus.
Kee, H. C. (1982), *Das frühe Christentum in soziologischer Sicht*, Göttingen: Vandenhoeck & Ruprecht.

Keller, K. (1986), »Vom Regen in die Traufe: Natur als Rechtssubjekt«, *Kritische Justiz* 19, S. 339-342.

Kippenberg, H.-G. (Hg.) (1977), *Seminar: Die Entstehung der antiken Klassengesellschaft*, Frankfurt: Suhrkamp.

Kippenberg, H.-G. (1981), »Intellektualismus und antike Gnosis«, in: W. Schluchter (Hg.), *Max Webers Studie über das antike Judentum. Interpretation und Kritik* (S. 201-218), Frankfurt: Suhrkamp.

Kippenberg, H.-G., & Luchesi, B. (Hg.) (1978), *Magie. Die sozialwissenschaftliche Kontroverse über das Verstehen fremden Denkens*, Frankfurt: Suhrkamp.

Kirk, G. S. (1970), *Myth. Its Meaning and Functions in Ancient and Other Cultures*, Berkeley/Los Angeles: University of California Press.

Kitschelt, H. (1984), *Der ökologische Diskurs. Eine Analyse von Gesellschaftskonzeptionen in der Energiedebatte*, Frankfurt: Campus.

Knorr-Cetina, K. (1984), *Die Fabrikation der Erkenntnis. Zur Anthropologie der Wissenschaft*, Frankfurt: Suhrkamp.

Koch, K.-F. (1974), *War and Peace in Jalemo. The Management of Conflict in Highland New Guinea*, Cambridge, Mass.: Harvard University Press.

König, M. E. P. (1973), *Am Anfang der Kultur. Die Zeichensprache des frühen Menschen*, Frankfurt/Berlin/Wien: Ullstein.

Koepping, K.-P. (1984), »Trickster, Schelm, Pikaro: Sozialanthropologische Ansätze zur Problematik der Zweideutigkeit von Symbolsystemen«, in: W. Müller, R. König, K.-P. Koepping & P. Drechsel (Hg.), *Ethnologie als Sozialwissenschaft. Sonderheft 26 der KZfSS* (S. 195-215), Opladen: Westdeutscher Verlag.

Koerber, K. W. von, Männle, T., & Leitzmann, C. (1985), *Vollwert-Ernährung*, Heidelberg: Haug Verlag.

Krabbe, W. R. (1974), *Gesellschaftsveränderung durch Lebensreform. Strukturmerkmale einer sozialreformerischen Bewegung im Deutschland der Industrialisierungsepoche*, Göttingen: Vandenhoeck & Ruprecht.

Kramer, F. (1977), *Verkehrte Welten. Zur imaginären Ethnographie des 19. Jahrhunderts*, Frankfurt: Syndikat.

Kuper, J. (Hg.) (1977), *The Anthropologists' Cookbook*, London: Routledge & Kegan Paul.

Ladd, J. (1957), *The Structure of a Moral Code. A Philosophical Analysis of Ethical Discourse Applied to the Ethics of the Navaho Indians*, Cambridge, Mass.: Harvard University Press.

Lang, B. (1984), »Spione im gelobten Land: Ethnologen als Leser des Alten Testaments«, in: W. Müller, R. König, K.-P. Koepping & P. Drechsel (Hg.), *Ethnologie als Sozialwissenschaft. Sonderheft 26 der KZfSS* (S. 158-177), Opladen: Westdeutscher Verlag.

Lanternari, V. (1960), *Religiöse Freiheits- und Heilsbewegungen unterdrückter Völker*, Neuwied/Berlin: Luchterhand.

Laum, B. (1924), *Heiliges Geld. Eine historische Untersuchung über den sakralen Ursprung des Geldes*, Tübingen: Mohr.
Leach, E. (1969), *Genesis as Myth and Other Essays*, London: Jonathan Cape.
Leach, E. (1972), »Anthropologische Aspekte der Sprache: Tierkategorien und Schimpfwörter«, in: E. H. Lenneberg (Hg.), *Neue Perspektiven in der Erfahrung der Sprache* (S. 32-73), Frankfurt: Suhrkamp.
Leach, E. (1978), *Kultur und Kommunikation. Zur Logik symbolischer Zusammenhänge*, Frankfurt: Suhrkamp.
Leach, E. (Hg.) (1968), *Dialectic of Practical Religion*, Cambridge: Cambridge University Press.
Leach, E. (Hg.) (1973), *Mythos und Totemismus. Beiträge zur Kritik der strukturalen Analyse*, Frankfurt: Suhrkamp.
Leder, K. B. (1986), *Todesstrafe. Ursprung, Geschichte, Opfer*, München: DTV.
Légér, D., & Hervieu, B. (1979), *Le retour à la nature. Au fond de la forêt ... l'Etat*, Paris: Seuil.
Leiris, M. (1977), *Die eigene und die fremde Kultur*, Frankfurt: Syndikat.
Leiris, M. (1978), *Das Auge des Ethnographen*, Frankfurt: Syndikat.
Lepenies, W. (1977), »Das Ende der Naturgeschichte und der Beginn der Moderne. Verzeitlichung und Enthistorisierung in der Wissenschaftsgeschichte des 18. und 19. Jahrhunderts«, in: R. Koselleck (Hg.), *Studien zum Beginn der modernen Welt* (S. 317-351), Stuttgart: Klett.
Lepenies, W. (1978), *Das Ende der Naturgeschichte. Wandel kultureller Selbstverständlichkeiten in den Wissenschaften des 18. und 19. Jahrhunderts*, Frankfurt: Suhrkamp.
Lévi-Strauss, C. (1964), »Le triangle culinaire«, *L'Arc* 62, S. 19-29.
Lévi-Strauss, C. (1965), *Das Ende des Totemismus*, Frankfurt: Suhrkamp.
Lévi-Strauss, C. (1967), *Strukturale Anthropologie*, Frankfurt: Suhrkamp.
Lévi-Strauss, C. (1968), *Das wilde Denken*, Frankfurt: Suhrkamp.
Lévi-Strauss, C. (1971), *Mythologica I. Das Rohe und das Gekochte*, Frankfurt: Suhrkamp.
Lévi-Strauss, C. (1972), *Mythologica II. Vom Honig zur Asche*, Frankfurt: Suhrkamp.
Lévi-Strauss, C. (1973), *Mythologica III. Der Ursprung der Tischsitten*, Frankfurt: Suhrkamp.
Lévi-Strauss, C. (1975a), *Mythologica IV. Der nackte Mensch (2 Bände)*, Frankfurt: Suhrkamp.
Lévi-Strauss, C. (1975b), *Strukturale Anthropologie II*, Frankfurt: Suhrkamp.
Lévi-Strauss, C. (1978), *Traurige Tropen*, Frankfurt: Suhrkamp.
Lévi-Strauss, C. (1981), *Die elementaren Strukturen der Verwandtschaft*, Frankfurt: Suhrkamp.

Lindenberg, S., Coleman, J. S., & Nowak, St. (Hg.) (1986), *Approaches to Social Theory*, New York: Russell Sage Foundation.

Lindenberg, S. (1986), »How Sociological Theory Lost Its Central Issue and What Can Be Done About It«, in: S. Lindenberg & J. S. Coleman & St. Nowak (Eds.), *Approaches to Social Theory* (pp. 19-24), New York: Russell Sage Foundation.

Linse, U. (1983a), *Barfüßige Propheten. Erlöser der zwanziger Jahre*, München.

Linse, U. (Hg.) (1983b), *Zurück, o Mensch, zur Mutter Erde. Landkommunen in Deutschland 1890-1933*, München: Deutscher Taschenbuch Verlag.

Lipp, W. (1979), »Kulturtypen, Kulturelle Symbole, Handlungswelt. Zur Plurivalenz von Kultur«, *Kölner Zeitschrift für Soziologie und Sozialpsychologie* 31, S. 450-484.

Loeb, E. M. (1923), »The blood sacrifice complex«, *Memoirs of the American Anthropological Association (Reprint 1974)* 30, S. 3-40.

Loisy, A. (1920), *Essai historique sur le sacrifice*, Paris: Emile Nourry.

Longacre, W. (1970), *Reconstructing Prehistoric Pueblo Societies*, Albuquerque: University of New Mexico Press.

Lowe, D. M. (1982), *History of Bourgeois Perception*, Chicago: University of Chicago Press.

Luhmann, N. (1977), *Funktion der Religion*, Frankfurt: Suhrkamp.

Luhmann, N. (1978), »Geschichte als Prozeß und die Theorie soziokultureller Evolution«, in: K.-G. Faber & Ch. Meier (Hg.), *Historische Prozesse* (S. 413-440), München: Deutscher Taschenbuch Verlag.

Luhmann, N. (1980), *Gesellschaftsstruktur und Semantik. Studien zur Wissenssoziologie der modernen Gesellschaft (1. Band)*, Frankfurt: Suhrkamp.

Luhmann, N. (1981), *Gesellschaftsstruktur und Semantik. Studien zur Wissenssoziologie der modernen Gesellschaft (2. Band)*, Frankfurt: Suhrkamp.

Luhmann, N. (1984), *Soziale Systeme. Grundriß einer allgemeinen Theorie*, Frankfurt: Suhrkamp.

Luhmann, N. (1985a), »Die Autopoiesis des Bewußtseins«, *Soziale Welt* 36, S. 402-446.

Luhmann, N. (Hg.) (1985b), *Soziale Differenzierung*, Opladen: Westdeutscher Verlag.

Luhmann, N. (1986a), »Das Kunstwerk und die Selbstreproduktion der Kunst«, in: H. U. Gumbrecht & K. L. Pfeiffer (Hg.), *Stil. Geschichten und Funktionen eines kulturwissenschaftlichen Diskurselements*, Frankfurt: Suhrkamp.

Luhmann, N. (1986b), *Ökologische Kommunikation. Kann die moderne Gesellschaft sich auf ökologische Gefährdungen einstellen?*, Opladen: Westdeutscher Verlag.

Mac Farlane, A. (1977), »History, Anthropology and the Study of Communities«, *Social History* 5, S. 631-652.
Maier, A. (1938), *Die Mechanisierung des Weltbildes im 17. Jahrhundert*, Leipzig: Meiner.
Maier, A. (1955), *Metaphysische Hintergründe der spätscholastischen Naturphilosophie*, Rom: Ed. di storia e letteratura.
Malinowski, B. (1978), »Der Ringtausch von Wertgegenständen auf den Inselgruppen Ost-Neuguineas«, in: F. Kramer & Ch. Sigrist (Hg.), *Gesellschaften ohne Staat. Band 1: Gleichheit und Gegenseitigkeit* (S. 57-69), Frankfurt: Syndikat.
Malinowski, B. (1980), *Eine Theorie der Kultur*, Frankfurt: Suhrkamp.
Mandrou, R. (1975), *Introduction to Modern France 1500-1640. An Essay in Historical Psychology*, London: Edward Arnold.
Manduit, J. (1972), *La vie quotidienne a l'époque des premiers chasseurs*, Paris: Hachette.
Marcuse, H. (1964), *One-Dimensional Man*, Boston: Beacon Press.
Marcuse, H. (1965), »Über die philosophischen Grundlagen des wirtschaftswissenschaftlichen Arbeitsbegriffs«, in: ders., *Kultur und Gesellschaft 2* (S.7-48), Frankfurt: Suhrkamp.
Maren-Griesebach, M. (1982), *Philosophie der Grünen*, München/Wien: Schwarzenberg.
Markl, H. (1986), *Natur als Kulturaufgabe*, Stuttgart: Deutsche Verlags-Anstalt.
Marquard, O. (1986), »Die arbeitslose Angst. Der Antimodernismus in der postmodernen Gesellschaft«, *Die Zeit*, Nr. 51, 2. Dezember 1986, S. 47-48.
Marshack, A. (1972), *The Roots of Civilization*, New York: McGraw-Hill.
Martindale, D. (1962), *Social Life and Cultural Change*, Princeton, NJ: Van Nostrand Company.
Marx, K. (1953), *Grundrisse der Kritik der Politischen Ökonomie (Rohentwurf) 1857-1858*, Berlin: Dietz Verlag.
Mason, St. F. (1962), *A History of the Sciences* (2. Aufl.), New York: Colliers Books.
Matthiesen, U. (1987), »Mikrosoziologische Revolten und strukturphänomenologische Perspektivenverschränkung. Zur kulturtheoretischen Rejustierung von Mikro-Makro«, in: J. Friedrichs (Hg.), *23. Deutscher Soziologentag 1986 Technik und Sozialer Wandel. Beiträge in den Sektionen* (S. 343-346), Opladen: Westdeutscher Verlag.
Maturana, H. R. (1982), *Erkennen. Die Organisation und Verkörperung von Wirklichkeit. Ausgewählte Arbeiten zur biologischen Epistemologie*, Braunschweig/Wiesbaden: Vieweg & Sohn.
Mauss, M. (1984), *Die Gabe*, Frankfurt: Suhrkamp.
Mayr, E. (1963), *Animal Species and Evolution*, Cambridge, Mass.: Harvard University Press.

McCarthy, T. (1980), *Kritik der Verständigungsverhältnisse. Zur Theorie von Jürgen Habermas*, Frankfurt: Suhrkamp.

Medick, H. (1977), »Die protoindustrielle Familienwirtschaft«, in: P. Kriedtke, H. Medick & J. Schlumbohm (Hg.), *Industrialisierung vor der Industrialisierung. Gewerbliche Warenproduktion auf dem Land* (S. 90-154), Göttingen: Vandenhoeck & Ruprecht.

Meeks, W. A. (1985), »Die Rolle des paulinischen Christentums bei der Entstehung einer rationalen ethischen Religion«, in: W. Schluchter (Hg.), *Max Webers Sicht des antiken Christentums. Interpretation und Kritik* (S. 363-385), Frankfurt: Suhrkamp.

Meier, Ch. (1981), *Entstehung des Begriffs Demokratie. Vier Prolegomena zu einer historischen Theorie* (4. Aufl.), Frankfurt: Suhrkamp.

Mennell, St. (1985), *All Manners of Food: Eating and Taste in England and France from the Middle Ages to the Present*, Oxford/New York: Basil Blackwell.

Merchant, C. (1987), *Der Tod der Natur. Ökologie, Frauen und neuzeitliche Naturwissenschaft*, München: Beck.

Merquior, J. G. (1979), *The Veil and the Mask. Essays on Culture and Ideology*, London: Routledge & Kegan Paul.

Michel, K. M. (1985), »Nichts dazutun, nichts weglassen - alles wenden! Das Buch der Bücher: das Rätsel der Rätsel«, *Die Zeit*, Nr. 52, 20.Dezember 1985, S. 43-46.

Michelet, J. (1974), *Die Hexe. Mit Beiträgen von Roland Barthes und Georges Bataille*, München: Rogner & Bernhard.

Middleton, J. (1960), *Lugbara Religion. Ritual and Authority among an East African People*, London: Oxford University Press.

Miller, J. C. (1976), *Kings and Kinsmen*, Oxford: Clarendon Press.

Miller, M. (1984), »Zur Ontogenese des koordinierten Dissens«, in: W. Edelstein & J. Habermas (Hg.), *Soziale Interaktion und soziales Verstehen. Beiträge zur Entwicklung der Interaktionskompetenz* (S. 220-250), Frankfurt: Suhrkamp.

Miller, M. (1986), *Kollektive Lernprozesse - Studien zur Grundlegung einer soziologischen Lerntheorie*, Frankfurt: Suhrkamp.

Miller, M. (1987), *Verzerrte Legitimationsdiskurse*, (Beitrag zur Tagung Klassen und Kultur 12. - 14. Februar 1987 in Düsseldorf).

Mintz, S. W. (1987), *Die süße Macht. Kulturgeschichte des Zuckers*, Frankfurt: Campus.

Moore-Lappé, F. (1978), *Die Öko-Diät. Wie man mit wenig Fleisch gut ißt und die Natur schont*, Frankfurt: Fischer.

Morris, C. (1972), *The Discovery of the Individual 1050-1200*, New York: Harper & Row.

Moscovici, S. (1968), *L'histoire humaine de la nature*, Paris: Flammarion.

Moscovici, S. (1972), *La société contre nature*, Paris: Union Generale d'Editions.

Moscovici, S. (1976), »Die Wiederverzauberung der Welt«, in: A. Touraine, H.-P. Dreitzel, S. Moscovici & R. Sennet (Hg.), *Jenseits der Krise. Wider das politische Defizit der Ökologie* (S. 94-131), Frankfurt: Syndikat.
Moscovici, S. (1979), *Hommes domestiques et hommes sauvages* (2. Aufl.), Paris: Christian Bourgois.
Moscovici, S. (1982), *Versuch über die menschliche Geschichte der Natur*, Frankfurt: Suhrkamp.
Müller, K. E. (1983), »Vorderasien«, in: K. E. Müller (Hg.), *Menschenbilder früher Gesellschaften. Ethnologische Studien zum Verhältnis von Mensch und Natur* (S. 297-393), Frankfurt: Suhrkamp.
Munro, N. G. (1963), *Ainu Creed and Cult*, New York: Columbia University Press.
Natur-Sonderheft (1987), *Gesünder essen & trinken*, München: Ringier Verlag.
Needham, J. (1977), *Wissenschaftlicher Universalismus. Über Bedeutung und Besonderheit der chinesischen Wissenschaft*, Frankfurt: Suhrkamp.
Nikiprowetzky, V. (1975), »Ethical Monotheism«, *Daedalus. Wisdom, Revelation, and Doubt: Perspectives on the First Millenium B. C.* 104, S. 69-90.
Nitschke, A. (1967), *Naturerkenntnis und politisches Handeln im Mittelalter. Körper - Bewegung - Raum*, Stuttgart: Klett.
Nöcker, R. (1983), *Körner und Keime. Der Sprossengarten im Zimmer* (6. Aufl.), München: Heyne.
Nothdurft, W. & Spranz-Fogasy, Th. (1986), »Der kulturelle Kontext von Schlichtung. Zum Stand der Schlichtungs-Forschung in der Rechts-Anthropologie«, *Zeitschrift für Rechtssoziologie* 7, S. 31-52.
Nunner-Winkler, G. (1986), »Ein Plädoyer für einen eingeschränkten Universalismus«, in: W. Edelstein & G. Nunner-Winkler (Hg.), *Zur Bestimmung der Moral.Philosophische und sozialwissenschaftliche Beiträge zur Moralforschung* (S. 126-144), Frankfurt: Suhrkamp.
Obeyesekere, G. (1968), »Theodicy, Sin and Salvation in a Sociology of Buddhism«, in: E. R. Leach (Hg.), *Dialectic in Practical Religion* (S. 7-40), Cambridge: Cambridge University Press.
Obeyesekere, G. (1984), »Exemplarische Prophetie oder ethisch geleitete Askese? Überlegungen zur frühbuddhistischen Reform«, in: W. Schluchter (Hg.), *Max Webers Studie über Hinduismus und Buddhismus. Interpretation und Kritik* (S. 247-273), Frankfurt: Suhrkamp.
Ocholla-Ayayo, A. (1976), *Traditional Ideology and Ethics among the Southern Luo*, New York: Africana Publishing Corporation.
Offe, C. (1983), »Arbeit als soziologische Schlüsselkategorie?« In J. Matthes (Hg.), *Krise der Arbeitsgesellschaft?* (S. 38-65), Frankfurt: Campus.
Oldemeyer, E. (1979), »Zum Problem der Umwertung von Werten«, in:

H. Klages & P. Kmieciak (Hg.), *Wertwandel und gesellschaftlicher Wandel* (S. 597-617), Frankfurt: Campus.
Olson Jr., M. (1968), *Die Logik des kollektiven Handelns. Kollektivgüter und die Theorie der Gruppen*, Tübingen: Mohr.
Opp, K.-D. (1983), *Die Entstehung sozialer Normen. Ein Integrationsversuch soziologischer, sozialpsychologischer und ökonomischer Erklärungen*, Tübingen: Mohr.
Oppitz, M. (1975), *Notwendige Beziehungen. Abriß der strukturalen Anthropologie*, Frankfurt: Suhrkamp.
Ortiz, A. (1971), *The Tewa World. Space, Time, Being and Becoming in a Pueblo Society* (2. Aufl.), Chicago: University of Chicago Press.
Parin, P., Morgenthaler, F., & Parin-Matthèy, G. (1971), *Fürchte deinen Nächsten wie dich selbst. Psychoanalyse und Gesellschaft am Modell der Agni in Westafrika*, Frankfurt: Suhrkamp.
Parrinder, G. (1975), *Upanishads, Gita and Bible. A Comparative Study of Hindu and Christian Scriptures*, London: Sheldon Press.
Parsons, E. C. (1973), *Pueblo Indian Religion (Reprint)*, Chicago: University of Chicago Press.
Parsons, T. (1954), *The Social System*, New York: Free Press.
Parsons, T. (1971), *The System of Modern Societies*, Englewood Cliffs: Prentice Hall.
Parsons, T. (1973), »Durkheim on Religion revisited«, in: Ch. Glock & P.E. Hammond (Hg.), *Beyond the Classics. Essays in the Scientific Study of Religion*, New York: Harper & Row.
Piaget, J. (1975a), *Der Aufbau der Wirklichkeit beim Kinde*, Stuttgart: Klett.
Piaget, J. (1975b), *Die Entwicklung des Erkennens. 3 Bände*, Stuttgart: Klett.
Piaget, J. (1978), *Das Weltbild des Kindes*, Stuttgart: Klett.
Piaget, J., Inhelder, B., & Szeminska, A. (1980), *Von der Logik des Kindes zur Logik des Heranwachsenden. Essay über die Ausformung der formalen operativen Strukturen*, Stuttgart: Klett.
Plotkin, H.C. (Hg.) (1982), *Learning, Development, and Culture*, Chichester/New York: Wiley & Sons.
Posner, R. A. (1980), »A Theory of Primitive Society, with Special Reference to Law«, *Journal of Law and Economics* 23, S. 1-53.
Pospisil, L. (1980), »Recht contra Moral: Eine Lösung für das Problem des australischen Acht-Klassen-Heirats-Systems«, in: W. Fikentscher, H. Franke & O. Köhler (Hg.), *Entstehung und Wandel rechtlicher Traditionen* (S. 235-263), Freiburg/München: Alber.
Prigogine, I., & Stengers, I. (1983), *Dialog mit der Natur. Neue Wege wissenschaftlichen Denkens* (4. Aufl.), München: Piper.
Queiroz, M. I. de (1968), *Réforme et révolution dans les sociétés traditionelles. Histoire et ethnologie des mouvements messianiques*, Paris: Anthropos.

Rammert, W. (1983), *Soziale Dynamik der technischen Entwicklung*, Opladen: Westdeutscher Verlag.
Range, T. O., & Kimambo, I. N. (Hg.) (1974), *The Historical Study of African Religion* (2. Aufl.), Berkeley/Los Angeles: University of California Press.
Rappaport, R. A. (1973), »Rituelle Regelung von Umweltbeziehungen bei einem Newguinea-Volk«, in: K. Eder (Hg.), *Seminar: Die Entstehung von Klassengesellschaften* (S. 223-245), Frankfurt: Suhrkamp.
Rappaport, R. A. (1979), *Ecology, Meaning, and Religion*, Richmond, Cal.: North Atlantic Books.
Rappaport, R. A. (1982), »Maladaptation in Social Systems«, in: J. Friedman & M. J. Rowlands (Hg.), *The Evolution of Social Systems* (S. 49-72) (2. Aufl.), Gloucester Crescent: Duckworth.
Raschke, J. (1985), *Soziale Bewegungen. Ein historisch systematischer Grundriß*, Frankfurt: Campus.
Raub, W., & Voss, Th. (1986), »Die Sozialstruktur der Kooperation rationaler Egoisten. Zur utilitaristischen Erklärung sozialer Ordnung«, *Zeitschrift für Soziologie* 15, S. 309-323.
Rehfeldt, B. (1950), »Die Vergeistigung des Rechtes. Zur Frage der Gesetzmäßigkeiten der Rechtsentwicklung«, *Zeitschrift der Savigny-Stiftung für Rechtsgeschichte* 67, S. 373-393.
Rehfeldt, B. (1954), »Recht, Religion und Moral bei den frühen Germanen«, *Zeitschrift der Savigny-Stiftung für Rechtsgeschichte* 71, S. 2-22.
Rensch, B. (1973), *Gedächtnis, Begriffsbildung und Planhandlungen bei Tieren*, Berlin/Hamburg: Paul Parey.
Revel, J.-F. (1982), *Culture and Cuisine. A Journey through the History of Food*, Garden City, NY: Doubleday & Company.
Ribeiro, D. (1971), *Der zivilisatorische Prozeß*, Frankfurt: Suhrkamp.
Riehl, W. H. (1976), *Die bürgerliche Gesellschaft. Herausgegeben und eingeleitet von Peter Steinbach*, Frankfurt/Berlin/Wien: Ullstein.
Rödel, U. (1983), »Die Grünen und das Prinzip der Basisdemokratie«, in: W. Schäfer (Hg.), *Neue soziale Bewegungen: Konservativer Aufbruch in buntem Gewand* (S. 97-106), Frankfurt: Fischer.
Rogerson, J. W. (1980), »Sacrifice in the Old Testament«, in: M. F. C. Bourdillon & M. Fortes (Hg.), *Sacrifice* (S. 45-59), London: Academic Press.
Roper, M. K. (1969), »A Survey of Evidence for Intrahuman Killing in the Pleistocene«, *Man* 10, S. 427-459.
Ross, E. B. (1978), »Food Taboos, Diet, and Hunting Strategy: The Adaption to Animals in Amazon Cultural Ecology«, *Current Anthropology* 19, S. 1-36.
Rothschild, E. (1980), »Hangchow retrouvé«, *London Review of Books*. 22 May - 4 June 1980, S. 3-5.
Rusche, G., & Kirchheimer, O. (1981), *Sozialstruktur und Strafvollzug*.

Vermehrt um einen Anhang mit zwei Aufsätzen von Georg Rusche und um ein Nachwort von Heinz Steinert, Frankfurt: Europäische Verlagsanstalt.
Rust, A. (1974), *Urreligiöses Verhalten und Opferbrauchtum des eiszeitlichen Homo Sapiens*, Neumünster: Wachholtz.
Rust, A. (o.J.), *Handwerkliches Können der Steinzeitmenschen*, Manuskript.
Sagan, E. (1974), *Cannibalism: Human Aggression and Cultural Form*, New York: Harper & Row.
Sagan, E. (1982), »Toward a Theory of Human Sacrifice«, *The Journal of Psychohistory* 10, S. 115-140.
Sahlins, M. (1963), »On the Sociology of Primitive Exchange«, in: M. Banton (Hg.), *The Relevance of Models for Social Anthropology* (S. 139-236), London: Tavistock.
Sahlins, M. (1972), *Stone Age Economics*, London: Tavistock.
Sahlins, M. (1978), »Culture as Protein and Profit«, *New York Review of Books*. November 23 1978, S. 45-52.
Sahlins, M. (1979), »Cannibalism: An Exchange«, *New York Review of Books*. March 22 1979, S. 45-47.
Sahlins, M. (1981), *Kultur und praktische Vernunft*, Frankfurt: Suhrkamp.
Sahlins, M. (1986), *Der Tod des Kapitän Cook. Geschichte als Metapher und Mythos in der Frühgeschichte des Königreiches Hawaii*, Berlin: Wagenbach.
Sahlins, M. D., & Service, E. R. (1960), *Evolution and Culture*, Ann Arbor: University of Michigan Press.
Salt, H. St. (1980), *Animals' Rights Considered in Relation to Social Progress. Revised edition with preface by Peter Singer (Original 1892)*, Clarks Summit, Pennsylvania: Society for Animal Rights.
Salt, H. St. (1886), *A Plea for Vegetarianism, and Other Essays*, Manchester: Vegetarian Society.
Sanders, W. T., & Price, B. J. (1962), *Mesoamerica. The Evolution of a Civilization*, New York: Random House.
Schäfer, W. (1982), »Soziale Naturwissenschaft«, in: G. Michelsen (Hg.), *Der Fischer Öko-Almanach 82/83. Daten, Fakten, Trends der Umweltdiskussion* (S. 43-50), Frankfurt: Fischer.
Schäfer, W. (1985), *Die unvertraute Moderne. Historische Umrisse einer anderen Natur- und Sozialgeschichte*, Frankfurt: Fischer.
Scheerer, S. (1986), »Atypische Moralunternehmer«, *Kriminologisches Journal* Beiheft 1, S. 133-155.
Schilling, W. (1957), *Religion und Recht*, Stuttgart: Kohlhammer.
Schimank, U. (1983), *Neoromantischer Protest im Spätkapitalismus: Der Widerstand gegen die Stadt- und Landschaftsverödung*, Bielefeld: AJZ-Verlag.

Schindler, N. (1984), »Spuren in der Geschichte der anderen Zivilisation. Probleme und Perspektiven einer historischen Volkskulturforschung«, in: R. Van Dülmen & N. Schindler (Hg.), *Volkskultur. Zur Wiederentdeckung des vergessenen Alltags (16.-20.Jahrhundert)* (S. 313-77), Frankfurt: Fischer.
Schivelbusch, W. (1980), *Das Paradies, der Geschmack und die Vernunft. Eine Geschichte der Genußmittel*, München: Hanser.
Schluchter, W. (1979), *Die Entwicklung des okzidentalen Rationalismus. Eine Analyse von Max Webers Gesellschaftsgeschichte*, Tübingen: Mohr.
Schluchter, W. (1980), *Rationalismus der Weltbeherrschung. Studien zu Max Weber*, Frankfurt: Suhrkamp.
Schluchter, W. (1981), »Altisraelitische religiöse Ethik und okzidentaler Rationalismus«, in: W. Schluchter (Hg.), *Max Webers Studie über das antike Judentum. Interpretation und Kritik* (S. 11-77), Frankfurt: Suhrkamp.
Schluchter, W. (1983), »Einleitung. Max Webers Konfuzianismusstudie - Versuch einer Einordnung«, in: W. Schluchter (Hg.), *Max Webers Studie über Konfuzianismus und Taoismus. Interpretation und Kritik* (S. 11-54), Frankfurt: Suhrkamp.
Schluchter, W. (1984), »Weltflüchtiges Erlösungsstreben und organische Sozialethik. Überlegungen zu Max Webers Analysen der indischen Kulturreligionen«, in: W. Schluchter (Hg.), *Max Webers Studie über Hinduismus und Buddhismus. Interpretation und Kritik* (S. 11-71), Frankfurt: Suhrkamp.
Schluchter, W. (1985), »Einleitung: Max Webers Analyse des antiken Christentums. Grundzüge eines unvollendeten Projekts«, in: W. Schluchter (Hg.), *Max Webers Sicht des antiken Christentums. Interpretation und Kritik* (S. 11-71), Frankfurt: Suhrkamp.
Schmid, M. (1982), *Theorien sozialen Wandels*, Opladen: Westdeutscher Verlag.
Schmidt, A. (1971), *Der Begriff der Natur in der Lehre von Marx*, Frankfurt: Europäische Verlagsanstalt.
Schmidt, B. (1981), »Die Aktualität einer Naturpolitik in Blochscher Perspektive«, in: M. Daxner, J. R. Bloch & B. Schmidt (Hg.), *Andere Ansichten der Natur* (S. 34-59), Münster: SZD-Verlag.
Schneider, D. M. (1964), »The Nature of Kinship«, *Man* 64, S. 180-181.
Schneider, L., & Bonjean, Ch. (Hg.) (1980), *The Idea of Culture in the Social Sciences*, Cambridge Mass.: Harvard University Press.
Schöck, I. (1987), »Hexen heute«, in: R. van Dülmen (Hg.), *Hexenwelten. Magie und Imagination* (S. 282-305), Frankfurt: Fischer.
Schöfthaler, T. (1984), »Wissen oder Wahrheit? Die kulturelle Relativierung von Piagets Modell formaler Denkoperationen als Problem der Bildungsforschung«, in: T. Schöfthaler & D. Goldschmidt (Hg.), *So-*

ziale Struktur und Vernunft. Jean Piagets Modell entwickelten Denkens in der Diskussion (S. 15-44), Frankfurt: Suhrkamp.
Schulin, E. (1974), »Einleitung«, in: E. Schulin (Hg.), *Universalgeschichte* (S. 11-66), Köln:Kiepenheuer & Witsch.
Schwartz, B. (1981), *Vertical Classification. A Study in Structuralism and in the Sociology of Knowledge*, Chicago: University of Chicago Press.
Schwarz, R. (1978), *Bewußte Ernährung. Übersicht über Wege zu einer gesunden Ernährung und Versuch einer Synthese* (5. Aufl.), Oldenburg/Hunt: edition wandlungen.
Schwimmer, E. (1973), *Exchange in the Social Structure of the Orokaiva. Traditional and Emergent Ideologies in the Northern District of Papua*, London: Hurst & Co.
Scribner, B. (1984), »Reformation, Karneval und die verkehrte Welt«, in: R. van Dülmen & N. Schindler (Hg.), *Volkskultur. Zur Wiederentdekkung des vergessenen Alltags (16.-20.Jahrhundert)* (S. 117-152), Frankfurt: Fischer.
Scribner, S. (1984), »Denkweisen und Sprechweisen. Neue Überlegungen zu Kultur und Logik«, in: T. Schöfthaler & W. Goldschmidt (Hg.), *Soziale Struktur und Vernunft. Jean Piagets Modell entwickelten Denkens in der Diskussion* (S. 311-335), Frankfurt: Suhrkamp.
Séjourné, L. (1971), *Altamerikanische Kulturen. Fischer Weltgeschichte* Band 21, Frankfurt: Fischer.
Selman, R. (1984), »Interpersonale Verhandlungen. Eine entwicklungstheoretische Analyse«, in: W. Edelstein & J. Habermas (Hg.), *Soziale Interaktion und soziales Verstehen. Beiträge zur Entwicklung der Interaktionskompetenz* (S. 113-166), Frankfurt: Suhrkamp.
Sennett, R. (1976), »Destruktive Gemeinschaft«, in: A. Touraine, H.-P. Dreitzel, S. Moscovici & R. Sennett (Hg.), *Jenseits der Krise. Wider das politische Defizit der Ökologie*, Frankfurt: Syndikat.
Sennett, R. (1983), *Verfall und Ende des öffentlichen Lebens. Die Tyrannei der Intimität*, Frankfurt: Fischer.
Service, E. R. (1975), *Origins of the State and Civilization. The Process of Cultural Evolution*, New York: Norton.
Service, E. R. (1975), *Ursprünge des Staates und der Zivilisation. Der Prozeß der kulturellen Evolution*, Frankfurt: Suhrkamp.
Shankman, P. (1969), »Le Rôti et le Bouilli: Lévi-Strauss' Theory of Cannibalism«, *American Anthropologist* 71, S. 54-69.
Shapiro, S. (1976), »Morality in Religious Reformations«, *Comparative Studies in Society and History* 18, S. 435-457.
Shewder, R. A. (1984), »Ähnlichkeit und Korrelation im Alltagsdenken: Magisches Denken in Persönlichkeitsbeurteilungen«, in: T. Schöfthaler & W. Goldschmidt (Hg.), *Soziale Struktur und Vernunft. Jean Piagets Modell entwickelten Denkens in der Diskussion* (S. 204-225), Frankfurt: Suhrkamp.

Simmel, G. (1908), *Soziologie*, Berlin: Duncker & Humblot.
Simmel, G. (1957), »Soziologie der Mahlzeit«, in: G. Simmel, *Brücke und Tür* (S. 243-250), Stuttgart: Koehler.
Simoons, F. J. (1979), »Questions in the Sacred-Cow Controversy«, *Current Anthropology* 20, S. 467-493.
Simoons, F. J., & Lodrick, D. O. (1981), »Background to Understanding the Cattle Situation of India: The Sacred Cow Concept in Hindu Religion and Folk Culture«, *Zeitschrift für Ethnologie* 106, S. 121-137.
Singer, P. (1976), *Animal Liberation. A New Ethics for our Treatment of Animals*, London: Cambridge University Press.
Singer, P. (1979), *Practical Ethics*, London: Cambridge University Press.
Smart, N. (1971), *The Religious Experience of Mankind*, London: Collins.
Smelser, N. J. (1985), »Evaluating the Model of Structural Differentiation in Relation to Educational Change in the Nineteenth Century«, in: J. Alexander (Hg.), *Neofunctionalism* (S. 113-130), Berverly Hills: Sage Publications.
Soler, J. (1979), »The Dietary Prohibitions of the Hebrews«, *New York Review of Books*. June 14, 1979, S. 24-30.
Sommer, H. (1981), »Sind die Bauern an allem schuld? Warum unsere Agrarpolitik so im argen liegt«, *Zeit – Nr. 24 – 5. Juni* 1981, S. 40.
Spee, F. von (1982), *Cautio Criminalis oder Rechtliches Bedenken wegen der Hexenprozesse* (Nachdruck der Übersetzung von 1939), München: Deutscher Taschenbuch Verlag.
Spencer, M. E. (1975), »Images of Groups«, *Archives Européennes de Sociologie* 26, S. 194-214.
Sprandel, R. (1972), *Mentalitäten und Systeme. Neue Zugänge zur mittelalterlichen Geschichte*, Stuttgart: Union.
Sprenger, J., & Institoris, H. (1982), *Der Hexenhammer (Malleus maleficarum)* (Nachdruck der Übersetzung von 1906), München: Deutscher Taschenbuch Verlag.
Springmann, B. (1982), *Partner Erde. Einsichten eines Öko-Bauern*, Kiel: Arndt-Verlag.
Sprondel, W. L. (1986), »Kulturelle Modernisierung durch antimodernistischen Protest. Der lebensreformerische Vegetarismus«, in: F. Neidhardt, R. M. Lepsius & J. Weiß (Hg.), *Kultur und Gesellschaft. Sonderheft 27 der KZfSS* (S. 314-330), Opladen: Westdeutscher Verlag.
Stanner, W. E. H. (1960), »On Aboriginal Religion«, *Oceania* 30, S. 108-127/245-278.
Stanner, W. E. H. (1961), »On Aboriginal Religion«, *Oceania* 31, S. 100-120/233-258.
Stanner, W. E. H. (1962), »On Aboriginal Religion«, *Oceania* 32, S. 79-108.
Stanner, W. E. H. (1963), »On Aboriginal Religion«, *Oceania* 33, S. 239-273.

Stephenson, G. (Hg.) (1976), *Der Religionswandel unserer Zeit im Spiegel der Religionswissenschaft*, Darmstadt: Wissenschaftliche Buchgesellschaft.

Strickland, D. A. (1976), »Kingship and Slavery in African Thought: A Conceptual Analysis«, *Comparative Studies in Society and History* 18, S. 371-394.

Stroumsa, G. G. (1985), »Die Gnosis und die christliche Entzauberung der Welt«, in: W. Schluchter (Hg.), *Max Webers Sicht des antiken Christentums. Interpretation und Kritik* (S. 486-508), Frankfurt: Suhrkamp.

Stürmer, M. (1979), *Herbst des alten Handwerks. Zur Sozialgeschichte des 18. Jahrhunderts*, München: Deutscher Taschenbuch Verlag.

Tambiah, S. J. (1969), »Animals are Good to Think and Good to Prohibit«, *Ethnology* 8, S. 423-459.

Teuteberg, H. J., & Wiegelmann, G. (1972), *Der Wandel der Nahrungsgewohnheiten unter dem Einfluß der Industrialisierung*, Göttingen: Vandenhoeck & Ruprecht.

Thomas, B. (1986), *Vollkorn bietet mehr*, Bad Homburg: Diaita Verlag.

Thomas, D. (1979), *Naturalism and Social Science*, New York: Cambridge University Press.

Thomas, K. (1973), *Religion and the Decline of Magic. Studies in Popular Beliefs in Sixteenth- and Seventeenth-Century England*, Harmondsworth, Middlesex: Penguin.

Thomas, K. (1983), *Man and the Natural World. A History of the Modern Sensibility*, New York: Pantheon Books.

Thomasius, Chr. (1986), *Vom Laster der Zauberei. Über die Hexenprozesse (De Crimine Magiae Processus Inquisitorii contra Sagas)* (Nachdruck der Übersetzung von 1967), München: Deutscher Taschenbuch Verlag.

Thompson, E. P. (1971), »The Moral Economy of the English Crowd in the Eighteenth Century«, *Past and Present* 50, S. 76-136.

Thompson, J. E. S. (1972), *Maya History and Religion*, Norman, Oklahoma: University of Oklahoma Press.

Thorlindsson, T. (1984), »Gesellschaftliche Organisation und Erkenntnis«, in: W. Edelstein & J. Habermas (Hg.), *Soziale Interaktion und soziales Verstehen. Beiträge zur Entwicklung der Interaktionskompetenz* (S. 3-33), Frankfurt: Suhrkamp.

Thurn, H.-P. (1985), »Gärtner und Totengräber. Zur Paradigmatik der Kultursoziologie«, *Kölner Zeitschrift für Soziologie und Sozialpsychologie* 37, S. 60-74.

Timm, H. (1978), *Die heilige Revolution. Schleiermacher - Novalis - Friedrich Schlegel*, Frankfurt: Syndikat.

Toulmin, St. (1983), *Kritik der kollektiven Vernunft*, Frankfurt: Suhrkamp.

Touraine, A. (1973), *Production de la société*, Paris: Seuil.
Touraine, A. (1978), *La voix et le regard*, Paris: Seuil.
Touraine, A., Dubet, F., Hegedus, Z., & Wieviorka, M. (1979), *La lutte étudiante*, Paris: Seuil.
Touraine, A., Dubet, F., Hegedus, Z., & Wieviorka, M. (1981), *Le pays contre l'Etat. Luttes occitanes*, Paris: Seuil.
Touraine, A., Hegedus, Z., Dubet, F., & Wieviorka, M. (1982), *Die antinukleare Prophetie*, Frankfurt: Campus.
Turner, J. (1980), *Reckoning with the Beast: Animals, Pain, and Humanity in the Victorian Mind*, Maryland: The Johns Hopkins University Press.
Turner, V. (1969), *The Ritual Process. Structure and Anti-Structure*, Ithaca: Cornell University Press.
Turner, V. (1974), *Dramas, Fields, and Metaphors. Symbolic Action in Human Society*, Ithaca: Cornell University Press.
Turner, V. (1975), »Symbolic Studies«, *Annual Review of Anthropology* 4, S. 145-161.
Turner, V. (1977), »Sacrifice as a Quintessential Process«, *History of Religions* 16, S. 189-215.
Tyler, St. A. (1969), *Cognitive Anthropology*, New York: Holt, Rinehart & Winston.
Uebersohn, G (1986), »Schrecken und Komik der juristischen Tierverehrung«, *Kritische Justiz* 19, S. 342-347.
Ullmann, W. (1974), *Individuum und Gesellschaft im Mittelalter*, Göttingen: Vandenhoeck & Ruprecht.
Underhill, R. M. (1965), *Red Man's Religion*, Chicago: University of Chicago Press.
Veblen, Th. (1953), *The Theory of the Leisure Class. An Economic Study of Institutions (1899)*, New York: The New American Library.
Vernant, J.-P. (1971), *Mythe et pensée chez les Grecs. Etudes de psychologie historique (Vol. 1-2)*, Paris: Maspero.
Vernant, J.-P. (1973), »Der Begriff der Arbeit bei den Griechen«, in: K. Eder (Hg.), *Seminar: Die Entstehung von Klassengesellschaften* (S. 246-270), Frankfurt: Suhrkamp.
Vernant, J.-P. (1979), »A la table des hommes. Mythe de fondation du sacrifice chez Hésiode«, in: M. Detienne & J.-P. Vernant (Hg.), *La cuisine du sacrifice en pays grec* (S. 37-132), Paris: Gallimard.
Vernant, J.-P. (1982), *Die Entstehung des griechischen Denkens*, Frankfurt: Suhrkamp.
Vernant, J.-P. (1987), *Mythos und Gesellschaft im alten Griechenland*, Frankfurt: Suhrkamp.
Wagley, Ch. (1977), *Welcome of Tears. The Tapirapé Indians of Central Brazil*, New York: Oxford University Press.
Walens, St. (1981), *Feasting with Cannibals. An Essay on Kwakiutl Cosmology*, Princeton: Princeton University Press.

Weber-Schäfer, P. (1983), »Die konfuzianischen Literaten und die Grundwerte des Konfuzianismus«, in: W. Schluchter (Hg.), *Max Webers Studie über Konfuzianismus und Taoismus. Interpretation und Kritik* (S. 202-228), Frankfurt: Suhrkamp.
Wei-Ming, T. (1983), »Die neokonfuzianische Ontologie«, in: W. Schluchter (Hg.), *Max Webers Studie über Konfuzianismus und Taoismus. Interpretation und Kritik* (S. 271-297), Frankfurt: Suhrkamp.
Weiß, J. (1986), »Wiederverzauberung der Welt? Bemerkungen zur Wiederkehr der Romantik in der gegenwärtigen Kulturkritik«, in: F. Neidhardt, R. M. Lepsius & J. Weiß (Hg.), *Kultur und Gesellschaft. Sonderheft 27 der KZfSS* (S. 286-301), Opladen: Westdeutscher Verlag.
Weizsäcker, C. F. von (1971), *Die Einheit der Natur. Studien*, München: Beck.
Wild, W. (1983), »Zwischen Gesetz und Chaos. Wandlungen im Weltverständnis der Naturwissenschaften«. *Süddeutsche Zeitung*, Nr. 5 vom 8./9. Januar 1983, S. 73.
Willis, R. G. (1984), »Strukturale Analyse von Mythen und oraler Literatur«, in: W. Müller, R. König, K.-P. Koepping & P. Drechsel (Hg.), *Ethnologie als Sozialwissenschaft. Sonderheft 26 der KZfSS* (S. 141-157), Opladen: Westdeutscher Verlag.
Wilson, R. R. (1983), »Enforcing the Covenant: The Mechanisms of Judicial Authority in Early Israel«, in: H. B. Huffmon, F. A. Spina & A. R. W. Green (Hg.), *The Quest for the Kingdom of God. Studies in Honor of George E. Mendenhall* (S. 59-75), Winona Lake, Indiana: Eisenbrauns.
Wilson, R. R. (1984), *Sociological Approaches to the Old Testament*, Philadelphia: University Press.
Wimberly, H. (1973), »Legal Evolution: One Further Step«, *American Journal of Sociology* 79, S. 78-83.
Wittfogel, K. A. (1932), »Die natürlichen Ursachen der Wirtschaftsgeschichte«, *Archiv für Sozialwissenschaft und Sozialpolitik* 67, S. 466-492/711-731.
Wolf, Ch. (1980), *Die Ethik und das Tier*, (Manuskript).
Wolf, E. R. (1986), *Die Völker ohne Geschichte. Europa und die andere Welt seit 1400*, Frankfurt: Campus.
Wolfram, S. (1984), »Grundlegende Unterschiede des Denkens«, in: T. Schöfthaler & W. Goldschmidt (Hg.), *Soziale Struktur und Vernunft. Jean Piagets Modell entwickelten Denkens in der Diskussion* (S. 141-156), Frankfurt: Suhrkamp.
Worsley, P. (1973), »Totemismus auf Grote Eylandt und Le Totémisme aujourd'hui«, in: E. Leach (Hg.), *Mythos und Totemismus. Beiträge zur Kritik der strukturalen Analyse* (S. 194-216), Frankfurt: Suhrkamp.
Wulf, H. A. (1987), *Maschinenstürmer sind wir keine. Technischer Fortschritt und sozialdemokratische Arbeiterbewegung*, Frankfurt: Campus.

Yalman, N. (1968), »The Raw : the Cooked :: Nature : Culture. Observations on Le Cru et le Cuit«, in: E. Leach (Hg.), *The Structural Study of Myth and Totemism* (S. 71-90), London: Tavistock.
Zaehner, R. C. (1975), *The Teachings of the Magi. A Compendium of Zoroastrian Beliefs*, London: Sheldon Press.
Zerries, O. (1983), »Yanoama«, in: K. E. Müller (Hg.), *Menschenbilder früher Gesellschaften. Ethnologische Studien zum Verhältnis von Mensch und Natur* (S. 143-177), Frankfurt: Campus.
Zimmer, H. (1973), *Philosophie und Religion Indiens*, Frankfurt: Suhrkamp.

Verzeichnis der Schaubilder

Personenregister

Sachregister

211/1/8.87

Rodinson: Islam und Kapitalismus. stw 584
Scholem: Die jüdische Mystik. stw 330
– Von der mystischen Gestalt der Gottheit. stw 209
– Zur Kabbala und ihrer Symbolik. stw 13
Seyfarth/Sprondel (Hg.): Religion und gesellschaftliche Entwicklung. stw 38
Thompson: Über Wachstum und Form. stw 410
Tibi: Der Islam und das Problem der kulturellen Bewältigung sozialen Wandels. stw 531
– Vom Gottesreich zum Nationalstaat. stw 650
Uexküll: Theoretische Biologie. stw 20
Welker (Hg.): Theologie und funktionale Systemtheorie. stw 495
Wesel: Der Mythos vom Matriarchat. stw 333
Zimmer: Philosophie und Religion Indiens. stw 26

211/2/8.87

suhrkamp taschenbücher wissenschaft
Soziologie, Theorie der Gesellschaft

Adorno: Prismen. stw 178
– Soziologische Schriften I. stw 306
Auwärter/Kirsch/Schröter (Hg.): Kommunikation, Interaktion, Identität. stw 156
Bendix: Freiheit und historisches Schicksal. stw 390
Bonß/Honneth (Hg.): Sozialforschung als Kritik. stw 400
Bourdieu: Entwurf einer Theorie der Praxis. stw 291
– Die feinen Unterschiede. stw 658
– Sozialer Raum und »Klassen«. stw 500
– Zur Soziologie der symbolischen Formen. stw 107
Bourdieu u.a.: Eine illegitime Kunst. stw 441
Claessens: Kapitalismus als Kultur. stw 275
Cremerius (Hg.): Die Rezeption der Psychoanalyse. stw 296
Dreeben: Was wir in der Schule lernen. stw 294
Dubiel/Söllner (Hg.): Wirtschaft, Recht und Staat im Nationalsozialismus. stw 471
Durkheim: Erziehung, Moral und Gesellschaft. stw 487
– Die Regeln der soziologischen Methode. stw 464
– Der Selbstmord. stw 431
– Soziologie und Philosophie. stw 176
Dux: Die Logik der Weltbilder. stw 370
Edelstein/Habermas (Hg.): Soziale Interaktion und soziales Verstehen. stw 446
Edelstein/Keller (Hg.): Perspektivität und Interpretation. stw 364
Edelstein/Nunner-Winkler (Hg.): Zur Bestimmung der Moral. stw 628
Eisenstadt (Hg.): Kulturen der Achsenzeit. 2 Bde. stw 653
Elias: Engagement und Distanzierung. stw 651
– Die höfische Gesellschaft. stw 423
– Über den Prozeß der Zivilisation. Bd. 1/2. stw 158/159
Materialien zu Elias' Zivilisationstheorie. stw 233
Macht und Zivilisation. Materialien zu Norbert Elias' Zivilisationstheorie 2. stw 418
Evers/Nowotny (Hg.): Über den Umgang mit Unsicherheit. stw 672
Foucault: Sexualität und Wahrheit. Bd. 1. stw 716
– Überwachen und Strafen. stw 184
– Wahnsinn und Gesellschaft. stw 39
Geulen (Hg.): Perspektivenübernahme und soziales Handeln. stw 348
Giddens: Die Klassenstruktur fortgeschrittener Gesellschaften. stw 452
Goffman: Das Individuum im öffentlichen Austausch. stw 396
– Interaktionsrituale. stw 594
– Rahmen-Analyse. stw 329
– Stigma. stw 140
Goldschmidt/Schöfthaler (Hg.): Religion als System? stw 588

205/1/8.87

Goudsblom: Soziologie auf der Waagschale. stw 223

Granet: Die chinesische Zivilisation. stw 518

Greiffenhagen: Das Dilemma des Konservatismus. stw 634

Groethuysen: Die Entstehung der bürgerlichen Welt- und Lebensanschauung in Frankreich. 2 Bde. stw 256

Habermas: Theorie und Praxis. stw 243

– Zur Logik der Sozialwissenschaften. stw 517

– Zur Rekonstruktion des Historischen Materialismus. stw 154

– *siehe auch Edelstein/Habermas*

Haferkamp/Schmid (Hg.): Sinn, Kommunikation und soziale Differenzierung. Beiträge zu Luhmanns Theorie sozialer Systeme. stw 667

Hahn, A./Kapp (Hg.): Selbstthematisierung und Selbstzeugnis. stw 643

Halbwachs: Das Gedächtnis. stw 538

Hausen/Nowotny (Hg.): Wie männlich ist die Wissenschaft? stw 590

Hirschman: Leidenschaften und Interessen. stw 670

Höffe: Strategien der Humanität. stw 540

Honneth/Jaeggi (Hg.): Theorien des Historischen Materialismus 1. stw 182

– Arbeit, Handlung, Normativität. Historischer Materialismus 2. stw 321

Honneth/Joas (Hg.): Kommunikatives Handeln. Beiträge zu Jürgen Habermas' »Theorie des kommunikativen Handelns«. stw 625

Joas (Hg.): Das Problem der Intersubjektivität. stw 573

Jokisch (Hg.): Techniksoziologie. stw 379

Kern/Schumann: Industriearbeit und Arbeiterbewußtsein. stw 549

Kocka (Hg.): Interdisziplinarität. stw 671

Lautmann (Hg.): Gesellschaft und Homosexualität. stw 200

Lenhardt: Schule und bürokratische Rationalität. stw 466

Lenk: Zur Sozialphilosophie der Technik. stw 414

– Zwischen Wissenschaftstheorie und Sozialwissenschaft. stw 637

Lenski: Macht und Privileg. stw 183

Lepenies (Hg.): Geschichte der Soziologie. 4 Bde. stw 367

Lüderssen/Sack (Hg.): Vom Nutzen und Nachteil der Sozialwissenschaften für das Strafrecht. 2 Bde. stw 327

Luhmann: Funktion der Religion. stw 407

– Legitimation durch Verfahren. stw 443

– Soziale Systeme. stw 666

– *siehe auch Haferkamp/Schmid*

– Zweckbegriff und Systemrationalität. stw 12

Luhmann/Pfürtner (Hg.): Theorietechnik und Moral. stw 206

Luhmann/Schorr (Hg.): Zwischen Intransparenz und Verstehen. stw 572

– Zwischen Technologie und Selbstreferenz. stw 391

205/2/8.87

205/3/8.87

Strauss, A.: Spiegel und Masken. stw 109
Tibi: Der Islam und das Problem der kulturellen Bewältigung sozialen Wandels. stw 531
Wahl/Gravenhorst: Wissenschaftlichkeit und Interessen. stw 398
Weingarten/Sack/Schenkein (Hg.): Ethnomethodologie. stw 71
Welker (Hg.): Theologie und funktionale Systemtheorie. stw 495
Wiggershaus (Hg.): Sprachanalyse und Soziologie. stw 123

205/4/8.87